"十二五"高等职业教育机电类专业规划教材

工厂供配电技术

任黎明　李杰峰　主　编
郑建红　冯培燕　副主编

中国铁道出版社
CHINA RAILWAY PUBLISHING HOUSE

内容简介

本书从岗位需求分析入手，体现基于工作过程的高职教材编写理念，将知识点与能力点有机结合，注重培养学生的工程应用能力和解决现场实际问题的能力，以培养学生能力为重点，理论联系实际，体现学以致用的原则，应用性强。

全书共分7章，具体内容包括工厂供配电基础知识，工厂供电一次系统，供配电系统的负荷计算，供配电系统中的短路电流计算及电气设备选择与校验，工厂供电二次回路，防雷、接地、电气安全，电气照明。每章后附有思考与练习题，便于学生巩固所学知识。

本书适合作为高职院校供用电技术、机电一体化、电气自动化、生产过程自动化等专业的教材，也可供相关领域技术人员参加资格认证考试时参考。

图书在版编目（CIP）数据

工厂供配电技术/任黎明，李杰峰主编. —北京：中国铁道出版社，2013.12

“十二五”高等职业教育机电类专业规划教材

ISBN 978-7-113-16616-8

Ⅰ.①工… Ⅱ.①任… ②李… Ⅲ.①工厂-供电系统-高等职业教育-教材 ②工厂-配电系统-高等职业教育-教材 Ⅳ.①TM727.3

中国版本图书馆CIP数据核字（2013）第162748号

书　　名：工厂供配电技术
作　　者：任黎明　李杰峰　主编

策　　划：吴　飞　　读者热线：400-668-0820
责任编辑：何红艳　姚文娟　鲍　闻
封面设计：付　巍
封面制作：白　雪
责任印制：李　佳

出版发行：中国铁道出版社（100054，北京市西城区右安门西街8号）
网　　址：http://www.51eds.com
印　　刷：北京市昌平百善印刷厂
版　　次：2013年12月第1版　　2013年12月第1次印刷
开　　本：787 mm×1 092 mm　1/16　印张：18.25　字数：469千
印　　数：1～3 000册
书　　号：ISBN 978-7-113-16616-8
定　　价：35.00元

FOREWORD 前言

本书根据高等职业教育机电一体化、电气自动化、生产过程自动化、供用电技术等专业的培养目标，以及我国高等职业教育的改革和发展需要，本着“淡化理论，够用为度，培养技能，重在应用”的原则，以培养学生的职业能力为重点，从企业的技术需要和实用教学出发，体现了高职高专培养高技能人才的要求。

全书密切联系生产实际，与相关职业标准紧密对接，理论知识内容和技能训练与企业岗位需求紧密对接。全书在内容的选择和问题的阐述方面兼顾了当前相关领域的最新发展和高职学生的实际水平，既考虑了教学内容的完整性和连续性，又降低了学习难度；既考虑教学内容概念清晰、突出重点，也考虑了后续课程对本课程的要求。全书重点强调了理实一体化，注重培养学生分析和解决实际问题的能力，满足学生对先进控制技术应用的需要，更能适应高职高专学生的实际水平。

本书共分为7章，具体内容包括工厂供配电基础知识，工厂供电一次系统，供配电系统的负荷计算，供配电系统中的短路电流计算及电气设备选择与校验，工厂供电二次回路，防雷、接地、电气安全，电气照明。

本书由唐山职业技术学院任黎明、李杰峰任主编，郑建红、冯培燕任副主编。全书由任黎明、冯培燕负责统稿工作。

由于编者水平有限，书中难免存在不足和疏漏之处，敬请读者批评指正。

编　者

2013年9月

CONTENTS | 目 录

第一章　工厂供配电基础知识

本章简介

本章概述工厂供配电有关的一些基本知识，为学习本课程奠定初步的基础。首先扼要说明工厂供电的意义、要求及本课程的任务，然后简介一些典型的工厂供电系统及发电厂、电力系统和工厂自备电源的基本知识，最后讲述电力系统的中性点运行方式和低压配电系统的接地形式。

学习目标

- 了解工厂供电系统的组成。
- 掌握工厂供电的基本要求。
- 掌握电力系统中性点的运行方式及高低压配电系统的接地形式。

第一节　工厂供配电简介

工厂供配电，是指工厂所需电能的供应和分配，也称工厂供电或工厂配电。

电能是现代工业生产的主要能源和动力。电能既易于由其他形式的能量转换而来，也易于转换为其他形式的能量以供应用。电能的输送和分配既简单经济，又便于控制、调节和测量，有利于实现生产过程自动化。因此，电能在现代工业生产及整个国民经济生活中的应用极为广泛。

在工厂里，电能虽然是工业生产的主要能源和动力，但是它在产品成本中所占的比重一般很小。因此，电能在工业生产中的重要性，并不在于它在产品成本中或投资总额中所占比重多少，而是在于工业生产实现电气化以后，可以大大增加产量，提高产品质量，提高劳动生产率，降低生产成本，减轻工人的劳动强度，改善工人的劳动条件，有利于实现生产过程自动化。另一方面，如果工厂供电突然中断，则对工业生产可能造成严重的后果。例如，某些对供电可靠性要求很高的工厂，即使是极短时间的停电，也会引起设备损坏，甚至可能发生的人身事故，给国家和人民带来经济上的重大损失。因此，做好工厂供电工作对于发展工业生产，具有十分重要的意义。

工厂供电工作要很好地为工业生产服务，切实保证工厂生产和生活用电的需要，并做好节能和环保工作，就必须达到以下基本要求：

（1）安全。在电能的供应、分配和使用中，不应发生人身事故和设备事故。

（2）可靠。应满足电能用户对供电可靠性即连续供电的要求。

(3) 优质。应满足电能用户对电压和频率等的质量要求。

(4) 经济。供电系统的投资要少，运行费用要低，并尽可能地节约电能和减少有色金属消耗量。

此外，在供电工作中，应合理地处理局部和全局、当前和长远等关系，既要照顾局部和当前的利益，又要有全局观点，能顾全大局，适应发展。例如，计划用电问题，就不能只考虑一个单位的局部利益，更要有全局观点。

本课程主要介绍中小型工厂内部的电能供应和分配问题以及电气照明，使读者初步掌握中小型工厂供电系统和电气照明运行维护与简单设计计算所必需的基本理论和基本知识，为今后从事工厂供电技术工作奠定一定的基础。

第二节　发　电　厂

一、工厂供电系统概况

一般中型工厂的电源进线电压是6～10 kV。电能先经高压配电所（high－voltage distribution substation，HDS）集中，再由高压配电线路将电能分送到各车间变电所（shop transformer substation，STS），或由高压配电线路直接供给高压用电设备。车间，变电所内装设有配电变压器，将6～10 kV的高压降为一般低压用电设备所需的电压，如220/380 V（220 V为相电压，380 V为线电压），然后由低压配电线路将电能分送给低压用电设备使用。

图1-1是一个比较典型的中型工厂供电系统简图。该图未绘出各种开关电器（除母线和低压联络线上装设的联络开关外），而且只用一根线来表示三相线路，即绘成单线图的形式。

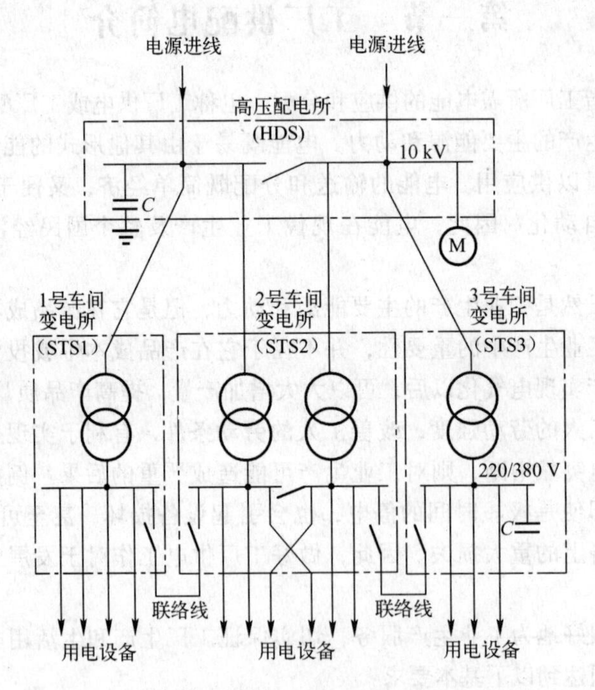

图1-1　中型工厂供电系统简图

从图 1-1 可以看出，该厂的高压配电所有两条 10 kV 的电源进线，分别接在高压配电所的两段母线上。这两段母线间装有一个分段隔离开关（又称联络隔离开关）形成所谓“单母线分段制”。在任一路电源进线发生故障或进行检修而被切断后，可以利用分段隔离开关的闭合，由另一路电源进线恢复对整个配电所特别是其重要负荷的供电。这类接线的配电所通常的运行方式是：分段隔离开关闭合，整个配电所由一路电源进线供电，其电源通常来自公共电网（电力系统），而另一条电源进线作为备用，通常从邻近单位取得备用电源。

图 1-1 所示高压配电所有四条高压配电线，供电给三个车间变电所。其中，1 号车间变电所和 3 号车间变电所都只装有一台配电变压器，而 2 号车间变电所装有两台，并分别由两段母线供电，其低压侧又采取单母线分段制，因此对重要的低压用电设备可由两段母线交叉供电。各车间变电所的低压侧，设有低压联络线相互连接，以提高供电系统运行的可靠性和灵活性。此外，该高压配电所还有一条高压配电线，直接供电给一组高压电动机；另有一条高压配电线，直接与一组并联电容器相连。3 号车间变电所低压母线上也连接有一组并联电容器。这些并联电容器都是用来补偿无功功率以提高功率因数用的。

图 1-2 是图 1-1 所示工厂供电系统的平面布线示意图。

对于大型工厂及某些电源进线电压为 35 kV 及以上的中型工厂，一般经两次降压，也就是电源进厂以后，先经总降压变电所，其中装有较大容量的电力变压器，将 35 kV 及以上的电源电压降为 6 ～ 10 kV 的配电电压，然后通过高压配电线将电能送到各个车间变电所，也有的中间经高压配电所再送到车间变电所，最后车间变电所经配电变压器降为一般低压用电设备所需的电压。其简图如图 1-3 所示。

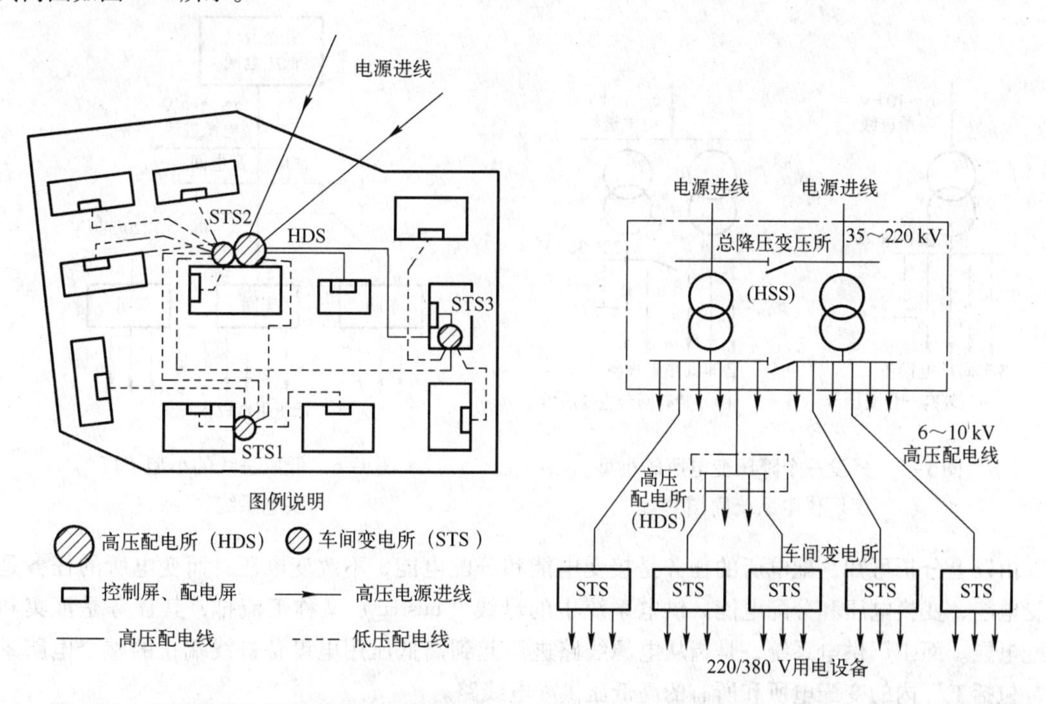

图 1-2 工厂供电系统的平面布线示意图　　图 1-3 具有总降压变电所的工厂供电系统简图

有的 35 kV 进线的工厂，只经一次降压，即 35 kV 线路直接引入靠近负荷中心的车间变电所，经车间变电所的配电变压器直接降为低压用电设备所需的电压，如图 1-4 所示。这种供电方式，称为高压深入负荷中心的直配方式。这种直配方式，可以省去一级中间变压，从而简化了供电系统接线，节约了投资，降低了电能损耗和电压损耗，提高了供电质量。然而这要根据厂区的环境条件是否满足35 kV架空线路深入负荷中心的“安全走廊”要求而定，否则不能采用，以确保供电安全。

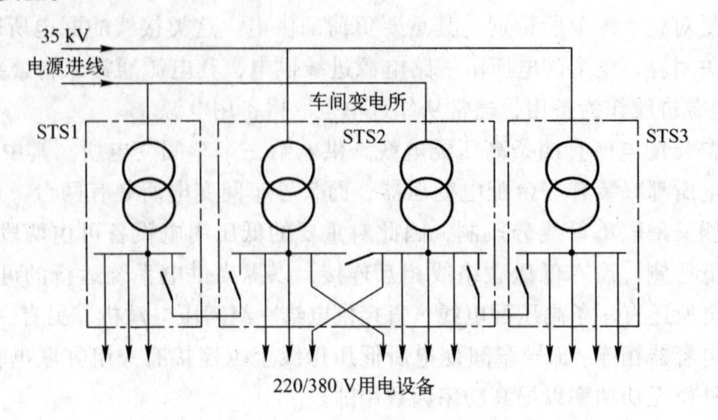

图1-4　高压深入负荷中心的工厂供电系统简图

对于小型工厂，由于其容量一般不大于1000 kV·A，因此通常只设一个降压变电所，将6～10 kV降为低压用电设备所需的电压，如图1-5所示。

如果工厂所需容量不大于160 kV·A时，一般采用低压电源进线，直接由公共低压电网供电。因此，工厂只需设一个低压配电间，如图1-6所示。

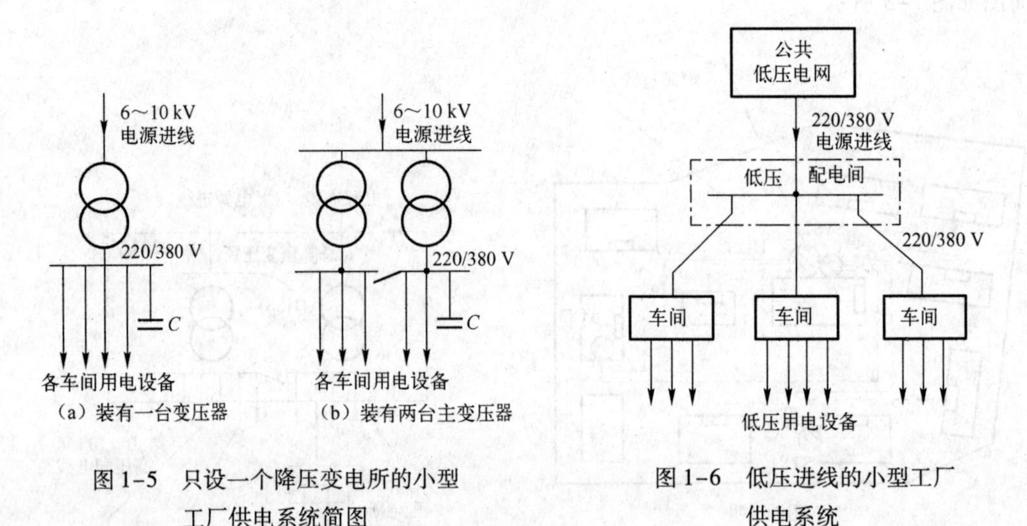

图1-5　只设一个降压变电所的小型工厂供电系统简图

图1-6　低压进线的小型工厂供电系统

由以上分析可知，配电所的任务是接受电能和分配电能，不改变电压；而变电所的任务是接受电能、变换电压和分配电能。供电系统中的母线（busbar）又称汇流排，其任务是汇集和分配电能。而工厂供电系统，是指从电源线路进厂起到高低压用电设备进线端止的整个电路系统，包括工厂内的变配电所和所有的高低压供配电线路。

二、发电厂和电力系统简介

由于电能的生产、输送、分配和使用的全过程，实际上是在同一瞬间实现的，彼此相互影响，因此除了要了解工厂供电系统概况外，还需了解工厂供电系统电源方向的发电厂和电力系统的一些基本知识。

（一）发电厂

发电厂（power plant）又称发电站，是将自然界蕴藏的各种一次能源转换为电能（二次能源）的工厂。

发电厂按其所利用的能源不同，分为水力发电厂、火力发电厂、核能发电厂以及风力发电厂、地热发电厂、太阳能发电厂等类型。

1. 水力发电厂

水力发电厂简称水电厂或水电站，它利用水流的位能来生产电能。当控制水流的闸门打开时，水流沿进水管进入水轮机蜗壳室，冲动水轮机，带动发电机发电。其能量转换过程是

由于水电站的发电容量与水电站所在地点上下游的水位差（即落差，又称水头）及流过水轮机的水量（即流量）的乘积成正比，所以建造水电站，必须用人工的办法来提高水位。最常用的提高水位的办法，是在河流上建造一道很高的拦河坝，形成水库，提高上游水位，使坝的上下游形成尽可能大的落差，水电站就建在坝的后边。这类水电站，称为坝后式水电站。我国一些大型水电站包括长江三峡水电站就属于这种类型。另一种提高水位的办法，是在具有相当坡度的弯曲河段上游，筑一低坝，拦住河水，然后利用沟渠或隧道，将上游水流直接引至建设在弯曲河段末端的水电站。这类水电站，称为引水式水电站。还有一类水电站，是上述两种方式的综合，由高坝和引水渠道分别提高一部分水位。这类水电站，称为混合式水电站。

水电建设的初投资较大，建设周期较长，但发电成本较低，仅为火电发电成本的1/3 ～ 1/4；而且水电属于清洁、可再生的能源，有利于环境保护；同时水电建设，通常还兼有防洪、灌溉、航运、水产养殖和旅游等多项功能。而我国的水力资源十分丰富（特别是我国的西南地区），居世界首位。因此，我国确定要大力发展水电，并实施“西电东送”工程，以促进整个国民经济的发展。

2. 火力发电厂

火力发电厂简称火电厂，它利用燃料的化学能来生产电能。我国的火电厂以燃煤为主。为了提高燃煤效率，一般将煤块粉碎成煤粉燃烧。煤粉在锅炉的炉膛内充分燃烧，将锅炉内的水烧成高温高压的蒸汽，推动汽轮机带动发电机旋转发电。其能量转换过程是

现代火电厂一般都根据节能减排和环保要求，考虑了“三废”（废水、废气、废渣）的综合利用或循环使用。有的不仅发电，而且供热。兼供热能的火电厂，称为热电厂。

火电建设的重点，是煤炭基地的坑口电站。我国一些严重污染环境的低效火电厂，已按节能减排的要求陆续予以关停。我国火电发电量在整个发电量中的比重已逐年降低。

3. 核能发电厂

核能（原子能）发电厂通称核电站，它主要是利用原子核的裂变能来生产电能。其生产过程与火电厂基本相同，只是以核反应堆（俗称原子锅炉）代替燃煤锅炉，以少量的核燃料代替大量的煤炭。其能量转换过程是

由于核能是巨大的能源，而且核电也是相当安全和清洁的能源，所以世界上很多国家都很重视核电建设，核电在整个发电量中的比重逐年增长。我国在20世纪80年代就确定要适当发展核电，并已陆续兴建了秦山、大亚湾、岭澳等多座大型核电站。

4. 风力发电、地热发电和太阳能发电简介

(1) 风力发电。它建在有丰富风力资源的地方，利用风力的动能来生产电能。风能是一种取之不尽的清洁、价廉和可再生的能源，因此我国确定要大力发展。但是风能的能量密度较小，因此单机容量不可能很大；而且它是一种具有随机性和不稳定性的能源，因此风力发电必须配备一定的蓄电装置，以保证其连续供电。

(2) 地热发电。它建在有足够地热资源的地方，利用地球内部蕴藏的大量地热资源来生产电能。地热发电不消耗燃料，运行费用低。它不像火力发电那样，要排出大量灰尘和烟雾，因此地热也属于比较清洁的能源。但是地下水和蒸汽中大多含有硫化氢、氨和砷等有害物质，因此对其排出的废水要妥善处理，以免污染环境。

(3) 太阳能发电。它利用太阳的光能或热能来生产电能。利用太阳光能发电，是通过光电转换元件如光电池等直接将太阳光能转换为电能。这已广泛应用在人造地球卫星和宇航装置上。利用太阳热能发电，可分直接转换和间接转换两种方式。温差发电、热离子发电和磁流体发电，均属于热电直接转换。而通过集热装置和热交换器，加热给水，使之变为蒸汽，推动汽轮发电机发电，与火电发电相同，属于间接转换发电。太阳能发电厂建在常年日照时间较长的地方。太阳能是一种十分安全、经济、没有污染而且是取之不尽的能源。我国的太阳能资源也相当丰富，利用太阳能发电大有可为。

(二) 电力系统

为了充分利用动力资源，减少燃料运输，降低发电成本，因此有必要在有水力资源的地方建造水电站，而在有燃料资源的地方建造火电厂。但这些有动力资源的地方，往往离用电中心较远，所以必须用高压输电线路进行远距离输电，如图1–7所示。

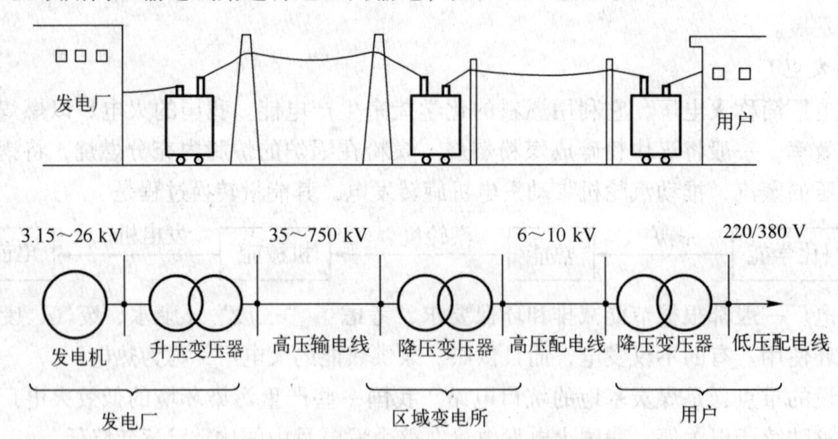

图1–7　从发电厂到用户的送电过程示意图

由各级电压的电力线路将一些发电厂、变电所和电力用户联系起来的一个发电、输电、变电、配电和用电的整体，称为电力系统（power system）。图1–8是一个大型电力系统简图。

电力系统中各级电压的电力线路及其联系的变电所，称为电力网或电网（power network）。但习惯上，电网或系统往往以电压等级来区分，如说10 kV电网或10 kV系统。这里所说的电网或系统，实际上是指某一电压级的相互联系的整个电力线路。

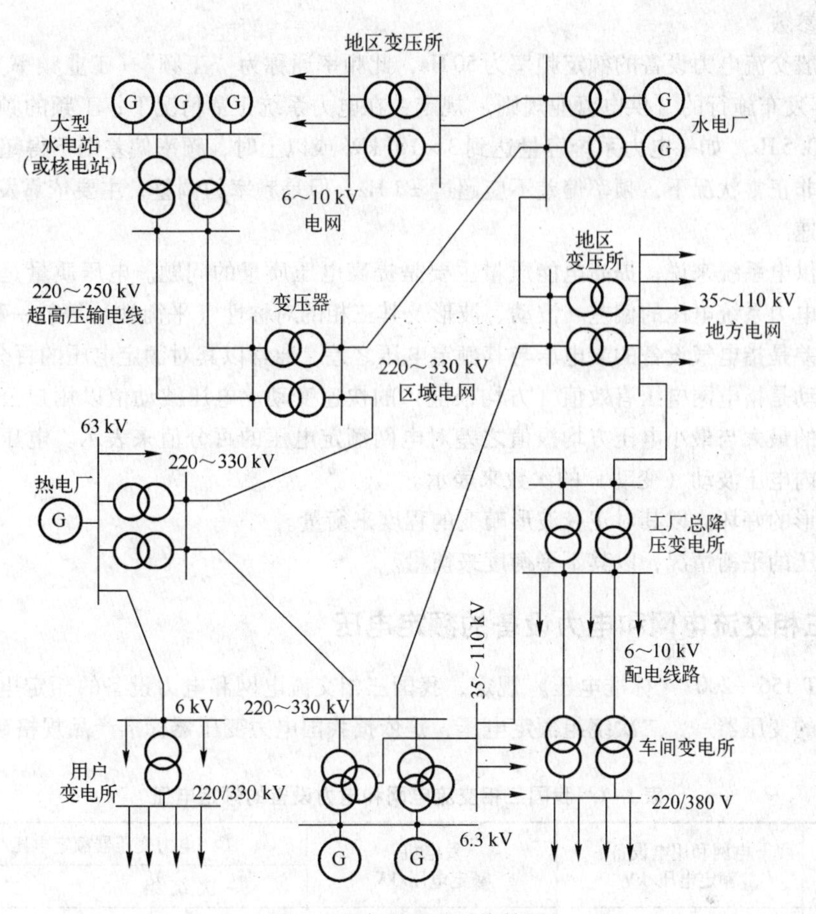

图 1-8　大型电力系统简图

电网可按电压高低和供电范围大小分为区域电网和地方电网。区域电网的范围大，电压一般在 220 kV 及以上。地方电网的范围较小，最高电压一般不超过 110 kV。工厂供电系统就属于地方电网的一种。

电力系统加上发电厂的动力部分及其热能系统和热能用户，就称为动力系统。

现在各国建立的电力系统越来越大，甚至建立跨国的电力系统或联合电网。我国规划，到 2020 年，要在水电、火电、核电和新能源合理利用和开发的基础上，形成全国联合电网，实现电力资源在全国范围内的合理配置和可持续发展。

建立大型电力系统或联合电网，可以更经济合理地利用动力资源，首先是充分利用水力资源，减少燃料运输费用，减少电能消耗和温室气体排放，降低发电成本，保证电能质量（即电压和频率合乎规范要求），并大大提高供电可靠性，有利于整个国民经济的持续发展。

第三节　电力系统的额定电压

一、概述

电力系统中的所有设备，都是在一定的电压和频率下工作的。电压和频率是衡量电能质量的两个基本参数。

我国一般交流电力设备的额定频率为50 Hz，此频率通称为“工频”（工业频率）。按电力工业部1996年发布施行的《供电营业规则》规定：在电力系统正常情况下，工频的频率偏差一般不得超过±0.5 Hz。如果电力系统容量达到3×10^6 kW或以上时，频率偏差则不得超过±0.2 Hz。在电力系统非正常状况下，频率偏差不应超过±1 Hz。但是频率的调整，主要依靠发电厂来调整发电机的转速。

对工厂供电系统来说，提高电能质量主要是提高电压质量的问题。电压质量是按照国家标准或规范对电力系统电压的偏差、波动、波形及其三相的对称性（平衡性）等的一种质量评估。

电压偏差是指电气设备的端电压与其额定电压之差，通常以其对额定电压的百分值来表示。

电压波动是指电网电压有效值（方均根值）的快速变动。电压波动值以用户公共供电点在时间上相邻的最大与最小电压方均根值之差对电网额定电压的百分值来表示。电压波动的频率用单位时间内电压波动（变动）的次数来表示。

电压波形的好坏，以其对正弦波形畸变的程度来衡量。

三相电压的平衡情况，以其不平衡度来衡量。

二、三相交流电网和电力设备的额定电压

按GB/T 156—2007《标准电压》规定，我国三相交流电网和电力设备的额定电压如表1-1所示。表中的变压器一、二次绕组额定电压，是依据我国电力变压器标准产品规格确定的。

表1-1　我国三相交流电网和电力设备的额定电压

分　类	电网和用电设备额定电压/kV	发电机额定电压/kV	电力变压器额定电压/kV	
			一次绕组	二次绕组
低压	0.38	0.40	0.38	0.40
	0.66	0.69	0.66	0.69
高压	3	3.15	3、3.15	3.15、3.3
	6	6.3	6、6.3	6.3、6.6
	10	10.5	10、10.5	10.5、11
	—	13.8、15.75、18 20、22、24、26	13.8、15.75、18 20、22、24、26	—
	35	—	35	38.5
	66	—	66	72.5
	110	—	110	121
	220	—	220	242
	330	—	330	363
	500	—	500	550
	750	—	750	825
	1 000		1 000	1 100

(一) 电网（电力线路）的额定电压

电网（电力线路）的额定电压（标称电压）等级，是国家根据国民经济发展的需要和电力

工业发展的水平，经全面的技术经济分析后确定的。它是确定各类电力设备额定电压的基本依据。

（二）用电设备的额定电压

由于电力线路运行时（有电流通过时）要产生电压降，所以线路上各点的电压略有不同，如图 1-9 中虚线所示。但是批量生产的用电设备，其额定电压不可能按使用处线路的实际电压来制造，而只能按线路首端与末端的平均电压即电网的额定电压 U_N 来制造。因此，用电设备的额定电压规定与同级电网的额定电压相同。

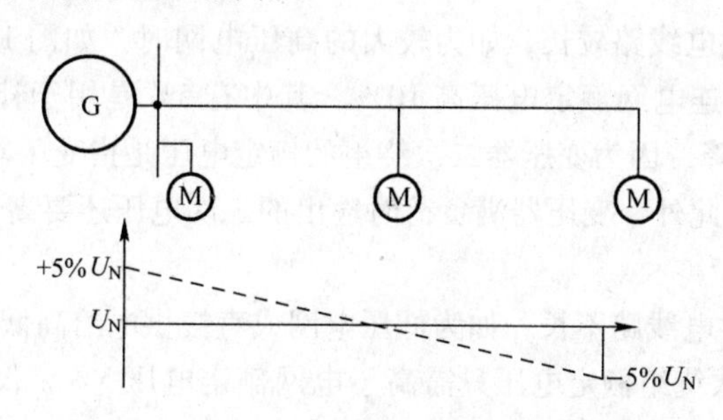

图 1-9　用电设备和发电机的额定电压说明

但是在此必须指出：按 GB/T 11022—2011《高压开关设备和控制设备标准的共用技术要求》规定，高压开关设备和控制设备的额定电压按其允许的最高工作电压来标注，即其额定电压不得小于它所在系统可能出现的最高电压，如表 1-2 所示。我国现在生产的高压设备大多已按此规定标注。

表 1-2　系统的额定电压、最高电压和部分高压设备的额定电压　（单位：kV）

系统 额定电压	系统 最高电压	高压开关、互感器及支柱 绝缘子的额定电压	穿墙套管 额定电压	熔断器 额定电压
3	3.5	3.6	—	3.5
6	6.9	7.2	6.9	6.9
10	11.5	12	11.5	12
35	40.5	40.5	40.5	

（三）发电机的额定电压

由于电力线路允许的电压偏差一般为 ±5%，即整个线路允许有 10% 的电压损耗，因此为了维持线路的平均电压在额定电压值，线路首端（电源端）的电压应较线路额定电压高 5%，而线路末端电压则较线路额定电压低 5%，如图 1-9 所示。所以，发电机额定电压按规定应高于同级电网（线路）额定电压 5%。

（四）电力变压器的额定电压

1. 电力变压器一次绕组的额定电压

分以下两种情况：

（1）当变压器直接与发电机相连时，如图 1-10 中的变压器 T1，其一次绕组额定电压应与发电机额定电压相同，即高于同级电网额定电压 5%。

（2）当变压器不与发电机相连而是连接在线路上时，如图 1-10 中的变压器 T2，则可将它看作是线路的用电设备，因此其一次绕组额定电压应与电网额定电压相同。

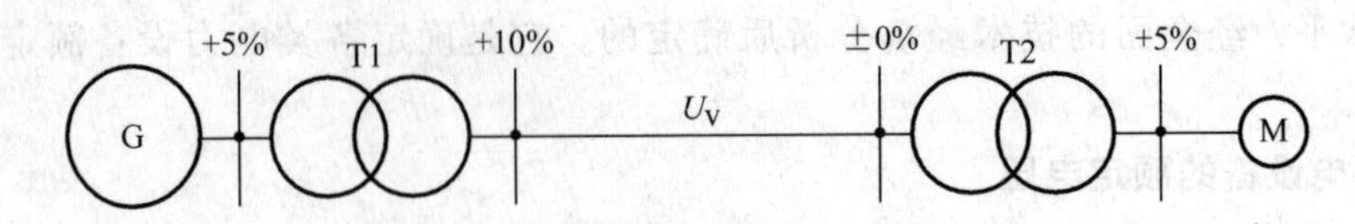

图 1-10　电力变压器的额定电压说明

2. 电力变压器二次绕组的额定电压

分以下两种情况：

（1）变压器二次侧供电线路较长，如为较大的高压电网时，如图 1-10 中的变压器 T1，其二次绕组额定电压应比相连电网额定电压高 10%，其中有 5% 是用于补偿变压器满负荷运行时绕组内部的约 5% 的电压降，因为变压器二次绕组的额定电压是指变压器一次绕组加上额定电压时二次绕组开路的电压；此外，变压器满负荷时输出的二次电压还要高于电网额定电压 5%，以补偿线路上的电压损耗。

（2）变压器二次侧供电线路不长，如为低压电网或直接供电给高低压用电设备时，如图 1-10 中的变压器 T2，其二次绕组额定电压只需高于电网额定电压 5%，仅考虑补偿变压器满负荷时绕组内部 5% 的电压降。

（五）电压高低的划分

我国现在统一以 1 000 V（或略高，如 GB 1497—1985《低压电器基本标准》规定：交流 50 Hz、额定电压 1 200 V 及以下或直流额定电压 1 500 V 及以下的电器，属于其标准所指的低压电器）为界线来划分电压的高低，如表 1-1 所示。

低压——指额定电压在 1 000 V 及以下者；

高压——指额定电压在 1 000 V 以上者。

三、电压偏差与电压调整

（一）电压偏差的有关概念

1. 电压偏差的含义

电压偏差又称电压偏移，是指给定瞬间设备的端电压 U 与设备额定电压 U_N 之差对额定电压 U_N 的百分值，即

$$\Delta U=\frac{U-U_N}{U_N}\times 100\% \tag{1-1}$$

2. 电压对设备运行的影响

（1）对感应电动机的影响。当感应电动机端电压较其额定电压低 10% 时，由于转矩 M 与端电压 U 二次方成正比（$M\propto U^2$），因此其实际转矩将只有额定转矩的 81%，而负荷电流将增大 5% ～ 10%，温升将增高 10% ～ 15%，绝缘老化程度将比规定增加一倍以上，从而明显地缩短电动机的使用寿命。而且由于转矩减小，转速下降，不仅会降低生产效率，减少产量，而且还会影响产品质量，增加废、次品。当其端电压较其额定电压偏高时，负荷电流和温升也将增加，绝缘相应受损，对感应电动机同样不利，也要缩短其使用寿命。

（2）对同步电动机的影响。当同步电动机的端电压偏高或偏低时，由于转矩也要按电压平方成正比变化，因此同步电动机的电压偏差，除了不会影响其转速外，其他如对转矩、电流和温升等的影响，均与感应电动机相同。

（3）对电光源的影响。电压偏差对白炽灯的影响最为显著。当白炽灯的端电压降低 10%

时，灯泡的使用寿命将延长 2 ～ 3 倍，但发光效率将下降 30% 以上，灯光明显变暗，照度降低，严重影响人的视力健康，降低工作效率，还可能增加事故。当其端电压升高 10% 时，发光效率将提高 1/3，但其使用寿命将大大缩短，只有原来的 1/3 左右。电压偏差对荧光灯及其他气体放电灯的影响不像对白炽灯那样明显，但也有一定的影响。当其端电压偏低时，灯管不易起燃。如果多次反复起燃，则灯管寿命将大受影响；而且电压降低时，照度下降，影响视力工作。当其电压偏高时，灯管寿命又要缩短。

3. 允许的电压偏差

GB 50052—2009《供配电系统设计规范》规定，在系统正常运行情况下，用电设备端子处的电压偏差允许值（以额定电压的百分数表示）宜符合下列要求：

（1）电动机为 ±5%；

（2）电气照明：在一般工作场所为 ±5%；对于远离变电所的小面积一般工作场所，难以满足上述要求时，可为 5% ～ 10%；应急照明、道路照明和警卫照明等，为 5% ～ 10%。

（3）其他用电设备，当无特殊规定时为 ±5%。

（二）电压调整的措施

为了满足用电设备对电压偏差的要求，供电系统必须采取相应的电压调整措施：

（1）正确选择无载调压型变压器的电压分接头或采用有载调压变压器。我国工厂供电系统中应用的 6 ～ 10 kV 电力变压器，一般为无载调压型，其高压绕组（一次绕组）有 U_N ±5% 的电压分接头，并装设有无载调压分接开关，如图 1-11 所示。如果设备端电压偏高，则应将分接开关换接到 +5% 的分接头，以降低设备端电压。如果设备端电压偏低，则应将分接开关换接到 -5% 的分接头，以升高设备端电压。但是这只能在变压器无载条件下进行调节，使设备端电压较接近于设备额定电压，而不能按负荷的变动实时地自动调节电压。如果用电负荷中有的设备对电压偏差要求严格，采用无载调压型变压器满足不了要求，而这些设备单独装设调压装置在技术经济上又不合理时，可以采用有载调压型变压器，使之在负荷情况下自动调节电压，保证设备端电压的稳定。

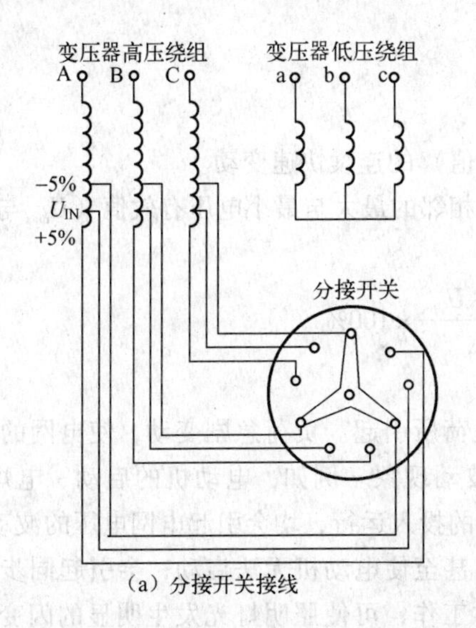

（a）分接开关接线

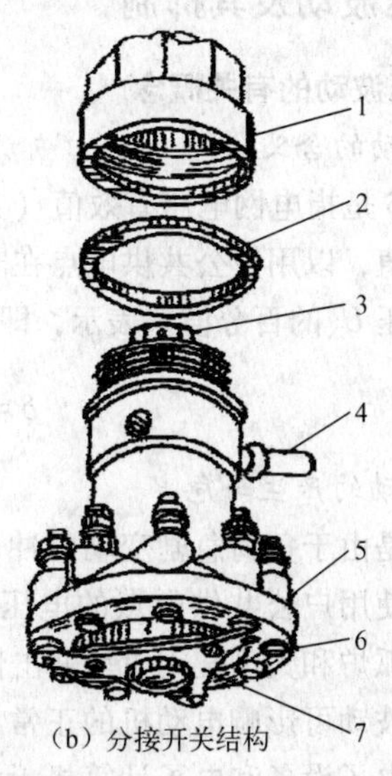

（b）分接开关结构

图 1-11　电力变压器的分接开关

1—帽　2—密封垫圈　3—操动螺母　4—定位钉　5—绝缘盘　6—静触头　7—动触头

（2）合理减小系统的阻抗。由于供电系统中的电压损耗与系统中各元件包括变压器和线路的阻抗成正比，因此可考虑减少系统的变压级数、适当增大导线电缆的截面或以电缆取代架空线等来减小系统阻抗，降低电压损耗，从而减小电压偏差，达到电压调整的目的。但是增大导线电缆的截面或以电缆取代架空线，要增加线路投资，因此应进行技术经济的分析比较，合理时才采用。

（3）合理改变系统的运行方式。在一班制或两班制的工厂或车间中，工作班的时间内，负荷重，往往电压偏低，因此需要将变压器高压绕组的分接头调在 −5% 的位置上。但这样一来，到晚上负荷轻时，电压就会过高。这时如能切除变压器，改用与相邻变电所相连的低压联络线供电，既可减少这台变压器的电能损耗，又可由于投入低压联络线而增加线路的电压损耗，从而降低所出现的高电压。对于两台变压器并列运行的变电所，在负荷轻时切除一台变压器，同样可起到降低过高电压的作用。

（4）尽量使系统的三相负荷均衡。在有中性线的低压配电系统中，如果三相负荷分布不均衡，则将使负荷端中性点电位偏移，造成有的相电压升高，从而增大线路的电压偏差。为此，应使三相负荷分布尽可能均衡，以降低电压偏差。

（5）采用无功功率补偿装置。电力系统中由于存在大量的感性负荷，如电力变压器、感应电动机、电焊机、高频炉、气体放电灯等，因此会出现相位滞后的无功功率，导致系统的功率因数降低及电压损耗和电能损耗增大。为了提高系统的功率因数，降低电压损耗和电能损耗，可采用并联电容器或同步补偿机，使之产生相位超前的无功功率，以补偿系统中相位滞后的无功功率。这些专门用于补偿无功功率的并联电容器和同步补偿机，统称为无功补偿设备。由于并联电容器无旋转部分，具有安装简便、运行维护方便、有功损耗小、组装灵活和便于扩充等优点，因此并联电容器在工厂供电系统中获得了广泛的应用。但必须指出，采用专门的无功补偿设备，虽然电压调整的效果显著，却增加了额外投资，因此在进行电压调整时，应优先考虑前面所述各项措施，以提高供电系统的经济效果。

四、电压波动及其抑制

（一）电压波动的有关概念

1. 电压波动的含义

电压波动 δ 是指电网电压有效值（方均根值）的连续快速变动。

电压波动值，以用户公共供电点在时间上相邻的最大与最小电压有效值（U_{max} 与 U_{min}）之差对电网额定电压 U_N 的百分值来表示，即

$$\delta = \frac{U_{max} - U_{min}}{U_N} \times 100\% \tag{1-2}$$

2. 电压波动的产生与危害

电压波动是由于负荷急剧变动的冲击性负荷所引起。负荷急剧变动，使电网的电压损耗相应变动，从而使用户公共供电点的电压出现波动现象。例如，电动机的启动、电焊机的工作、特别是大型电弧炉和大型轧钢机等冲击性负荷的投入运行，均会引起电网电压的波动。

电网电压波动可影响电动机的正常启动，甚至使电动机无法启动；会引起同步电动机的转子振动；可使电子设备和电子计算机无法正常工作；可使照明灯光发生明显的闪变，严重影响视觉，使人无法正常生产、工作和学习。因此 GB 12326—2008《电能质量　电压波动和闪变》规定了电力系统连接点的电压波动和闪变的限值。

（二）电压波动的抑制措施

抑制电压波动可采取下列措施：

（1）对负荷变动剧烈的大型电气设备，采用专用线路或专用变压器单独供电。这是最简便有效的办法。

（2）设法增大供电容量，减小系统阻抗，例如将单回路线路改为双回路线路，或将架空线路改为电缆线路等，使系统的电压损耗减小，从而减小负荷变动时引起的电压波动。

（3）在系统出现严重的电压波动时，减少或切除引起电压波动的负荷。

（4）对大容量电弧炉的炉用变压器，宜由短路容量较大的电网供电，一般选用更高电压等级的电网供电。

（5）对大型冲击性负荷，如果采取上列措施仍达不到要求时，可装设能“吸收”冲击性无功功率的静止型无功补偿装置，是一种能吸收随机变化的冲击性无功功率和动态谐波电流的无功补偿装置，其类型有多种，而以自饱和电抗器型的效能最好，其电子元件少，可靠性高，反应速度快，维护方便经济。

五、三相不平衡及其改善

（一）三相不平衡的产生及其危害

在三相供电系统中，如果三相的电压或电流幅值或有效值不等，或者三相的电压或电流相位差不为120°时，则称此三相电压或电流不平衡。

三相供电系统在正常运行方式下出现三相不平衡的主要原因，是三相负荷不平衡所引起的。

不平衡的三相电压或电流，按对称分量法，可分解为正序分量、负序分量和零序分量。由于负序分量的存在，就使三相系统中的三相感应电动机在产生正向转矩的同时，还产生一个反向转矩，从而降低电动机的输出转矩，并使电动机绕组电流增大，温升增高，缩短电动机的使用寿命。对三相变压器来说，由于三相电流不平衡，当最大相电流达到变压器额定电流时，其他两相却低于额定值，从而使变压器容量不能得到充分利用。对多相整流装置来说，三相电压不对称，将严重影响多相触发脉冲的对称性，使整流装置产生较大的谐波，进一步影响电能质量。

（二）电压不平衡度及其允许值

电压不平衡度，用电压负序分量的方均根值 U_2 与电压正序分量的方均根值 U_1 的百分比值来表示，即

$$\varepsilon = \frac{U_2}{U_1} \times 100\% \tag{1-3}$$

（三）改善三相不平衡的措施

（1）使三相负荷均衡分配。在供配电设计和安装中，应尽量使三相负荷均衡分配。三相系统中各相装设的单相用电设备容量之差应不超过15%。

（2）使不平衡负荷分散连接。尽可能将不平衡负荷接到不同的供电点，以减少其集中连接造成电压不平衡度可能超过允许值的问题。

（3）将不平衡负荷接入更高电压的电网。由于更高电压的电网具有更大的短路容量，因此接入不平衡负荷时对三相不平衡度的影响可大大减小。例如，电网短路容量大于负荷容量50倍时，就能保证连接点的电压不平衡度小于2%。

（4）采用三相平衡化装置。三相平衡化装置包括具有分相补偿功能的静止型无功补偿装置

和静止无功电源。静止无功电源基本上不用储能元件，而是充分利用三相交流电的特点，使能量在三相之间及时转移来实现补偿。

六、工厂供配电电压的选择

(一) 工厂供电电压的选择

工厂供电的电压，主要取决于当地电网的供电电压等级，同时也要考虑工厂用电设备的电压、容量和供电距离等因素。由于在同一输送功率和输送距离条件下，供电电压越高，则线路电流越小，从而使线路导线或电缆截面越小，可减少线路的投资和有色金属消耗量。各级电压电力线路合理的输送功率和输送距离，如表 1-3 所示。

表 1-3 各级电压线路合理的输送功率和输送距离

线路电压/kV	线 路 结 构	输送功率/kW	输送距离/km
0.38	架空线	≤100	≤0.25
0.38	电缆	≤175	≤0.35
6	架空线	≤1 000	≤10
6	电缆	≤3 000	≤8
10	架空线	≤2 000	6～20
10	电缆	≤5 000	≤10
35	架空线	2 000～10 000	20～50
66	架空线	3 500～30 000	30～100
110	架空线	10 000～50 000	50～150
220	架空线	100 000～500 000	200～300

《供电营业规则》规定：供电企业（指供电电网）供电的额定电压，低压有单相 220 V，三相 380 V；高压有 10 kV、35 kV（66 kV）、110 kV、220 kV。并规定：除发电厂直配电压可采用 3 kV 或 6 kV 外，其他等级的电压应逐步过渡到上述额定电压。如果用户需要的电压等级不在上列范围时，应自行采用变压措施解决。用户需要的电压等级在 110 kV 及以上时，其受电装置应作为终端变电所设计，其方案需经省电网经营企业审批。

(二) 工厂高压配电电压的选择

工厂供电系统的高压配电电压，主要取决于工厂高压用电设备的电压和容量、数量等因素。

工厂采用的高压配电电压通常为 10 kV。如果工厂拥有相当数量的 6 kV 用电设备，或者供电电源电压就是从邻近发电厂取得的 6.3 kV 直配电压，则可考虑采用 6 kV 作为工厂的高压配电电压。如果不是上述情况，或者 6 kV 用电设备不多时，则应仍用 10 kV 作高压配电电压，而少数 6 kV 用电设备则通过专用的 10/6.3 kV 变压器单独供电。3 kV 不能作为高压配电电压。如果工厂有 3 kV 用电设备，则应通过 10/3.15 kV 变压器单独供电。

如果当地电网供电电压为 35 kV，而厂区环境条件又允许采用 35 kV 架空线路和较经济的 35 kV 电气设备时，可考虑采用 35 kV 作为高压配电电压深入工厂各车间负荷中心，并经车间变电所直接降为低压用电设备所需的电压。这种高压深入负荷中心的直配方式，可以省去一级中间变压，大大简化供电系统接线，节约投资和有色金属，降低电能损耗和电压损耗，提高供电质量，因此有一定的推广价值。但必须考虑厂区要有满足 35 kV 架空线路深入各车间负荷中心的

“安全走廊”，以确保安全。

（三）工厂低压配电电压的选择

工厂的低压配电电压，一般采用 220 V/380 V，其中线电压 380 V 接三相动力设备及额定电压为 380 V 的单相用电设备，相电压 220 V 接额定电压为 220 V 的照明灯具和其他单相用电设备。但某些场合宜采用 660 V 或 1 140 V 作为低压配电电压，例如在矿井下，其负荷中心往往离变电所较远，因此为保证负荷端的电压水平而采用 660 V 甚至 1 140 V 电压配电。采用 660 V 或 1 140 V 配电，较之采用 380 V 配电，可以减少线路的电压损耗，提高负荷端的电压水平，而且能减少线路的电能损耗，降低线路的投资和有色金属消耗量，增加供电半径，提高供电能力，减少变压点，简化配电系统。因此提高低压配电电压有明显的经济效益，是节电的有效措施之一，这在世界各国已成为发展趋势。但是将 380 V 升高为 660 V，需电器制造部门乃至其他有关部门全面配合，我国目前尚难实现。目前 660 V 电压只限于采矿、石油和化工等少数企业中采用，1 140 V 电压只限于井下采用。至于 220 V 电压，现已不作为三相配电电压，只作为单相配电电压和单相用电设备的额定电压。

第四节　电力系统中性点的运行方式

在三相交流电力系统中，作为供电电源的发电机和变压器的中性点有三种运行方式：(1) 电源中性点不接地；(2) 中性点经阻抗接地；(3) 中性点直接接地。前两种合称为小接地电流系统，亦称中性点非有效接地系统，或称中性点非直接接地系统。后一种中性点直接接地系统，称为大接地电流系统，亦称为中性点有效接地系统。

我国 3 ～ 66 kV 的电力系统，特别是 3 ～ 10 kV 系统，一般采用中性点不接地的运行方式。如果单相接地电流大于一定值时（3 ～ 10 kV 系统中，单相接地电流大于 30 A；20 kV 及以上系统中，单相接地电流大于 10 A 时），则应采用中性点经消弧线圈接地的运行方式或低电阻接地的运行方式。我国 110 kV 及以上的电力系统，则都采用中性点直接接地的运行方式。

电力系统电源中性点的不同运行方式，对电力系统的运行特别是在系统发生单相接地故障时有明显的影响，而且将影响系统二次侧的继电保护和监测仪表的选择与运行，因此有必要予以研究。

一、中性点不接地的电力系统

图 1-12 是电源中性点不接地的电力系统在正常运行时的电路图和相量图。为了讨论问题简化，假设图 1-12 (a) 所示三相系统的电源电压和线路参数 R、L、C 都是对称的，而且将相线与大地之间存在的分布电容用一个集中电容 C 来表示，而相线之间存在的电容因对讨论的问题没有影响则予以略去。

系统正常运行时，三个相的相电压 $\dot{U}_A$、$\dot{U}_B$、$\dot{U}_C$ 是对称的，三个相的对地电容电流 $\dot{I}_{C0}$ 也是平衡的，如图 1-12 (b) 所示。因此，三个相的电容电流的相量和为零，地中没有电流流过。各相的对地电压，就是各相的相电压。

当系统发生单相接地故障时，假设是 C 相接地，如图 1-13 (a) 所示。这时 C 相对地电压为零，而 A 相对地电压 $\dot{U}'_A = \dot{U}_A + (-\dot{U}_C) = \dot{U}_{AC}$，B 相对地电压 $\dot{U}'_B = \dot{U}_B + (-\dot{U}_C) = \dot{U}_{BC}$，由图 1-13 (b) 的相量图可知，C 相接地时，完好的 A、B 两相对地电压都由原来的相电压升高到

线电压，即升高为原对地电压的$\sqrt{3}$倍。

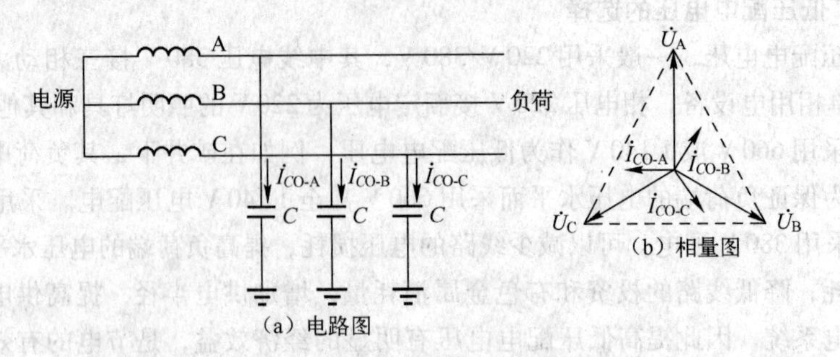

图 1-12　正常运行时的中性点不接地的电力系统

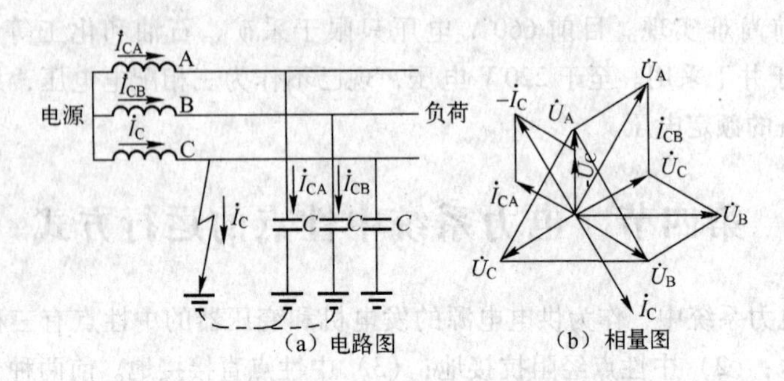

图 1-13　单相接地时的中性点不接地的电力系统

当 C 相接地时，系统的接地电流$\dot{I}_C$（电容电流）应为 A、B 两相对地电容电流之和，即

$$\dot{I}_C = -(\dot{I}_{CA} + \dot{I}_{CB}) \tag{1-4}$$

由图 1-13（b）的相量图可知，$\dot{I}_C$在相位上超前$\dot{U}_C$90°；而在量值上，由于 $I_C = \sqrt{3} I_{C.A}$，而 $I_{C.A} = U'_A / X_C = \sqrt{3} U_A / X_C = \sqrt{3} I_{C0}$，因此

$$I_C = 3 I_{C0}$$

即单相接地电容电流为系统正常运行时相线对地电容电流的 3 倍。

由于线路对地的电容 C 不好准确计算，因此 I_{C0}和 I_C也不好根据 C 值来精确地确定。

中性点不接地系统中的单相接地电流通常采用下列经验公式计算：

$$I_C = \frac{U_N (l_{oh} + 35 l_{cab})}{350} \tag{1-5}$$

式中：I_C——系统的单相接地电容电流，A；

U_N——系统额定电压，kV；

l_{oh}——同一电压 U_N的具有电气联系的架空线路总长度，km；

l_{cab}——同一电压 U_N的具有电气联系的电缆线路（cable line）总长度，km。

必须指出：当中性点不接地系统中发生单相接地时，三相用电设备的正常工作并未受到影响，因为线路的线电压无论其相位和量值均未发生变化，这从图 1-13（b）的相量图可以看出，因此该系统中的三相用电设备仍能照常运行。但是这种存在单相接地故障的系统不允许长期运行，以免再有一相发生接地故障时，形成两相接地短路，使故障扩大。因此在中性点不接地系统中，应装设专门的单相接地保护或绝缘监视装置。当系统发生单相接地故障时，发出报警信号，提醒供电值班人员注意，及时处理；当危及人身和设备安全时，则单相接地保护应跳闸动作，切除故障线路。

二、中性点经消弧线圈接地的电力系统

上述中性点不接地的电力系统有一种故障情况比较危险，即在发生单相接地故障时如果接地电流较大，将在接地故障点出现断续电弧。由于电力线路既有电阻 R、电感 L，又有电容 C，因此在发生单相弧光接地时，可形成一个 $R-L-C$ 的串联谐振电路，从而使线路上出现危险的过电压（可达相电压的 2.5 ～ 3 倍），这可能导致线路上绝缘薄弱地点的绝缘击穿。为了防止单相接地时接地点出现断续电弧，引起谐振过电压，因此在单相接地电容电流大于一定值时，电力系统中性点必须采取经消弧线圈接地的运行方式。

图 1-14 是电源中性点经消弧线圈接地的电力系统发生单相接地时的电路图和相量图。

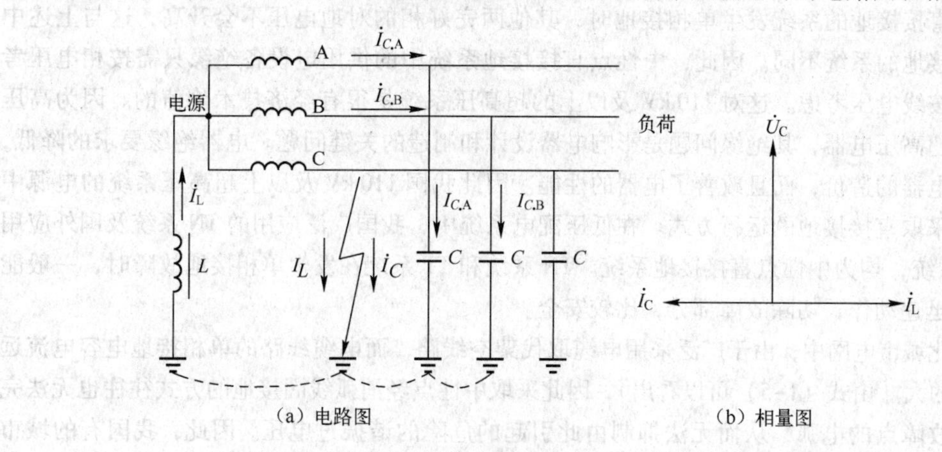

图 1-14 中性点经消弧线圈接地的电力系统发生单相接地时

消弧线圈实际上就是一个可调的铁心电感线圈，其电阻很小$\dot{I}_C$，感抗很大。当系统发生单相接地时$\dot{I}_L$，通过接地点$\dot{I}_C$ 的电流为$\dot{U}_C$ 接地电容$\dot{I}_L$ 电流$\dot{U}_C$ 与$\dot{I}_C$ 通过$\dot{I}_L$ 消弧线圈 L 的电感电流之和。由于超前 90°，而滞后 90°，因此与在接地点相互补偿。当$\dot{I}_L$ 与$\dot{I}_C$ 的量值差小于发生电弧的最小电流（称为最小生弧电流）时，电弧就不会产生，也就不会出现谐振过电压了。

在电源中性点经消弧线圈接地的三相系统中，与中性点不接地的系统一样，在系统发生单相接地故障时允许短时间（一般规定为 2 h）继续运行，但应有保护装置在接地故障时及时发出报警信号。运行值班人员应抓紧时间积极查找故障，予以消除；在暂时无法消除故障时，应设法将重要负荷转移到备用电源线路上去。如发生单相接地会危及人身和设备安全时，则单相接地保护应动作于跳闸，切除故障线路。

中性点经消弧线圈接地的电力系统，在单相接地时，其他两相对地电压也要升高到线电压，即升高为原对地电压的$\sqrt{3}$倍。

三、中性点直接接地或经低电阻接地的电力系统

图 1-15 是电源中性点直接接地的电力系统发生单相接地时的电路图。这种系统的单相接地，即通过接地中性点形成单相短路 $k^{(1)}$。单相短路电流 $I_k^{(1)}$ 比线路的正常负荷电流大得多，因此在系统发生单相短路时保护装置应动作于跳闸，切除短路故障，使系统的其他部分恢复正常运行。

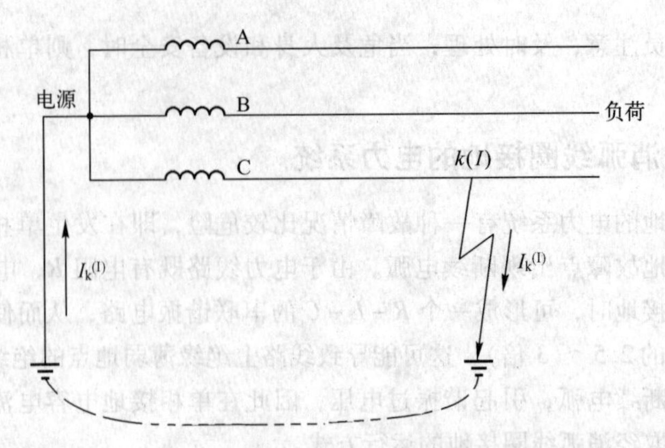

图 1-15　中性点直接接地的电力系统在发生单相接地时

中性点直接接地的系统发生单相接地时，其他两完好相的对地电压不会升高，这与上述中性点非直接接地的系统不同。因此，中性点直接接地系统中的供用电设备绝缘只需按相电压考虑，而无须按线电压考虑。这对 110 kV 及以上的超高压系统是很有经济技术价值的。因为高压电器特别是超高压电器，其绝缘问题是影响电器设计和制造的关键问题。电器绝缘要求的降低，不仅降低了电器的造价，而且改善了电器的性能。因此我国 110 kV 及以上超高压系统的电源中性点通常都采取直接接地的运行方式。在低压配电系统中，我国广泛应用的 TN 系统及国外应用较广的 TT 系统，均为中性点直接接地系统。TN 系统和 TT 系统在发生单相接地故障时，一般能使保护装置迅速动作，切除故障部分，比较安全。

在现代化城市电网中，由于广泛采用电缆取代架空线路，而电缆线路的单相接地电容电流远比架空线路的大［由式（1-5）可以看出］，因此采取中性点经消弧线圈接地的方式往往也无法完全消除接地故障点的电弧，从而无法抑制由此引起的危险的谐振过电压。因此，我国有的城市（例如北京市）的 10 kV 城市电网中性点采取低电阻接地的运行方式。它接近于中性点直接接地的运行方式，必须装设动作于跳闸的单相接地故障保护。在系统发生单相接地故障时，迅速切除故障线路，同时系统的备用电源投入装置动作，投入备用电源，恢复对重要负荷的供电。由于这类城市电网，通常都采用环网供电方式，而且保护装置完善，因此供电可靠性是相当高的。

思考与练习题

1-1　什么叫电力系统、电力网和动力系统？建立大型电力系统（联合电网）有哪些好处？

1-2　衡量电能质量的两个基本参数是什么？电压质量包括哪些方面的要求？

1-3　用电设备的额定电压为什么规定等于电网（线路）额定电压？为什么现在同一 10 kV 电网的高压开关，额定电压有 10 kV 和 12 kV 两种规格？

1-4　发电机的额定电压为什么规定要高于同级电网额定电压 5%？

1-5　什么叫电压偏差？电压偏差对感应电动机和照明光源各有哪些影响？有哪些调压措施？

1-6　试确定图 1-16 所示供电系统中变压器 T1 和线路 WL1、WL2 的额定电压。

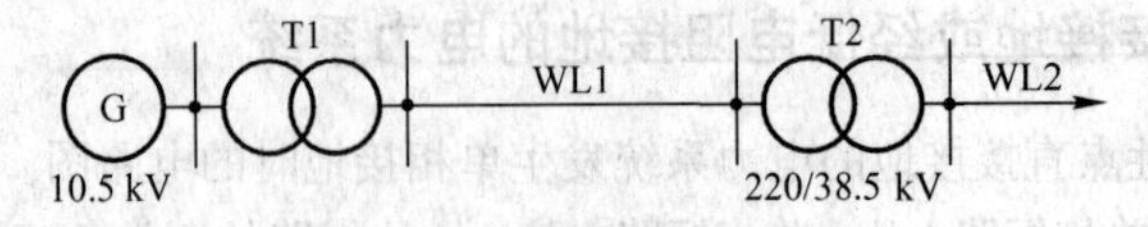

图 1-16　供电系统

1-7　试确定图1-17所示供电系统中发电机和各变压器的额定电压是多少？

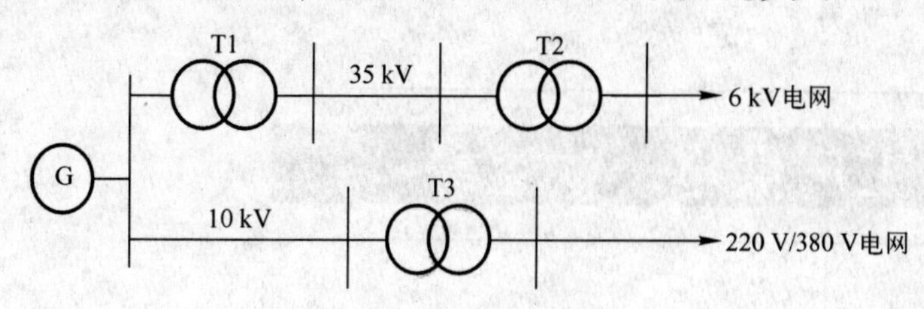

图1-17　供电系统

1-8　某厂有若干车间变电所，互有低压联络线相连。其中有一车间变电所，装有一台无载调压型配电变压器，高压绕组有 $+5\%\ U_N$、U_N、$-5\%\ U_N$ 三个电压分接头。现调在主分接头 U_N 的位置运行。但白天生产时，变电所低压母线电压只有360 V，而晚上不生产时，低压母线电压又高达410 V。问该变电所低压母线的昼夜电压偏差范围（%）为多少？宜采取哪些改善措施？

第二章 工厂供电一次系统

本章简介

本章首先讲述电力变压器、互感器、高低压开关电器、熔断器、避雷器、无功补偿设备等的结构特点、主要性能及使用注意事项，然后介绍变配电所的一次设备和主电路图，为后面进一步学习供配电技术知识打下基础。

学习目标

- 掌握各种高低压电气设备的结构特点和主要性能。
- 掌握变配电所的主接线图。

第一节 高低压电气设备

一、高压一次设备

（一）一次设备分类

变配电所中承担输送和分配电能任务的电路，称为一次电路，或称主电路、主接线。一次电路中所有的电气设备，称为一次设备或一次元件。

一次设备按其功能来分，可分以下几类：

（1）变换设备。其功能是按电力系统运行的要求改变电压或电流、频率等，例如电力变压器、电流互感器、电压互感器、变频机等。

（2）控制设备。其功能是按电力系统运行的要求来控制一次电路的通、断，例如各种高低压开关设备。

（3）保护设备。其功能是用来对电力系统进行过电流和过电压等的保护，例如熔断器和避雷器等。

（4）补偿设备。其功能是用来补偿电力系统中的无功功率，提高系统的功率因数，例如并联电力电容器等。

（5）成套设备。它是按一次电路接线方案的要求，将有关一次设备及控制、指示、监测和保护一次电路的二次设备组合为一体的电气装置，例如高压开关柜、低压配电屏、动力和照明配电箱等。

本节介绍一次电路中常用的高压熔断器、高压隔离开关、高压负荷开关、高压断路器及高压开关柜等高压设备。

（二）电气设备运行中的灭弧方法

电弧是电气设备运行中出现的一种强烈的电游离现象，其特点是光亮很强和温度很高。电弧的产生对供电系统的安全运行有很大的影响。首先，电弧延长了电路开断的时间。在开关分断短路电流时，开关触头上的电弧就延长了短路电流通过电路的时间，使短路电流危害的时间延长，这可能对电路设备造成更大的损坏。同时，电弧的高温可能烧损开关的触头，烧毁电气设备和导线电缆，还可能引起电路弧光短路，甚至引发火灾和爆炸事故。此外，强烈的弧光可能损伤人的视力，严重的可致人眼失明。因此，开关设备在结构设计上要保证操作时电弧能迅速地熄灭。

开关电器中常用的灭弧方法有：

（1）速拉灭弧法。迅速拉长电弧，可使弧隙的电场强度骤降，离子的复合迅速增强，从而加速电弧的熄灭。这种灭弧方法是开关电器中普遍采用的最基本的一种灭弧方法。高压开关中装设强有力的断路弹簧，目的就在于加快触头的分断速度，迅速拉长电弧。

（2）冷却灭弧法。降低电弧的温度，可使电弧中的高温游离减弱，正负离子的复合增强，有助于电弧的加速熄灭。这种灭弧方法在开关电器中也应用普遍，同样是一种基本的灭弧方法。

（3）吹弧灭弧法。利用外力来吹动电弧，使电弧加速冷却，同时拉长电弧，降低电弧中的电场强度，使离子的复合和扩散增强，从而加速电弧的熄灭。按吹弧的方向分，有横吹和纵吹两种，如图 2-1 所示。按外力的性质分，有气吹、油吹、电动力吹和磁力吹等方式。低压刀开关被迅速拉开其刀闸时，不仅迅速拉长了电弧，而且其电流回路产生的电动力作用于电弧，使之加速拉长，如图 2-2 所示。有的开关装有专门的磁吹线圈来吹弧，如图 2-3 所示。

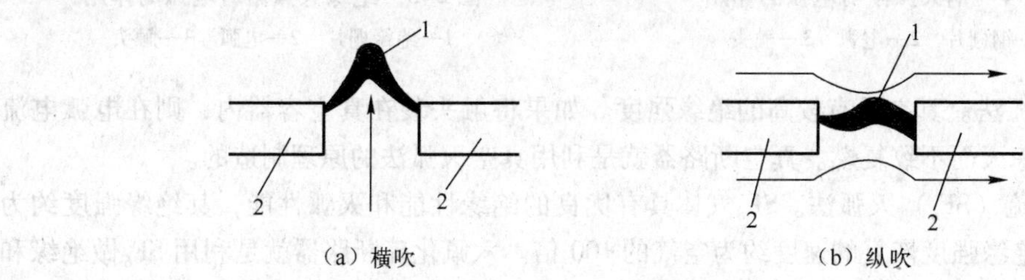

图 2-1　吹弧方式

1—电弧　2—触头

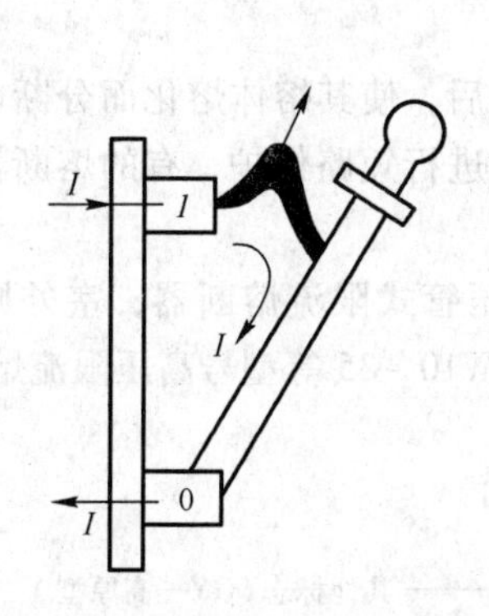

图 2-2　电动力吹弧（刀开关断开时）

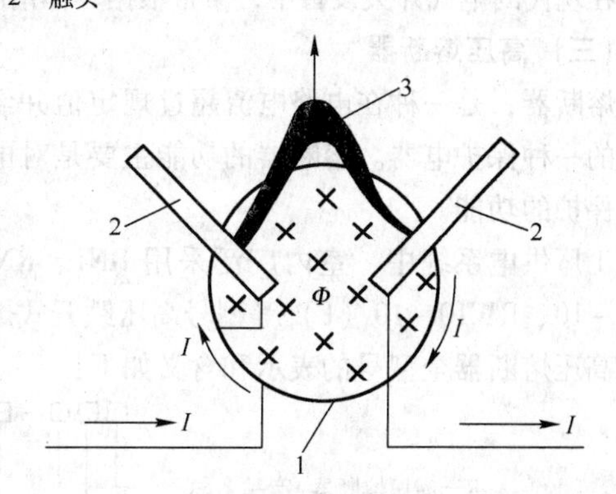

图 2-3　磁力吹弧

1—磁吹线圈　2—灭弧触头　3—电弧

（4）长弧切短灭弧法。由于电弧的电压降主要降落在阴极和阳极上，其中阴极电压降又比阳极电压降大得多，而弧柱（电弧的中间部分）的电压降是很小的，因此如果利用若干金属片栅片（通常采用钢栅片）将长弧切割成若干短弧，则电弧上的电压降将近似地增大若干倍。当外施电压小于电弧上的电压降时，电弧就不能维持而迅速熄灭。图 2-4 所示为钢灭弧栅，当电弧在其电流回路本身产生的电动力及铁磁吸力的共同作用下进入钢灭弧栅内时，就被切割为若干短弧，使电弧电压降大大增加，同时钢片还有冷却降温作用，从而加速电弧的熄灭。

(5) 粗弧分细灭弧法。将粗大的电弧分成若干平行的细小的电弧，使电弧与周围介质的接触面增大，改善电弧的散热条件，降低电弧的温度，使电弧中离子的复合和扩散都得到加强，从而使电弧迅速熄灭。

(6) 窄沟灭弧法。使电弧在固体介质所形成的窄沟中燃烧。由于电弧的冷却条件改善，使电弧的去游离增强，同时介质表面的复合也比较强烈，从而电弧迅速熄灭。有的熔断器熔管内充填石英砂，就是利用窄沟灭弧原理。有一种用耐弧的陶瓷材料制成的绝缘灭弧栅，如图 2-5 所示，也同样利用了窄沟灭弧原理。

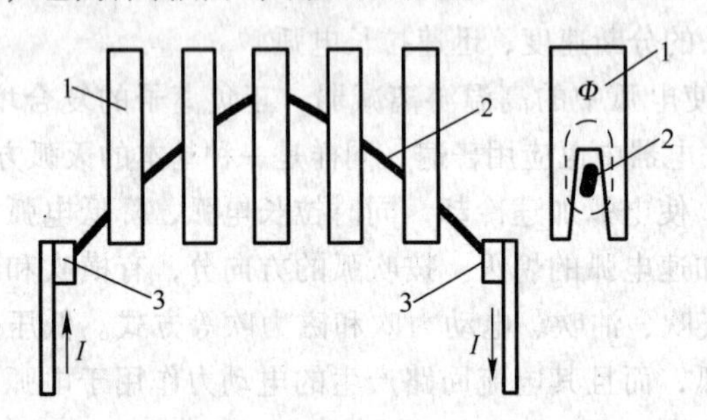

图 2-4 钢灭弧栅对电弧的作用

1—钢栅片 2—电弧 3—触头

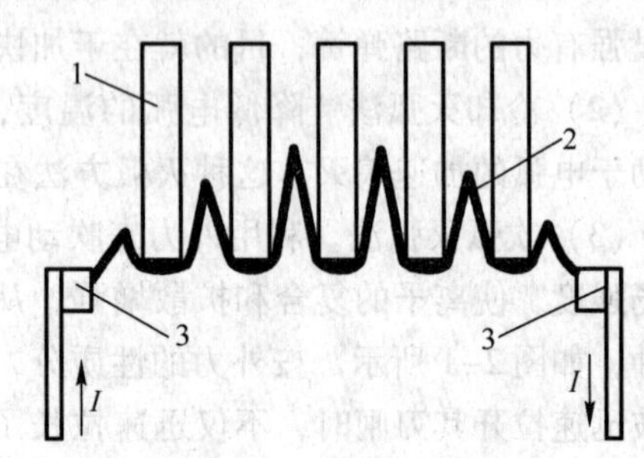

图 2-5 绝缘灭弧栅对电弧的作用

1—绝缘栅片 2—电弧 3—触头

(7) 真空灭弧法。真空具有较高的绝缘强度。如果将触头装在真空容器内，则在电弧电流过零时就能立即熄灭而不致复燃。真空断路器就是利用真空灭弧法的原理制造的。

(8) 六氟化硫（SF_6）灭弧法。SF_6气体具有优良的绝缘性能和灭弧性能，其绝缘强度约为空气的 3 倍，其绝缘强度恢复的速度约为空气的 100 倍。六氟化硫断路器就是利用 SF_6做绝缘和灭弧介质的，从而获得较高的断流容量和灭弧速度。

在现代的电气开关设备中，常常根据具体情况综合地采用上列灭弧法来达到迅速灭弧的目的。

(三) 高压熔断器

熔断器，是一种在电路电流超过规定值并经一定时间后，使其熔体熔化而分断电流、断开电路的一种保护电器。熔断器的功能主要是对电路和设备进行短路保护，有的熔断器还具有过负荷保护的功能。

工厂供电系统中，室内广泛采用 RN1、RN2 等型高压管式限流熔断器，室外则广泛采用 RW4 - 10、RW10 - 10（F）等型号高压跌开式熔断器和 RW10 - 35 等型号高压限流熔断器。

高压熔断器全型号的表示和含义如下：

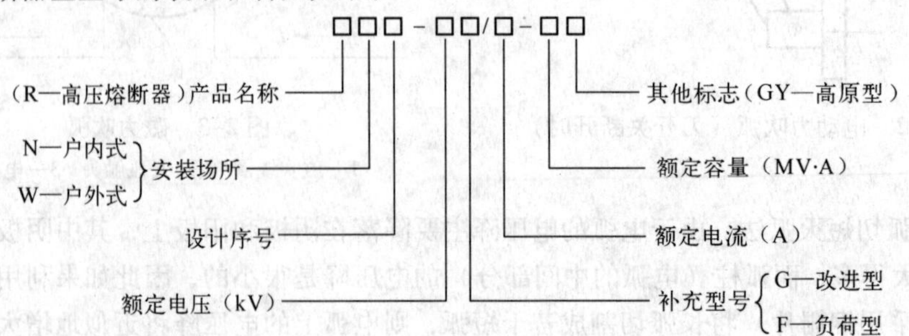

1. RN1 和 RN2 型户内高压管式熔断器

RN1 型和 RN2 型的结构基本相同，都是瓷质熔管内充石英砂填料的密封管式熔断器。其外形结构如图 2-6 所示。

RN1 型主要用作高压电路和设备的短路保护，也能起过负荷保护的作用。其熔体要通过主电路的大电流，因此其结构尺寸较大，额定电流可达 100 A。而 RN2 型只用作高压电压互感器一次侧的短路保护。由于电压互感器二次侧全部连接阻抗很大的电压线圈，致使它接近于空载工作，其一次电流很小，因此 RN2 型的结构尺寸较小，其熔体额定电流一般为 5 A。

RN1、RN2 型熔断器熔管的内部结构如图 2-7 所示。由图可知，熔断器的工作熔体（铜熔丝）上焊有小锡球。锡是低熔点金属，过负荷时锡球受热首先熔化，包围铜熔丝，铜锡分子相互渗透而形成熔点较铜的熔点低的铜锡合金，使铜熔丝能在较低的温度下熔断，这就是所谓“冶金效应”。它使熔断器能在不太大的过负荷电流和较小的短路电流下动作，从而提高了保护灵敏度。又由图可知，该熔断器采用多根熔丝并联，熔断时产生多根并行的细小电弧，利用粗弧分细灭弧法来加速电弧的熄灭。而且该熔断器熔管内是充填有石英砂的，熔丝熔断时产生的电弧完全在石英砂内燃烧，因此其灭弧能力很强，能在短路后不到半个周期内即短路电流未达到冲击值 i_{sh} 之前就能完全熄灭电弧，切断短路电流，从而使熔断器本身及其所保护的电气设备不必考虑短路冲击电流的影响，因此这种熔断器属于“限流”熔断器。

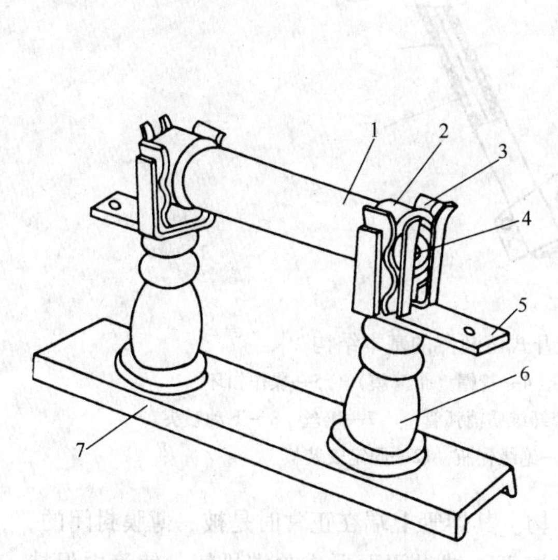

图 2-6　RN1、RN2 型高压熔断器
1—瓷熔管　2—金属管帽　3—弹性触座
4—熔断指示器　5—接线端子
6—支柱瓷瓶　7—底座

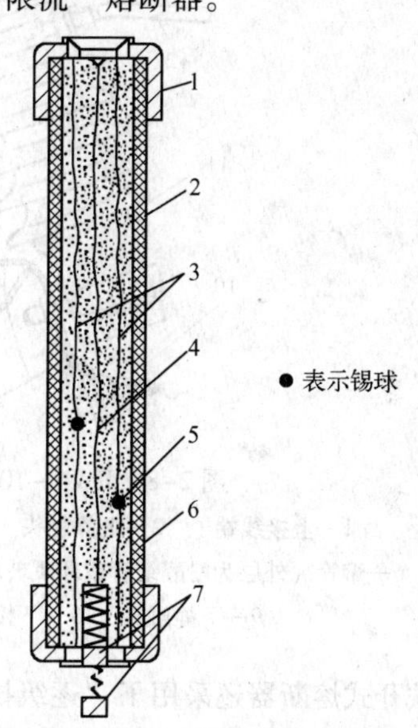

图 2-7　RN1、RN2 型熔断器的熔管剖面示意图
1—管帽　2—瓷管　3—工作熔体　4—指示熔体
5—锡球　6—石英砂填料　7—熔断指示器
（虚线表示熔断指示器在熔体熔断时弹出）

当短路电流或过负荷电流通过熔断器的熔体时，工作熔体熔断后，指示熔体相继熔断，其熔断指示器弹出，如图 2-7 中虚线所示，给出熔断的指示信号。

2. RW4 和 RW10（F）型户外高压跌开式熔断器

跌开式熔断器，又称跌落式熔断器，广泛用于环境正常的室外场所。其功能是，既可作 6～10 kV 线路和设备的短路保护，又可在一定条件下，直接用高压绝缘操作棒（俗称令克棒）来操作熔管的分合，兼起高压隔离开关的作用。一般的跌开式熔断器如 RW4 - 10（G）型等，只能在无负荷下操作，或通断小容量的空载变压器和空载线路等，其操作要求与后面即将介绍的高压隔离开关相同。而负荷型跌开式熔断器如 RW10－10（F）型，则能带负荷操作，其操作要求则与后面将要介绍的高压负荷开关相同。

图 2-8 所示为 RW4－10（G）型跌开式熔断器的基本结构。这种跌开式熔断器串接在线路上。正常运行时，其熔管上端的动触头借熔丝的张力拉紧后，利用绝缘操作棒将此动触头推入上静触头内锁紧，同时下动触头与下静触头也相互压紧，从而使电路接通。当线路上发生短路时，短路电流使熔丝熔断，形成电弧。熔管（消弧管）内壁由于电弧烧灼而分解出大量气体，使管内气压剧增，并沿管道形成强烈的气流纵向吹弧，使电弧迅速熄灭。熔管的上动触头因熔丝熔断后失去张力而下翻，使锁紧机构释放熔管，在触头弹力及熔管自重的作用下，回转跌开，造成明显可见的断开间隙。

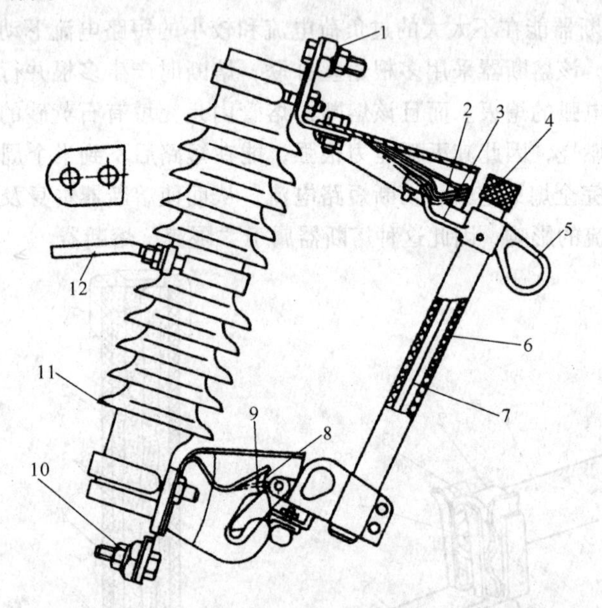

图 2-8　RW4－10（G）型跌开式熔断器的基本结构

1—上接线端子　2—上静触头　3—上动触头　4—管帽（带薄膜）　5—操作扣环
6—熔管（外层为酚醛纸管或环氧玻璃布管，内套纤维质消弧管）　7—熔丝　8—下动触头
9—下静触头　10—下接线端子　11—绝缘瓷瓶　12—固定安装板

这种跌开式熔断器还采用了“逐级排气”的结构。其熔管上端在正常时是被一薄膜封闭的，可以防止雨水浸入。在分断小的短路电流时，由于熔管上端封闭而形成单端排气，使管内保持足够大的气压，这样有助于熄灭小的短路电流所产生的电弧。而在分断大的短路电流时，由于管内产生的气压大，致使上端薄膜冲开而形成两端排气，这样有助于防止分断大的短路电流时可能造成的熔管爆裂，从而较好地解决了自产气熔断器分断大小故障电流的矛盾。

RW10－10（F）型跌开式熔断器是在一般跌开式熔断器的上静触头上面加装一个简单的灭弧室，因而能够带负荷操作。这种负荷型跌开式熔断器既能实现短路保护，又能带负荷操作，且能起隔离开关的作用，因此应用较广。

跌开式熔断器利用电弧燃烧使消弧管内壁分解产生气体来熄灭电弧，即使负荷型跌开式熔断器加装有简单的灭弧室，其灭弧能力都不强，灭弧速度也不快，不能在短路电流达到冲击值之前熄灭电弧，因此这种跌开式熔断器属于“非限流”熔断器。

（四）高压隔离开关

高压隔离开关的功能，主要是用来隔离高压电源，以保证其他设备和线路的安全检修。因此其结构特点是它断开后有明显可见的断开间隙，而且断开间隙的绝缘及相间绝缘都是足够可靠的，能充分保障人身和设备的安全。但是隔离开关没有专门的灭弧装置，因此它不允许带负荷操作。然而可用来通断一定的小电流，如励磁电流（空载电流）不超过 2 A 的空载变压器，电容电流（空载电流）不超过 5 A 的空载线路以及电压互感器、避雷器电路等。

高压隔离开关按安装地点，分户内和户外两大类。图 2-9 是 GN8 - 10 型户内高压隔离开关的外形结构图。图 2-10 是 GW2 - 35 型户外高压隔离开关的外形结构图。

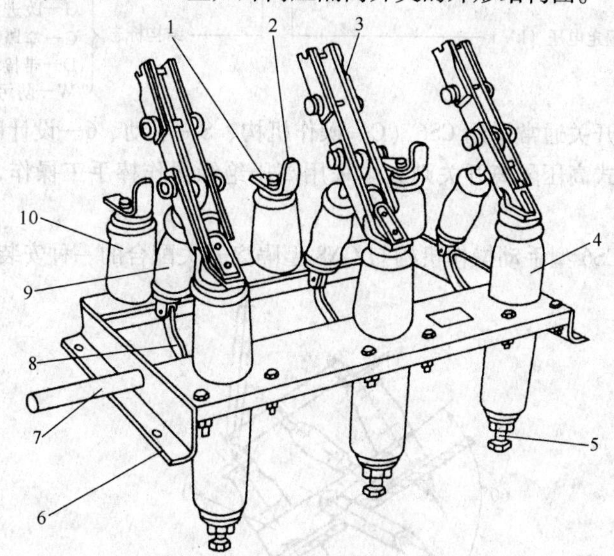

图 2-9　GN8 - 10 型户内高压隔离开关

1—上接线端子　2—静触头　3—闸刀　4—绝缘套管　5—下接线端子
6—框架　7—转轴　8—拐臂　9—升降瓷瓶　10—支柱瓷瓶

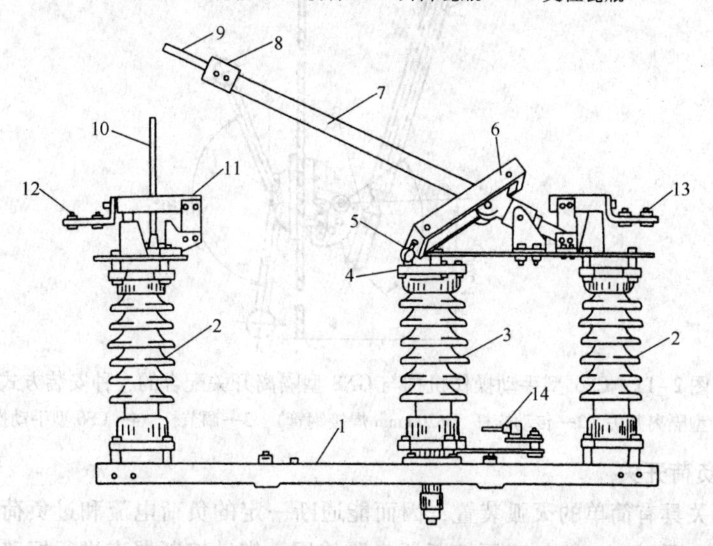

图 2-10　GW2 - 35 型户外高压隔离开关

1—角钢架　2—支柱瓷瓶　3—旋转瓷瓶　4—曲柄　5—轴套　6—传动框架　7—管形闸刀
8—工作触头　9、10—灭弧角条　11—插座　12、13—接线端子　14—曲柄传动机构高压隔离开关全型号的表示和含义如下：

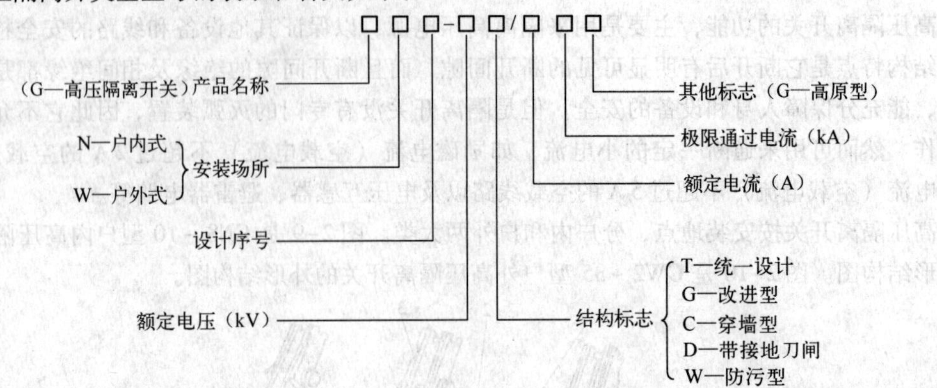

户内式高压隔离开关通常采用 CS6（C—操作机构、S—手动、6—设计序号）型手动操作机构进行操作，而户外式高压隔离开关则大多采用高压绝缘操作棒手工操作，也有的通过手动杠杆传动机构操作。

图 2-11 所示为 CS6 型手动操作机构与 GN8 型隔离开关配合的一种安装方式。

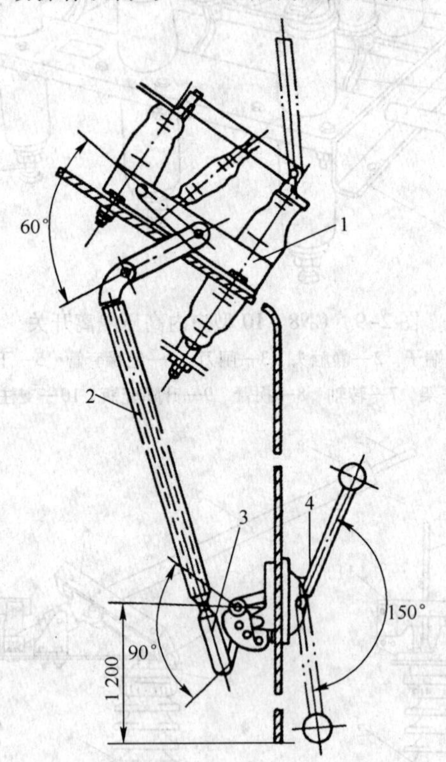

图 2-11　CS6 型手动操作机构与 GN8 型隔离开关配合的一种安装方式

1—GN8 型隔离开关　2—传动连杆（ϕ200 mm 焊接钢管）　3—调节杆　4—CS6 型手动操作机构

（五）高压负荷开关

高压负荷开关具有简单的灭弧装置，因而能通断一定的负荷电流和过负荷电流。但是它不能断开短路电流，所以它一般与高压熔断器串联使用，借助熔断器来进行短路保护。负荷开关断开后，与隔离开关一样，也有明显可见的断开间隙，因此也具有隔离高压电源、保证安全检修的功能。

高压负荷开关的类型较多，这里主要介绍一种应用最广的户内压气式高压负荷开关。图 2-12是 FN3－10RT 型户内压气式负荷开关的外形结构图。

由图 2-12 可以看出，上半部为负荷开关本身，外形与高压隔离开关类似，实际上它也就是在隔离开关的基础上加一个简单的灭弧装置。负荷开关上端的绝缘子就是一个简单的灭弧室，其内部结构如图 2-13 所示。该绝缘子不仅起支柱绝缘子的作用，而且内部是一个气缸，装有由操作机构主轴传动的活塞，其作用类似打气筒。绝缘子上部装有绝缘喷嘴和弧静触头。

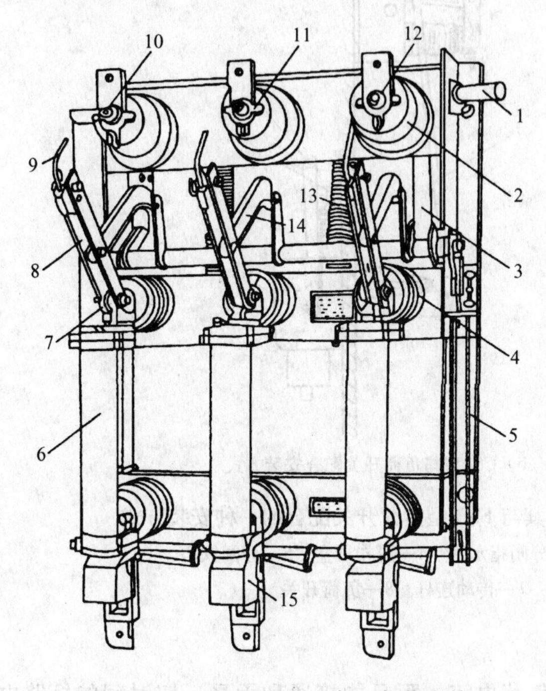

图 2-12　FN3－10RT 型高压负荷开关

1—主轴　2—上绝缘子兼汽缸　3—连杆　4—下绝缘子
5—框架　6—RN1 型高压熔断器　7—下触座　8—闸刀
9—弧动触头　10—绝缘喷嘴（内有弧静触头）
11—主静触头　12—上触座　13—断路弹簧
14—绝缘拉杆　15—热脱扣器

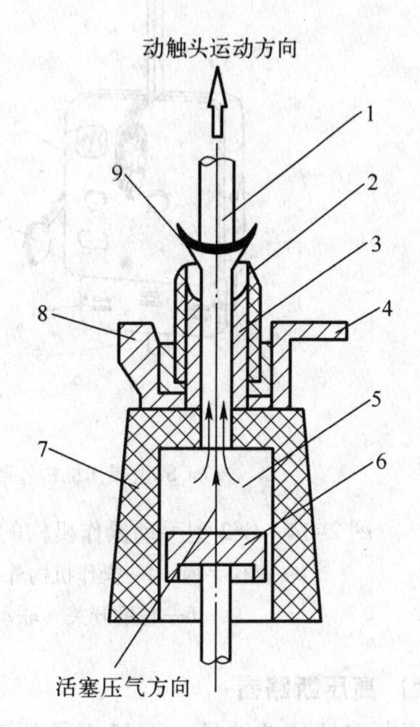

图 2-13　FN3－10RT 型高压负荷开关的压气式灭弧装置内部结构

1—弧动触头　2—绝缘喷嘴　3—弧静触头
4—接线端子　5—气缸　6—活塞
7—上绝缘子　8—主静触头
9—电弧

当负荷开关分闸时，在闸刀一端的弧动触头与绝缘子上的弧静触头之间产生电弧。由于分闸时主轴转动而带动活塞，压缩气缸内的空气而从喷嘴往外吹弧，使电弧迅速熄灭。当然分闸时还有迅速拉长电弧及电流回路本身的电磁吹弧的作用，加强了灭弧。但总的来说，负荷开关的断流灭弧能力是很有限的，只能分断一定的负荷电流和过负荷电流，因此负荷开关不能配置短路保护装置来自动跳闸，但可以装设热脱扣器用于过负荷保护。

高压负荷开关全型号的表示和含义如下：

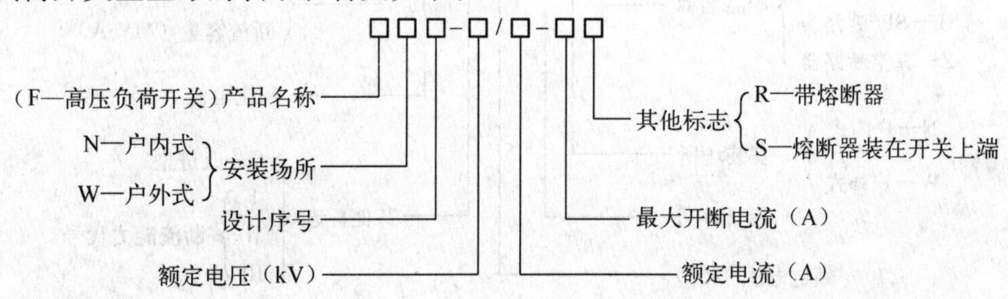

上述负荷开关一般配用 CS2 等型手动操作机构进行操作。图 2-14 是 CS2 型手动操作机构的外形及其与 FN3 型负荷开关配合的一种安装方式。

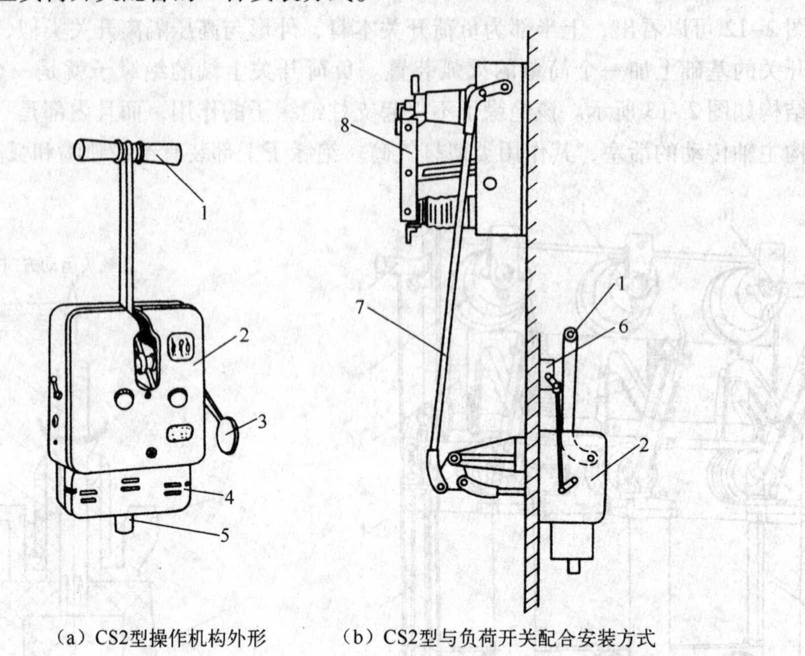

(a) CS2型操作机构外形　　(b) CS2型与负荷开关配合安装方式

图 2-14　CS2 型手动操作机构的外形及其与 FN3 型负荷开关配合的一种安装方式

1—操作手柄　2—操作机构外壳　3—分闸指示牌　4—脱扣器盒　5—分闸铁心
6—辅助开关（联动触头）　7—传动连杆　8—负荷开关

（六）高压断路器

高压断路器的功能是，不仅能通断正常的负荷电流，而且能接通和承受一定时间的短路电流，并能在保护装置作用下自动跳闸，切除短路故障。

高压断路器按其采用的灭弧介质分，有油断路器、真空断路器、六氟化硫（SF_6）断路器以及压缩空气断路器等。其中油断路器又分多油和少油两大类。多油断路器的油量多，其油一方面作为灭弧介质，另一方面又作为相对地（外壳）甚至相与相之间的绝缘介质。少油断路器的油量很少（一般只有几千克），其油只作为灭弧介质，其外壳通常是带电的。过去，35 kV 及以下的户内配电装置中大多采用少油断路器。而现在大多采用真空断路器，也有的采用六氟化硫断路器，压缩空气断路器一直应用很少。

高压断路器全型号的表示和含义如下：

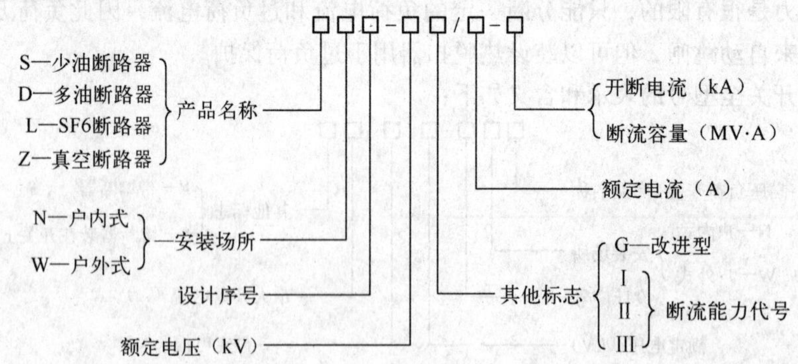

下面分别介绍我国以往广泛应用的典型的 SN10－10 型户内少油断路器及现在应用日益广泛的真空断路器和六氟化硫断路器。

1. SN10－10 型高压少油断路器

SN10－10 型高压少油断路器是我国 20 世纪 80 年代统一设计、推广应用的一种少油断路器。按其断流容量分，有Ⅰ、Ⅱ、Ⅲ型，Ⅰ型 $S_{oc}=300$ MV·A，Ⅱ型 $S_{oc}=500$ MV·A，Ⅲ型 $S_{oc}=750$ MV·A。

图 2-15 是 SN10－10 型高压少油断路器的外形，其一相油箱内部结构的剖面图如图 2-16 所示。

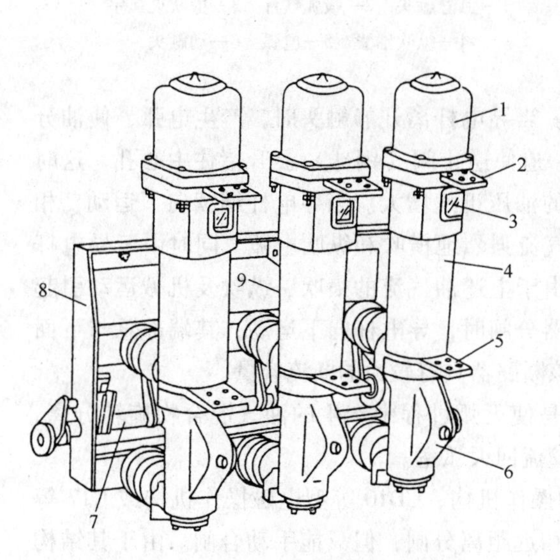

图 2-15　SN10－10 型高压少油断路器

1—铝帽　2—上接线端子　3—油标　4—绝缘筒　5—下接线端子　6—基座　7—主轴　8—框架　9—断路弹簧

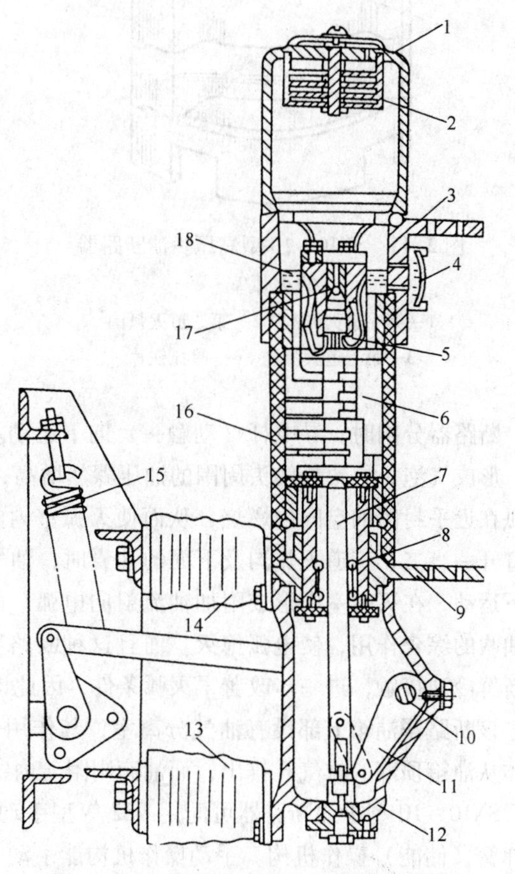

图 2-16　SN10－10 型高压少油断路器的一相油箱内部结构

1—铝帽　2—油气分离器　3—上接线端子　4—油标　5—插座式静触头　6—灭弧室　7—动触头（导电杆）　8—中间滚动触头　9—下接线端子　10—转轴　11—拐臂　12—基座　13—下支柱瓷瓶　14—上支柱瓷瓶　15—断路弹簧　16—绝缘筒　17—逆止阀　18—绝缘油

这种断路器的导电回路是：上接线端子→静触头→导电杆（动触头）→中间滚动触头→下接线端子。

断路器的灭弧，主要依赖于图 2-17 所示的灭弧室。图 2-18 是灭弧室灭弧工作示意图。

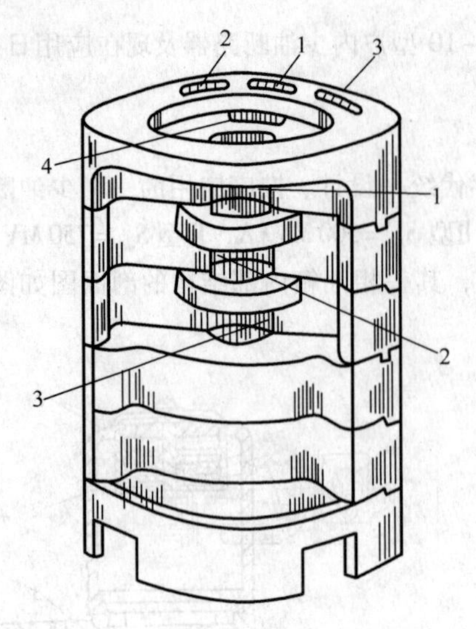

图 2-17 SN10-10 型高压少油断路器的灭弧室

1—第一道灭弧沟 2—第二道灭弧沟 3—第三道灭弧沟 4—吸弧铁片

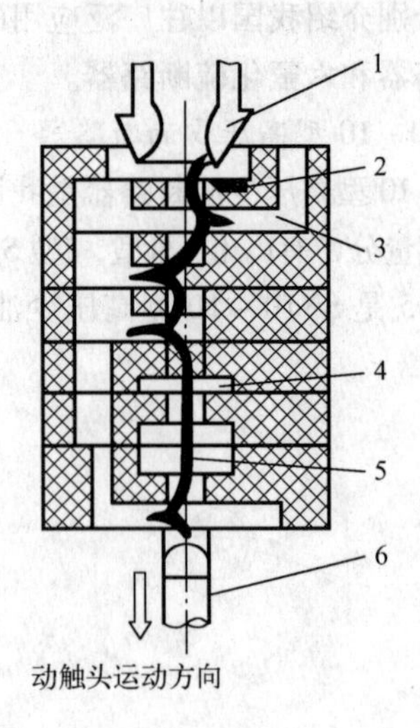

图 2-18 SN10-10 型高压少油断路器灭弧室工作示意图

1—弧静触头 2—吸弧铁片 3—横吹灭弧室 4—纵吹油囊 5—电弧 6—动触头

断路器分闸时，导电杆（动触头）向下运动。当导电杆离开静触头时，产生电弧，使油分解，形成气泡，导致静触头周围的油压骤然增高，迫使逆止阀（钢球）上升堵住中心孔。这时电弧在近乎封闭的空间内燃烧，从而使灭弧室内的油压迅速增大。当导电杆继续向下运动，相继打开一、二、三道灭弧沟及下面的油囊时，油气流强烈地横吹和纵吹电弧。同时由于导电杆向下运动，在灭弧室内形成附加油流射向电弧。由于上述油气流的横吹、纵吹及机械运动引起的油吹的综合作用，使电弧熄灭。而且这种断路器分闸时，导电杆向下运动，其端部总与下面的新鲜冷油接触，进一步改善了灭弧条件，因此该断路器具有较大的断流容量。

该断路器油箱上部设有油气分离室，其作用是使灭弧过程中产生的油气混合物旋转分离，气体从油箱顶部的排气孔排出，而油滴则附着内壁流回灭弧室。

SN10-10 型少油断路器可配用 CS2 等型手动操作机构、CD10 等型电磁操作机构或 CT7 等型弹簧（储能）操作机构。手动操作机构能手动和远距离分闸，但只能手动合闸。由于其结构简单，且为交流操作，因此相当经济实用；但由于其操作速度所限，它操作的断路器断开的短路容量不宜大于 100 MV·A。电磁操作机构能手动和远距离操作断路器的分、合闸，但需直流操作，且要求合闸功率大。弹簧操作机构也能手动和远距离操作断路器的分、合闸，且其操作电源交、直流均可，但机构较复杂，价格较高。如需实现自动合闸或自动重合闸，则必须采用电磁操作机构或弹簧操作机构。由于采用交流操作电源较为简单经济，因此弹簧操作机构的应用越来越广。

图 2-19 是 CD10 型电磁操作机构的外形和剖面图，图 2-20 是其分、合闸传动原理示意图。图 2-21 是其操作机构内部结构示意图。

2. 高压真空断路器

高压真空断路器，是利用“真空”（气压为 $10^{-2}\sim10^{-6}$ Pa）灭弧的一种断路器，其触头装在真空灭弧室内。由于电弧主要是由强烈的气体游离引起的，而真空中不存在气体游离的问题，所以该断路器的触头断开时很难发生电弧。但是在感性电路中，灭弧速度过快，瞬间切断电流 i 将使 di/dt 极大，从而使电路出现很高的过电压（$u_L = Ldi/dt$），这对供电系统是很不利的。因此这“真空”不能是绝对的真空，而是能在触头断开时由于电子发射而产生一点电弧，这电弧称为“真空电弧”，它能在电路电流第一次过零时（即半个周期时）熄灭。这样，燃弧的时间既短，又不致产生很高的过电压。

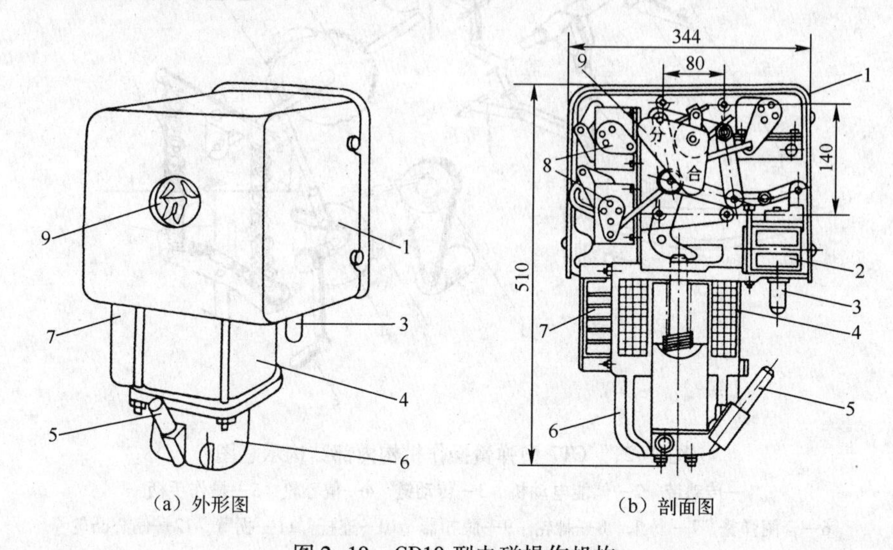

图 2-19　CD10 型电磁操作机构

1—外壳　2—跳闸线圈　3—手动跳闸铁心　4—合闸线圈　5—手动合闸操作手柄　6—缓冲底座　7—接线端子排　8—辅助开关　9—分合闸指示器

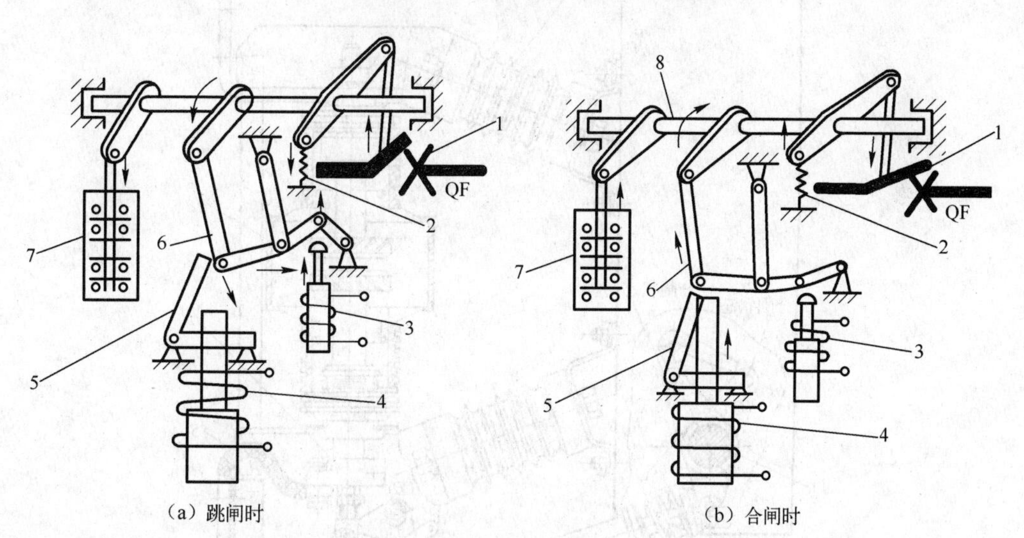

图 2-20　CD10 型电磁操作机构的传动原理示意图

1—高压断路器（QF）　2—断路弹簧　3—跳闸线圈（带铁心）　4—合闸线圈（带铁心）　5—L 形搭钩　6—连杆　7—辅助开关　8—操作机构主轴

图 2-22 是 ZN12 - 12 型户内式真空断路器的结构图，其真空灭弧室的结构如图 2-23 所示。真空灭弧室的中部，有一对圆盘状的触头。在触头刚分离时，由于电子发射而产生一点真空电弧。当电路电流过零时，电弧熄灭，触头间隙又恢复原有的真空度和绝缘强度。

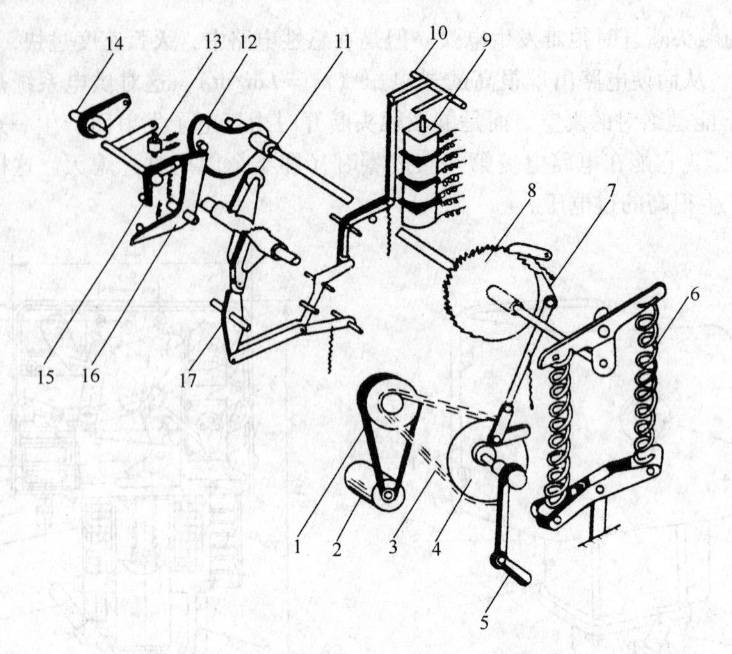

图 2-21　CT7 型弹簧操作机构内部结构示意图

1—传动带　2—储能电动机　3—传动链　4—偏心轮　5—操作手柄
6—合闸弹簧　7—棘爪　8—棘轮　9—脱扣器　10—连杆　11—拐臂　12—偏心凸轮
13—合闸电磁铁　14—输出轴　15—掣子　16—杠杆　17—连杆

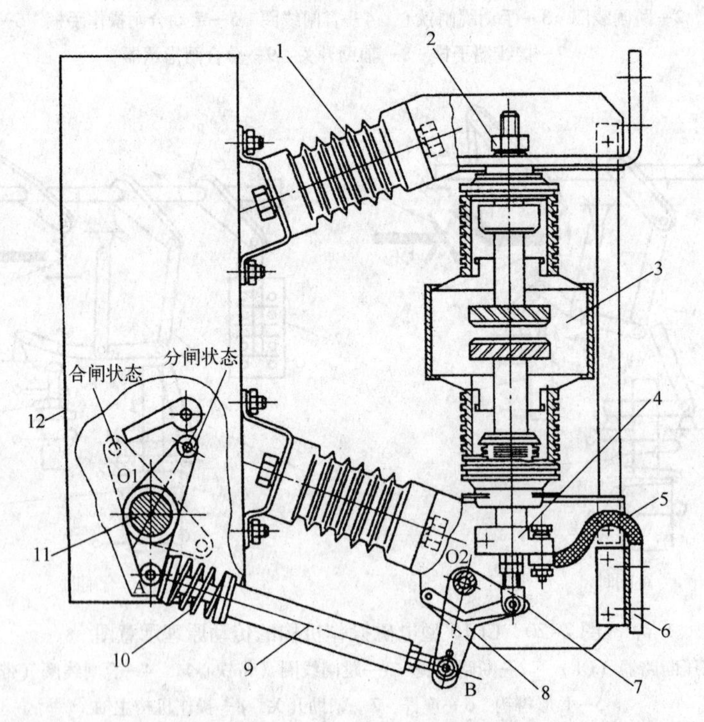

图 2-22　ZN12－12 型真空断路器结构图

1—绝缘子　2—上出线端　3—真空灭弧室　4—出线导电夹　5—出线软连接　6—下出线端　7—万向杆端轴承
8—转向杠杆　9—绝缘拉杆　10—触头压力弹簧　11—主轴　12—操作机构箱
（注：虚线为合闸位置，实线为分闸位置）

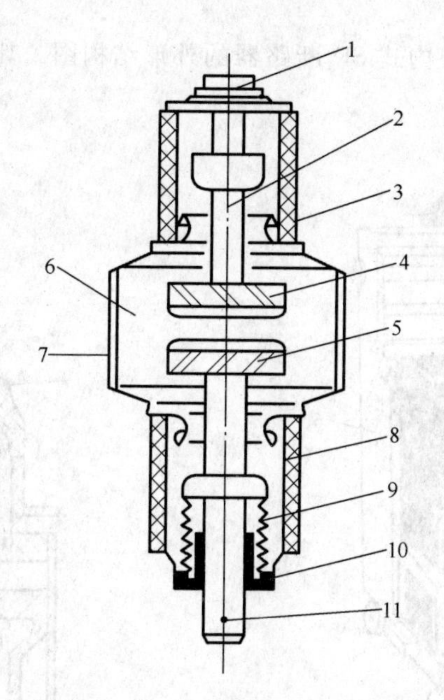

图 2-23　真空断路器的真空灭弧室

1—导电盘　2—导电杆　3—陶瓷外壳　4—静触头　5—动触头　6—真空室　7—屏蔽罩
8—陶瓷外壳　9—金属波纹管　10—导向管　11—触头磨损指示标记

真空断路器具有体积小、动作快、寿命长、安全可靠和便于维护检修等优点，但价格较贵。过去主要应用于频繁操作和安全要求较高的场所，而现在已开始取代少油断路器广泛应用在 35 kV 及以下的高压配电装置中。

真空断路器配用 CD10 等型电磁操作结构或 CT7 等型弹簧操作机构。

3. 高压六氟化硫断路器

六氟化硫（SF_6）断路器，是利用 SF_6 气体做灭弧和绝缘介质的一种断路器。SF_6 是一种无色、无味、无毒且不易燃的惰性气体。在 150 ℃以下时，其化学性能相当稳定。但它在电弧高温（高达几千度）作用下要分解出氟，氟有较强的腐蚀性和毒性，且能与触头的金属蒸气化合为一种具有绝缘性能的白色粉末状的氟化物。因此这种断路器的触头一般都设计成具有自动净化的作用。然而由于上述的分解和化合作用所产生的活性杂质，大部分能在电弧熄灭后几微秒的极短时间内自动还原，而且残余杂质可用特殊的吸附剂（如活性氧化铝）清除，因此对人身和设备都不会有什么危害。SF_6 不含碳元素，这对于灭弧和绝缘介质来说，是极为优越的特性。前面所讲的油断路器是用油做灭弧和绝缘介质的，而油在电弧高温作用下要分解出碳，使油中的含碳量增高，从而降低了油的绝缘和灭弧性能。因此油断路器在运行中要经常注意监视油色，适时分析油样，必要时要更换新油，而 SF_6 就无这些麻烦。SF_6 又不含氧元素，因此它不存在触头氧化的问题。所以 SF_6 断路器较之空气断路器，其触头的磨损较少，使用寿命增长。SF_6 除具有上述优良的物理化学性能外，还具有优良的绝缘性能，在 300 kPa 下，其绝缘强度与一般绝缘油的绝缘强度大体相当。SF_6 特别优越的性能是在电流过零时，电弧暂时熄灭后，它具有迅速恢复绝缘强度的能力，从而使电弧难以复燃而很快熄灭。

SF_6 断路器的结构，按其灭弧方式分，有双压式和单压式两类。双压式具有两个气压系统，压力低的作为绝缘，压力高的作为灭弧。单压式只有一个气压系统，灭弧时，SF_6 的气流靠压气活塞产生。单压式的结构简单，LN1、LN2 等型断路器均为单压式。

图 2-24 为 LN2 - 10 型户内式 SF_6 断路器的外形结构图，其灭弧室结构和工作示意图如图 2-25 所示。

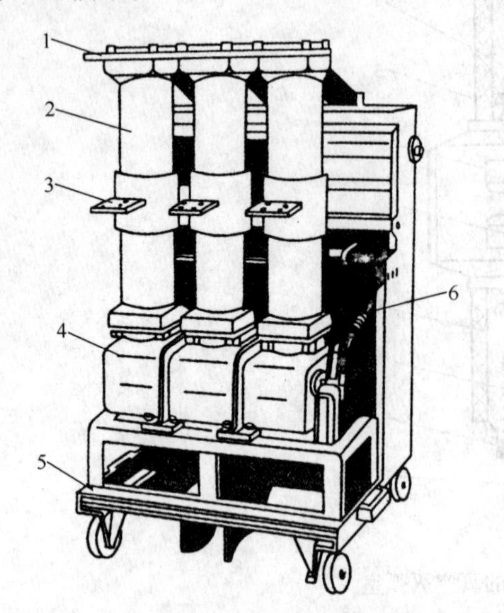

图 2-24　LN2 - 10 型户内式 SF_6 断路器

1—上接线端子　2—绝缘筒（内有气缸和触头）

3—下接线端子　4—操作机构箱

5—小车　6—断路弹簧

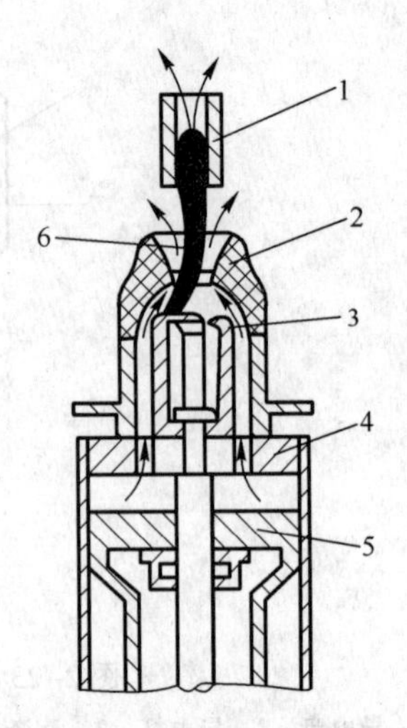

图 2-25　SF_6断路器灭弧室的结构和工作示意图

1—静触头　2—绝缘喷嘴　3—动触头

4—气缸（连同动触头由操作机构传动）

5—压气活塞（固定）　6—电弧

由图 2-25 可以看出，断路器的静触头与灭弧室中的压气活塞是相对固定不动的。分闸时，装有动触头和绝缘喷嘴的气缸由断路器操作机构通过连杆带动，离开静触头，造成气缸与活塞的相对运动，压缩 SF_6 气体，使之通过喷嘴吹弧，从而使电弧迅速熄灭。

SF_6断路器与油断路器比较，SF_6断路器具有断流能力大、灭弧速度快、绝缘性能好和检修周期长等优点，适于频繁操作，且无易燃易爆危险；但其缺点是，要求制造加工的精度很高，对其密封性能要求更严，因此价格较贵。

SF_6断路器主要用于需频繁操作及有易燃易爆危险的场所，特别是用作全封闭式组合电器。

SF_6断路器与真空断路器一样，也配用 CD10 等型电磁操作机构或 CT7 等型弹簧操作机构。

附录表 A-3 列出部分常用高压断路器的主要技术数据，供参考。

（七）高压开关柜

高压开关柜是按一定的线路方案将有关一、二次设备组装在一起的一种高压成套配电装置，在电力系统中作为控制和保护高压设备和线路之用，其中安装有高压开关设备、保护电器、监测仪表和母线、绝缘子等。

高压开关柜有固定式和手车式（移开式）两大类。在一般中小型工厂中普遍采用较为经济的固定式高压开关柜。我国以往大量生产和广泛应用的固定式高压开关柜主要是 GG - 1A（F）型。这种防误型开关柜装设了防止电气误操作和保障人身安全的闭锁装置，即所谓“五防”：（1）防止误分、误合断路器；（2）防止带负荷误拉、误合隔离开关；（3）防止带电误挂接地线；（4）防止带接地线或在接地开关闭合时误合隔离开关或断路器；（5）防止人员误入带电间隔。

图 2-26 是 GG - 1A（F）- 07S 型固定式高压开关柜的结构图，其中断路器为 SN10 - 10 型。

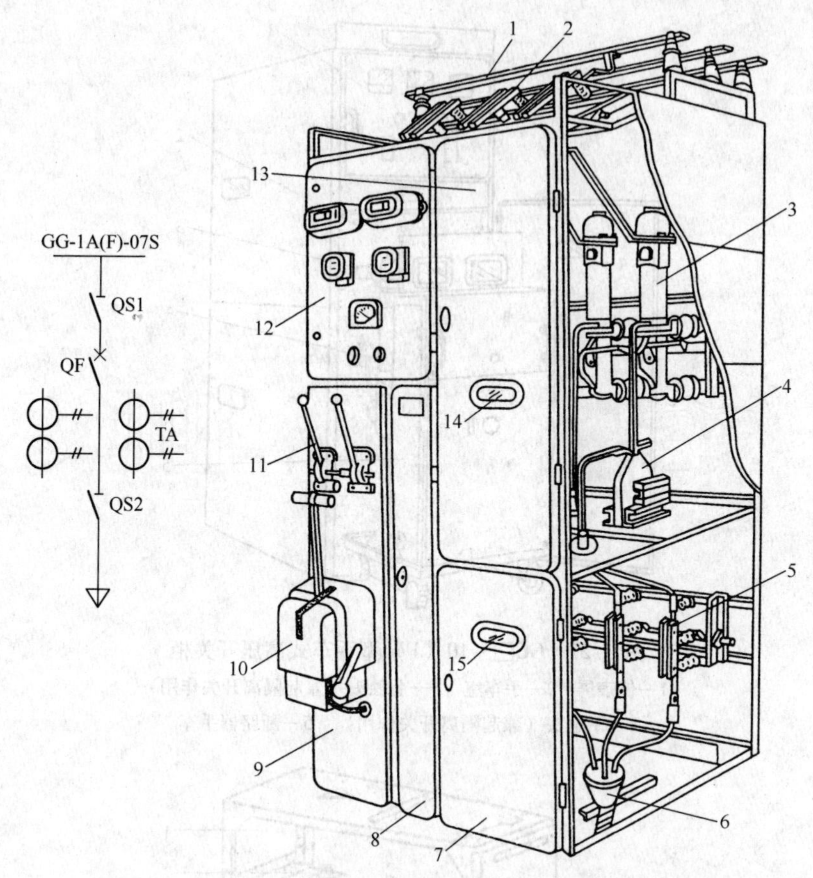

图 2-26　GG－1A（F）－07S 型固定式高压开关柜（断路器柜）

1—母线　2—母线侧隔离开关（QS1，GN8－10 型）　3—少油断路器（QF，SN10－10 型）
4—电流互感器（TA，LQJ－10 型）　5—线路侧隔离开关（QS2，GN6－10 型）
6—电缆头　7—下检修门　8—端子箱门　9—操作板　10—断路器的手动操作机构（CS2 型）
11—隔离开关的操作手柄　12—仪表继电器屏　13—上检修门　14、15—观察窗口

手车式（又称移开式）高压开关柜的特点是，高压断路器等主要电气设备是装在可以拉出和推入开关柜的手车上的。高压断路器等设备出现故障需要检修时，可随时将其手车拉出，然后推入同类备用手车，即可恢复供电。因此采用手车式开关柜，较之采用固定式开关柜，具有检修安全方便、供电可靠性高的优点，但其价格较贵。

图 2-27 是 GC□－10（F）型手车式高压开关柜的结构图。

从 20 世纪 80 年代以来，我国设计生产了一些符合 IEC 标准的新型高压开关柜，例如 KGN□－10（F）型等固定式金属铠装开关柜、XGN 型箱式固定式开关柜、KYN□－10（F）等型移开式金属铠装开关柜、JYN□－10（F）等型移开式金属封闭间隔型开关柜和 HXGN 等型环网柜等。其中环网柜适用于 10 kV 环形电网中，在城市电网中得到了广泛应用。现在新设计生产的环网柜，大多将原来的负荷开关、隔离开关、接地开关的功能，合并为一个“三位置开关”，它兼有通断负荷、隔离电源和接地三种功能，这样可缩小环网柜占用的空间。

图 2-28 是引进技术生产的 SM6 型高压环网柜的结构图。其中三位置开关被密封在一个充满 SF_6 气体的壳体内，利用 SF_6 来进行绝缘和灭弧。三位置开关的接线、外形和触头的三种位置如图 2-29 所示。

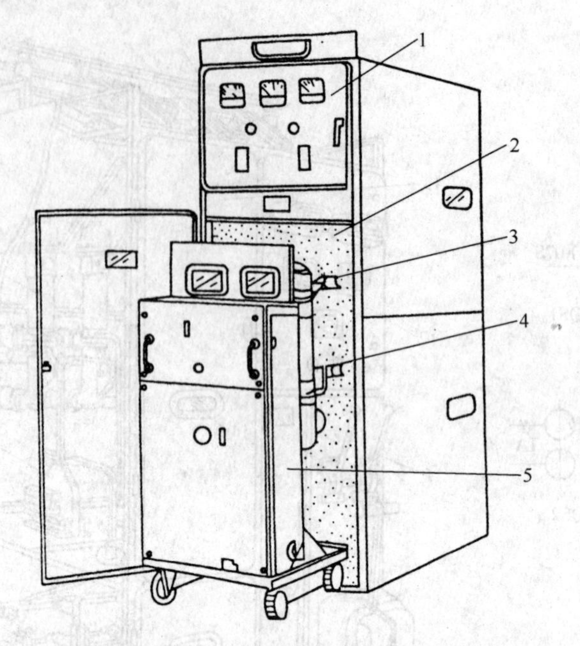

图 2-27　GC□-10（F）型手车式高压开关柜

1—仪表屏　2—手车室　3—上触头（兼起隔离开关作用）
4—下触头（兼起隔离开关作用）　5—断路器手车

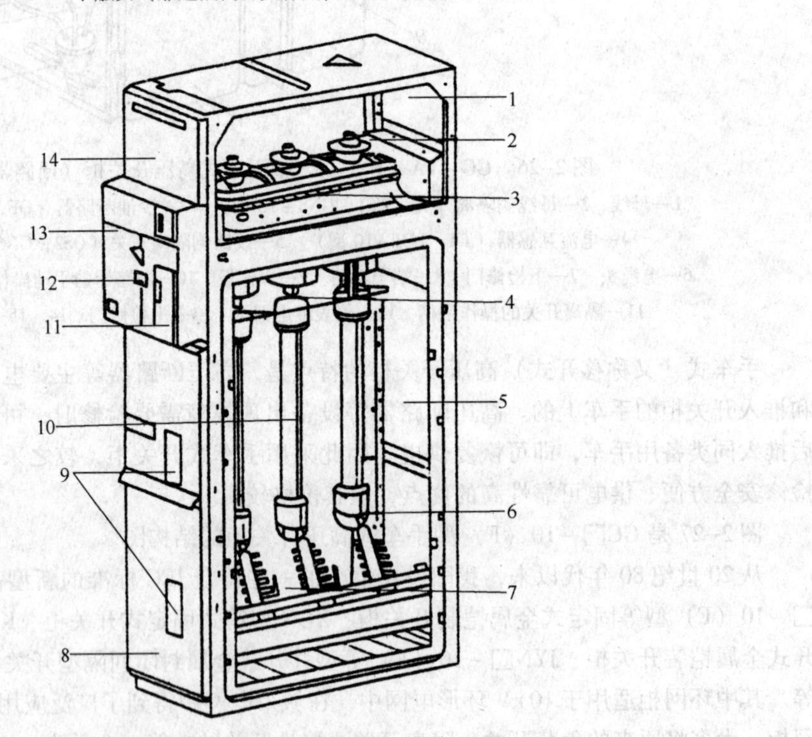

图 2-28　SM6 型高压环网柜

1—母线间隔　2—母线连接垫片　3—三位置开关间隔　4—熔断器熔断联跳开关装置
5—电缆连接与熔断器间隔　6—电缆连接间隔　7—下接地开关　8—面板
9—熔断器和下接地开关观察窗　10—高压熔断器　11—熔断器熔断指示器
12—带电指示器　13—操作机构间隔　14—控制、保护和测量间隔

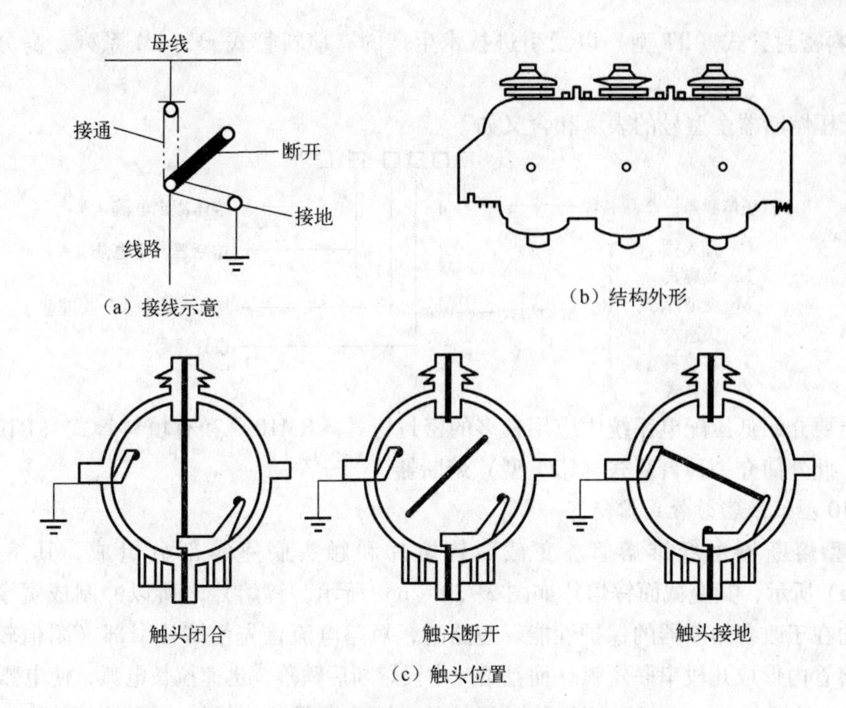

图 2-29　三位置开关的接线、外形和触头位置图

老系列高压开关柜全型号的表示和含义如下：

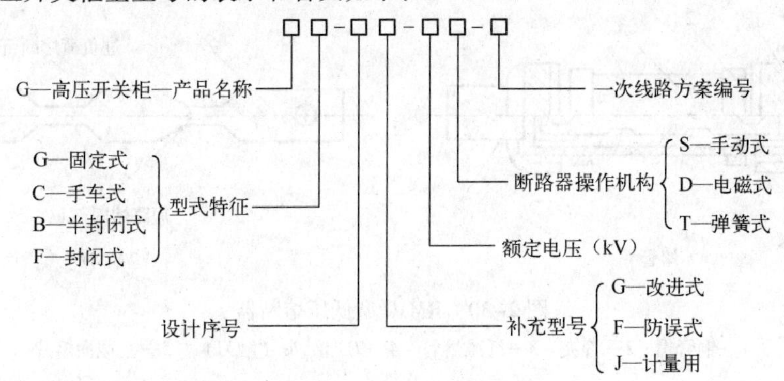

新系列高压开关柜全型号的表示和含义如下：

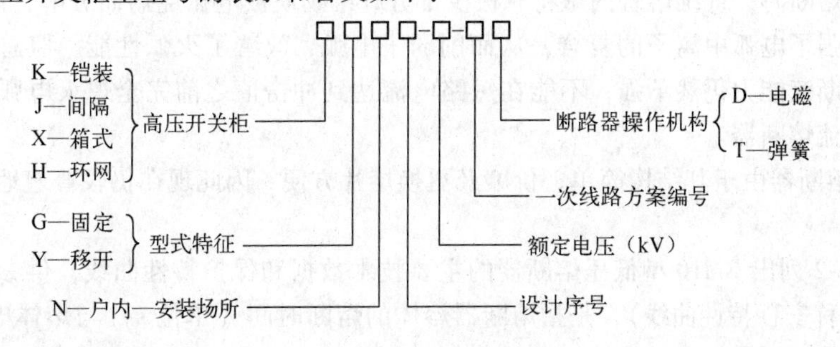

二、低压一次设备

(一) 低压熔断器

低压熔断器的类型很多，如插入式（RC 型）、螺旋式（RL 型）、无填料密封管式（RM

型）、有填料密封管式（RT 型）以及引进技术生产的有填料管式 gF、aM 系列、高分断能力的 NT 型等。

国产低压熔断器全型号的表示和含义如下：

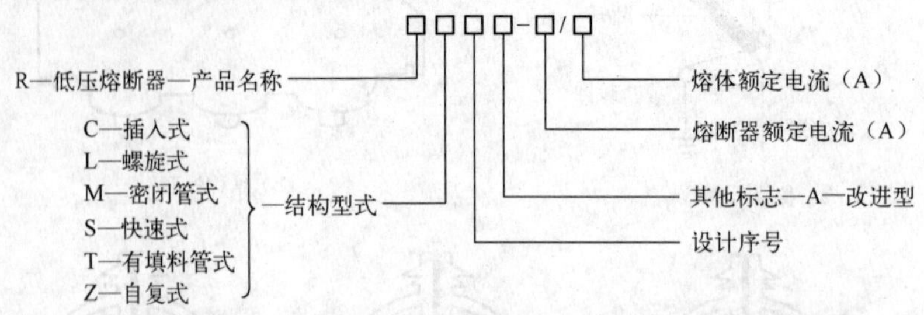

下面主要介绍低压配电系统中应用较多的密封管式（RM10）和有填料管式（RT0）两种低压熔断器。此外简介一种自复式（RZ1 型）熔断器。

1. RM10 型低压密封管式熔断器

RM10 型熔断器由纤维熔管、变截面锌熔片和触头底座等部分组成。其熔管结构如图 2-30（a）所示，其变截面锌熔片如图 2-30（b）所示。锌熔片之所以冲制成宽窄不一的变截面，目的在于改善熔断器的保护性能。短路时，短路电流首先使熔片窄部（阻值较大）加热熔断，使熔管内形成几段串联短弧，而且熔片中段熔断后跌落，迅速拉长电弧，使电弧迅速熄灭。而在过负荷电流通过时，由于电流加热时间较长，熔片窄部散热较好，因此往往不在窄部熔断，而在宽窄之间的斜部熔断。根据熔片熔断的部位，即可大致判断熔断器熔断的故障电流性质。

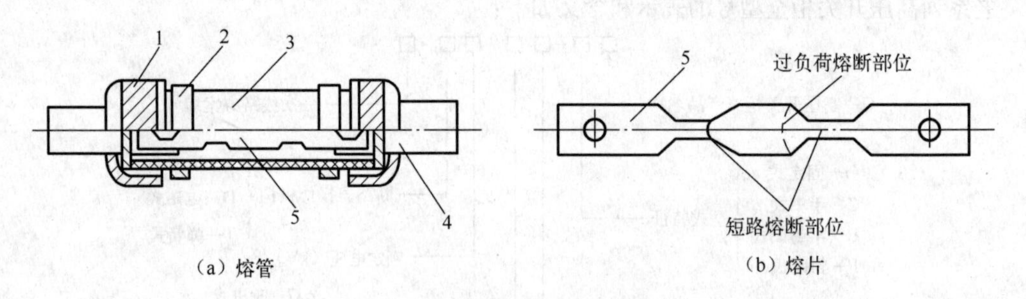

图 2-30　RM10 型低压熔断器

1—铜管帽　2—管夹　3—纤维熔管　4—刀形触头（触刀）　5—变截面熔片

当其熔片熔断时，纤维熔管内壁将有极少部分纤维物质被电弧烧灼而分解，产生高压气体，压迫电弧，加强了电弧中离子的复合，从而削弱了电弧，改善了灭弧性能。但总的来说，这种熔断器的灭弧断流能力仍然不强，不能在短路电流达到冲击值之前完全熄灭电弧，因此这种熔断器属于非限流熔断器。

RM10 型熔断器由于其结构简单、价廉及更换熔片方便，因此现在仍较普遍地应用在低压配电装置中。

附录表 A-2 列出 RM10 型低压熔断器的主要技术数据和保护特性曲线，供参考。所谓保护特性曲线（又称安秒特性曲线），是指熔断器熔体的熔断时间（单位 s）与熔体电流（单位 A）之间的关系曲线，通常绘在对数坐标平面上。

2. RT0 型低压有填料封闭管式熔断器

RT0 型熔断器主要由瓷熔管、栅状铜熔体和触头底座等部分组成，如图 2-31 所示。其栅状铜熔体由薄铜片冲压弯制而成，具有引燃栅。由于引燃栅的等电位作用，可使熔体在短路电流通过时形成多根并列电弧。同时熔体又具有变截面小孔，可使熔体在短路电流通过时又将长弧分割为多段短弧。而且所有电弧都在石英砂内燃烧，可使电弧中的正负离子强烈复合。因此这种熔断器的灭弧能力很强，属于限流型熔断器。由于该熔断器的栅状熔体中段弯曲处具有“锡桥”，因此可利用其“冶金效应”来实现其对较小短路电流和过负荷电流的保护。熔体熔断后，有红色的熔断指示器从一端弹出，便于运行人员检视。

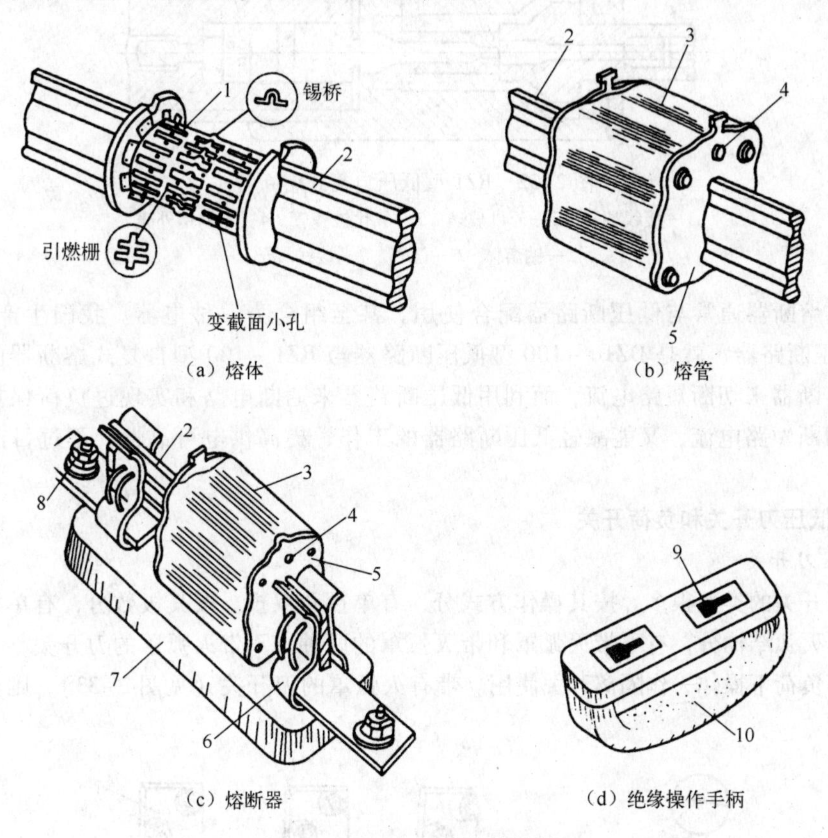

图 2-31　RT0 型低压熔断器

1—栅状铜熔体　2—刀形触刀　3—瓷熔管　4—熔断指示器　5—盖板　6—弹性触座　7—瓷质底座　8—接线端子　9—扣眼　10—绝缘拉手手柄

RT0 型熔断器由于保护性能好和断流能力大，因此广泛应用在低压配电装置中。但是其熔体为不可拆式，熔断后需整个熔管更换，不够经济。

附录表 A-1 列出 RT0 型低压熔断器的主要技术数据和保护特性曲线，供参考。

3. RZ1 型低压自复式熔断器

一般熔断器包括上述 RM 型和 RT 型熔断器，都有一个共同缺点，就是在其熔体一旦熔断后，必须更换熔体后才能恢复供电，因而使停电时间延长，给配电系统和用电负荷造成一定的停电损失。这里介绍的自复式熔断器弥补了这一缺点，既能切断短路电流，又能在故障消除后自动恢复供电，无须更换熔体。

我国设计生产的 RZ1 型自复式熔断器如图 2-32 所示。它采用金属钠（Na）作为熔体。在常温下，钠的电阻率很小，可以顺畅地通过正常负荷电流；但在短路时，钠受热迅速气化，其电阻率变得很大，从而可限制短路电流。在金属钠气化限流的过程中，装在熔断器一端的活塞将压缩氩气而迅速后退，降低由于钠气化而产生的压力，以防熔管爆裂。在限流动作结束后，钠蒸气冷却，又恢复为固态钠；而活塞在被压缩的氩气作用下，迅速将金属钠推回原位，使之恢复正常工作状态。

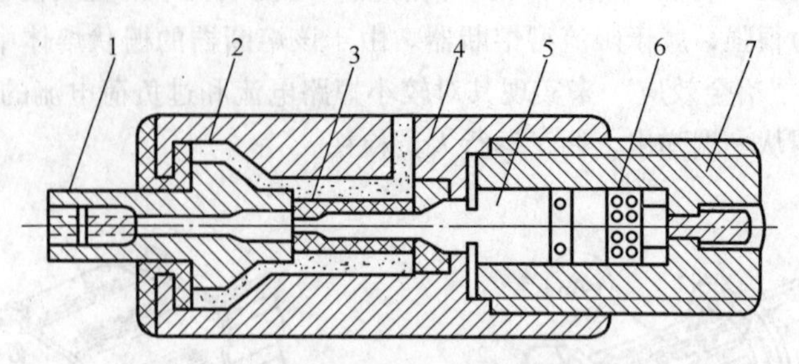

图 2-32　RZ1 型低压自复式熔断器

1—接线端子　2—云母玻璃　3—氧化铍瓷管　4—不锈钢外壳
5—钠熔体　6—氩气　7—接线端子

自复式熔断器通常与低压断路器配合使用，甚至组合为一种电器。我国生产的 DZ10－100Z 型低压断路器，就是 DZ10－100 型低压断路器与 RZ1－100 型自复式熔断器的组合，利用自复式熔断器来切断短路电流，而利用低压断路器来通断电路和实现过负荷保护，从而既能有效地切断短路电流，又能减轻低压断路器的工作，提高供电可靠性，不过目前尚未得到推广应用。

（二）低压刀开关和负荷开关

1. 低压刀开关

低压刀开关的类型很多。按其操作方式分，有单投和双投。按其极数分，有单极、双极和三极。按其灭弧结构分，有不带灭弧罩和带灭弧罩的两种。不带灭弧罩的刀开关，一般只能在无负荷或小负荷下操作，作隔离开关使用。带有灭弧罩的刀开关（见图 2-33），则能通断一定的负荷电流。

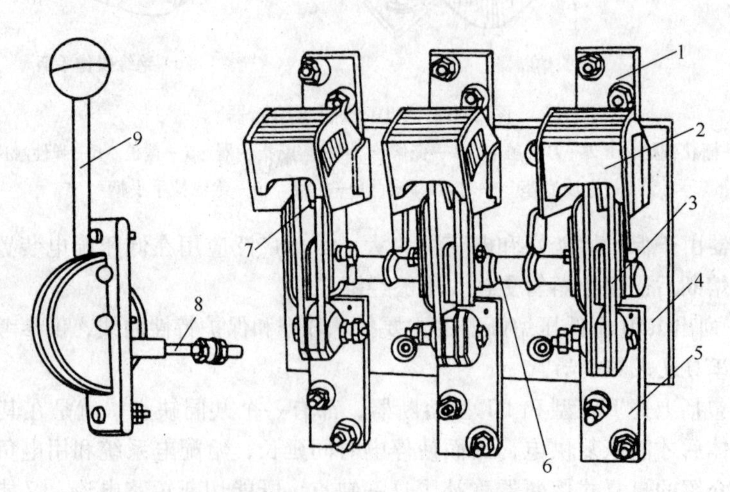

图 2-33　HD13 型低压刀开关

1—上接线端子　2—钢片灭弧罩　3—闸刀　4—底座　5—下接线端子
6—主轴　7—静触头　8—传动连杆　9—操作手柄

低压刀开关全型号的表示和含义如下：

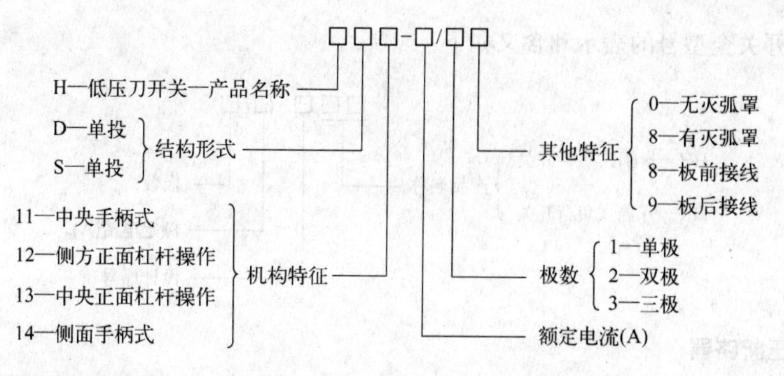

2. 低压熔断器式刀开关

低压熔断器式刀开关又称刀熔开关，是一种由低压刀开关与熔断器组合的开关电器。最常见的 HR3 型刀熔开关，就是将 HD 型刀开关的闸刀换以 RT0 型熔断器的具有刀形触头的熔管，如图 2-34 所示。

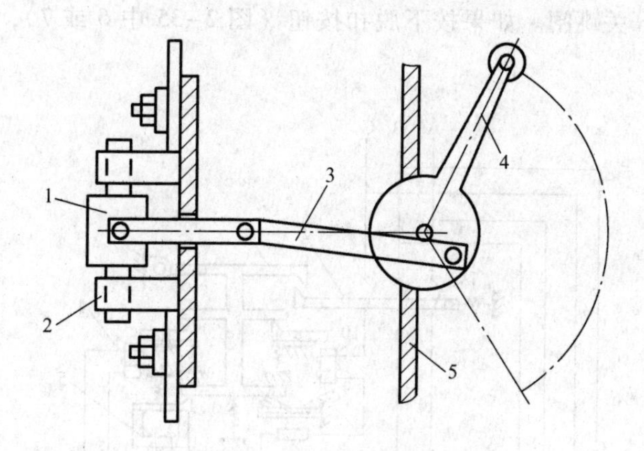

图 2-34　刀熔开关结构示意图

1—RT0 型熔断器的熔断体　2—弹性触座　3—传动连杆　4—操作手柄　5—配电屏面板

刀熔开关具有刀开关和熔断器的双重功能。采用这种组合型开关电器，可以简化配电装置的结构，经济实用，因此越来越广泛地在低压配电屏上安装应用。

低压熔断器式也开关全型号的表示和含义如下：

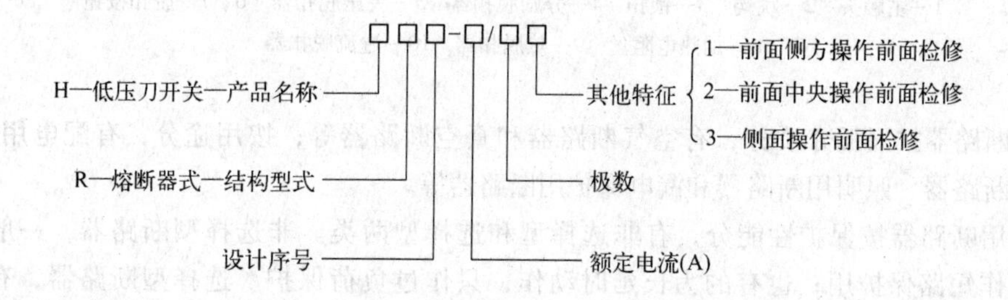

3. 低压负荷开关

低压负荷开关是由低压刀开关和熔断器串联组合而成，外装封闭式铁壳或开启式胶盖的开关电器。低压负荷开关具有带灭弧罩刀开关和熔断器的双重功能，既可带负荷操作，又能进行短路保护，但短路熔断后需更换熔体后才能恢复供电。

低压负荷开关全型号的表示和含义如下：

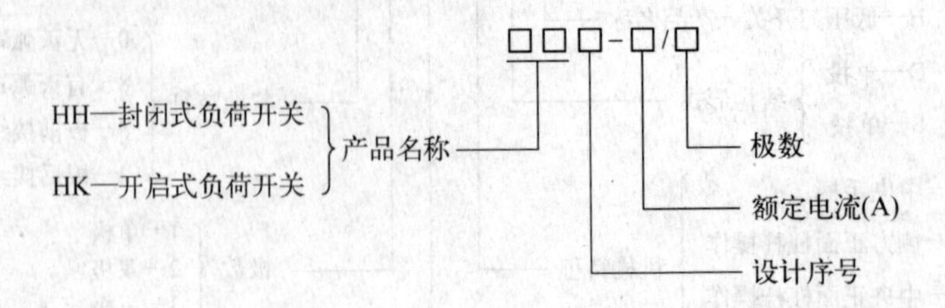

（三）低压断路器

低压断路器又称低压自动开关，它既能带负荷通断电路，又能在短路、过负荷和低电压（失压）下自动跳闸，其功能与高压断路器类似，其原理结构和接线如图2-35所示。当线路上出现短路故障时，其过流脱扣器动作，使开关跳闸。如果出现过负荷时，其串联在一次电路上的加热电阻丝加热，使双金属片弯曲，也使开关跳闸。当线路电压严重下降或失压时，其失压脱扣器动作，同样使开关跳闸。如果按下脱扣按钮（图2-35中6或7），则可使开关远距离跳闸。

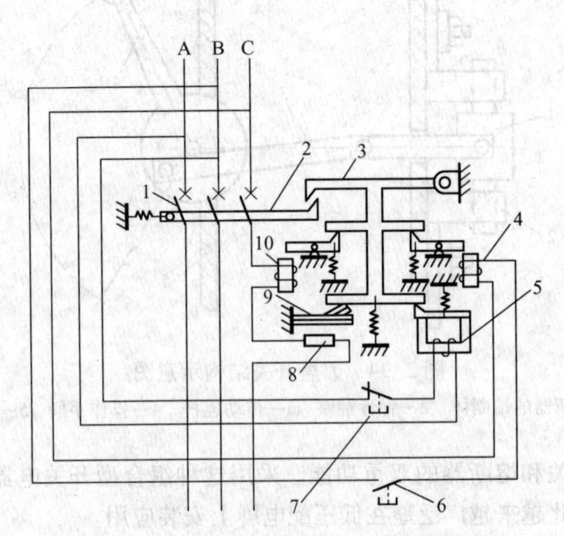

图2-35　低压断路器的原理结构和接线

1—主触头　2—跳钩　3—锁扣　4—分励脱扣器　5—失压脱扣器　6、7—脱扣按钮　8—加热电阻丝　9—热脱扣器　10—过流脱扣器

低压断路器按灭弧介质分，有空气断路器和真空断路器等；按用途分，有配电用断路器、电动机用断路器、照明用断路器和漏电保护用断路器等。

配电用断路器按保护性能分，有非选择型和选择型两类。非选择型断路器，一般为瞬时动作，只作短路保护用；也有的为长延时动作，只作过负荷保护。选择型断路器，有两段保护、三段保护和智能化保护。两段保护为瞬时－长延时特性或短延时－长延时特性。三段保护为瞬时－短延时－长延时特性。瞬时和短延时特性适于短路保护，长延时特性适于过负荷保护。

配电用低压断路器按结构形式分，有万能式和塑料外壳式两大类。

国产低压断路器全型号的表示和含义如下：

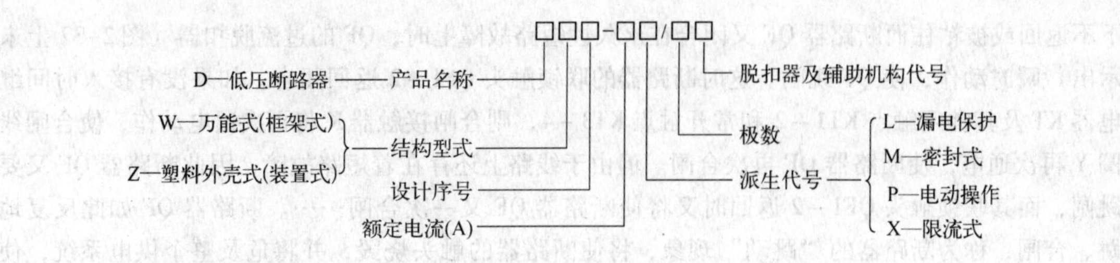

1. 万能式低压断路器

万能式低压断路器又称框架式自动开关。它是敞开地装设在金属框架上的，而其保护方案和操作方式较多，装设地点也较灵活，故名"万能式"或"框架式"。

图 2-36 是 DW16 型万能式低压断路器的外形结构图。

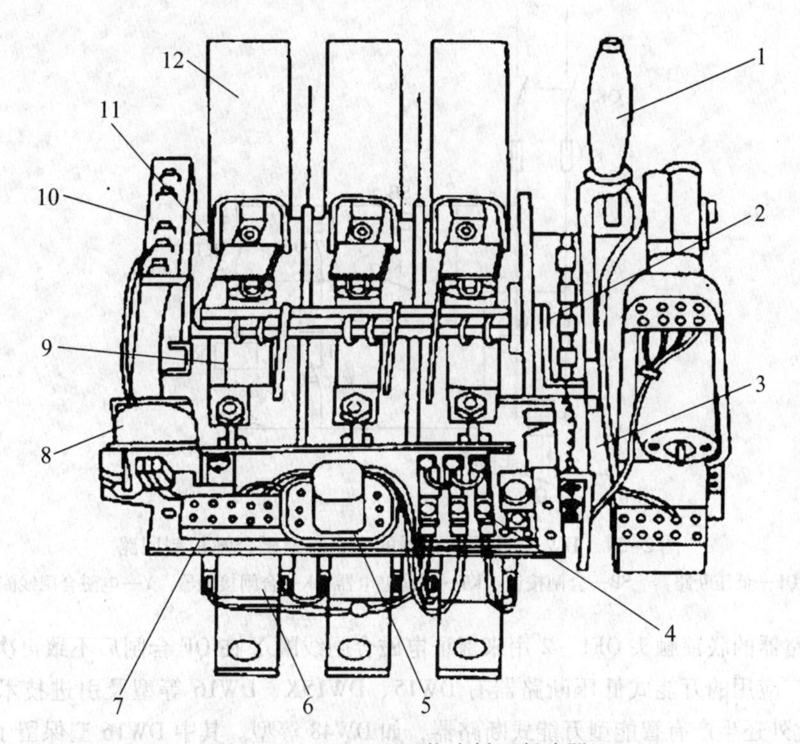

图 2-36　DW16 型万能式低压断路器

1—操作手柄（带电动操作机构）　2—自由脱扣机构　3—失压脱扣器　4—热继电器
5—接地保护用小型电流继电器　6—过负荷保护用过流脱扣器　7—接地端子　8—分励脱扣器
9—短路保护用过流脱扣器　10—辅助触头　11—底座　12—灭弧罩（内有主触头）

图 2-37 所示为 DW 型断路器的交直流电磁合闸控制回路。当断路器利用电磁合闸线圈 Y 进行远距离合闸时，按下合闸按钮 SB，使合闸接触器 K 通电动作，于是电磁合闸线圈（合闸电磁铁）Y 通电，使断路器 QF 合闸。但是合闸线圈 Y 是按短时大功率设计的，允许通电的时间不得超过 1 s，因此在断路器 QF 合闸后，应立即使 Y 断电。这一要求靠时间继电器 KT 来实现。在按下按钮 SB 时，不仅使接触器 K 通电，而且同时使时间继电器 KT 通电。K 线圈通电后，其触点 K_{1-2} 在 K 线圈通电 1 s 后（QF 已合闸）自动断开，使 K 线圈断电，从而保证合闸线圈 Y 通电时间不致超过 1 s。时间继电器 KT 的另一对常开触点 KT 3－4 是用来"防跳"的。当按钮 SB 按

下不返回或被粘住而断路器 QF 又闭合在永久性短路故障上时，QF 的过流脱扣器（图2-37 上未示出）瞬时动作，使 QF 跳闸。这时断路器的联锁触头 QF1-2 返回闭合。如果没有接入时间继电器 KT 及其常闭触点 KT1-2 和常开触点 KT3-4，则合闸接触器 K 将再次通电动作，使合闸线圈 Y 再次通电，使断路器 QF 再次合闸。但由于线路上还存在着短路故障，因此断路器 QF 又要跳闸，而其联锁触头 QF1-2 返回时又将使断路器 QF 又一次合闸……。断路器 QF 如此反复地跳、合闸，称为断路器的“跳动”现象，将使断路器的触头烧毁，并将危及整个供电系统，使故障进一步扩大。为此，加装时间继电器常开触点 KT3-4，如图 2-37 所示。当断路器 QF 因短路故障自动跳闸时，其联锁触头 QF1-2 返回闭合，但由于在 SB 按下不返回时，时间继电器 KT 一直处于动作状态，其常开触点 KT3-4 一直闭合，而其常闭触点 KT1-2 则一直断开，因此合闸接触器 K 不会通电，断路器 QF 也就不可能再次合闸，从而达到了“防跳”的目的。

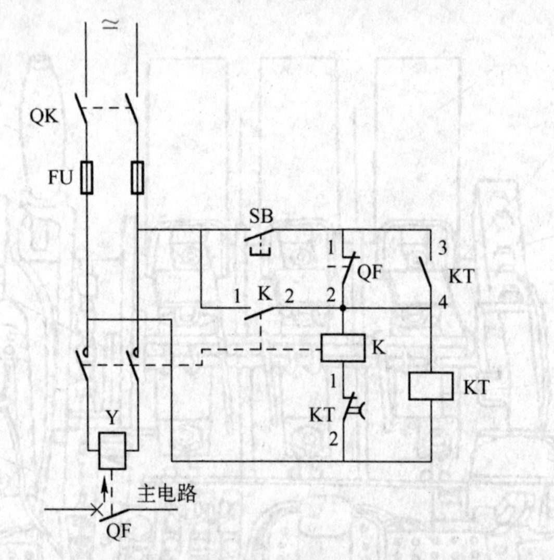

图 2-37　DW 型低压断路器的交直流电磁合闸控制回路

QF—低压断路器　SB—合闸按钮　KT—时间继电器　K—合闸接触器　Y—电磁合闸线圈

低压断路器的联锁触头 QF1-2 用来保证电磁合闸线圈 Y 在 QF 合闸后不致再次误通电。

目前推广应用的万能式低压断路器有 DW15、DW15X、DW16 等型及引进技术生产的 ME、AH 等型，此外还生产有智能型万能式断路器，如 DW48 等型。其中 DW16 型保留了过去广泛使用的 DW10 型结构简单、使用维修方便和价廉的特点，而在保护性能方面大有改善，是取代 DW10 型的新产品。

2. 塑料外壳式低压断路器及模数化小型断路器

塑料外壳式低压断路器又称装置式自动开关，其全部机构和导电部分都装设在一个塑料外壳内，仅在壳盖中央露出操作手柄，供手动操作之用。它通常装设在低压配电装置之中。

图 2-38 是 DZ20 型塑料外壳式低压断路器的剖面图。DZ 型断路器可根据工作要求装设以下脱扣器：

（1）电磁脱扣器，只作短路保护；

（2）热脱扣器，只作过负荷保护；

（3）复式脱扣器，可同时实现过负荷保护和短路保护。

目前推广应用的塑料外壳式断路器有 DZX10、DZ15、DZ20 等型及引进技术生产的 H、3VE

等型，此外还生产有智能型塑料外壳式断路器，如 DZ40 等型。

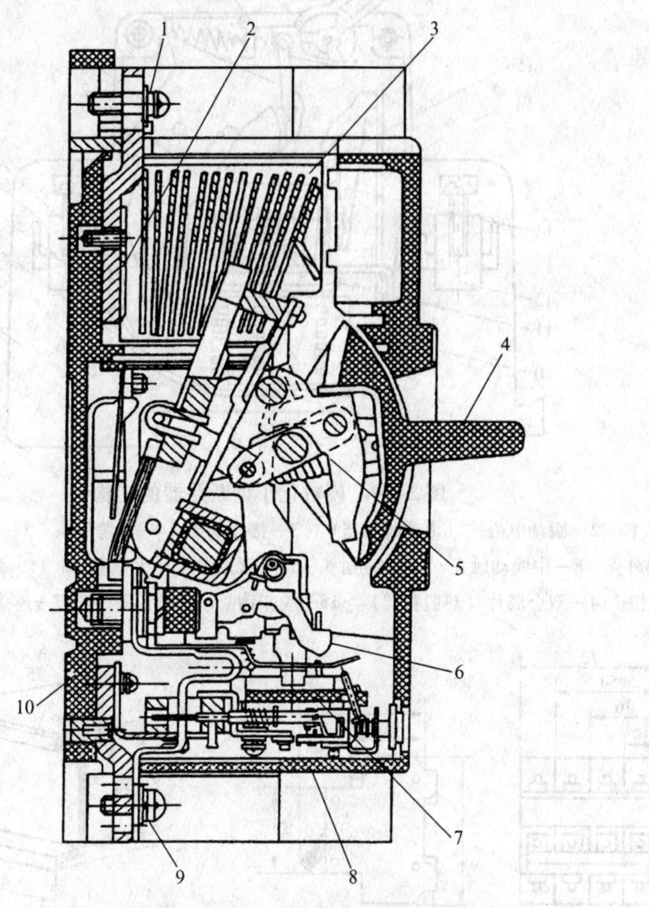

图 2-38　DZ20 型塑料外壳式低压断路器的内部结构

1—引入线接线端子　2—主触头　3—灭弧室（钢片灭弧栅）　4—操作手柄　5—跳钩
6—锁扣　7—过流脱扣器　8—塑料外壳　9—引出线接线端子　10—塑料底座

塑料外壳式断路器中，有一类是 63 A 及以下的小型断路器。由于它具有模数化结构和小型（微型）尺寸，因此通常称为“模数化小型（或微型）断路器”。它现在广泛应用在低压配电系统的终端，作为各种工业和民用建筑特别是住宅中照明线路及小型动力设备、家用电器等的通断控制和过负荷、短路及漏电保护等之用。

模数化小型断路器具有以下优点：体积小，分断能力高，机电寿命长，具有模数化的结构尺寸和通用型卡轨式安装结构，组装灵活方便，安全性能好。

由于模数化小型断路器是应用在家用及类似场所，所以其产品执行的标准为 GB 10963—2005《家用及类似场所用过电流保护断路器》。其结构适用于未受过专门训练的人员使用，其安全性能好，且不能进行维修，即损坏后必须换新。

模数化小型断路器由操作机构、热脱扣器、电磁脱扣器、触头系统和灭弧室等部件组成，所有部件都装在一塑料外壳之内，如图 2-39 所示。有的小型断路器还备有分励脱扣器、失压脱扣器、漏电脱扣器和报警触头等附件，供需要时选用，以拓展断路器的功能。

模数化小型断路器的外形尺寸和安装导轨的尺寸，如图 2-40 所示。

模数化小型断路器常用的型号有 C45N、DZ23、DZ47、M、K、S、PX200C 等系列。

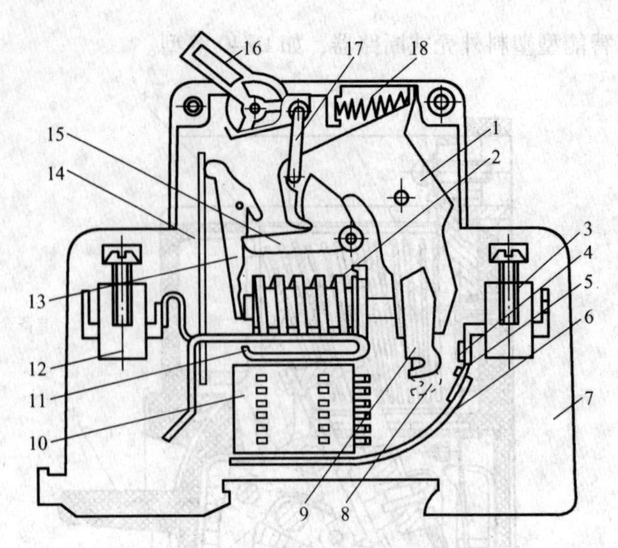

图 2-39　模数化小型断路器的结构

1—动触头杆　2—瞬动电磁铁（电磁脱扣器）　3—接线端子　4—主静触头　5—中线静触头　6—弧角　7—塑料外壳　8—中线动触头　9—主动触头　10—灭弧栅片（灭弧室）　11—弧角　12—接线端子　13—锁扣　14—双金属片（热脱扣器）　15—脱扣钩　16—操作手柄　17—连接杆　18—断路弹簧

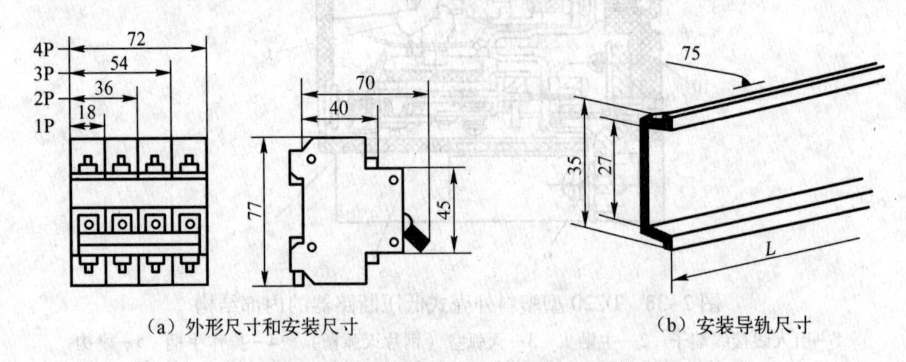

（a）外形尺寸和安装尺寸　（b）安装导轨尺寸

图 2-40　模数化小型断路器的外形尺寸和安装导轨示意图

3. 低压断路器的操作机构

低压断路器的操作机构一般采用四连杆机构，可自由脱扣。按操作方式分，有手动和电动两种。手动操作是利用操作手柄或杠杆操作，电动操作是利用专门的电磁线圈或控制电动机操作。

低压断路器的操作手柄有三个位置，如图 2-41 所示。

（1）合闸位置［见图 2-41（a）］：手柄扳在上边。这时铰链 9 是稍低于铰链 7 与 8 的连接直线，处于“死点”位置，其跳沟被锁扣扣住，触头处于闭合状态。

（2）自由跳闸位置［见图 2-41（b）］：当脱扣器通电动作时，其铁心顶杆向上运动，使铰链 9 移开“死点”位置，从而在断路弹簧作用下，使断路器脱扣跳闸。

（3）准备合闸的“再扣”位置［见图 2-41（c）］：在断路器自由脱扣（跳闸）后，如果要重新合闸，必须将操作手柄扳向下边，使跳钩又被锁扣扣住，从而完成“再扣”的操作，使铰链 9 又处于“死点”位置。只有这样操作，才能使断路器再次合闸。如果断路器自动跳闸后，不将手柄扳向“再扣”位置，想直接合闸是合不上的。

附录表 A-4 列出部分常用低压断路器的主要技术数据，供参考。

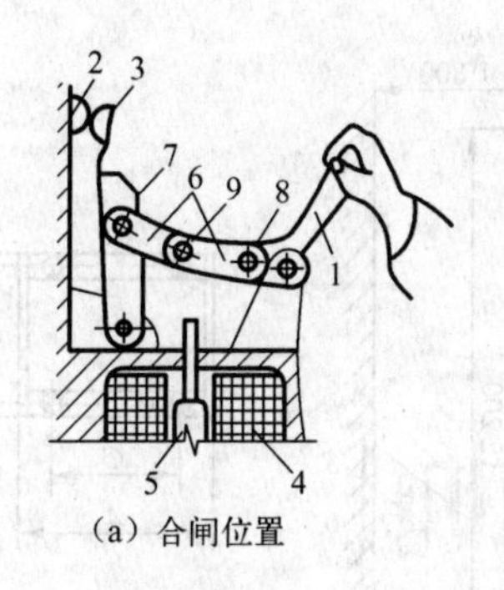

（a）合闸位置

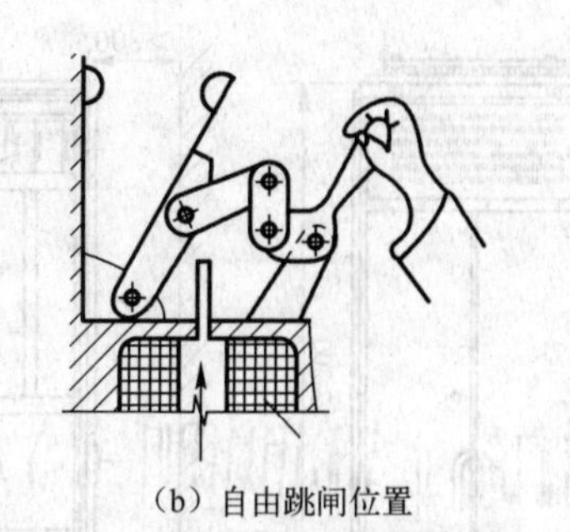
（b）自由跳闸位置

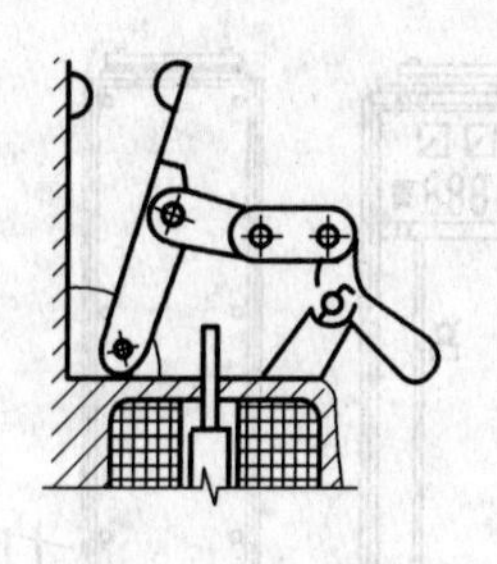
（c）准备合闸的“再扣位置”

图 2-41　低压断路器的自由脱扣机构的原理说明

1—操作手柄　2—静触头　3—动触头　4—脱扣器线圈　5—铁心顶杆　6—连杆　7、8、9—铰链

（四）低压配电屏和配电箱

1. 低压配电屏

低压配电屏（柜）是按一定的线路方案将有关一、二次设备组装而成的一种低压成套配电装置，在低压配电系统中作动力和照明之用。

低压配电屏的结构形式，有固定式、抽屉式和组合式三大类型。不过抽屉式和组合式昂贵，一般中小工厂多用固定式。我国广泛应用的固定式低压配电屏主要有 PGL、GGL、GGD 等型。PGL 型是开启式结构，采用的开关电器容量较小，而 GGL、GGD 型为封闭式结构，采用的开关电器技术更先进，断流能力更大。图 2-42 是过去应用广泛的 PGL 型低压配电屏的外形图。图 2-43 是现在应用广泛的 GGD 型低压配电柜的外形及安装示意图。

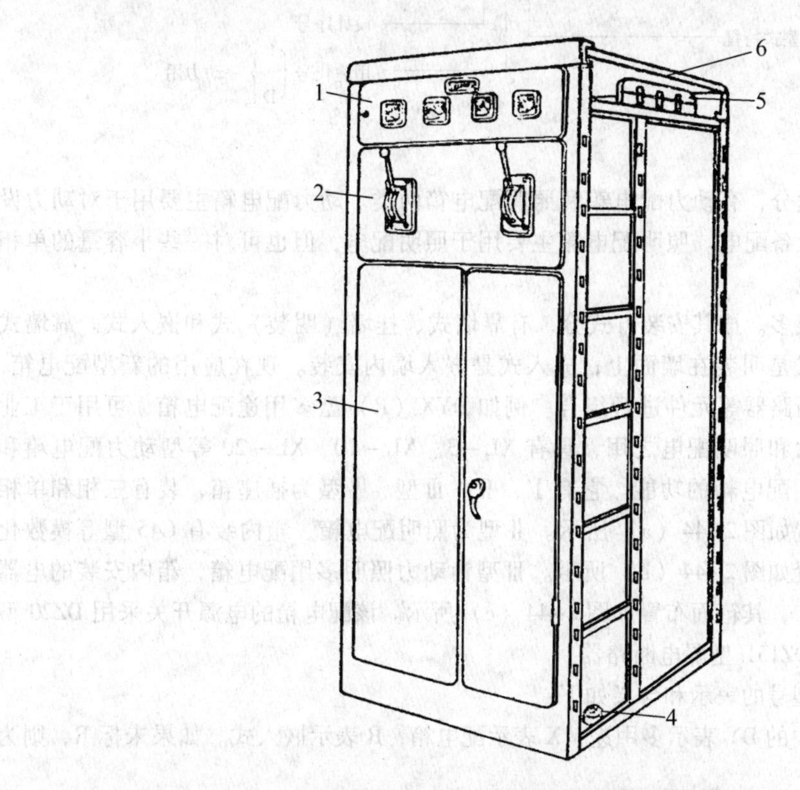

图 2-42　PGL 型低压配电屏的外形图

1—仪表板　2—操作板　3—检修门　4—中性母线绝缘子　5—母线绝缘框　6—母线防护罩

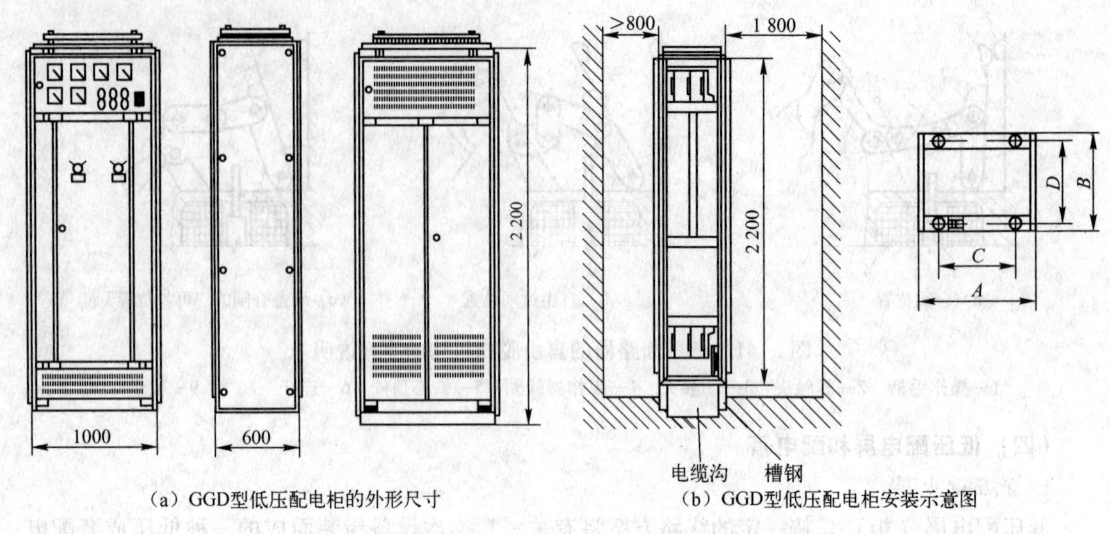

（a）GGD型低压配电柜的外形尺寸　（b）GGD型低压配电柜安装示意图

图 2-43　GGD 型低压配电柜的外形及安装示意图

现在国产低压配电屏全型号的表示和含义如下：

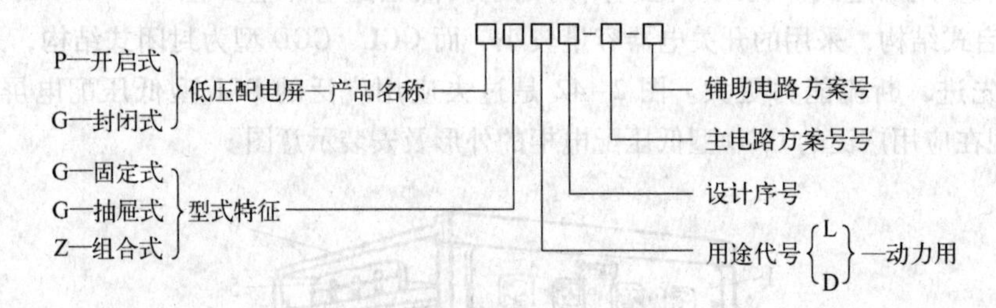

2. 低压配电箱

低压配电箱按其用途分，有动力配电箱和照明配电箱两类。动力配电箱主要用于对动力设备配电，但也可向照明设备配电。照明配电箱主要用于照明配电，但也可对一些小容量的单相动力设备和家用电器配电。

低压配电箱的类型很多。按其安装方式分，有靠墙式、挂墙（明装）式和嵌入式。靠墙式是靠墙落地安装；挂墙式是明装在墙面上；嵌入式是嵌入墙内安装。现在应用的新型配电箱，一般都采用模数化小型断路器等元件进行组合。例如 DYX（R）型多用途配电箱，可用于工业和民用建筑中作低压动力和照明配电之用，具有 XL－3、XL－10、XL－20 等型动力配电箱和 XM－4、XM－7 等型照明配电箱的功能。它有Ⅰ、Ⅱ、Ⅲ型。Ⅰ型为插座箱，装有三相和单相的各种插座，其箱面布置如图 2-44（a）所示。Ⅱ型为照明配电箱，箱内装有 C45 型等模数化小型断路器，其箱面布置如图 2-44（b）所示。Ⅲ型为动力照明多用配电箱，箱内安装的电器元件更多，应用范围更广，其箱面布置如图 2-44（c）所示。该配电箱的电源开关采用 DZ20 型断路器或带漏电保护的 DZ15L 型漏电断路器。

国产低压配电箱全型号的表示和含义如下：

上述 DYX（R）型中的 DY 表示多用途，X 表示配电箱，R 表示嵌入式。如果未标 R，则为明装式。

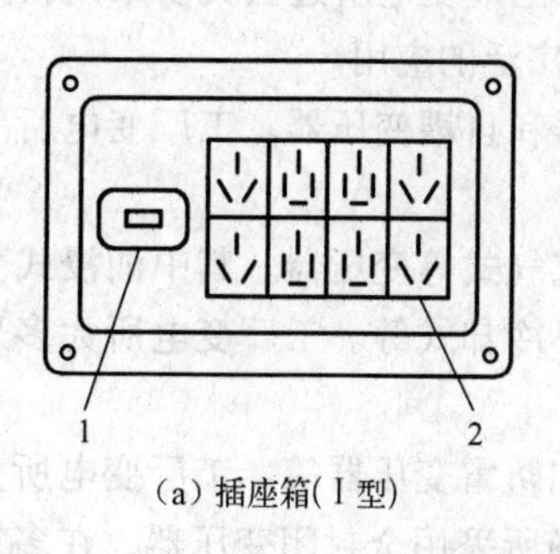

（a）插座箱（Ⅰ型）

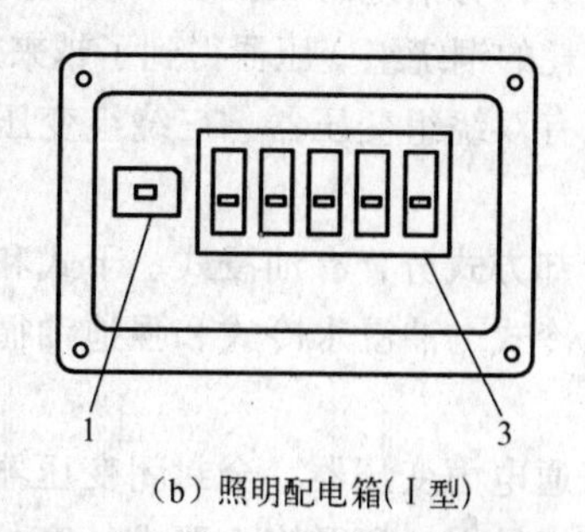

（b）照明配电箱（Ⅰ型）

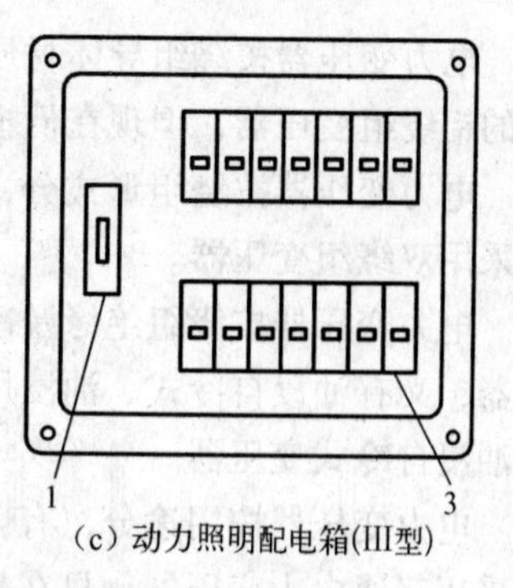

（c）动力照明配电箱（Ⅲ型）

图2-44　DYX（R）型多用途低压配电箱箱面布置示意图

1—电源开关（小型断路器或漏电断路器）　2—插座　3—小型开关（模数化小型断路器）

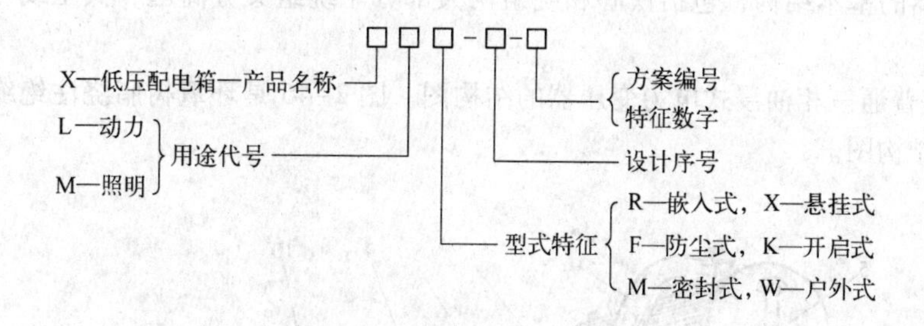

第二节　电力变压器和互感器

一、电力变压器

（一）电力变压器及其分类

电力变压器（文字符号为T），是变电所中最关键的一次设备，其主要功能是将电力系统的电能电压升高或降低，以利于电能的合理输送、分配和使用。

电力变压器按变压功能分，有升压变压器和降压变压器。工厂变电所都采用降压变压器。终端变电所的降压变压器，也称为配电变压器。

电力变压器按容量系列分，有R8容量系列和R10容量系列。所谓R8容量系列，是指容量等级是按 $R8=\sqrt[8]{10}\approx1.33$ 倍数递增的。我国老的变压器容量等级采用R8系列，容量等级如100 kV·A、135 kV·A、180 kV·A、240 kV·A、320 kV·A、420 kV·A、560 kV·A、750 kV·A、1 000 kV·A等。所谓R10容量系列，是指容量等级是按 $R10=\sqrt[10]{10}\approx1.26$ 倍数递增的。R10系列的容量等级较密，便于合理选用，是IEC推荐的，我国新的变压器容量等级采用这种R10系列，容量等级如100 kV·A、125 kV·A、160 kV·A、200 kV·A、250 kV·A、315 kV·A、400 kV·A、500 kV·A、630 kV·A、800 kV·A、1 000 kV·A等。

电力变压器按相数分，有单相和三相两大类。工厂变电所通常都采用三相变压器。

按调压方式分，有无载调压（又称无激磁调压）和有载调压两大类。工厂变电所大多采用无载调压变压器。但在用电负荷对电压水平要求较高的场合，也有采用有载调压变压器的。

电力变压器按绕组导体材质分，有铜绕组和铝绕组两大类。工厂变电所过去大多采用较廉价的铝绕组变压器，但现在低损耗的铜绕组变压器得到了越来越广泛的应用。

电力变压器按绕组形式分，有双绕组变压器、三绕组变压器和自耦变压器。工厂变电所一般采用双绕组变压器。

电力变压器按绕组绝缘及冷却方式分，有油浸式、干式和充气式等变压器。其中油浸式变压器，又有油浸自冷式、油浸风冷式、油浸水冷式和强迫油循环冷却式等。工厂变电所大多采用油浸自冷式变压器。

电力变压器按用途分，有普通电力变压器、全封闭变压器和防雷变压器等。工厂变电所大多采用普通电力变压器，只在易燃易爆场所及安全要求特高的场所采用全封闭变压器，在多雷区采用防雷变压器。

（二）电力变压器的结构、型号

电力变压器的基本结构，包括铁心和绕组两大部分。绕组又分高压和低压或一次和二次绕组等。

图 2-45 是普通三相油浸式电力变压器的结构图。图 2-46 是环氧树脂浇注绝缘的三相干式电力变压器的结构图。

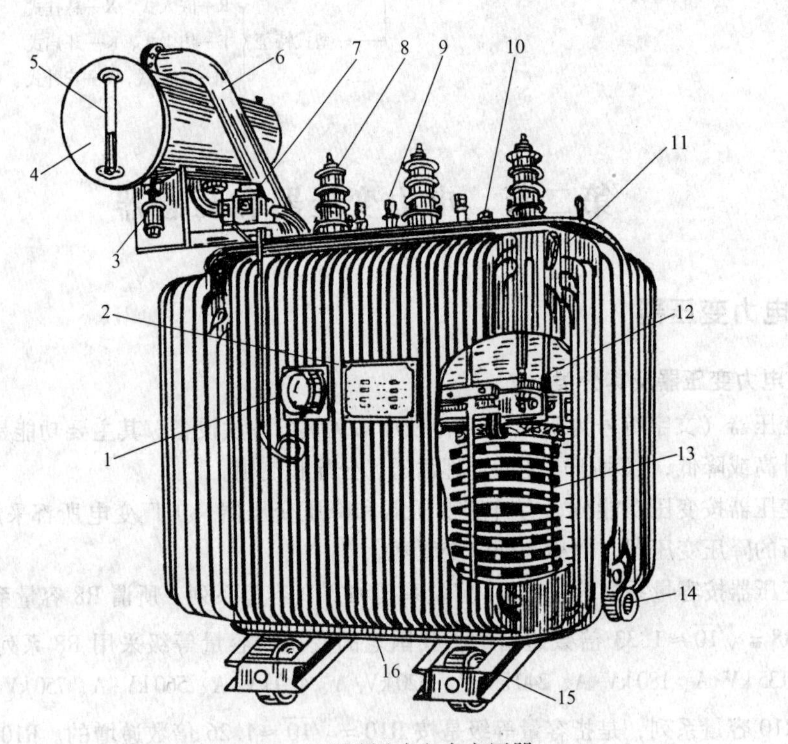

图 2-45　三相油浸式电力变压器

1—温度计　2—铭牌　3—吸湿器　4—油枕（储油柜）　5—油位指示器（油标）
6—防爆管　7—瓦斯（气体）继电器　8—高压出线套管和接线端子
9—低压出线套管和接线端子　10—分接开关　11—油箱及散热油管
12—铁心　13—绕组及绝缘　14—放油阀　15—小车　16—接地端子

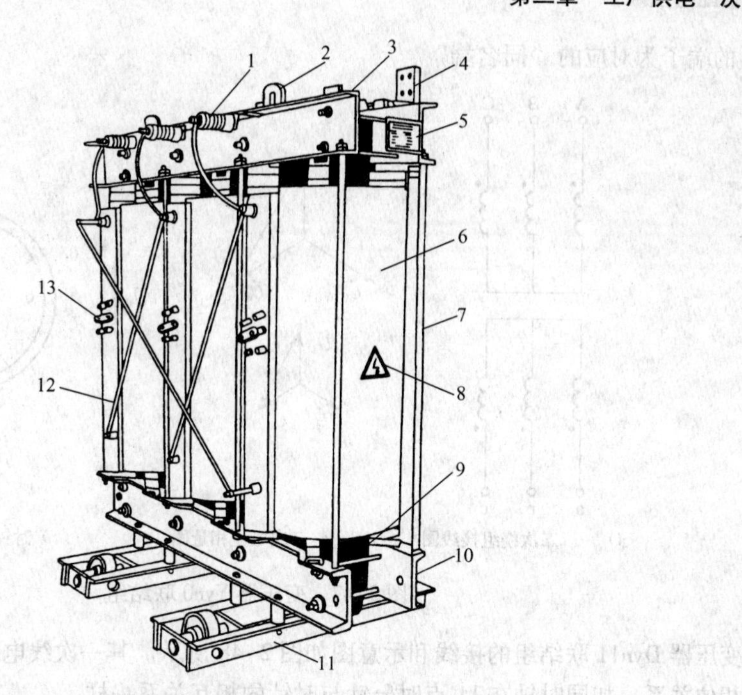

图 2-46　环氧树脂浇注绝缘的三相干式电力变压器

1—高压出线套管和接线端子　2—吊环　3—上夹件　4—低压出线套管和接线端子　5—铭牌
6—环氧树脂浇注绝缘绕组（内低压，外高压）　7—上下夹件拉杆　8—警示标牌　9—铁心
10—下夹件　11—小车　12—高压绕组间连接导杆　13—高压分接头连接片

电力变压器全型号的表示和含义如下：

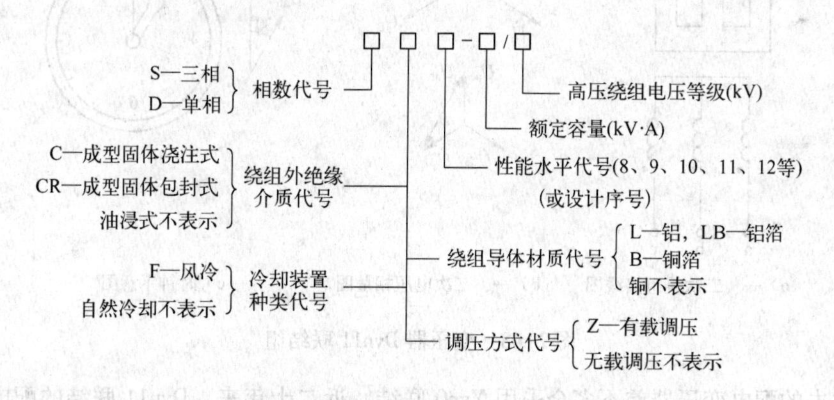

附录表 A-5 列出 S9、SC9 系列配电变压器的主要技术数据，供参考。

（三）电力变压器的联结组别及其选择

电力变压器的联结组别，是指变压器一、二次（或一、二、三次）绕组因采取不同的联结方式而形成变压器一、二次（或一、二、三次）侧对应的线电压之间的不同相位关系。

1. 常用配电变压器的联结组别

6 ～ 10 kV 配电变压器（二次侧电压为 220 V/380 V）有 Yyn0（即 Y/Y0—12）和 Dyn11（即 Δ/Y0—11）两种常用的联结组。

变压器 Yyn0 联结组的接线和示意图如图 2-47 所示。其一次线电压与对应的二次线电压之间的相位关系，如同时钟在零点时分针与时针的相互关系一样。图中一、二次绕组标有黑点

“·”的端子为对应的“同名端”。

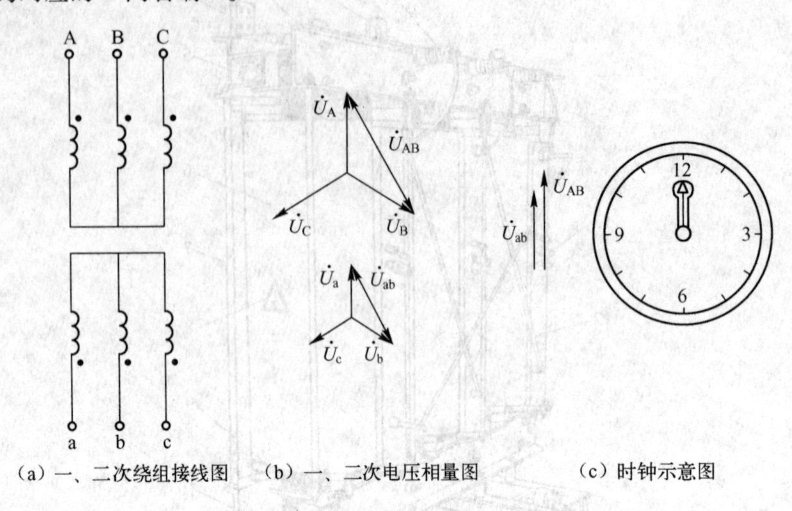

（a）一、二次绕组接线图　（b）一、二次电压相量图　（c）时钟示意图

图 2-47　变压器 Yyn0 联结组

变压器 Dyn11 联结组的接线和示意图如图 2-48 所示。其一次线电压与对应的二次线电压之间的相位关系，如同时钟在 11 点时分针与时针的相互关系一样。

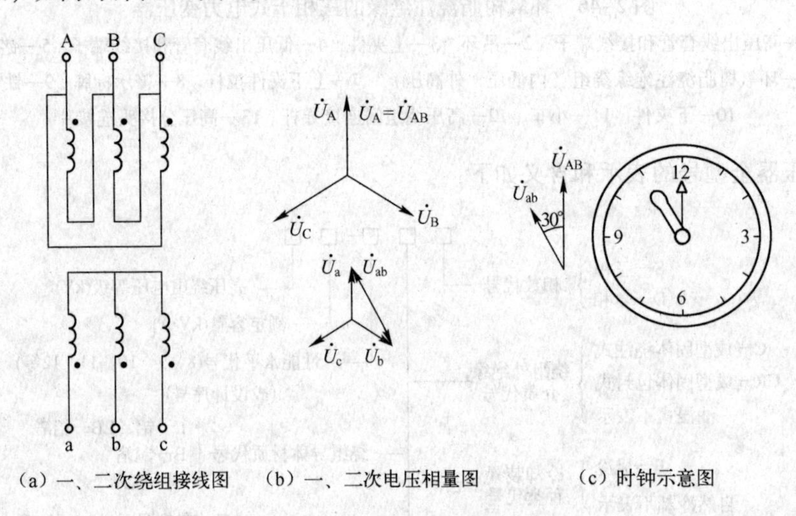

（a）一、二次绕组接线图　（b）一、二次电压相量图　（c）时钟示意图

图 2-48　变压器 Dyn11 联结组

我国过去的配电变压器差不多全采用 Yyn0 联结。近二十年来，Dyn11 联结的配电变压器开始得到了推广应用。配电变压器采用 Dyn11 联结较之采用 Yyn0 联结有下列优点：

（1）对 Dyn11 联结的变压器来说，其 $3n$ 次谐波电流在其三角形联结的一次绕组内形成环流，从而不致注入公共的高压电网中去，这较之一次绕组接成星形的 Yyn0 联结的变压器更有利于抑制电网中的高次谐波。

（2）Dyn11 联结变压器的零序阻抗较之 Yyn0 联结变压器的零序阻抗小得多从而更有利于低压单相接地短路故障保护的动作及故障的切除。

（3）当低压侧接用单相不平衡负荷时，由于 Yyn0 联结变压器要求低压中性线电流不超过低压绕组额定电流的 25%，因而严重限制了其接用单相负荷的容量，影响了变压器设备能力的充分发挥。为此，GB 50052—1995《供配电系统设计规范》规定：低压为 TN 和 TT 系统时，宜于选用 Dyn11 联结变压器。Dyn11 联结变压器低压侧中性线电流允许达到低压绕组额定电流的 75% 以上，其承受单相不平衡负荷的能力远比 Yyn0 联结变压器大。这在现代供配电系统中单相负荷急剧增长的情况下，推广应用 Dyn11 联结变压器就显得更有必要。

但是，由于 Yyn0 联结变压器一次绕组的绝缘强度要求比 Dyn11 联结变压器稍低，从而制造成本稍低，因此在 TN 和 TT 系统中由单相不平衡负荷引起的低压中性线电流不超过低压绕组额定电流的 25%、且其一相的电流在满载时不致超过额定值时，仍可选用 Yyn0 联结变压器。

2. 防雷变压器的联结组别

防雷变压器通常采用 Yzn11 联结组，如图 2-49（a）所示，其正常时的电压相量图如图 2-49（b）所示。其结构特点是每一铁心柱上的二次绕组都分为两半匝数相等的绕组，而且采用曲折形联结。

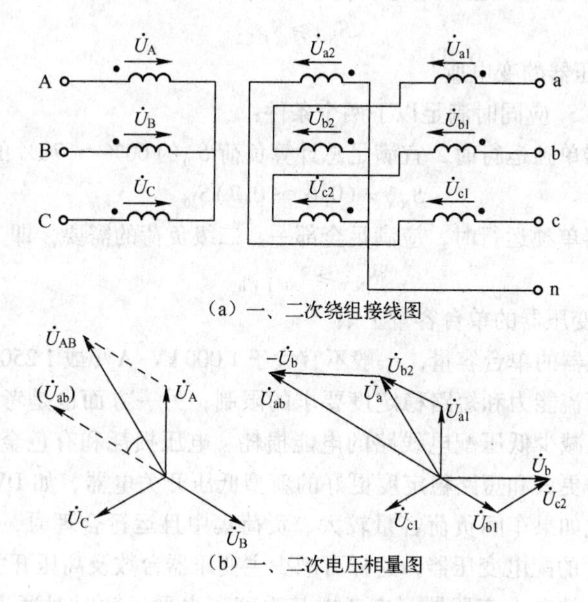

（a）一、二次绕组接线图

（b）一、二次电压相量图

图 2-49　Yzn11 联结的防雷变压器

正常工作时，一次线电压 $\dot{U}_{AB}=\dot{U}_{A}-\dot{U}_{B}$，二次线电压 $\dot{U}_{ab}=\dot{U}_{a}-\dot{U}_{b}$，其中 $\dot{U}_{a}=\dot{U}_{a1}-\dot{U}_{b2}$，$\dot{U}_{b}=\dot{U}_{b1}-\dot{U}_{c2}$。由图 2-49（b）知，$\dot{U}_{ab}$ 与 $-\dot{U}_{B}$ 相同，而 $-\dot{U}_{B}$ 滞后 $\dot{U}_{AB}$ 330°，即 $\dot{U}_{ab}$ 滞后 $\dot{U}_{AB}$ 330°。在钟表上 1 个小时的角度为 30°，因此该变压器的联结组别号为 330°/30° = 11，即联结组别为 Yzn11。

当雷电过电压沿变压器二次侧（低压侧）线路侵入时，由于变压器二次侧同一芯柱上的两半绕组的电流方向正好相反，其磁动势相互抵消，因此过电压不会感应到一次侧（高压侧）线路上去。同样地，假如雷电过电压沿变压器一次侧（高压侧）线路侵入时，由于变压器二次侧（低压侧）同一芯柱上的两半绕组的感应电动势相互抵消，二次侧也不会出现过电压。由此可见，采用 Yzn11 联结的变压器有利于防雷。在多雷地区宜选用这类防雷变压器。

（四）变电所主变压器台数和容量的选择

1. 变电所主变压器台数的选择

选择主变压器台数时应考虑下列原则：

（1）应满足用电负荷对供电可靠性的要求。对供有大量一、二级负荷的变电所，应采用两台变压器，以便当一台变压器发生故障或检修时，另一台变压器能对一、二级负荷继续供电。

对只有二级负荷而无一级负荷的变电所，也可以只采用一台变压器，但必须在低压侧敷设与其他变电所相连的联络线作为备用电源，或另有自备电源。

（2）对季节性负荷或昼夜负荷变动较大而宜于采用经济运行方式的变电所，也可考虑采用两台变压器。

（3）除上述两种情况外，一般车间变电所宜采用一台变压器。但是负荷集中且容量相当大的变电所，虽为三级负荷，也可以采用两台或多台变压器。

（4）在确定变电所主变压器台数时，应适当考虑负荷的发展，留有一定的余地。

2. 变电所主变压器容量的选择

1）只装一台主变压器的变电所

主变压器的容量 $S_{N.T}$ 应满足全部用电设备总计算负荷 S_{30} 的需要，即

$$S_{N.T} \geqslant S_{30} \tag{2-1}$$

2）装有两台主变压器的变电所

每台变压器的容量 S_{30} 应同时满足以下两个条件：

（1）任一台变压器单独运行时，宜满足总计算负荷 S_{30} 的 60% ～ 70% 的需要，即

$$S_{N.T} = (0.6 \sim 0.7) S_{30} \tag{2-2}$$

（2）任一台变压器单独运行时，应满足全部一、二级负荷的需要，即

$$S_{N.T} \geqslant S_{30(\mathrm{I}+\mathrm{II})} \tag{2-3}$$

3）车间变电所主变压器的单台容量上限

车间变电所主变压器的单台容量，一般不宜大于 1 000 kV·A（或 1 250 kV·A）。这一方面是受以往低压开关电器断流能力和短路稳定度要求的限制；另一方面也是考虑到可以使变压器更接近车间负荷中心，以减少低压配电线路的电能损耗、电压损耗和有色金属消耗量。现在我国已能生产一些断流能力更大和短路稳定度更好的新型低压开关电器，如 DW15、ME 等型低压断路器及其他电器，因此如果车间负荷容量较大、负荷集中且运行合理时，也可以选用单台容量为 1 250 ～ 2 000 kV·A 的配电变压器，这样可减少主变压器台数及高压开关电器和电缆等。

对装设在二层以上的电力变压器，应考虑其垂直和水平运输时对通道及楼板荷载的影响。如果采用干式变压器时，其容量不宜大于 630 kV·A。

对住宅小区变电所内的油浸式变压器单台容量，也不宜大于 630 kV·A。这是因为油浸式变压器容量大于 630 kV·A 时，按规定应装设瓦斯保护，而这些住宅小区变电所电源侧的断路器往往不在变压器附近，因此瓦斯保护很难实施，而且如果变压器容量增大，供电半径相应增大，往往造成配电线路末端的电压偏低，给居民生活带来不便，例如荧光灯启燃困难、电冰箱不能启动等。

4）适当考虑负荷的发展

应该适当考虑今后 5 ～ 10 年电力负荷的增长，留有一定的余地。干式变压器的过负荷能力较小，更宜留有较大的裕量。

这里电力变压器的额定容量 $S_{N.T}$，是在一定温度条件下（例如户外安装，年平均气温为 20 ℃）的持续最大输出容量。如果安装地点的年平均气温 $\theta_{0.av} \neq 20$ ℃时，则年平均气温每升高 1 ℃，变压器容量相应地减小 1%。因此户外电力变压器的实际容量为

$$S_{T} = \left(1 - \frac{\theta_{0.av} - 20}{100}\right) S_{N.T} \tag{2-4}$$

对于户内变压器，由于散热条件较差，一般变压器室的出风口与进风口间有约 15℃ 的温度

差，从而使处在室中间的变压器环境温度比户外变压器环境温度要高出大约8℃，因此户内变压器的实际容量较之上式所计算的容量还要减小8%。

还要指出：由于变压器的负荷是变动的，大多数时间是欠负荷运行，因此必要时可以适当过负荷，并不会影响其使用寿命。油浸式变压器，户外可正常过负荷30%，户内可正常过负荷20%。干式变压器一般不考虑正常过负荷。

电力变压器在事故情况下（例如并列运行的两台变压器因故障切除一台时），允许短时间较大幅度地过负荷运行，而不论故障前的负荷情况如何，但过负荷运行时间不得超过表2-1所规定的时间。

表2-1　电力变压器事故过负荷允许值

油浸自冷式变压器	过负荷百分数/%	30	60	75	100	200
	过负荷时间/min	120	45	20	10	1.5
干式变压器	过负荷百分数/%	10	20	30	50	60
	过负荷时间/min	75	60	45	16	5

最后必须指出：变电所主变压器台数和容量的最后确定，应结合变电所主接线方案，经技术经济比较择优而定。

例2-1　某10 kV/0.4 kV变电所，总计算负荷为1 200 kV·A，其中一、二级负荷680 kV·A。试初步选择该变电所主变压器的台数和容量。

解：根据变电所有一、二级负荷的情况，确定选两台主变压器。每台容量为

$$S_{N.T}=(0.6\sim0.7)\times1\,200\ \text{kV·A}=(720\sim840)\ \text{kV·A}$$

且

$$S_{N.T}\geqslant S_{30(\text{I}+\text{II})}$$

因此初步确定每台主变压器容量为800 kV·A。

（五）电力变压器并列运行条件

两台或多台变压器并列运行时，必须满足以下三个基本条件：

（1）并列变压器的额定一、二次电压必须对应相等。亦即并列变压器的电压比必须相同，允许差值不超过±5%。如果并列变压器的电压比不同，则并列变压器二次绕组的回路内将出现环流，即二次电压较高的绕组将向二次电压较低的绕组供给电流，导致绕组过热甚至烧毁。

（2）并列变压器的阻抗电压（即短路电压）必须相等。由于并列运行变压器的负荷是按其阻抗电压值成反比分配的，如果阻抗电压相差很大，可能导致阻抗电压小的变压器发生过负荷现象，所以要求并列变压器的阻抗电压必须相等，允许差值不得超过±10%。

（3）并列变压器的联结组别必须相同。亦即所有并列变压器一、二次电压的相序和相位都必须对应地相同，否则不能并列运行。假设两台变压器并列运行，一台为Yyn0联结，另一台为Dyn11联结，则它们的二次电压将出现30°相位差，从而在两台变压器的二次绕组间产生电位差ΔU，如图2-50所示。这一ΔU将在两台变压器的二次侧产生一个很大的环流，可能使变压器绕组烧毁。

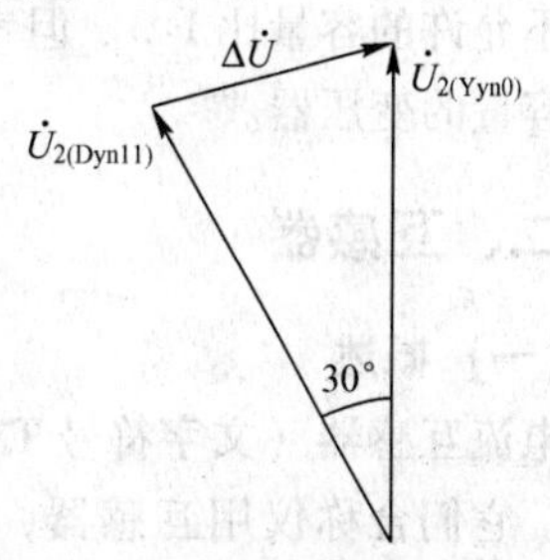

图2-50　Yyn0联结变压器与Dyn11联结变压器并列运行时的二次电压相量图

此外，并列运行的变压器容量应尽量相同或相近，其最大容量与最小容量之比，一般不能超过3∶1。如果容量相差

悬殊，不仅运行很不方便，而且在变压器特性上稍有差异时，变压器间的环流将相当显著，特别是容量小的变压器容易过负荷或烧毁。

例 2-2 现有一台 S9－800/10 型配电变压器与一台 S9－2000/10 型配电变压器并列运行，均为 Dyn11 联结。问总负荷达到 2 800 kV·A 时，上列变压器中哪一台将要过负荷？过负荷可达多少？

解：并列运行的变压器之间的负荷分配是与其阻抗标幺值成反比的，因此先计算其阻抗标幺值。

变压器的阻抗标幺值按下式计算：

$$|Z_T^*| = \frac{U_k\% \, S_d}{100 S_N}$$

式中：$U_k\%$——变压器的短路电压（阻抗电压）百分值；

S_d——基准容量（kV·A），通常取 $S_d = 100\ \text{MV·A} = 10^5\ \text{kV·A}$；

S_N——变压器的额定容量（kV·A）。

查附录表 A-5，得 S9－800 型变压器（T1）的 $U_k\% = 5$，S9－2000 型变压器（T2）的 $U_k\% = 6$，因此这两台变压器的阻抗标幺值分别为（取 $S_d = 10^5\ \text{kV·A}$）：

$$|Z_{T1}^*| = \frac{5 \times 10^5\ \text{kV·A}}{100 \times 800\ \text{kV·A}} = 6.25$$

$$|Z_{T2}^*| = \frac{6 \times 10^5\ \text{kV·A}}{100 \times 2\,000\ \text{kV·A}} = 3.00$$

由此可以计算出两台变压器在负荷达 2 800 kV·A 时各台变压器负担的负荷分别为

$$S_{T1} = 2\,800\ \text{kV·A} \times \frac{3.00}{6.25 + 3.00} = 908\ \text{kV·A}$$

$$S_{T2} = 2\,800\ \text{kV·A} \times \frac{6.25}{6.25 + 3.00} = 1\,892\ \text{kV·A}$$

由以上计算结果可知，S9－800/10 型变压器（T1）将过负荷（908－800）kV·A＝108 kV·A，将超过其额定容量

$$\frac{108\ \text{kV·A}}{800\ \text{kV·A}} \times 100\% = 13.5\%$$

按规定，油浸式变压器正常允许过负荷可达 20%（户内）或 30%（户外），因此 S9－800/10 型变压器过负荷 13.5% 还是在允许范围内的。

从上述两台变压器的容量比来看，800 kV·A∶2 000 kV·A＝1∶2.5，也未达到变压器并列运行一般不允许的容量比 1∶3。但考虑到负荷的发展和运行的灵活性，S9－800/10 型变压器宜换以较大容量的变压器。

二、互感器

（一）概述

电流互感器（文字符号 TA），又称仪用变流器。电压互感器（文字符号 TV），又称仪用变压器。它们合称仪用互感器，简称互感器。从基本结构和原理来说，互感器就是一种特殊变压器。

互感器的功能主要是：

（1）用来使仪表、继电器等二次设备与主电路绝缘。这既可避免主电路的高电压直接引入

仪表、继电器等二次设备，又可防止仪表、继电器等二次设备的故障影响主电路，提高一、二次电路的安全性和可靠性，并有利于人身安全。

（2）用来扩大仪表、继电器等二次设备的应用范围。例如用一只5 A的电流表，通过不同变流比的电流互感器就可测量任意大的电流。同样，用一只100 V的电压表，通过不同电压比的电压互感器就可测量任意高的电压。而且由于采用了互感器，可使二次仪表、继电器等设备的规格统一，有利于设备的批量生产。

1. 电流互感器

电流互感器的基本原理结构和接线方案如下：

电流互感器的基本原理结构如图2-51所示。它的结构特点是：一次绕组匝数很少，导体相当粗，有的电流互感器（例如母线式）还没有一次绕组，而是利用穿过其铁心的一次电路作为一次绕组（相当于匝数为1）；其二次绕组匝数很多，导体较细。其接线特点是：一次绕组串联在被测的一次电路中，而二次绕组则与仪表、继电器等的电流线圈串联，形成一个闭合回路。由于这些电流线圈的阻抗很小，因此电流互感器工作时其二次回路接近于短路状态。二次绕组的额定电流一般为5 A。

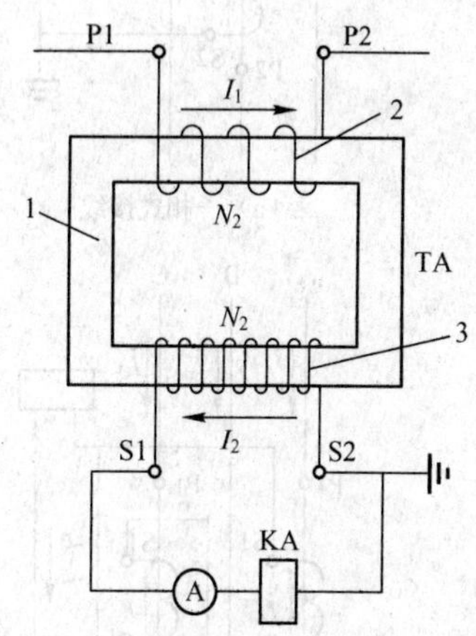

图2-51　电流互感器

1—铁心　2—一次绕组　3—二次绕组

电流互感器的一次电流 I_1 与其二次电流 I_2 之间有下列关系：

$$I_1 \approx \frac{N_2}{N_1} I_2 \approx K_i I_2 \tag{2-5}$$

式中：N_1、N_2——电流互感器一、二次绕组匝数；

K_i——电流互感器的电流比，一般表示为其一、二次的额定电流之比，即 $K_i = I_{1N}/I_{2N}$，例如100 A/5 A。

电流互感器在三相电路中的几种常见接线方案如图2-52所示。

（1）一相式接线［见图2-52（a）］：电流线圈通过的电流，反映一次电路相应的电流。通常用于负荷平衡的三相电路如低压动力线路中，供测量电流、电能或接过负荷保护装置之用。

（2）两相V形接线［见图2-52（b）］：也称两相不完全星形接线。在继电保护装置中称为两相两继电器接线。这种接线在中性点不接地的三相三线制电路中（如6～10 kV电路中），广泛用于测量三相电流、电能及作为过电流继电保护之用。由图2-53所示的相量图可知，两相V形接线的公共线上的电流为 $\dot{I}_a + \dot{I}_c = -\dot{I}_b$，反映的是未接电流互感器的那一相电流。

（3）两相电流差接线［见图2-52（c）］：由图2-54所示相量图可知，互感器二次侧公共线上的电流为 $\dot{I}_a - \dot{I}_c$，其量值为相电流的 $\sqrt{3}$ 倍。这种接线适于中性点不接地的三相三线制电路中（如6～10 kV电路中）供作过电流保护之用。在继电器保护装置中，此接线称为两相一继电器接线。

（4）三相星形接线［见图2-52（d）］：这种接线中的三个电流线圈，正好反映各相的电流，广泛用在负荷一般不平衡的三相四线制系统如低压TN系统中，也用在负荷可能不平衡的三相三线制系统中，作三相电流、电能测量和过电流继电保护之用。

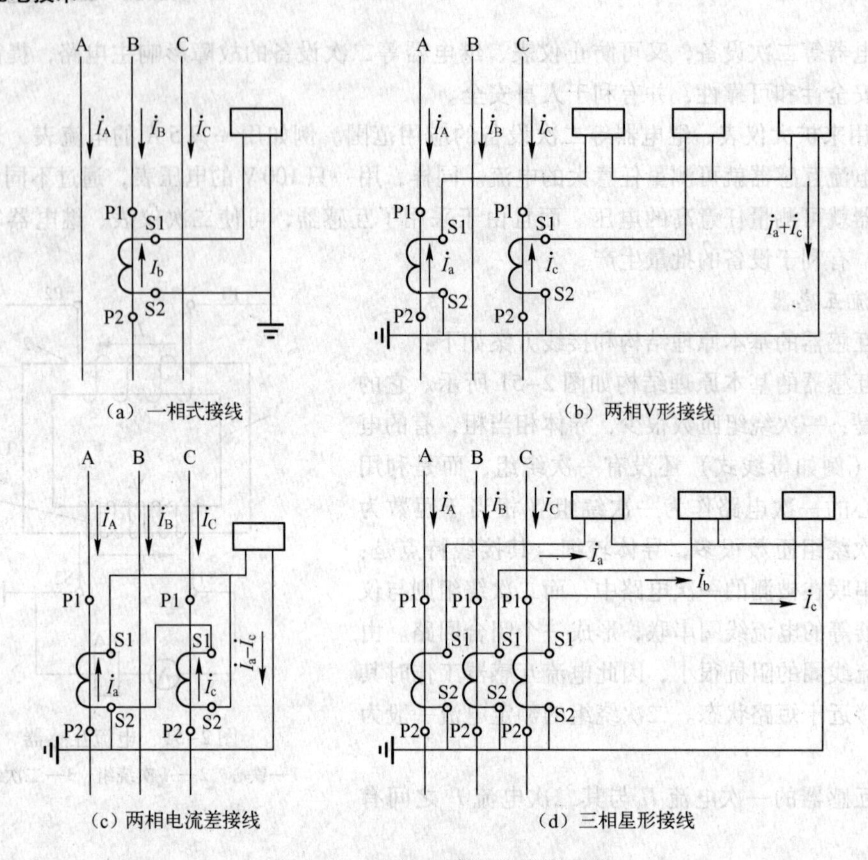

图 2-52 电流互感器的接线方案

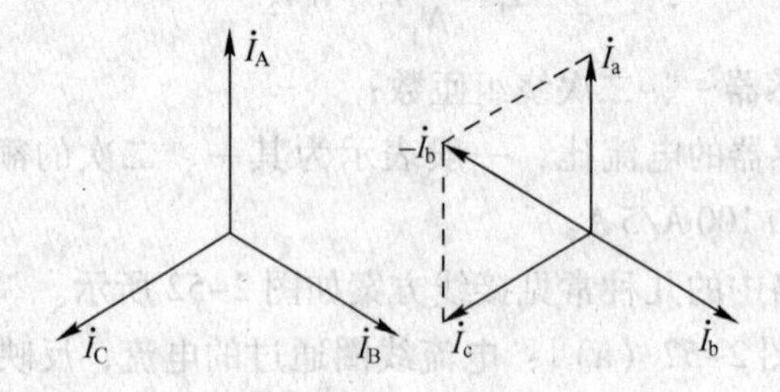

图 2-53 两相 V 形接线电流互感器的一、二次电流相量图

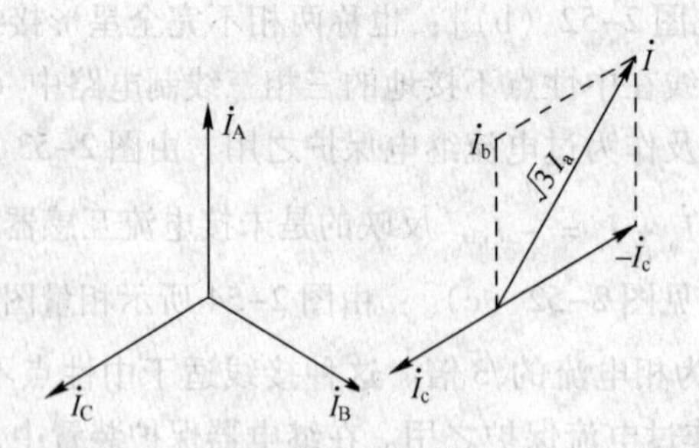

图 2-54 两相电流差接线电流互感器的一、二次电流相量图

2. 电流互感器的类型和型号

电流互感器的类型很多。按其一次绕组的匝数分，有单匝式（包括母线式、芯柱式、套管式）和多匝式（包括线圈式、线环式、串级式）。按一次电压分，有高压和低压两大类。按用

途分，有测量用和保护用两大类。按准确度级分，测量用电流互感器有0.1、0.2、0.5、1、3、5等级。保护用电流互感器有5P和10P两级。

高压电流互感器多制成不同准确度级的两个铁心和两个二次绕组，分别接测量仪表和继电器，以满足测量和保护的不同要求。电气测量对电流互感器的准确度要求较高，且要求在一次电路短路时仪表受的冲击小，因此测量用电流互感器的铁心在一次电路短路时应易于饱和，以限制二次电流的增长倍数。而继电保护用电流互感器的铁心在一次电路短路时不应饱和，使二次电流能与一次电流成比例地增长，以适应保护灵敏度的要求。

图2-55是户内高压LQJ－10型电流互感器的外形图。它有两个铁心和两个二次绕组，分别为0.5级和3级，0.5级用于测量，3级用于继电保护。

图2-56是户内低压LMZJ1－0.5型电流互感器的外形图。它不含一次绕组，穿过其铁心的母线就是其一次绕组（相当于1匝）。它用于500 V及以下配电装置中。

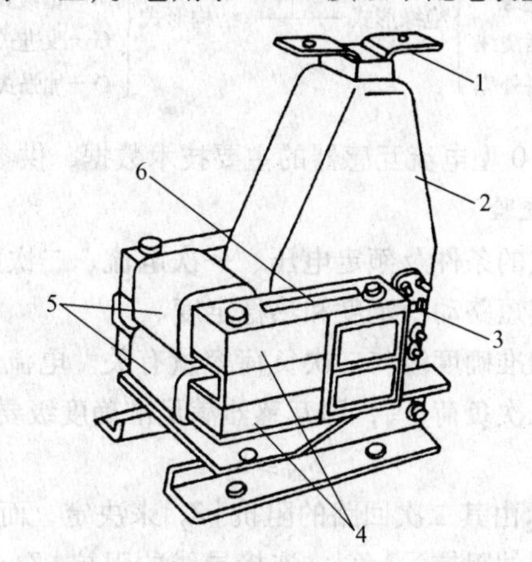

图2-55　LQJ－10型电流互感器

1—一次接线端子　2—一次绕组（树脂浇注）　3—二次接线端子　4—铁心　5—二次绕组
6—警示牌（上写“二次侧不得开路”等字样）

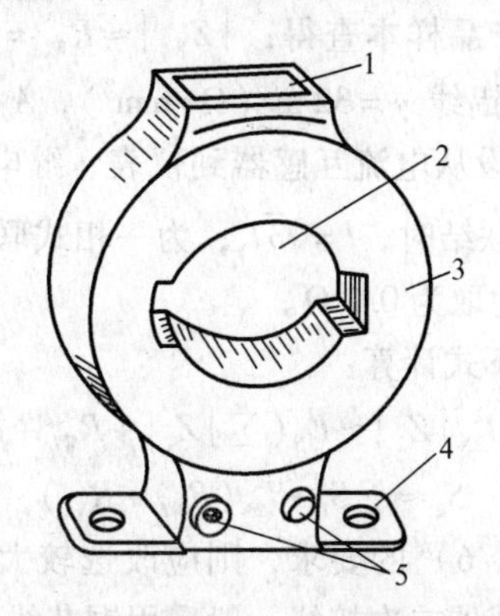

图2-56　LMZJ1－0.5型电流互感器

1—铭牌　2—一次母线穿孔　3—铁心，外绕二次绕组，树脂浇注
4—安装板　5—二次接线端子

以上两种电流互感器都是环氧树脂或不饱和树脂浇注绝缘的，较之老式的油浸式和其他非树脂绝缘的干式电流互感器的尺寸小，性能好，安全可靠，现在生产的高低压成套配电装置中差不多都采用这类新型电流互感器。

电流互感器全型号的表示和含义如下：

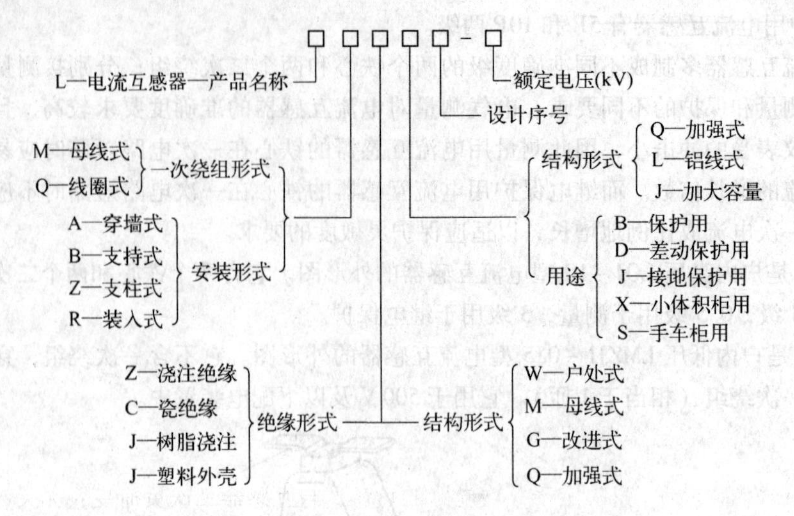

附录表 A-21 列出 LQJ-10 型电流互感器的主要技术数据，供参考。

3. 电流互感器的选择与校验

电流互感器应按装设地点的条件及额定电压、一次电流、二次电流（一般为5 A）、准确度级等条件进行选择，并校验其短路动稳定度和热稳定度。

必须注意：电流互感器的准确度级与二次负荷容量有关。电流互感器的二次负荷 S_2 不得大于其准确度级所限定的额定二次负荷 S_{2N}，即互感器满足准确度级要求的条件为

$$S_{2N} \geqslant S_2 \tag{2-6}$$

电流互感器的二次负荷 S_2 由其二次回路的阻抗 $|Z_2|$ 来决定，而 $|Z_2|$ 应包括二次回路中所有串联的仪表、继电器电流线圈的阻抗 $\sum|Z_i|$、连接导线的阻抗 $|Z_{WL}|$ 和所有接头的接触电阻 R_{XC} 等。由于 $\sum|Z_i|$ 和 $|Z_{WL}|$ 中的感抗远比其电阻小，因此可认为

$$|Z_2| \approx \sum|Z_i| + |Z_{WL}| + R_{XC} \tag{2-7}$$

式中：$|Z_i|$ 可由仪表、继电器的产品样本查得；$|Z_{WL}| \approx R_{WL} = l/(\gamma A)$，这里的 γ 是连接导线电导率，铜线 $\gamma = 53\ \text{m}/(\Omega\cdot\text{mm}^2)$，铝线 $\gamma = 32\ \text{m}/(\Omega\cdot\text{mm}^2)$，$A$ 是连接导线截面积（mm^2），对应于连接导线的计算长度（m）。假设从电流互感器到仪表、继电器的单向长度为 l_1，则电流互感器为 Y 形联结时，$l = l_1$；为 V 形联结时，$l = \sqrt{3}l_1$；为一相式联结时，$l = 2l_1$。式中 R_{XC} 很难准确测定，而且是可变的，一般近似地取为 0.1 Ω。

电流互感器的二次负荷 S_2 按下式计算：

$$S_2 = I_{2N}^2|Z_2| \approx I_{2N}^2(\sum|Z_i| + R_{WL} + R_{XC})$$

$$S_2 \approx \sum S_i + I_{2N}^2(R_{WL} + R_{XC}) \tag{2-8}$$

假设电流互感器不满足式（2-6）的要求，则应改选较大变流比或较大容量的互感器，或者加大二次接线的截面。电流互感器二次接线一般采用铜芯线，截面不小于 2.5 mm^2。关于电流互感器短路稳定度的校验，现在有的新产品如 LZZB6-10 型等直接给出了动稳定电流峰值和 1 s 热稳定电流有效值，因此其动稳定度可按前面式校验，其热稳定度可按前面式校验。但电流互感器的大多数产品是给出动稳定倍数和热稳定倍数。

动稳定倍数 $K_{es} = i_{max}/(\sqrt{2}I_{1N})$，因此其动稳定度校验的条件为

$$K_{es} \times \sqrt{2}I_{1N} \geqslant i_{sh}^{(3)} \tag{2-9}$$

热稳定倍数 $K_t = I_t / I_{1N}$，因此其热稳定度校验的条件为

$$(K_t I_{1N})^2 t \geqslant I_\infty^{(3)2} t_{ima}$$

$$K_t I_{1N} \geqslant I_\infty^{(3)} \sqrt{\frac{t_{ima}}{t}} \tag{2-10}$$

一般电流互感器的热稳定试验时间 $t = 1\,\text{s}$，因此其热稳定度校验的条件亦为

$$K_t I_{1N} \geqslant I_\infty^{(3)} \sqrt{t_{ima}} \tag{2-11}$$

4. 电流互感器使用注意事项

（1）电流互感器在工作时其二次侧不得开路

电流互感器正常工作时，由于其二次回路串联的是电流线圈，阻抗很小，因此接近于短路状态。根据磁动势平衡方程式 $\dot{I}_1 N_1 - \dot{I}_2 N_2 = \dot{I}_0 N_1$ 可知，其一次电流 I_1 产生的磁动势 $I_1 N_1$，绝大部分被二次电流 I_2 产生的磁动势 $I_2 N_2$ 所抵消，所以总的磁动势 $I_0 N_1$ 很小，励磁电流（即空载电流）I_0 只有一次电流 I_1 的百分之几，很小。但是，当二次侧开路时，$I_2 = 0$，这时迫使 $I_0 = I_1$，而 I_1 是一次电路的负荷电流，只决定于一次电路的负荷，与互感器二次负荷变化无关，从而使 I_0 要突然增大到 I_1，比正常工作时增大几十倍，使励磁磁动势 $I_0 N_1$ 也增大几十倍。这样将产生如下严重后果：

① 铁心由于磁通量剧增而过热，并产生剩磁，降低铁心准确度级。

② 由于电流互感器的二次绕组匝数远比一次绕组匝数多，所以在二次侧开路时会感应出危险的高压，危及人身和设备的安全。因此电流互感器工作时二次侧不允许开路。

在安装时，其二次接线要求牢固可靠，且其二次侧不允许接入熔断器和开关。

（2）电流互感器的二次侧有一端必须接地

互感器二次侧有一端接地，是为了防止其一、二次绕组间绝缘击穿时，一次侧的高电压窜入二次侧，危及人身和设备的安全。

（3）电流互感器在连接时，要注意其端子的极性

按照规定，我国互感器和变压器的绕组端子，均采用“减极性”标号法。

所谓“减极性”标号法，就是互感器或变压器按图 2-57 所示接线时，一次绕组接上电压 U_1，二次绕组感应出电压 U_2。这时将一、二次绕组一对同名端短接，则在其另一对同名端测出的电压为 $U = |U_1 - U_2|$。

用“减极性”法所确定的“同名端”，实际上就是“同极性端”，即在同一瞬间，两个对应的同名端同为高电位，或同为低电位。

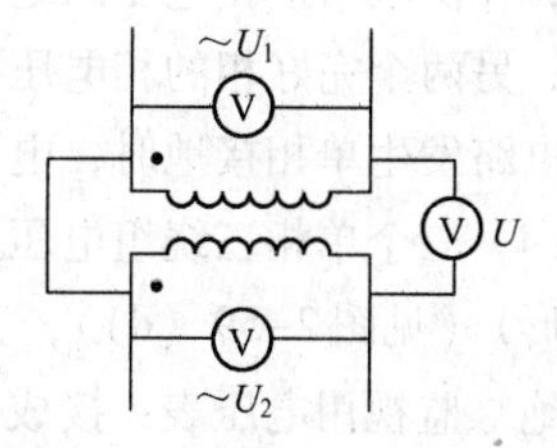

图 2-57　互感器和变压器的“减极性”判别法

U_1—输入电压　U_2—输出电压

GB 1208—2006《电流互感器》规定：一次绕组端子标 P1、P2，二次绕组端子标 S1、S2，其中 P1 与 S1、P2 与 S2 分别为对应的同名端。由前面图 2-51 可知，如果一次电流 I_1 从 P1 流向 P2，则二次电流 I_2 从 S2 流向 S1。

在安装和使用电流互感器时，一定要注意其端子的极性，否则其二次仪表、继电器中流过的电流就不是预想的电流，甚至可能引起事故。例如图 2-52（b）中 C 相电流互感器的 S1、S2 如果接反，则公共线中的电流就不是相电流，而是相电流的 $\sqrt{3}$ 倍，可能使电流表烧毁。

（二）电压互感器

电压互感器的基本结构原理和接线方案如下：

电压互感器的基本结构原理图如图 2-58 所示。它的结构特点是：一次绕组匝数很多，二次绕组匝数较少，相当于降压变压器。其接线特点是：一次绕组并联在一次电路中，而二次绕组则并联仪表、继电器的电压线圈。由于电压线圈的阻抗一般都很大，所以电压互感器工作时其二次侧接近于空载状态。二次绕组的额定电压一般为 100 V。

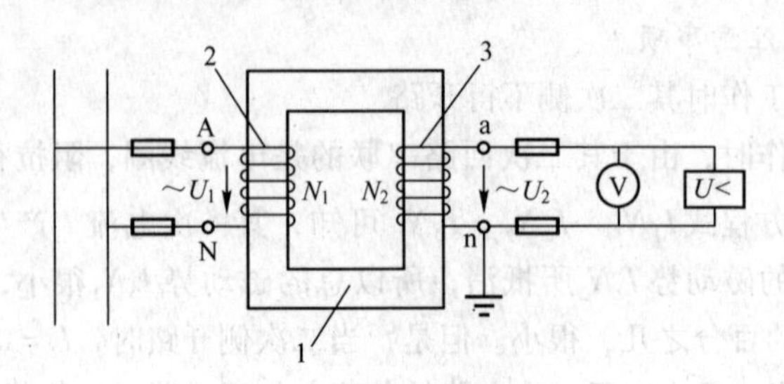

图 2-58　电压互感器

1—铁心　2—一次绕组　3—二次绕组

电压互感器的一次电压 U_1 与其二次电压 U_2 之间有下列关系：

$$U_1 \approx \frac{N_1}{N_2} U_2 \approx K_u U_2 \tag{2-12}$$

式中：N_1、N_2——电压互感器一、二次绕组的匝数；

K_u——电压互感器的电压比，一般表示为其额定一、二次电压比，即 $K_u = U_{1N}/U_{2N}$，例如 10 000 V/100 V。

电压互感器在三相电路中有如图 2-59 所示的几种常见的接线方案。

（1）一个单相电压互感器的接线（见图 2-59（a）），供仪表、继电器接于一个线电压。

（2）两个单相电压互感器接成 V/V 形（见图 2-59（b）），供仪表、继电器接于三相三线制电路的各个线电压，广泛用在工厂变配电所的 6 ～ 10 kV 高压配电装置中。

（3）三个单相电压互感器接成 Y0/Y0 形（见图 2-59（c）），供电给要求线电压的仪表、继电器，并供电给接相电压的绝缘监视电压表。由于小接地电流电力系统在一次电路发生单相接地时，另两个完好相的相电压要升高到线电压，所以绝缘监视电压表要按线电压选择，否则在一次电路发生单相接地时，电压表有可能被烧毁。

（4）三个单相三绕组电压互感器或一个三相五芯柱三绕组电压互感器接成 Y0/Y0/△（开口三角形）（见图 2-59（d）），其接成 Y0 的二次绕组，供电给接线电压的仪表、继电器及接相电压的绝缘监视用电压表；接成△（开口三角）形的辅助二次绕组，接电压继电器。一次电压正常时，由于三个相电压对称，因此开口三角形两端的电压接近于零。但当某一相接地时，开口三角形两端将出现近 100 V 的零序电压，使电压继电器动作，发出信号。

（三）电压互感器的类型和型号

电压互感器按相数分，有单相和三相两类。按绝缘及其冷却方式分，有干式（含环氧树脂浇注式）和油浸式两类。图 2-60 是应用广泛的 JDZJ－10 型单相三绕组、环氧树脂浇注绝缘的户内电压互感器外形图。三个 JDZJ－10 型电压互感器可按图 2-59（d）所示 Y0 /Y0 /△（开口三角形）联结，供小电流系统中作电压、电能测量及绝缘监视之用。

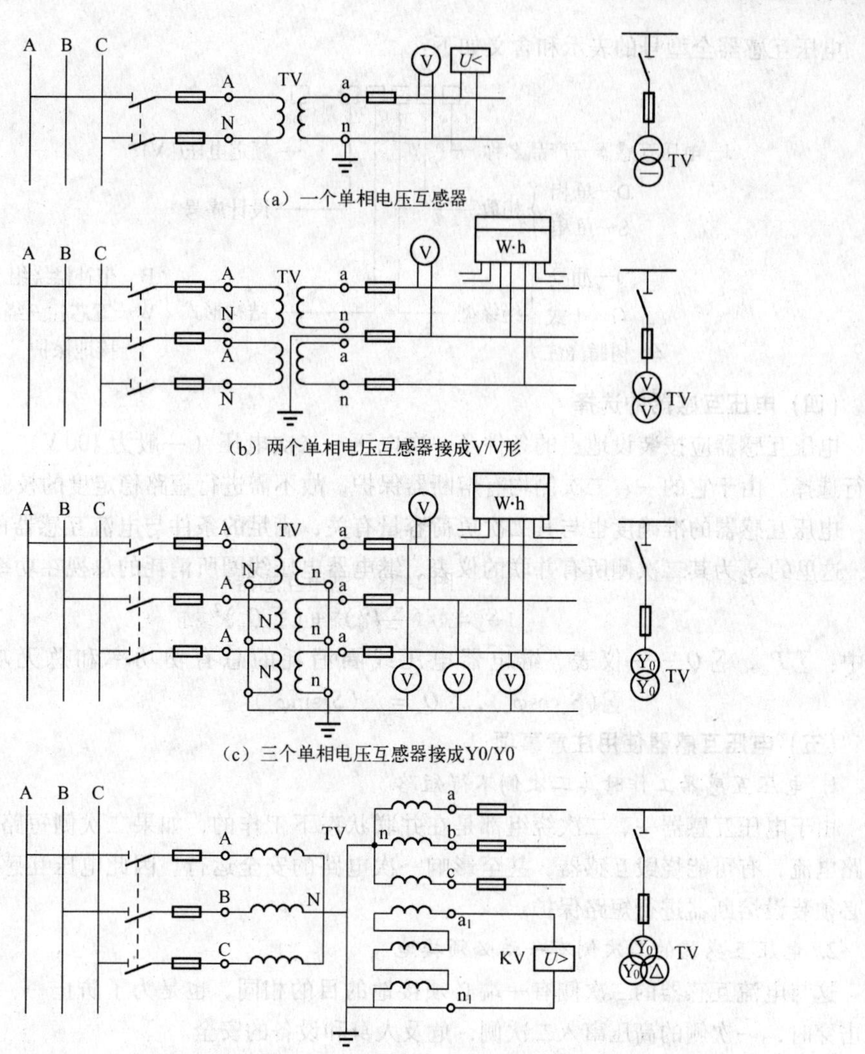

（a）一个单相电压互感器

（b）两个单相电压互感器接成V/V形

（c）三个单相电压互感器接成Y0/Y0

（d）三个单相三绕组电压互感器或一个三相五芯柱三绕组电压互感器接成Y0/Y0/Δ（开口三角形）

图 2-59　电压互感器的接线方案

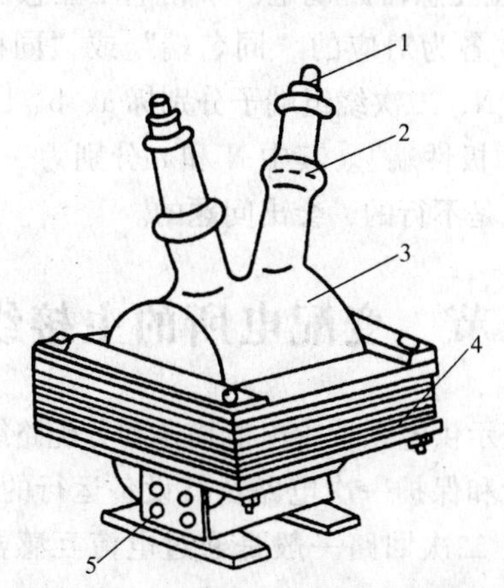

图 2-60　JDZJ－10 型电压互感器

1—一次接线端子　2—高压绝缘套管　3—一、二次绕组，树脂浇注绝缘

4—铁心　5—二次接线端子

电压互感器全型号的表示和含义如下：

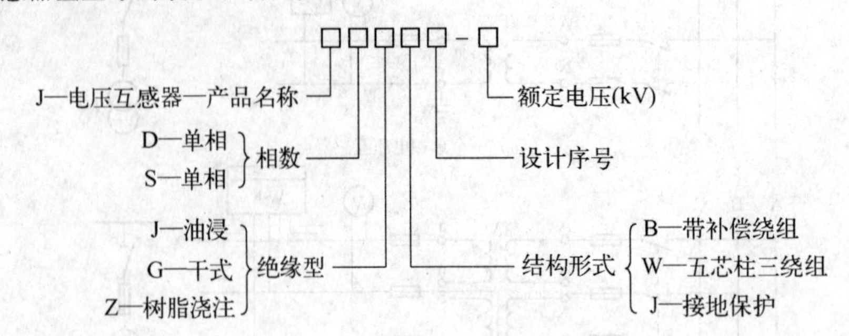

（四）电压互感器的选择

电压互感器应按装设地点的条件及一次电压、二次电压（一般为 100 V）、准确度级等条件进行选择。由于它的一、二次侧均有熔断器保护，故不需进行短路稳定度的校验。

电压互感器的准确度也与其二次负荷容量有关，满足的条件与电流互感器的相同，即 $S_{2N} \geqslant S_2$，这里的 S_2 为其二次侧所有并联的仪表、继电器电压线圈所消耗的总视在功率，即

$$S_2 = \sqrt{(\sum P_u)^2 + (\sum Q_u)^2} \tag{2-13}$$

式中：$\sum P_u$，$\sum Q_u$——仪表、继电器电压线圈消耗的总有功功率和总无功功率，$\sum P_u = \sum(S_u \cos\varphi_u)$，$\sum Q_u = \sum(S_u \sin\varphi_u)$。

（五）电压互感器使用注意事项

1. 电压互感器工作时其二次侧不得短路

由于电压互感器一、二次绕组都是在并联状态下工作的，如果二次侧短路，将产生很大的短路电流，有可能烧毁互感器，甚至影响一次电路的安全运行。因此电压互感器的一、二次侧都必须装设熔断器进行短路保护。

2. 电压互感器的二次侧有一端必须接地

这与电流互感器的二次侧有一端必须接地的目的相同，也是为了防止一、二次绕组间的绝缘击穿时，一次侧的高压窜入二次侧，危及人身和设备的安全。

3. 电压互感器在连接时也应注意其端子的极性

GB 1207—2006《电磁式电压互感器》规定：单相电压互感器的一、二次绕组端子标以 A、N 和 a、n，其中 A 与 a 、N 与 n 各为对应的“同名端”或“同极性端”。而三相电压互感器，一次绕组端子分别标 A、B、C、N，二次绕组端子分别标 a、b、c、n，A 与 a、B 与 b、C 与 c、N 与 n 分别为“同名端”或“同极性端”。其中 N 和 n 分别为一、二次三相绕组的中性点。电压互感器连接时端子极性错误也是不行的，会出问题的。

第三节　变配电所的主接线图

主接线图即主电路图，是表示供电系统中电能输送和分配路线的电路图，亦称一次电路图。而用来控制、指示、监视、测量和保护一次电路及其设备运行的电路图，则称二次电路图，或二次接线图，通称二次回路图。二次回路一般是通过电流互感器和电压互感器与主电路相联系的。

对工厂变配电所主接线有下列基本要求：

（1）安全。应符合有关国家标准和技术规范的要求，能充分保障人身和设备的安全。

(2) 可靠。应满足电力负荷特别是其中一、二级负荷对供电可靠性的要求。

(3) 灵活。应能适应必要的各种运行方式，便于切换操作和检修，且适应负荷的发展。

(4) 经济。在满足上述要求的前提下，尽量使主接线简单，投资少，运行费用低，并节约电能和有色金属消耗量。

主接线图有以下两种绘制形式：

(1) 系统式主接线图。这是按照电力输送的顺序依次安排其中的设备和线路相互连接关系而绘制的一种简图，如图 2-61 所示，它全面系统地反映出主接线中电力的传输过程，但是它并不反映其中各成套配电装置之间相互排列的位置。这种主接线图多用于变配电所的运行中。

(2) 装置式主接线图。这是按照主接线中高压或低压成套配电装置之间相互连接关系和排列位置而绘制的一种简图，通常按不同电压等级分别绘制，如图 2-62 所示。从这种主接线图上可以一目了然地看出某一电压等级的成套配电装置的内部设备连接关系及装置之间相互排列的位置。这种主接线图多在变配电所施工图中使用。

一、高压配电所的主接线图

高压配电所担负着从电力系统受电并向各车间变电所及某些高压用电设备配电的任务。

图 2-61 是图 1-1 所示工厂供电系统中高压配电所及其附设 2 号车间变电所的主接线图。这一高压配电所的主接线方案具有一定的代表性。下面依其电源进线、母线和出线的顺序对此配电所作一分析介绍。

(一) 电源进线

该配电所有两路 10 kV 电源进线，一路是架空线路 WL1，另一路是电缆线路 WL2。最常见的进线方案是：一路电源来自发电厂或电力系统变电站，作为正常工作电源；而另一路电源来自邻近单位的高压联络线，作为备用电源。

《供电营业规则》规定：对 10 kV 及以下电压供电的用户，应配置专用的电能计量柜（箱）；对 35 kV 及以上电压供电的用户，应有专用的电流互感器二次线圈和专用的电压互感器二次连接线，并且不得与保护、测量回路共用。根据以上规定，因此在两路进线的主开关（高压断路器）柜之前（在其后亦可）各装设一台 GG-1A-J 型高压计量柜（No. 101 和 No. 112），其中的电流互感器和电压互感器只用来连接计费的电能表。

装设进线断路器的高压开关柜（No. 102 和 No. 111），因为需与计量柜相连，因此采用 GG-1A（F）-11 型。由于进线采用高压断路器控制，所以切换操作十分灵活方便，而且可配以继电保护和自动装置，使供电可靠性大大提高。

考虑到进线断路器在检修时有可能两端来电，因此为保证检修人员的人身安全，断路器两侧都必须装设高压隔离开关。

(二) 母线

母线（busbar，文字符号为 W 或 WB），又称汇流排，是配电装置中用来汇集和分配电能的导体。

高压配电所的母线，通常采用单母线制。如果是两路或以上电源进线时，则采用高压隔离开关或高压断路器（其两侧装隔离开关）分段的单母线制。母线采用隔离开关分段时，分段隔离开关可安装在墙壁上，也可采用专门的分段柜（亦称联络柜），如 GG-1A（F）-119 型柜。

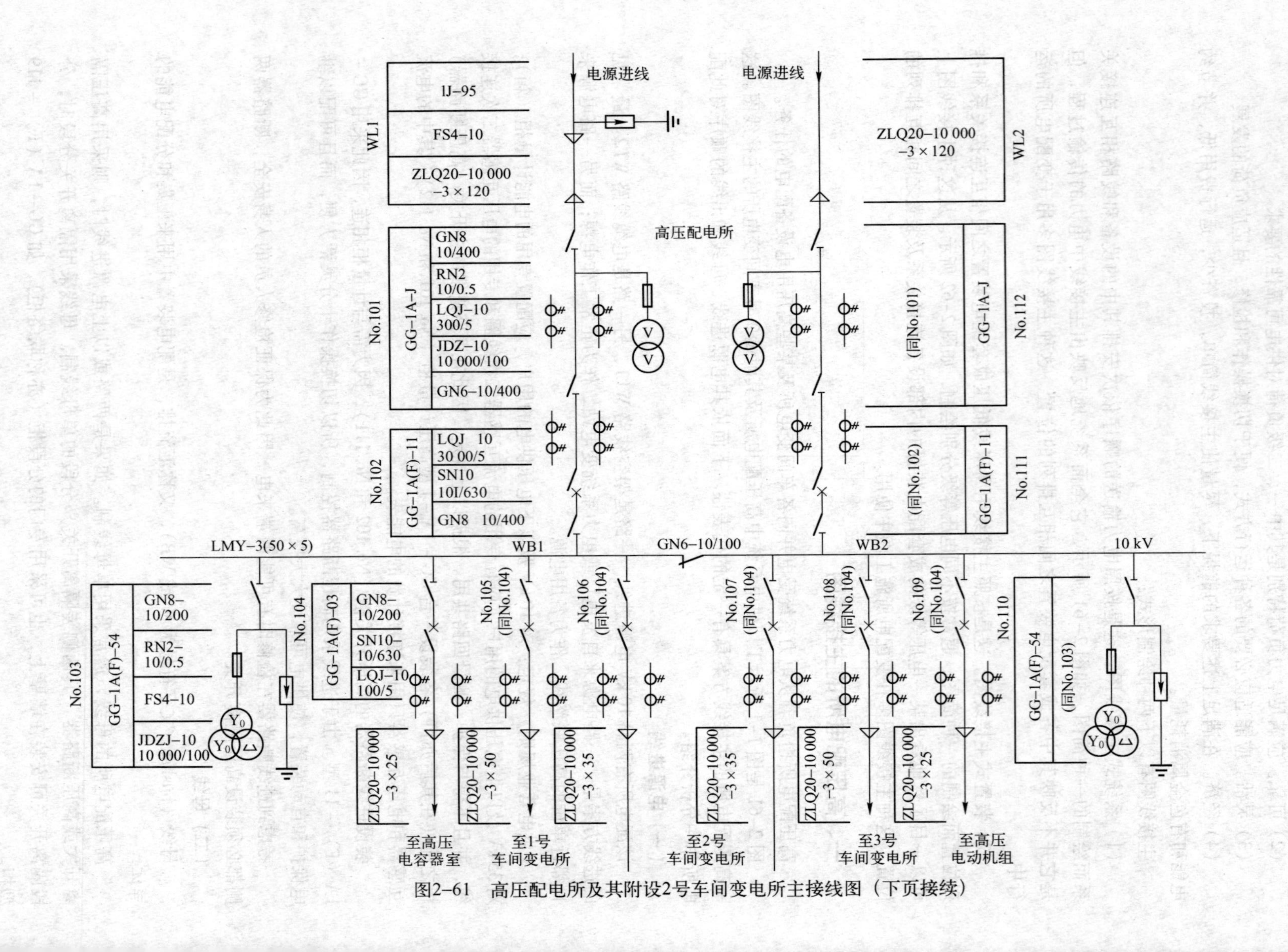

图2–61　高压配电所及其附设2号车间变电所主接线图（下页接续）

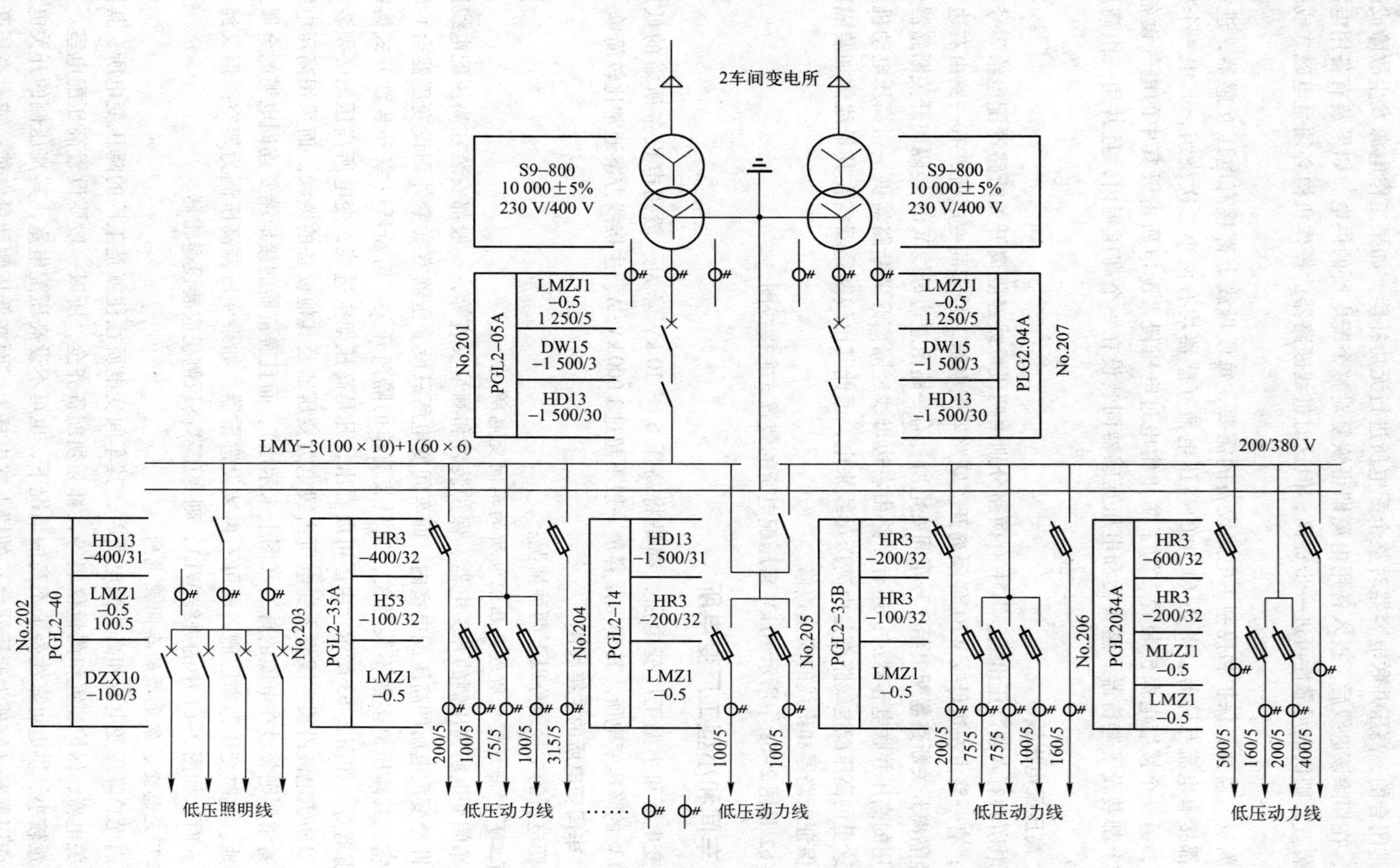

图2-61　高压配电所及其附设2号车间变电所主接线图（续）

图2-61所示高压配电所通常采用一路电源工作、一路电源备用的运行方式，因此母线分段开关通常是闭合的，高压并联电容器对整个配电所进行无功补偿。如果工作电源发生故障或进行检修时，在切除该进线后，投入备用电源即可恢复对整个配电所的供电。如果装有备用电源自动投入装置，则供电可靠性可进一步提高，但这时进线断路器的操作机构必须是电磁式或弹簧式。

为了测量、监视、保护和控制主电路设备的需要，每段母线上都接有电压互感器，进线和出线上都接有电流互感器。图2-61上的高压电流互感器均有两个二次绕组，其中一个接测量仪表，另一个接继电保护装置。为了防止雷电过电压侵入配电所击毁其中的电气设备，各段母线上都装设了避雷器。避雷器和电压互感器同装设在一个高压柜内，且共用一组高压隔离开关。

（三）高压配电出线

该配电所共有六路高压出线。其中有两路分别由两段母线经隔离开关断路器配电给2号车间变电所；有一路由左边母线WB1经隔离开关断路器配电给1号车间变电所；有一路由右边母线WB2经隔离开关断路器配电给3号车间变电所；有一路由左边母线WB1经隔离开关断路器供无功补偿用的高压并联电容器组；还有一路由右边母线经隔离开关断路器供一组高压电动机用电。由于这里的高压配电线路都是由高压母线来电，因此其出线断路器需在其母线侧加装隔离开关，以保证断路器和出线的安全检修。

图2-62是图2-61中所示10 kV高压配电所的装置式主接线图。

二、车间和小型工厂变电所

车间变电所和小型工厂变电所，都是将高压6 ～ 10 kV降为一般用电设备所需的低压220 V/380 V的降压变电所。其变压器容量一般不超过1 000 kV·A，主接线方案通常比较简单。

（一）车间变电所的主接线图

车间变电所的主接线分以下两种情况：

1. 有工厂总降压变电所或高压配电所的车间变电所

这类车间变电所高压侧的开关电器、保护装置和测量仪表等，一般都安装在高压配电线路的首端，即总变配电所的高压配电室内，而车间变电所只设变压器室（室外则设变压器台）和低压配电室，其高压侧多数不装开关，或只装简单的隔离开关、熔断器（室外装跌开式熔断器）、避雷器等，如图2-63所示。由图可以看出，凡是高压架空进线，变电所高压侧必须装设避雷器，以防雷电波沿架空线侵入变电所击毁电力变压器及其他设备的绝缘。而采用高压电缆进线时，避雷器则装设在电缆的首端（图上未示出），而且避雷器的接地端要连同电缆的金属外皮一起接地。此时变压器高压侧一般可不再装设避雷器。如果变压器高压侧为架空线但又经一段电缆引入时，如图2-61中的进线WL1，则变压器高压侧仍应装设避雷器。

2. 工厂无总变、配电所的车间变电所

工厂内无总降压变电所和高压配电所时，其车间变电所往往就是工厂的降压变电所，其高压侧的开关电器、保护装置和测量仪表等，都必须配备齐全，所以一般要设置高压配电室。在变压器容量较小、供电可靠性要求不高的情况下，也可不设高压配电室，其高压侧的开关电器就装设在变压器室（室外为变压器台）的墙上或电杆上，而在低压侧计量电能；或者高压开关柜（不多于6台时）就装在低压配电室内，在高压侧计量电能。

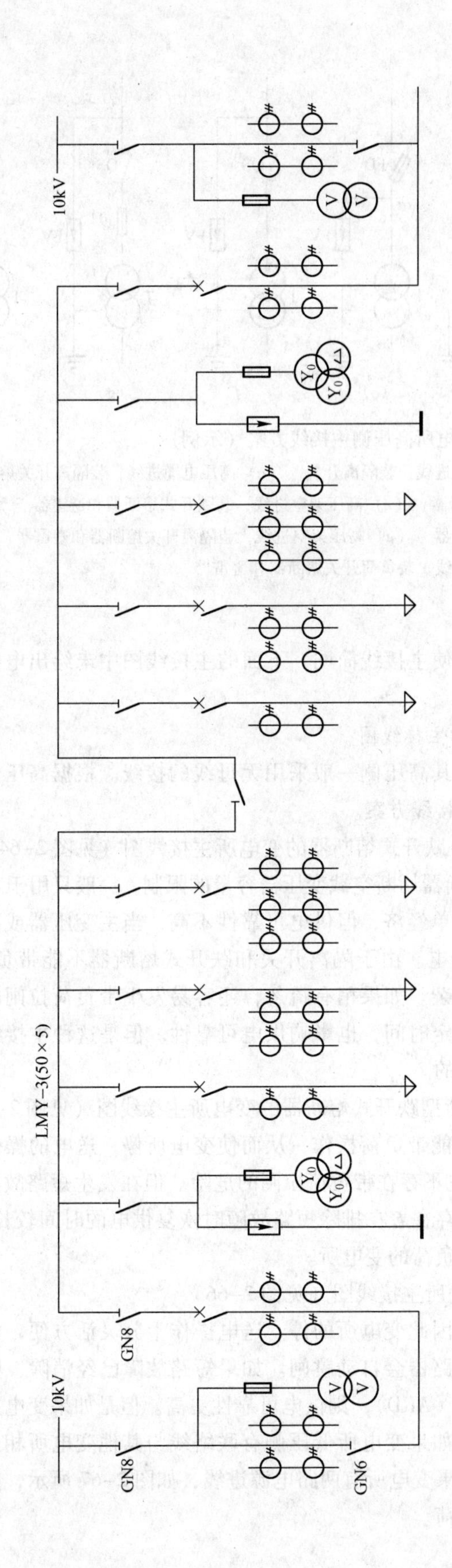

No.101	No.102	No.103	No.104	No.105	No.106	No.107	No.108	No.109	No.110	No.111	No.112
电能计量柜	1号进线开关柜	避雷器及电压互感器	出线柜	出线柜	出线柜	出线柜	出线柜	出线柜	避雷器及电压互感器	2号进线开关柜	电能计量柜
GG-1A-J	GG-1A(F)-11	GG-1A(F)-54	GG-1A(F)-03	GG-1A(F)-03	GG-1A(F)-03	GG-1A(F)-03	GG-1A(F)-03	GG-1A(F)-03	GG-1A(F)-54	GG-1A(F)-11	GG-1A-J

图2-62　10kV高压配电所的装置式主接线图

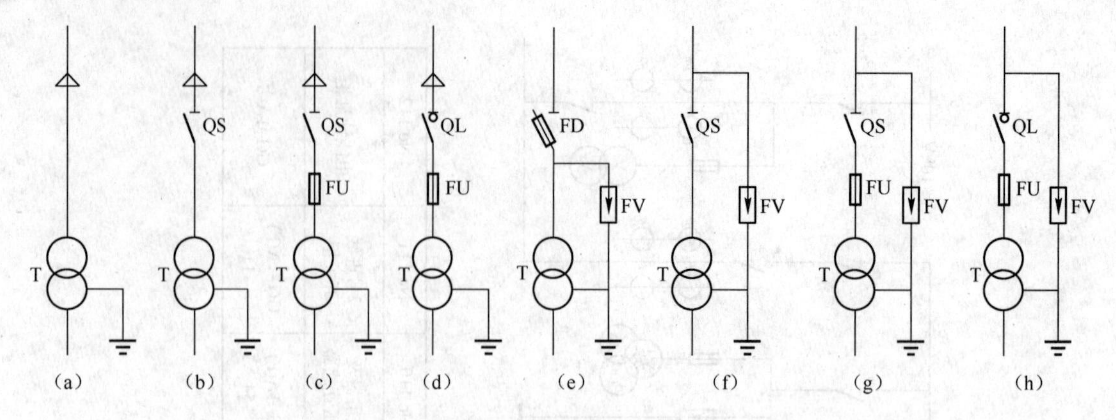

图2-63　车间变电所高压侧主接线方案（示例）

（a）高压电缆进线，无开关　（b）高压电缆进线，装隔离开关　（c）高压电缆进线，装隔离开关熔断器
（d）高压电缆进线，装负荷开关熔断器　（e）高压架空进线，装跌开式熔断器和避雷器
（f）高压架空进线，装隔离开关和避雷器　（g）高压架空进线，装隔离开关熔断器和避雷器
（h）高压架空进线，装负荷开关熔断器和避雷器

（二）小型工厂变电所的主接线图

这里介绍一些常见的主接线方案。为使主接线简明，下面的主接线图中未绘出电能计量柜的电路。

1. 只装有一台主变压器的小型变电所主接线图

只装有一台主变压器的小型变电所，其高压侧一般采用无母线的接线。根据高压侧采用的开关电器不同，有以下三种比较典型的主接线方案。

1）高压侧采用隔离开关熔断器或户外跌开式熔断器的变电所主接线图（见图2-64）

这种主接线，受隔离开关和跌开式熔断器切断空载变压器容量的限制，一般只用于500 kV·A及以下容量的变电所。这种变电所相当简单经济，但供电可靠性不高，当主变压器或高压侧停电检修或发生故障时，整个变电所就要停电。由于隔离开关和跌开式熔断器不能带负荷操作，因此变电所送电和停电的操作程序比较复杂。如果稍有疏忽，还容易发生带负荷拉闸的严重事故；而且在熔断器熔断后，更换熔体需一定时间，也影响供电可靠性。但是这种主接线简单经济，对于三级负荷的小容量变电所是适宜的。

2）高压侧采用负荷开关熔断器或负荷型跌开式熔断器的变电所主接线图（见图2-65）

由于负荷开关和负荷型跌开式熔断器能带负荷操作，从而使变电所停、送电的操作比上述主接线（如图2-63）要简便灵活得多，也不存在带负荷拉闸的危险。但在发生短路故障时，也只能是熔断器熔断，因此这种主接线仍然存在着在排除短路故障时恢复供电的时间较长的缺点，供电可靠性仍然不高，一般也只用于三级负荷的变电所。

3）高压侧采用隔离开关断路器的变电所主接线图（见图2-66）

这种主接线由于采用了高压断路器，因此变电所的停、送电操作十分灵活方便，而且在发生短路故障时，过电流保护装置动作，断路器会自动跳闸。如果短路故障已经消除，则可立即合闸恢复供电。如果配备自动重合闸装置（ARD），则供电可靠性更高。但是如果变电所只此一路电源进线时，一般也只用于三级负荷；如果变电所低压侧有联络线与其他变电所相连时，或另有备用电源时，则可用于二级负荷。如果变电所有两路电源进线，如图2-67所示，则供电可靠性相应提高，可二级负荷或少量一级负荷。

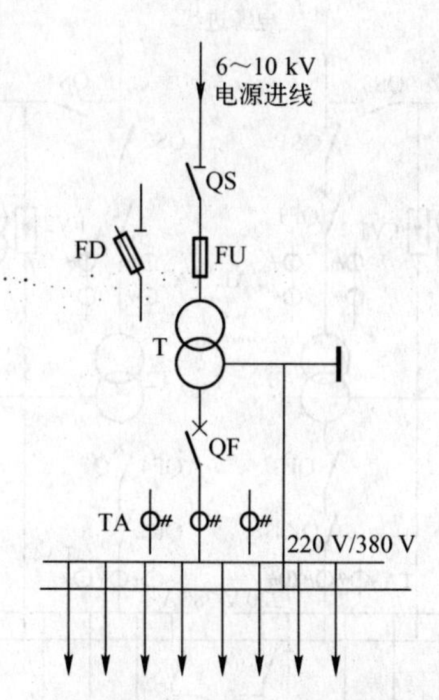

图 2-64 高压侧采用隔离开关熔断器或跌开式熔断器的变电所主接线图

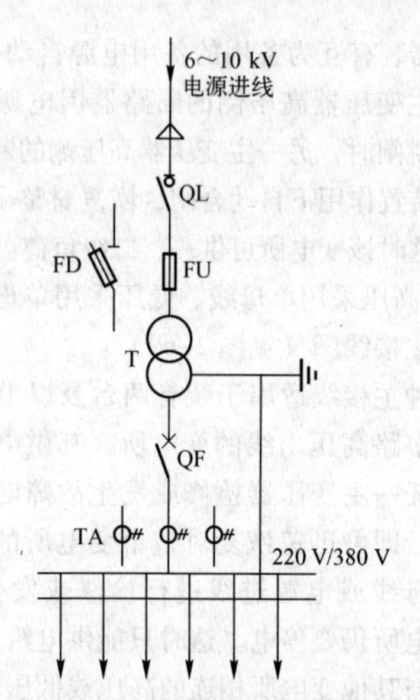

图 2-65 高压侧采用负荷开关熔断器或负荷型跌开式熔断器的变电所主接线图

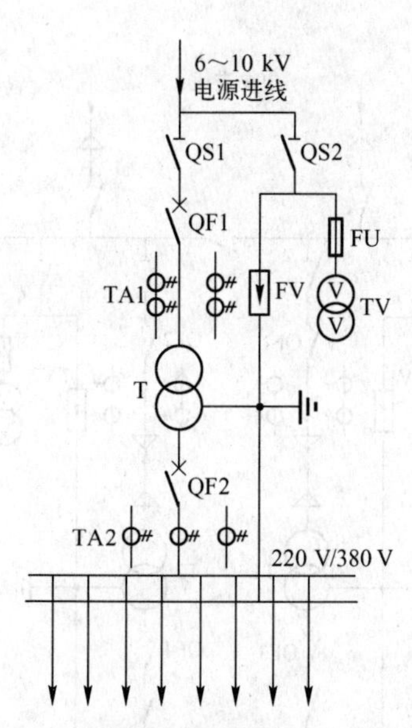

图 2-66 高压侧采用隔离开关断路器的变电所主接线图

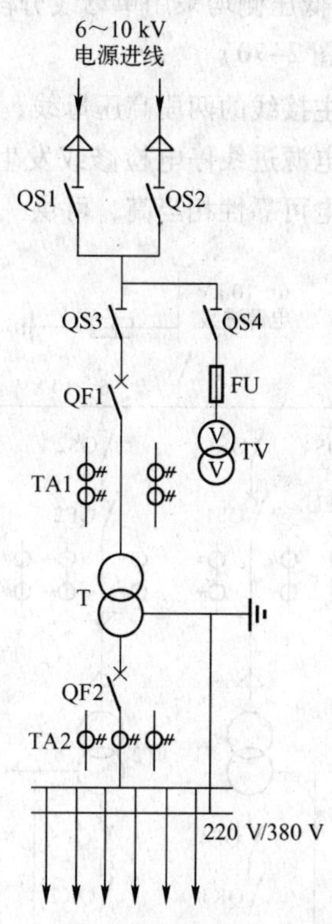

图 2-67 高压双回路进线的一台主变压器的变电所主接线图

2. 装有两台主变压器的小型变电所主接线图

1）高压无母线、低压采用单母线分段的变电所主接线图（见图 2-68）

这种主接线的供电可靠性较高。当任一主变压器或任一电源进线停电检修或发生故障时，该变电所通过闭合低压母线分段开关，即可迅速恢复对整个变电所的供电。如果两台主变压器高压侧断路器装有互为备用的备用电源自动投入装置，则任一主变压器高压侧的断路器因电源断电（失压）而跳闸时，另一主变压器高压侧的断路器在自动投入装置作用下自动合闸，恢复对整个变电所的供电。这时该变电所可供一、二级负荷。

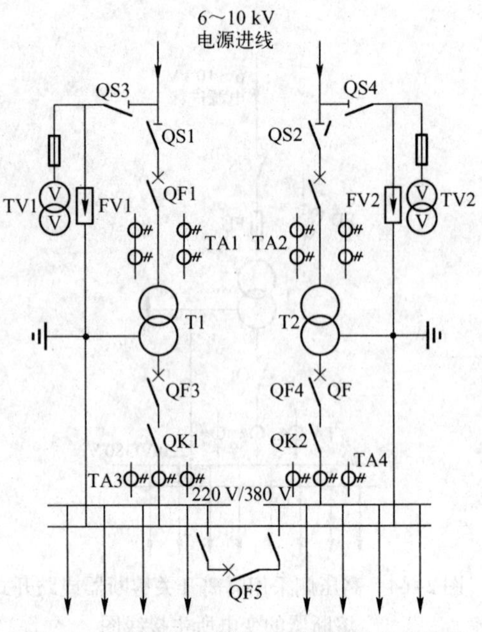

图 2-68　高压侧无母线、低压单母线分段的变电所主接线图

2）高压采用单母线、低压采用单母线分段的变电所主接线图（见图 2-69）

这种主接线适用于装有两台及以上主变压器或具有多路高压出线的变电所，其供电可靠性也较高。任一主变压器检修或发生故障时，通过切换操作，即可迅速恢复对整个变电所的供电。但在高压母线或电源进线进行检修或发生故障时，整个变电所仍要停电。这时只能供电给三级负荷。如果有与其他变电所相连的高压或低压联络线时，则可供一、二级负荷。

3）高低压侧均采用单母线分段的变电所主接线图（见图 2-70）

这种主接线的两段高压母线，在正常时可以接通运行，也可以分段运行。任一台主变压器或任一路电源进线停电检修或发生故障时，通过切换操作，均可迅速恢复整个变电所的供电。因此其供电可靠性相当高，可供一、二级负荷。

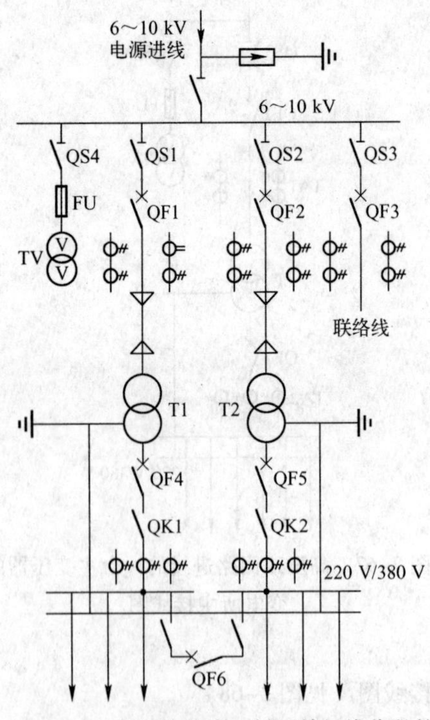

图 2-69　高压单母线、低压单母线分段的变电所主接线图

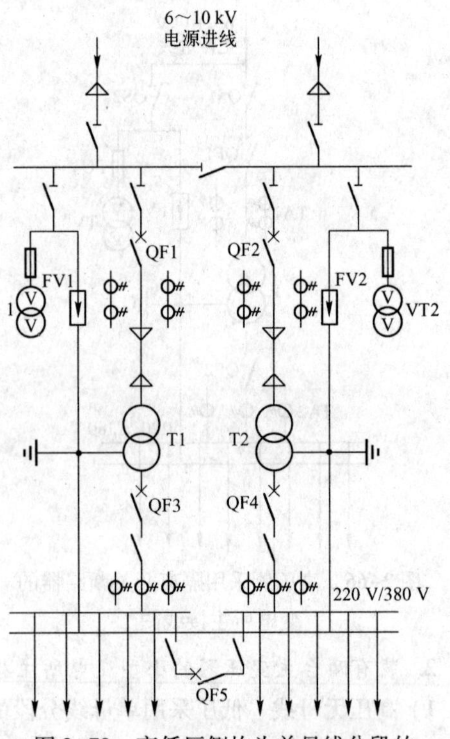

图 2-70　高低压侧均为单母线分段的变电所主接线图

三、工厂总降压变电所的主接线图

对于电源电压为35 kV及以上的大中型工厂，通常是先经工厂总降压变电所降为6～10 kV的高压配电电压，然后经车间变电所，降为一般低压用电设备所需的电压如220 V/380 V。

下面介绍工厂总降压变电所几种较常见的主接线方案。为了使主接线图简明起见，图上省略了包括电能计量所需的在内的所有电流互感器、电压互感器及避雷器等一次设备。

（一）只装有一台主变压器的总降压变电所主接线图（见图2-71）

这种主接线的一次侧无母线、二次侧为单母线。其特点是简单经济，但供电可靠性不高，只适于三级负荷的工厂。

（二）装有两台主变压器的总降压变电所主接线图

1. 一次侧采用内桥式接线、二次侧采用单母线分段的总降压变电所主接线图（见图2-72）

这种主接线，其一次侧的高压断路器QF10跨接在两路电源进线之间，犹如一座桥梁，而且处在线路断路器QF11和QF12的内侧，靠近变压器，因此称为"内桥式"接线。这种主接线的运行灵活性较好，供电可靠性较高，适于一、二级负荷的工厂。如果某路电源例如WL1线路停电检修或发生故障时，则断开QF11、投入QF10（其两侧隔离开关先合），即可由WL2恢复对变压器T1的供电。这种内桥式接线多用于电源线路较长因而发生故障和停电检修的机会较多、并且变压器不需要经常切换的总降压变电所。

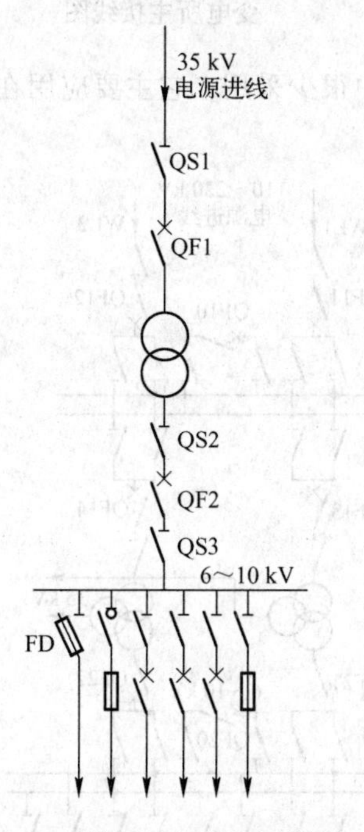

图2-71　只装有一台主变压器的工厂总降压变电所主接线图

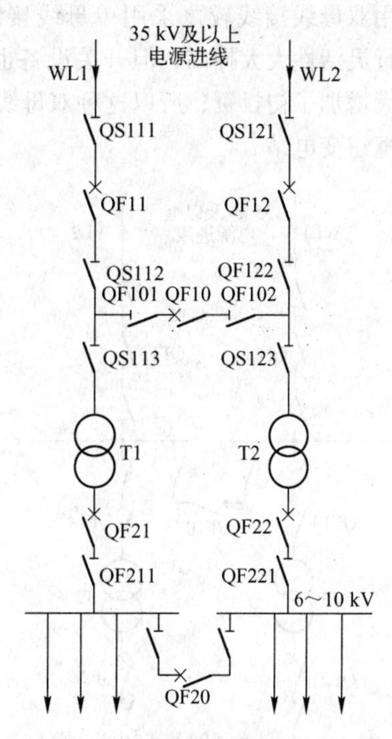

图2-72　采用内桥式接线的总降压变电所主接线图

2. 一次侧采用外桥式接线、二次侧采用单母线分段的总降压变电所主接线图（见图2-73）

这种主接线，其一次侧的高压断路器QF10也跨接在两路电源进线之间，但处在线路断路器QF11和QF12的外侧，靠近电源方向，因此称为"外桥式"接线。这种主接线的运行灵活性较好，供电可靠性也较高，也适于一、二级负荷的工厂。但与上述内桥式接线适用场合有所不同。如果某台变压器例如T1停电检修或发生故障时，则断开QF11，投入QF10（其两侧隔离开关先合），使两路电源进线又恢复并列运行。这种外桥式接线适用于电源线路较短而变电所昼夜负荷变动较大、适于经济运行需经常切换变压器的总降压变电所。当一次电源线路采用环形接线时，也适合采用这种接线，使环形电网的穿越功率不通过断路器QF11、QF12，这对改善线路断路器的工作及其继电保护装置的整定都极为有利。

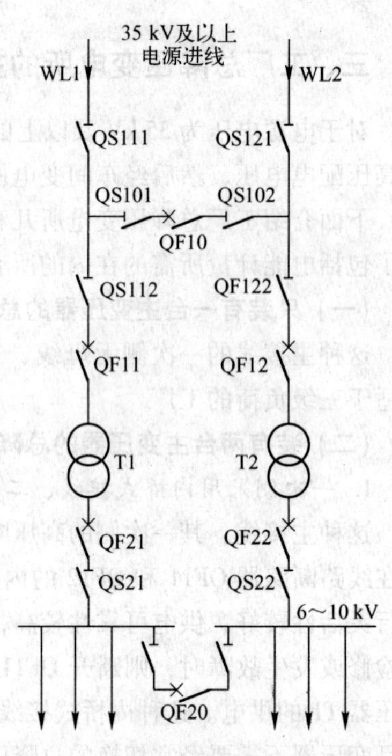

图2-73　采用外桥式接线的总降压变电所主接线图

3. 一、二次侧均采用单母线分段的总降压变电所主接线图（见图2-74）

这种主接线兼有上述两种桥式接线运行灵活性的优点，但采用的高压开关设备较多。可供一、二级负荷，适于一、二次侧进出线均较多的总降压变电所。

4. 一、二次侧均采用双母线的总降压变电所主接线图（见图2-75）

采用双母线接线较之采用单母线接线，其供电可靠性和运行灵活性大大提高，但开关设备也相应大大增加，从而大大增加了初投资，所以这种双母线接线在工厂变电所中很少采用，它主要应用在电力系统中的枢纽变电站。

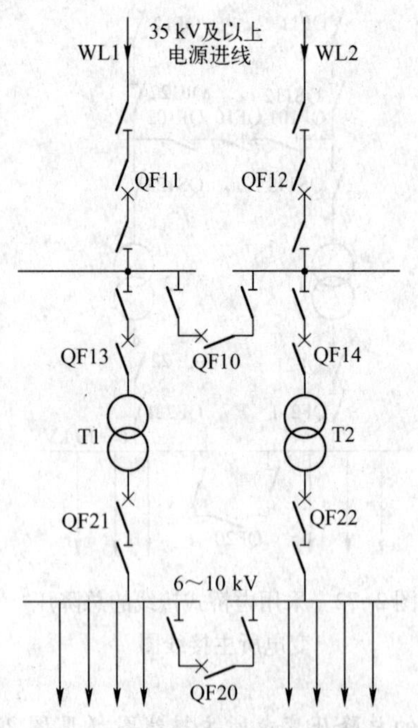

图2-74　一、二次侧均采用单母线分段的总降压变电所主接线图

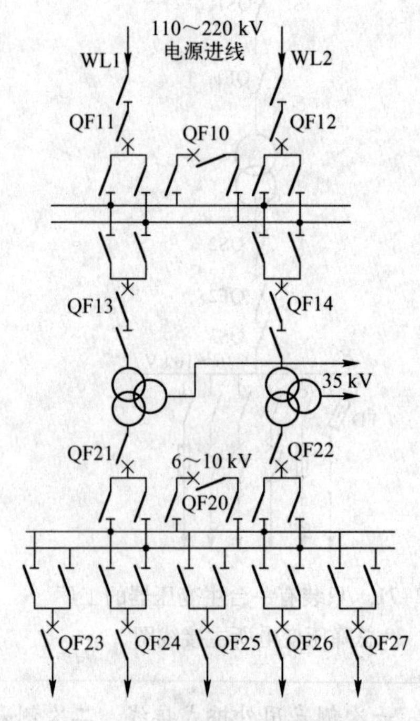

图2-75　一、二次侧均采用双母线的总降压变电所主接线图

思考与练习题

2-1　熔断器的主要功能是什么？什么叫“限流”熔断器？什么叫“非限流”熔断器？

2-2　一般跌开式熔断器与一般高压熔断器（如RN1型）在功能方面有何区别？一般跌开式熔断器与负荷型跌开式熔断器在功能方面又有何区别？

2-3　高压隔离开关有哪些功能？有哪些结构特点？

2-4　高压负荷开关有哪些功能？它可装设什么保护装置？它靠什么来进行短路保护？

2-5　高压断路器有哪些功能？少油断路器中的油与多油断路器中的油各有哪些功能？

2-6　为什么真空断路器和六氟化硫断路器适用于频繁操作场所，而油断路器不适于频繁操作？

2-7　低压断路器有哪些功能？图2-37所示DW型断路器合闸控制回路中的时间继电器起什么作用？

2-8　熔断器、高压隔离开关、高压负荷开关、高低压断路器及低压刀开关在选择时，哪些需校验断路能力？哪些需校验短路动、热稳定度？

2-9　电力变压器并列运行必须满足哪些条件？联结组不同的变压器并列运行有什么危险？并列变压器的容量差别太大有什么不好？

2-10　电流互感器和电压互感器各有哪些功能？电流互感器工作时二次侧为什么不能开路？互感器二次侧有一端为什么必须接地？

2-11　对工厂变配电所主接线有哪些基本要求？变配电所主接线图有哪些绘制方式？各适用于哪些场合？

2-12　什么叫内桥式接线和外桥式接线？各适用于什么场合？

第三章 供配电系统的负荷计算

本章简介

正确进行负荷计算是供配电设计的前提，也是实现供配电系统安全、经济、稳定运行的必要手段，故进行负荷计算意义重大。在做供配电设计时，只有利用求取的计算负荷，作为选择工厂供配电系统的变压器容量、导线截面、开关电器和互感器等设备的额定参数的依据，才能保证实际运行中导体和电器的最高温升不会超过其允许值。

本章先介绍电力负荷的分级、类别及负荷曲线的有关概念，然后重点讲述计算负荷的计算方法，企业及其他用户计算负荷的计算，最后在计算负荷求出之后，介绍变电所中电力变压器的选择和工厂供配电系统中的无功补偿。

通过本章的学习，学会求取计算负荷的常用方法：需要系数法和二项式法，会根据计算负荷选择电力变压器，会根据计算负荷进行无功功率的补偿。

学习目标

- 理解计算负荷的概念。
- 熟悉查表法，并会利用需要系数法、二项式法进行负荷计算。
- 会选择电力变压器。
- 会进行无功功率的补偿。

第一节　电力负荷曲线

一、电力负荷的分级及其对供电电源的要求

电力负荷的定义：既可指用电设备或用电单位（用户），也可指用电设备或用户所耗用的电功率或电流，视具体情况而定。

（一）电力负荷的分级

1. 一级负荷

中断供电将造成人身伤亡者；或政治、经济上将造成重大损失者（例如重大设备损坏、大量产品报废）；中断供电将影响有重大政治、经济意义的用电单位的正常工作（例如重要交通枢纽、经常用于国际活动的大量人员集中的公共场所等用电单位中的重要电力负荷）。

在一级负荷中，特别重要的负荷是指在中断供电时将发生中毒、爆炸和火灾等情况的负荷，以及特别重要场所不允许中断供电的负荷。

2. 二级负荷

二级负荷为中断供电将在政治、经济上造成较大损失者（例如主要设备损坏、重点企业大量减产）；中断供电将影响重要用电单位的正常工作（例如交通枢纽、大型影剧院、大型商场）。

3. 三级负荷

三级负荷为一般的电力负荷，所有不属于一级负荷和二级负荷者都属于三级负荷。

（二）各级电力负荷对供电电源的要求

1. 一级负荷对供电电源的要求

一级负荷属于重要负荷，要求应由两个电源供电，当一路电源发生故障时，另一路电源应不致同时受到损坏。

对一级负荷中特别重要的负荷，除要求有上述两路电源外，还要求增设应急电源。

常用的应急电源有：独立于正常电源的发电机组，干电池，蓄电池，供电系统中有效地独立于正常电源的专门供电线路。

2. 二级负荷对供电电源的要求

二级负荷也属于重要负荷，但其重要程度次于一级负荷，要求做到当发生电力变压器故障时不致中断供电，或中断后能迅速恢复供电。通常要求两回路供电，供电变压器一般也应有两台。

3. 三级负荷对供电电源的要求

三级负荷属于不重要负荷，对供电电源无特殊要求。

二、电力负荷的类别

按用途可分为：照明负荷和动力负荷。

按行业分：工业负荷、非工业负荷和居民生活负荷（民用电）。

工厂的用电设备，按其工作制分以下三类：

（一）连续运行工作制

这类用电设备在规定的环境温度下长期连续运行，设备任何部分温升均不超过最高允许值，负荷比较稳定。如通风机水泵、空气压缩机、皮带输送机、破碎机、球磨机、搅拌机、电机车等机械的拖动电动机，以及电炉、电解设备、照明灯具等，均属连续运行工作制的用电设备。

（二）短时运行工作制

这类用电设备的运行时间短而停歇时间相对较长，在工作时间内，用电设备的温升尚未达到该负荷下的稳定值即停歇冷却，在停歇时间内其温度又降低为周围介质的温度。这类设备的数量不多，常见的如机床上的某些辅助电动机（如横梁升降、刀架快速移动装置的拖动电动机）及水闸用电动机等设备。

（三）断续运行工作制

这类用电设备以断续方式反复进行工作，其工作时间（t）与停歇时间（t_0）相互交替。工作时间内设备温度升高，停歇时间温度又下降，若干周期后，达到一个稳定的波动状态。如电焊机和吊车电动机等。

断续周期工作制的设备，通常用负荷持续率（又称暂载率）ε 表征其工作特征，取一个工作周期内的工作时间与工作周期的百分比值，即

$$\varepsilon=\frac{t}{T}=\frac{t}{t+t_0}\times 100\% \tag{3-1}$$

式中：t，t_0——用电设备的工作时间与停歇时间，两者之和为工作周期 T，t、t_0和 T 的单位均为秒（s）。

同一个设备，在不同的负荷持续率下运行时，其输出的功率是不同的。例如某用电设备在 ε_1下的设备容量是 P_1，那么设备在 ε_2下的设备容量 P_2该是多少呢？这应该进行“等效”换算，即按在同一周期内不同负荷（P_1或 P_2）下造成相同的热损耗来进行换算。换算公式如下：

$$P_2=P_1\sqrt{\frac{\varepsilon_1}{\varepsilon_2}} \tag{3-2}$$

三、负荷曲线

负荷曲线是表征电力负荷随时间变化情况的函数曲线。它绘制在直角坐标系中，纵坐标表示负荷（有功功率或无功功率，一般用有功功率），横坐标表示对应的时间［一般以小时（h）为单位］。

（一）负荷曲线的分类与绘制

负荷曲线按负荷的功率性质分，有有功负荷曲线和无功负荷曲线；按所表示的负荷变动的时间分，有日负荷、月负荷和年负荷曲线；按负荷对象分，有工厂的、车间的或某台用电设备的负荷曲线；按绘制方式分，有依点连接而成的负荷曲线和梯形负荷曲线。

图 3-1 是某一班制工厂的日有功负荷曲线，其中图 3-1（a）是依点连接而成的折线负荷曲线，图 3-1（b）是绘成的梯形负荷曲线。为便于计算，负荷曲线多绘成梯形，即假定在每个时间间隔中，负荷是保持其平均值不变的，横坐标一般按 0.5 h 分格，确定“半小时最大负荷”。

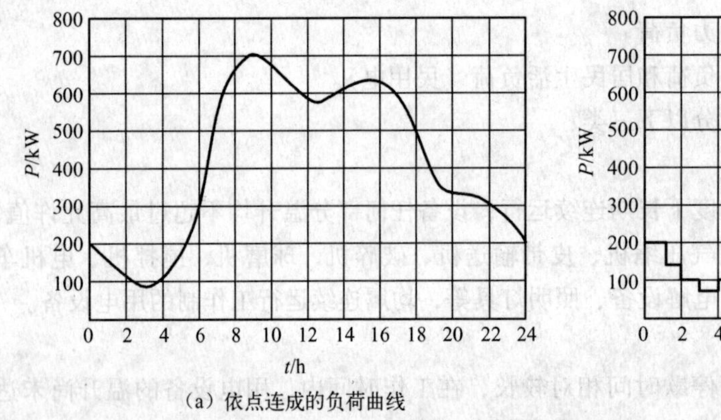

（a）依点连成的负荷曲线

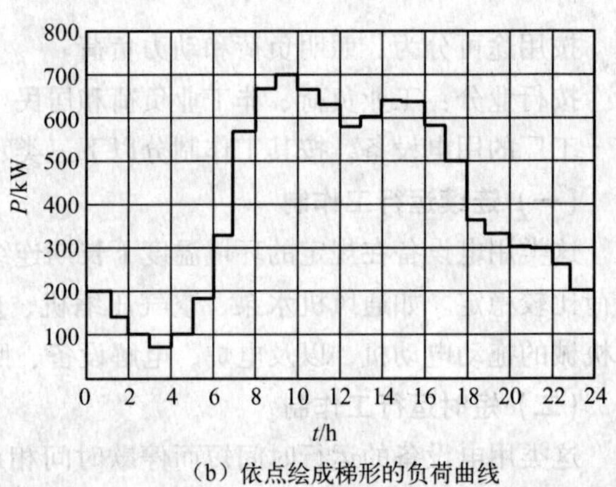

（b）依点绘成梯形的负荷曲线

图 3-1　日有功负荷曲线

年负荷曲线是根据一年中具有代表性的冬日负荷曲线和夏日负荷曲线绘制而成，如图 3-2（c）所示。夏日和冬日在全年中的天数，视当地的地理位置和气温情况而定。例如在我国北方，可近似认为夏日 165 天，冬日 200 天；而在我国南方，可近似认为夏日 200 天，冬日 165 天；例如绘制南方某厂的年负荷曲线，绘制时从冬日负荷曲线和夏日负荷曲线上的最大负荷开始，依次按阶梯减小到最小负荷，并按阶梯作水平虚线，水平虚线通过冬日负荷曲线所对应的时间乘以 165，水平虚线通过夏日负荷曲线所对应的时间乘以 200。将两个时间相加，即为年负荷曲线上横坐标所对应的时间。如在年负荷曲线上 P_1所占的时间 $T_1=200(t_1+t_1')$，P_2在年负荷曲线上

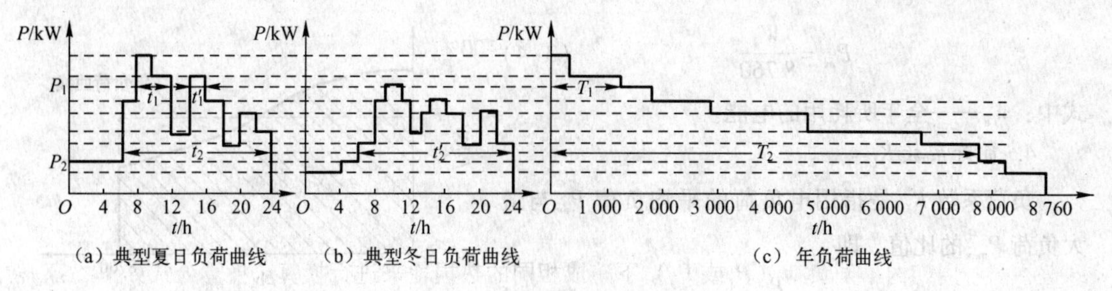

图3-2　年负荷持续时间曲线

所占的时间 $T_2=200t_2+165t_2'$，其余类推。这种年负荷曲线的负荷从大到小依次排列，反映了全年负荷变动与负荷持续时间的关系，因此称为负荷持续时间曲线，一般简称年负荷曲线。

年负荷曲线的另一形式，是按全年每日的最大负荷（通常取每日的最大负荷半小时平均值）绘制的，称为年每日最大负荷曲线，如图3-3所示。

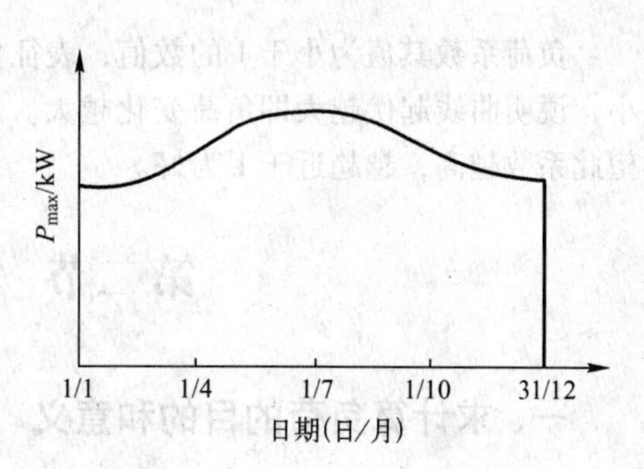

图3-3　年每日最大负荷曲线

这种负荷曲线，可以用来确定拥有多台电力变压器的变电所在一年中的不同时期适宜于投入几台电力变压器运行，即所谓的“经济运行方式”，以降低电能损耗，提高供配电系统运行的经济性。

（二）与负荷曲线有关的物理量

1. 年最大负荷 P_{max}

年最大负荷就是全年中负荷最大的工作班内消耗电能最大的半小时的平均功率，因此年最大负荷也称为半小时最大负荷 P_{30}。

2. 年最大负荷利用小时 T_{max}

T_{max} 是一个假想时间，在此时间内，电力负荷按年最大负荷 P_{max}（或 P_{30}）持续运行所消耗的电能，恰好与该电力负荷全年实际耗用的电能相等，如图3-4所示。

图3-4为某企业年有功负荷曲线，此曲线上最大负荷 P_{max} 就是年最大负荷，T_{max} 为年最大负荷利用小时数。

年最大负荷利用小时数是反映电力负荷特征的一个重要参数。它与企业类型及生产班制有明显的关系，一般情况下，一班制企业 $T_{max}\approx 1\,800\sim 3\,000$ h；两班制企业 $T_{max}\approx 3\,500\sim 4\,800$ h；三班制企业 $T_{max}\approx 5\,000\sim 7\,000$ h。

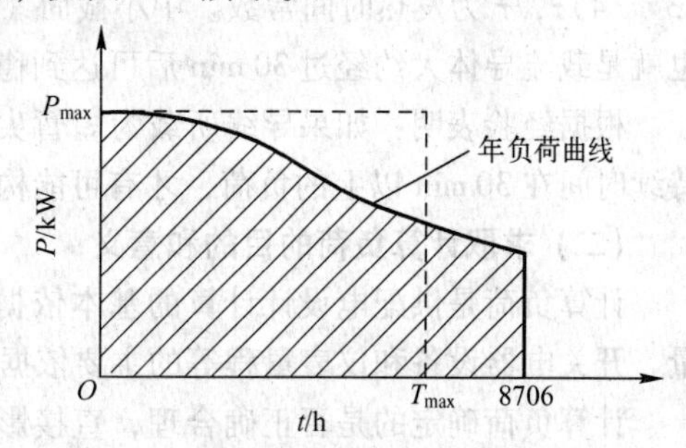

图3-4　年最大负荷和年最大负荷利用小时

3. 平均负荷 P_{av}

平均负荷（average load）P_{av}，是指电力负荷在一定时间 t 内平均耗用的功率，也就是电力负荷在该时间内消耗的电能 W 除以时间 t 的值，即

$$P_{av}=\frac{W}{t} \tag{3-3}$$

那么年平均负荷就是电力负荷全年平均耗用的功率，如图3-5所示，即

$$P_{av}=\frac{W_a}{8\ 760} \tag{3-4}$$

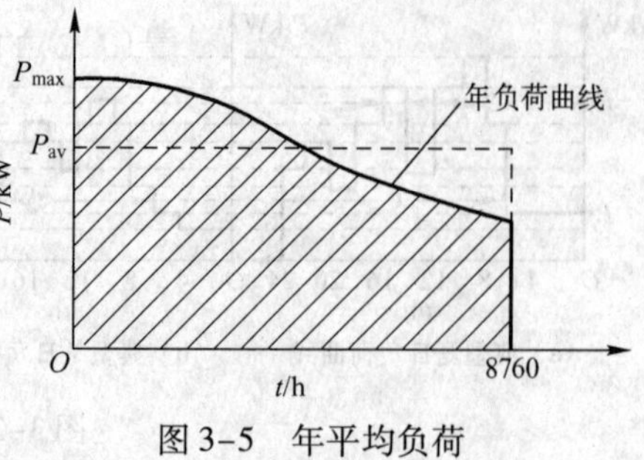

图 3-5　年平均负荷

式中：W_a——全年所耗用的电能。

4. 负荷系数 K_L

负荷系数 K_L 是指用电负荷的平均负荷 P_{av} 与最大负荷 P_{max} 的比值。即

$$K_L=\frac{P_{av}}{P_{max}} \tag{3-5}$$

负荷系数其值为小于 1 的数值，表征负荷变动的程度，表征了曲线不平坦的程度。其值越小，说明曲线起伏越大即负荷变化越大。从充分发挥供电设备的能力和提高供电效率来说，希望此系数越高，越趋近于 1 为好。

第二节　负荷计算的方法

一、求计算负荷的目的和意义

（一）计算负荷的定义

计算负荷是指通过统计计算求出的、用来按发热条件选择供配电系统中各电器设备的一个假定负荷。“计算负荷”产生的热效应必须和实际变动负荷产生的最大热效应相等。所以，根据“计算负荷”选择的导体和电器设备，在实际运行中，导体和电器设备的最高温升就不会超过容许值，因而不会影响其使用寿命。

通常将以半小时平均负荷为依据所绘制的负荷曲线上的“最大负荷”称为计算负荷，并把它作为按发热条件选择电器设备的依据，通常用 P_{ca}（Q_{ca}、S_{ca}、I_{ca}）或 P_{30}（Q_{30}、S_{30}、I_{30}）表示。本教材采用后者表示。

以上规定取“半小时平均负荷”的原因：由于导体通过电流达到稳定温升的时间大约需要 $(3\sim4)\tau$，τ 为发热时间常数。中小截面（16 mm^2 以上）导体的发热时间常数 τ 在 10 min 以上。也就是载流导体大约经过 30 min 后可达到稳定的温升值。

根据经验表明：如果导线所载为短暂尖峰负荷，显然不可能使导线温升达到最高值，只有持续时间在 30 min 以上的负荷，才有可能构成导线的最高温升。

（二）求取计算负荷的目的和意义

计算负荷是供配电设计计算的基本依据。它是确定工厂供配电系统中导线截面、变压器容量、开关电器设备和仪表量程等的主要依据，也是整定继电保护的重要数据。

计算负荷确定的是否正确合理，直接影响到电器和导线电缆的选择是否经济合理。若计算负荷确定过大，将使电器和导线截面选择过大，会造成投资的增加和有色金属的浪费；若计算负荷确定过小，会使电器和导线处于过负荷下运行，增加电能损耗，产生过热，导致绝缘过早老化甚至烧毁，以致发生事故而造成损失。由此可见，正确确定计算负荷意义重大，它是供电设计的前提，也是实现供电系统安全、经济运行的必要手段。

计算负荷情况复杂，影响计算负荷的因素很多，虽然各类负荷的变化有一定的规律可循，但仍难准确确定计算负荷的大小，实际上的负荷也不是一成不变的，因此，负荷计算只能力求尽可能地接近实际。

二、用电设备额定容量(P_e)的确定

在每台用电设备的铭牌上都标有额定功率 P_N，但由于各用电设备的额定工作方式不同，若想计算几台用电设备总的额定功率时，不能简单地将铭牌上规定的额定功率直接相加，必须先将其换算为同一工作制下的额定功率，然后才能相加。

为了把换算为同一工作制下某台用电设备的额定功率和其铭牌上的额定功率 P_N 相区分，这里我们就把经过换算至统一规定的工作制下的“额定功率”称为“设备的额定容量”，并用 P_e 表示。

（一）长期工作制和短时工作制的设备容量

对于长期工作制和短时工作制的用电设备，设备的额定容量与设备铭牌上标出的额定功率是相等的，不需要进行换算。即：

$$P_e = P_N \tag{3-6}$$

（二）重复短暂工作制的设备容量

对于重复短暂工作制的用电设备，设备的额定容量与额定功率是不相等的，需要进行以下换算。

1. 吊车机组用电动机（包括电葫芦、起重机、行车等）的设备容量

吊车机组用电动机的设备容量是统一换算到 $\varepsilon = 25\%$ 时的额定功率（kW），若其 ε_N 不等于 25% 时应进行以下换算：

$$P_e = P_N \times \sqrt{\frac{\varepsilon_N}{\varepsilon_{25}}} = 2P_N\sqrt{\varepsilon_N} \tag{3-7}$$

式中：P_e——换算到 $\varepsilon = 25\%$ 时吊车类电动机的设备容量；

P_N——吊车类电动机铭牌上的额定功率；

ε_N——与 P_N 相对应的负荷持续率；

ε_{25}——其值为 25% 的负荷持续率。

2. 电焊机及电焊变压器的设备容量

电焊机及电焊变压器的设备容量是统一换算到 $\varepsilon = 100\%$ 时的额定功率（kW）。若其铭牌暂载率 ε_N 不等于 100% 时，应进行以下换算：

$$P_e = P_N\sqrt{\varepsilon_N} = S_N\cos\varphi\sqrt{\varepsilon_N} \tag{3-8}$$

式中：P_e——换算到 $\varepsilon = 100\%$ 时电焊机的设备容量；

P_N——电焊机铭牌的额定有功功率；

S_N——电焊机铭牌上的视在功率；

$\cos\varphi$——电焊机铭牌规定的功率因数；

ε_N——与 P_N 相对应的负荷持续率。

（三）电炉变压器的设备容量

电炉变压器的设备容量是指在额定功率因数下的额定功率（kW），即

$$P_e = P_N = S_N\cos\varphi_N \tag{3-9}$$

式中：S_N——电炉变压器的额定视在功率，kV·A；

$\cos\varphi_N$——电炉变压器的额定功率因数。

（四）照明设备的设备容量

（1）白炽灯、碘钨灯设备容量就等于灯泡上标注的额定功率（kW）。

(2) 荧光灯还要考虑镇流器中的功率损失（约为灯管功率的20%），其设备容量应为灯管额定功率的1.2倍（kW）。

(3) 高压水银荧光灯亦要考虑镇流器中的功率损失（约为灯泡功率的10%），其设备容量应为灯泡额定功率的1.1倍（kW）。

(4) 金属卤化物灯采用镇流器时亦要考虑镇流器中的功率损失（约为灯泡功率的10%），故其设备容量应为灯泡额定功率的1.1倍（kW）。

三、负荷计算

负荷计算的常用计算方法有：需要系数法、二项式法。

需要系数法是世界各国普遍采用的确定计算负荷的基本方法，简单方便。二项式法应用的局限性比较大，但在确定设备台数少而设备容量差别悬殊的分支干线的计算负荷时，采用二项式法比采用需要系数法更为合理，且计算也比较简便。

一般情况下，需要系数法主要用于变、配电所的计算；二项式法主要用于低压配电线路的计算。

（一）需要系数法

1. 需要系数的概念

用电设备组的设备容量 P_e，是指设备组所有设备（不包括备用设备）的额定容量 P_N 之和，即 $P_e=\sum P_N$。实际中，用电设备组的设备往往不一定都同时运行，运行的用电设备也不太可能都是满负荷，同时设备和线路在运行中都有功率损耗，因此，用电设备组的实际负荷总容量总是小于其额定容量之和。我们将用电设备组实际有功负荷总容量（用 P_{30} 表示，即有功计算负荷）与设备容量的比值称为需要系数。

$$K_d=\frac{P_{30}}{P_e} \tag{3-10}$$

而用电设备组的需要系数又可由下式确定

$$K_d=\frac{K_\Sigma K_L}{\eta_e \eta_{WL}} \tag{3-11}$$

式中：K_Σ——设备组的同时系数，即设备组在最大负荷时运行的设备容量与全部用电设备总额定容量之比；

K_L——设备组的负荷系数，即设备组在最大负荷时的输出功率与运行的设备容量之比；

η_e——设备组的平均效率，即设备组在最大负荷时的输出功率与其取用功率之比；

η_{WL}——配电线路的平均效率，即配电线路在最大负荷时的末端功率（设备组的取用功率）与其首端功率（设备组实际负荷总容量即计算负荷 P_{30}）之比。

实际上，用电设备组的需要系数对于成组用电设备是很难确定的，一个企业或车间的生产性质、设备台数、设备效率、线路损耗、工艺特点、加工条件，技术管理和劳动组织以及工人操作水平等因素，都对 K_d 有影响。所以 K_d 只能靠测量统计确定，可查附录表A-6，上述各种因素可供设计人员在变动的系数范围内选用时参考。

2. 需要系数法的基本计算公式

根据用电设备的设备容量和需要系数，确定计算负荷的方法称为需要系数法。其基本公式为：

有功计算负荷

$$P_{30}=K_{d}P_{e} \tag{3-12}$$

无功计算负荷

$$Q_{30}=P_{30}\tan\varphi \tag{3-13}$$

视在计算负荷

$$S_{30}=\frac{P_{30}}{\cos\varphi} \tag{3-14}$$

计算电流

$$I_{30}=\frac{S_{30}}{\sqrt{3}U_{N}} \tag{3-15}$$

式（3-13）至式（3-15）中：$\cos\varphi$——用电设备组的平均功率因数；

$\tan\varphi$——对应于 $\cos\varphi$ 的正切值；

U_{N}——用电设备组的额定电压。

需要系数值与用电设备的类别和工作状态关系极大，因此，计算时首先要正确判明用电设备的类别和工作状态，否则将造成错误。例如机修车间的代表性金属切削机床电动机，应属小批生产的冷加工机床电动机，因为金属切削就是冷加工，而机修不可能是大批生产。又如压塑机、拉丝机和锻锤等，应属于热加工机床。再如起重机、行车、电葫芦、卷扬机等，实际上都属于吊车类。

例 3-1　某机修车间的金属切削机床组，拥有电压为 380 V 的三相电动机 11 kW 的 1 台，7.5 kW 的 3 台，4 kW 的 12 台，1.5 kW 的 8 台，0.75 kW 的 10 台。试用需要系数法求其计算负荷。

解：查附录表 A-6 中“小批生产的金属冷加工机床电动机”项，可得 $K_{d}=0.16\sim0.2$（取 0.2 计算），$\cos\varphi=0.5$，$\tan\varphi=1.73$。

此机床组电动机的设备容量为

$$P_{e}=11\ \text{kW}\times1+7.5\ \text{kW}\times3+4\ \text{kW}\times12+1.5\ \text{kW}\times8+0.75\ \text{kW}\times10=101\ \text{kW}$$

有功计算负荷为

$$P_{30}=K_{d}P_{e}=0.2\times101\ \text{kW}=20.2\ \text{kW}$$

无功计算负荷为

$$Q_{30}=P_{30}\tan\varphi=20.2\ \text{kW}\times1.73=34.95\ \text{kvar}$$

视在计算负荷为

$$S_{30}=\frac{P_{30}}{\cos\varphi}=\frac{20.2\ \text{kW}}{0.5}=40.4\ \text{kV}\cdot\text{A}$$

计算电流为

$$I_{30}=\frac{S_{30}}{\sqrt{3}U_{N}}=\frac{40.4\ \text{kV}\cdot\text{A}}{\sqrt{3}\times0.38\ \text{kV}}=61.4\ \text{A}$$

3. 多组用电设备计算负荷的确定

确定拥有多组用电设备的干线上或车间变电所低压母线上的计算负荷时，应考虑各组用电设备的最大负荷不同时出现的因素。所以在确定多组用电设备的计算负荷时，应结合具体情况对其有功负荷和无功负荷分别计入一个综合系数（又称同时系数或参差系数）$K_{\sum p}$ 或 $K_{\sum q}$。

对于车间干线可取

$$K_{\sum p}=0.85\sim0.95$$

$$K_{\sum q}=0.90\sim0.97$$

对于低压母线，（1）当利用用电设备组计算负荷直接相加来计算时，可取

$$K_{\sum p}=0.80\sim0.90$$

$$K_{\sum q}=0.85\sim0.95$$

（2）当利用车间干线计算负荷直接相加时，可取

$$K_{\sum p}=0.90\sim0.95$$

$$K_{\sum q}=0.93\sim0.97$$

所以，多组用电设备计算负荷的计算公式如下：

总有功计算负荷为

$$P_{30}=K_{\sum p}\sum P_{30.\mathrm{i}} \tag{3-16}$$

总无功计算负荷为

$$Q_{30}=K_{\sum q}\sum Q_{30.\mathrm{i}} \tag{3-17}$$

总视在计算负荷为

$$S_{30}=\sqrt{P_{30}^2+Q_{30}^2} \tag{3-18}$$

总计算电流为

$$I_{30}=\frac{S_{30}}{\sqrt{3}U_{\mathrm{N}}} \tag{3-19}$$

例 3-2 一机修车间的380 V线路上，接有金属切削机床电动机20台共50 kW，其中较大容量电动机有7.5 kW 2台，4 kW 2台，2.2 kW 8台；另接通风机3台共5 kW；电葫芦1个3 kW（$\varepsilon_{\mathrm{N}}=40\%$）。用需要系数法求各组的计算负荷和总的计算负荷。

解：先求各组的计算负荷。

（1）金属切削机床电动机组：

查附录表A-6得 $K_{\mathrm{d1}}=0.16\sim0.2$（取0.2计算），$\cos\varphi_1=0.5$，$\tan\varphi_1=1.73$。

$$P_{30.1}=K_{\mathrm{d1}}P_{\mathrm{e1}}=0.2\times50\ \mathrm{kW}=10\ \mathrm{kW}$$

$$Q_{30.1}=P_{30.1}\tan\varphi_1=10\ \mathrm{kW}\times1.73=17.3\ \mathrm{kvar}$$

$$S_{30.1}=\frac{P_{30.1}}{\cos\varphi_1}=\frac{10}{0.5}=20\ \mathrm{kV\cdot A}$$

$$I_{30.1}=\frac{S_{30.1}}{\sqrt{3}U_{\mathrm{N}}}=\frac{20\ \mathrm{kV\cdot A}}{\sqrt{3}\times0.38\ \mathrm{kV}}=30.39\ \mathrm{A}$$

（2）通风机组

查附录表A-6得 $K_{\mathrm{d2}}=0.7\sim0.8$（取0.8计算），$\cos\varphi_2=0.8$，$\tan\varphi_2=0.75$。

$$P_{30.2}=K_{\mathrm{d2}}P_{\mathrm{e2}}=0.8\ \mathrm{kW}\times5=4\ \mathrm{kW}$$

$$Q_{30.2}=P_{30.2}\tan\varphi_2=4\ \mathrm{kW}\times0.75=3\ \mathrm{kvar}$$

$$S_{30.2}=\frac{P_{30.2}}{\cos\varphi_2}=\frac{4\ \mathrm{kW}}{0.8}=5\ \mathrm{kV\cdot A}$$

$$I_{30.2}=\frac{S_{30.2}}{\sqrt{3}U_{\mathrm{N}}}=\frac{5\ \mathrm{kV\cdot A}}{\sqrt{3}\times0.38\ \mathrm{kV}}=7.6\ \mathrm{A}$$

（3）电葫芦

查附录表A-6得 $K_{\mathrm{d3}}=0.1\sim0.15$（取0.15计算），$\cos\varphi_3=0.5$，$\tan\varphi_3=1.73$。

$$P_{e3}=2P_N\sqrt{\varepsilon_N}=2\times3\sqrt{0.4}=3.79\ \text{kW}$$
$$P_{30.3}=K_{d3}P_{e3}=0.15\times3.79\ \text{kW}=0.569\ \text{kW}$$
$$Q_{30.3}=P_{30.3}\tan\varphi_3=0.569\ \text{kW}\times1.73=0.984\ \text{kvar}$$
$$S_{30.3}=\frac{P_{30.3}}{\cos\varphi_3}=\frac{0.569\ \text{kW}}{0.5}=1.138\ \text{kV}\cdot\text{A}$$
$$I_{30.3}=\frac{S_{30.3}}{\sqrt{3}U_N}=\frac{1.138\ \text{kV}\cdot\text{A}}{\sqrt{3}\times0.38\ \text{kV}}=1.73\ \text{A}$$

以上三组用电设备总的计算负荷（取 $K_{\sum p}=0.92$，$K_{\sum q}=0.95$）为

$$P_{30}=K_{\sum p}\sum P_{30.i}=0.92\times(10+4+0.569)\ \text{kW}=13.4\ \text{kW}$$
$$Q_{30}=K_{\sum q}\sum Q_{30.i}=0.95\times(17.3+3+0.984)=20.2\ \text{kvar}$$
$$S_{30}=\sqrt{P_{30}^2+Q_{30}^2}=\sqrt{13.4^2+20.2^2}=24.2\ \text{kV}\cdot\text{A}$$
$$I_{30}=\frac{S_{30}}{\sqrt{3}U_N}=\frac{24.2\ \text{kV}\cdot\text{A}}{\sqrt{3}\times0.38\ \text{kV}}=36.8\ \text{A}$$

（二）二项式法

二项式法是考虑一定数量大容量用电设备对计算负荷的影响而提出的计算方法。数台大功率设备工作时对负荷的附加功率，会使计算结果偏大，一般用于低压配电干线和配电箱的负荷计算。

1. 二项式法的基本公式

有功计算负荷 P_{30} 由 bP_e+cP_x 两项组成：

$$P_{30}=bP_e+cP_x \tag{3-20}$$

其余的计算负荷 Q_{30}、S_{30}、I_{30} 的求法与前述需要系数法的计算相同。

式（3-20）中：b、c 为二项式系数，bP_e 表示用电设备组的平均负荷，其中 P_e 是用电设备组的设备总容量，其计算方法如前需要系数法中所述；cP_x 表示用电设备组中 x 台容量最大的设备投入运行时增加的附加负荷，其中 P_x 是 x 台容量最大的设备的设备容量。

二项式系数 b、c 及最大容量的设备台数 x 及 $\cos\varphi$、$\tan\varphi$ 等值，可查附录表 A-6。

必须注意：按二项式法确定计算负荷时，如果设备总台数 $n<2x$ 时，则最大容量设备台数 x 宜适当取小，建议取 $x=n/2$，且按“四舍五入”修约规则取整数。例如某机床电动机组只有7台时，按附录表 A-6 规定 $x=5$，但是 $n=7<2x=2\times5=10$，因此建议 $x=n/2=7/2\approx4$ 容量来计算 P_x。

如果用电设备组只有1～2台设备时，就可认为 $P_{30}=P_e$。对于单台电动机，则 $P_{30}=P_N/\eta$，这里 P_N 为电动机额定容量，η 为电动机效率。当设备台数较少时，$\cos\varphi$ 也应适当取大。

由于二项式法不仅考虑了用电设备组的平均最大负荷，而且考虑了少数大容量设备投入运行时对总计算负荷的附加影响，所以二项式法比需要系数法更适于确定设备台数较少而容量差别较大的低压分支干线的计算负荷。但是二项式法计算当中的二项式系数 b、c 及最大容量的设备台数 x，缺乏充分的理论根据，而且这些系数，也只适用于机械加工工业，其他行业的这方面数据缺乏，从而使其应用受到一定局限。

例 3-3 试用二项式法确定例 3-1 中的计算负荷。

解：查附录表 A-6 得 $b=0.14$，$c=0.4$，$x=5$，$\cos\varphi=0.5$，$\tan\varphi=1.73$。

设备总容量为

$$P_e = 11\ \text{kW} \times 1 + 7.5\ \text{kW} \times 3 + 4\ \text{kW} \times 12 + 1.5\ \text{kW} \times 8 + 0.75\ \text{kW} \times 10 = 101\ \text{kW}$$

x 台最大容量设备的设备容量为

$$P_x = P_5 = 11\ \text{kW} \times 1 + 7.5\ \text{kW} \times 3 + 4\ \text{kW} \times 1 = 37.5\ \text{kW}$$

有功计算负荷为

$$P_{30} = bP_e + cP_x = 0.14 \times 101\ \text{kW} + 0.4 \times 37.5\ \text{kW} = 29.14\ \text{kW}$$

无功计算负荷为

$$Q_{30} = P_{30}\tan\varphi = 29.14\ \text{kW} \times 1.73 = 50.4\ \text{kvar}$$

视在计算负荷为

$$S_{30} = \frac{P_{30}}{\cos\varphi} = \frac{29.14\ \text{kW}}{0.5} \approx 58.3\ \text{kV}\cdot\text{A}$$

计算电流为

$$I_{30} = \frac{S_{30}}{\sqrt{3}\,U_N} = \frac{58.3\ \text{KVA}}{\sqrt{3} \times 0.38} = 88.6\ \text{A}$$

比较例3-1和例3-3的计算结果可以看出，由于二项式系数法考虑了用电设备中几台功率较大的设备工作时对计算负荷的附加影响，计算的结果比按需要系数法计算的结果偏大，所以一般适用于低压配电分支干线和配电箱的负荷计算。尤其在确定设备台数较少，而且容量差别悬殊的分支干线的计算负荷时，一般采用二项式系数法。而需要系数法比较简单，该系数是按照车间以上的符合情况来确定的，普遍应用于求全厂和大型车间变电所的计算负荷。

2. *多组用电设备计算负荷的确定*

采用二项式法确定多组用电设备总的计算负荷时，也应考虑各组用电设备的最大负荷不同时出现的因素。但不是计入一个同时系数，而是在各组用电设备中取其中一组最大的附加负荷 $(cP_x)_{max}$，再加上各组的平均负荷 bP_e，由此可求得：

总有功计算负荷为

$$P_{30} = \sum (bP_e)_i + (cP_x)_{max} \tag{3-21}$$

总无功计算负荷为

$$Q_{30} = \sum (bP_e\tan\varphi)_i + (cP_x)_{max}\tan\varphi_{max} \tag{3-22}$$

总视在计算负荷 S_{30} 按公式（3-18）计算。

总计算电流 I_{30} 按公式（3-19）计算。

$\tan\varphi_{max}$ 为最大附加负荷 $(cP_x)_{max}$ 的设备组的平均功率因数角的正切值。

为了简化和统一，按二项式法计算多组设备总的计算负荷时，与前述需要系数法一样，也不论各组设备台数多少，各组计算系数 b、c、x 和 $\cos\varphi$ 等均按附录中表A-6所列数值取值。

例3-4 试用二项式法确定例3-2所述机修车间的380V线路上各组用电设备的和总的计算负荷。

解：先求各组的平均负荷、附加负荷和计算负荷。

(1) 金属切削机床电动机组：

查附录表A-6得 $b = 0.14$，$c = 0.5$，$x = 5$，$\cos\varphi_1 = 0.5$，$\tan\varphi_1 = 1.73$。

$$bP_{e(1)} = 0.14 \times 50\ \text{kW} = 7\ \text{kW}$$

$$cP_{x(1)} = cP_{5(1)} = 0.5 \times (7.5\ \text{kW} \times 2 + 4\ \text{kW} \times 2 + 2.2\ \text{kW} \times 1) = 12.6\ \text{kW}$$

$$P_{30.1} = bP_{e(1)} + cP_{x(1)} = 7\ \text{kW} + 12.6\ \text{kW} = 19.6\ \text{kW}$$

$$Q_{30.1} = P_{30.1}\tan\varphi_1 = 19.6\ \text{kW} \times 1.73 = 33.9\ \text{kvar}$$

$$S_{30.1}=\frac{P_{30.1}}{\cos\varphi_1}=\frac{19.6\text{ kW}}{0.5}=39.2\text{ kV}\cdot\text{A}$$

$$I_{30.1}=\frac{S_{30.1}}{\sqrt{3}U_N}=\frac{39.2\text{ kV}\cdot\text{A}}{\sqrt{3}\times0.38\text{ kV}}=59.6\text{ A}$$

(2) 通风机组

查附录表 A-6 得 $b=0.65$，$c=0.25$，$x=5$，$\cos\varphi_2=0.8$，$\tan\varphi_2=0.75$。

$$bP_{e(2)}=0.65\times5\text{ kW}=3.25\text{ kW}$$
$$cP_{x(2)}=0.25\times5\text{ kW}=1.25\text{ kW}$$
$$P_{30.2}=bP_{e(2)}+cP_{x(2)}=3.25\text{ kW}+1.25\text{ kW}=4.5\text{ kW}$$
$$Q_{30.2}=P_{30.2}\tan\varphi_2=4.5\text{ kW}\times0.75\approx3.38\text{ kvar}$$
$$S_{30.2}=\frac{P_{30.2}}{\cos\varphi_2}=\frac{4.5\text{ kW}}{0.8}=5.63\text{ kV}\cdot\text{A}$$
$$I_{30.2}=\frac{S_{30.2}}{(\sqrt{3}U_N)}=\frac{5.63\text{ kV}\cdot\text{A}}{(\sqrt{3}\times0.38)}=8.55\text{ A}$$

(3) 电葫芦

查附录表 A-6 得 $b=0.06$，$c=0.2$，$x=3$，$\cos\varphi_3=0.5$，$\tan\varphi_3=1.73$。

$$P_{e3}=2P_N\sqrt{\varepsilon_N}=2\times3\sqrt{0.4}=3.79\text{ kW}$$
$$bP_{e(3)}=0.06\times3.79\text{ kW}=0.227\text{ kW}$$
$$cP_{x(3)}=0.2\times3.69\text{ kW}=0.758\text{ kW}$$
$$P_{30.3}=bP_{e(3)}+cP_{x(3)}=0.227\text{ kW}+0.758\text{ kW}=0.985\text{ kW}$$
$$Q_{30.3}=P_{30.3}\tan\varphi_3=0.985\text{ kW}\times1.73=1.70\text{ kvar}$$
$$S_{30.3}=\frac{P_{30.3}}{\cos\varphi_3}=\frac{0.985\text{ kW}}{0.5}=1.97\text{ kV}\cdot\text{A}$$
$$I_{30.3}=\frac{S_{30.3}}{\sqrt{3}U_N}=\frac{1.97\text{ kV}\cdot\text{A}}{\sqrt{3}\times0.38\text{ kV}}=2.99\text{ A}$$

针对以上三组用电设备中，比较各组的附加负荷 cP_x 可知，金属切削机床电动机组的 $cP_{x(1)}$ 最大，所以总计算负荷为

总有功计算负荷为

$$\begin{aligned}P_{30}&=\sum(bP_e)_i+(cP_x)_{max}\\&=7\text{ kW}+4.5\text{ kW}+0.227\text{ kW}+12.6\text{ kW}=25.3\text{ kW}\end{aligned}$$

总无功计算负荷为

$$\begin{aligned}Q_{30}&=\sum(bP_e\tan\varphi)_i+(cP_x)_{max}\tan\varphi_{max}\\&=(7\times1.73+3.25\times0.75+0.227\times1.73)+12.6\times1.73\\&=36.7\text{ kvar}\end{aligned}$$

总视在计算负荷为

$$S_{30}=\sqrt{P_{30}^2+Q_{30}^2}=\sqrt{25.3^2+36.7^2}=44.6\text{ kV}\cdot\text{A}$$

总计算电流为

$$I_{30}=\frac{S_{30}}{\sqrt{3}U_N}=\frac{44.6\text{ KVA}}{\sqrt{3}\times0.38\text{ kV}}=67.8\text{ A}$$

第三节　用户（企业）的计算负荷

在确定了各用电设备组的计算负荷后，若要确定整个用户（一个企业）的计算负荷，就需要逐级计入有关线路和变压器的功率损耗，如图 3-6 所示。假如要确定高压配电线 WL1 首端的有功计算负荷 $P_{30(2)}$，就应将车间变电所低压侧的有功计算负荷 $P_{30(3)}$ 加上变压器 T 的有功损耗 ΔP_T，再加上高压配电线路 WL1 的有功损耗 ΔP_{WL1}。如果要确定低压配电线路 WL2 首端的有功计算负荷 $P_{30(4)}$，就应将低压配电线路 WL2 末端有功计算负荷 $P_{30(5)}$ 加上该段线路的有功损耗 ΔP_{WL2}。所以讨论线路和变压器的功率损耗计算问题是非常有必要的。

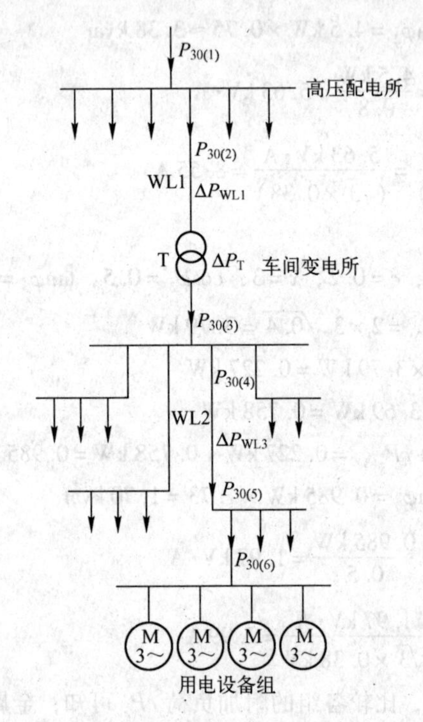

图 3-6　企业供配电系统各部分的有功计算负荷和功率损耗

一、供配电系统功率损耗的计算

供配电系统的功率损耗计算主要包括线路和变压器的功率损耗。

（一）线路的功率损耗计算

线路的功率损耗包括有功和无功两部分，可以利用计算负荷求出。

1. 线路的有功功率损耗

有功功率损耗是指电流流过线路电阻所产生的。计算公式如下：

$$\Delta P_{WL} = 3I_{30}^2 R_{WL} \tag{3-23}$$

式中：I_{30}——线路的计算电流；

R_{WL}——线路每相的电阻。

$$R_{WL} = R_0 l \tag{3-24}$$

式中：R_0——线路单位长度的电阻值，可查有关手册或者产品说明书。附录表 A-22 ～表 A-23

列出了三相线路导线和电缆单位长度每相 R_0 值；

l——线路长度。

2. 线路的无功功率损耗

无功功率损耗是指电流流过线路电抗所产生的。计算公式如下：

$$\Delta Q_{WL}=3I_{30}^2X_{WL} \tag{3-25}$$

式中：I_{30}——线路的计算电流；

X_{WL}——线路每相的电抗。

$$X_{WL}=X_0 l \tag{3-26}$$

式中：X_0——线路单位长度的电抗值，可查有关手册或者产品说明书。附录表 A-22 ～表 A-23 列出了三相线路导线和电缆单位长度每相 X_0 值；

l——线路长度。

值得注意的是，若是查架空线路的 X_0 值，不仅要根据导线截面，而且还要根据导线之间的几何均距。导线的几何均距是指三相线路各相导线之间距离的几何平均值。假设 AB、BC、AC 相导线之间的距离分别为 a_1、a_2、a_3，则导线的几何均距可根据以下公式求出：

$$a_{av}=\sqrt[3]{a_1a_2a_3} \tag{3-27}$$

（二）变压器的功率损耗计算

变压器的功率损耗也包括有功和无功两部分。

1. 变压器的有功功率损耗

由于铁心和绕组是变压器的主要组成部分，所以变压器的有功功率损耗也由相应的两部分组成：

1）铁心中的有功功率损耗（铁损）

铁心中的有功功率损耗，简称"铁损"。铁损在变压器一次绕组的外施电压和频率不变的条件下是固定不变的，与负荷无关。铁损可由变压器的空载试验测定，变压器的空载损耗 ΔP_0 可认为就是铁损 ΔP_{Fe}。

2）绕组中的有功功率损耗（铜损）

绕组中的有功功率损耗，简称"铜损"。铜损与负荷电流的平方成正比。铜损可由变压器的短路试验测定，变压器的短路损耗 ΔP_K 可认为就是铜损 ΔP_{Cu}。

所以，变压器的有功功率损耗为

$$\Delta P_T=\Delta P_{Fe}+\Delta P_{Cu}\left(\frac{S_{30}}{S_{N.T}}\right)^2\approx\Delta P_0+\Delta P_K\left(\frac{S_{30}}{S_{N.T}}\right)^2 \tag{3-28}$$

式中：$S_{N.T}$——变压器的额定容量；

S_{30}——变压器的视在计算负荷。

2. 变压器的无功功率损耗

由于变压器由铁心和绕组两部分组成，变压器的无功功率损耗也由两部分组成：

1）用来在铁心中产生磁通的无功功率损耗

它只与一次绕组电压有关，与负荷无关。其值近似地与空载电流成正比，即

$$\Delta Q_0=\frac{I_0\%}{100}S_{N.T} \tag{3-29}$$

式中：$I_0\%$——变压器空载电流占额定一次电流的百分值。

2）消耗在变压器绕组电抗上的无功功率

额定负荷下的这部分无功损耗用 ΔQ_N 表示。由于变压器的电抗远大于电阻，因此 ΔQ_N 近似

地与阻抗电压 $U_Z\%$（即短路电压 $U_k\%$）成正比，即

$$\Delta Q_N = \frac{U_Z\%}{100} S_{N.T} \tag{3-30}$$

式中：$U_Z\%$——变压器阻抗电压占额定一次电压的百分值。

所以，变压器的无功功率损耗为

$$\Delta Q_T = \Delta Q_0 + \Delta Q_N \left(\frac{S_{30}}{S_{N.T}}\right)^2 \approx S_{N.T}\left[\frac{I_0\%}{100} + \frac{U_Z\%}{100}\left(\frac{S_{30}}{S_{N.T}}\right)^2\right] \tag{3-31}$$

变压器的功率损耗计算中的 ΔP_0、ΔP_K、$I_0\%$ 和 $U_Z\%$（即 $U_k\%$）等值均可从有关手册或产品说明书中查得。S9、SC9 系列变压器的主要技术数据见附录表 A-5。

在供配电系统的设计中，通常采用下列简化公式来计算现在应用的各种低损耗电力变压器的功率损耗。计算公式如下：

变压器的有功功率损耗

$$\Delta P_T \approx 0.01 S_{30} \tag{3-32}$$

变压器的无功功率损耗

$$\Delta Q_T \approx 0.05 S_{30} \tag{3-33}$$

二、用户（企业）计算负荷的计算

计算用户（企业）的计算负荷在供配电系统中具有很重要的意义，因为它是选择企业电源进线及其一、二次设备的基本依据，也是计算用户功率因数和用户用电容量的基本依据。

确定用户（企业）计算负荷的方法很多，主要方法有：

（一）按逐级计算法确定用户的计算负荷

如前面图 3-6 所示，用户的有功计算负荷 $P_{30(1)}$，应该是高压配电所母线上所有高压配电线有功计算负荷之和，再乘以一个同时系数 K_Σ；而高压配电线的有功计算负荷 $P_{30(2)}$，就应将车间变电所低压侧的有功计算负荷 $P_{30(3)}$ 加上变压器 T 的有功损耗 ΔP_T，再加上高压配电线路 WL1 的有功损耗 ΔP_{WL1}。其他依此类推。对于一般的中小用户（企业）的供配电系统来说，由于其高低压配电线路一般不长，因此在确定用户（企业）的计算负荷时往往忽略不计。

（二）按需要系数法确定用户的计算负荷

将用户（企业）的设备总容量 P_e（不包括备用设备的设备容量）乘以一个需要系数 K_d，即得到用户（企业）的有功计算负荷，用户（企业）的无功计算负荷、用户（企业）的视在计算负荷和用户（企业）的计算电流根据需要系数法也相应求出。

用户（企业）的有功计算负荷

$$P_{30} = K_d P_e \tag{3-34}$$

用户（企业）的无功计算负荷 Q_{30}、用户（企业）的视在计算负荷 S_{30} 和用户（企业）的计算电流 I_{30} 分别按照前面的公式（3-13）、（3-14）和（3-15）计算。

附录表 A-7 列出了部分企业的需要系数、功率因数及年最大有功负荷利用小时数，供参考。

（三）用负荷密度法估算工厂计算负荷

将用户（企业）的平均负荷密度 a（W/m²）乘以建筑面积 A（m²），即可得到用户的有功计算负荷。即

$$P_{30} = aA \tag{3-35}$$

各类用户（企业）的平均负荷密度可由有关设计手册查得，或根据同类用户的实测资料分

析确定。

按 GB 50293—1999《城市电力规划规范》规定：居住建筑用电指标为 20 ～ 60 W/m²；公共建筑用电指标为 30 ～ 120 W/m²；工业建筑用电指标为 20 ～ 80 W/m²。要考虑负荷的发展，所以有关负荷密度宜适当取大一些。

（四）按年产量或年产值估算工厂计算负荷

将用户（企业）的年产量 B 乘以单位产品耗电量 b，即得到用户（企业）全年的耗电量：

$$W_a = bB \tag{3-36}$$

各类生产企业的单位产品耗电量指标可由有关设计手册查得，也可根据类似用户的实测资料分析确定。

在求出用户（企业）全年的耗电量 W_a 之后，除以该用户的年最大负荷利用小时 T_{max}，即得到用户（企业）的有功计算负荷：

$$P_{30} = \frac{W_a}{T_{max}} \tag{3-37}$$

其他计算负荷 Q_{30}、S_{30}、I_{30} 的计算，与上述需要系数法相同。

第四节　变电所中变压器及应急柴油发电机组的选择

一、变电所中主变压器台数的选择

变电所中主变压器台数的选择应遵循下列原则：

（1）应满足用电负荷对供电可靠性的要求。对于有大量一、二级负荷的变电所，应选用两台主变压器，两台主变压器之间互为备用。当一台出现事故或检修时，另一台能承担全部一、二级负荷。如果变电所低压侧敷设着与其他变电所相连的联络线时，当此变电所出现故障时，其一、二级负荷可通过联络线保证继续供电，亦可只选用一台变压器。

（2）对于随季节变动较大的负荷或昼夜负荷变动较大而适宜采用经济运行方式的变电所，为了使运行经济，减少变压器空载损耗，也宜采用两台变压器，以便在低谷负荷时，切除一台。

（3）一般三级负荷变电所，或者有少量一、二级负荷，但可由邻近企业取得备用电源时，可只装设一台主变压器；但是负荷集中而容量相当大的变电所，虽然是三级负荷，也可采用两台或两台以上的变压器。

（4）在确定变电所主变压器台数时，应适当考虑负荷的发展，留有一定的裕量。

二、变电所中主变压器容量的选择

（一）只装有一台主变压器的变电所

主变压器的额定容量 $S_{N.T}$ 应满足全部用电设备总的计算负荷 S_{30} 的需要，即

$$S_{N.T} \geqslant S_{30} \tag{3-38}$$

（二）装有两台主变压器的变电所

每台主变压器的额定容量 $S_{N.T}$ 应同时满足以下两个条件：

（1）任一台变压器单独运行时，应能满足不小于总计算负荷 S_{30} 的 60% ～70% 的需要，即

$$S_{N.T} \geqslant (60\% \sim 70\%)S_{30} \tag{3-39}$$

（2）任一台变压器单独运行时，应能满足全部一、二级负荷的需要，即

$$S_{N.T} \geqslant S_{30(\mathrm{I}+\mathrm{II})} \tag{3-40}$$

（三）单台主变压器（低压侧为0.4 kV）**的容量上限**

低压为0.4 kV配电变压器单台容量，一般不宜大于1 250 KVA。这一方面是受目前通用的低压断路器的断流能力及短路稳定度要求的限制，另一方面也是考虑到可使变压器更接近负荷中心，以减少低压配电系统的电能损耗和电压损耗，降低有色金属消耗量。但是，如果负荷比较集中、容量较大而且运行合理时，也可以选用单台容量为1 600 ～2 000 kV·A的配电变压器，这样能减少主变压器台数及高压开关电器和电缆等。

对装设在二层以上的电力变压器，应考虑其垂直和水平运输对通道及楼板载荷的影响，如果采用干式变压器时，其容量不宜大于630 kV·A。

对装设在居民住宅小区变电所内的油浸式变压器单台容量，不宜大于630 kVA。这是因为油浸式变压器容量大于630 kVA时，按规定应装设瓦斯保护，而该变压器电源侧的断路器往往不在变压器附近，因此变压器的瓦斯保护很难实施。而且如果变压器容量增大，供电半径相应增大，势必造成供电线路末端的电压偏低，给居民生活带来不便，例如荧光灯起燃困难、电冰箱不能启动等。

注意：在确定变电所主变压器容量时，应适当考虑负荷的发展。主变压器台数和容量的最后确定，应结合变电所主接线方案的选择，经2 ～3个方案的技术比较，择优而定。

例3-5 某车间10 kV/0.4 kV变电所，总计算负荷$P_{30}=810$ kW，$Q_{30}=540$ kvar，其中一、二级负荷$P_{30(\mathrm{I}+\mathrm{II})}=510$ kW，$Q_{30(\mathrm{I}+\mathrm{II})}=330$ kvar。试初步确定此车间变电所的主变压器台数和容量。

解：先计算出总的视在计算负荷和一、二级负荷的视在负荷。

$$\begin{cases} S_{30}=\sqrt{P_{30}^2+Q_{30}^2}=\sqrt{810^2+540^2}=974\ \mathrm{kV\cdot A} \\ S_{30(\mathrm{I}+\mathrm{II})}=\sqrt{P_{30(\mathrm{I}+\mathrm{II})}^2+Q_{30(\mathrm{I}+\mathrm{II})}^2}=\sqrt{510^2+330^2}=608\ \mathrm{kV\cdot A} \end{cases}$$

根据变电所一、二级负荷的情况，确定选两台主变压器。

每台变压器容量应同时满足以下两个条件：

$$\begin{cases} S_{N\cdot T}\geqslant(60\%\sim70\%)S_{30}=(0.6\sim0.7)\times974\ \mathrm{kV\cdot A}=(584\sim682)\ \mathrm{kV\cdot A} \\ S_{N.T}\geqslant S_{30(\mathrm{I}+\mathrm{II})}\geqslant608\ \mathrm{kV\cdot A} \end{cases}$$

因此每台主变压器的容量应选800 kV·A。

三、应急柴油发电机组的选择

应急柴油发电机组的容量选择，应满足下列条件：

（1）应急柴油发电机组的额定功率P_N，应不小于所供全部应急负荷的最大计算负荷P_{30}，即

$$P_N \geqslant P_{30} \tag{3-41}$$

在供配电系统的初步设计中，应急柴油发电机组的容量（视在功率）S_N，可按用户变电所主变压器总容量$S_{N.T}$的10% ～20%考虑，通常取15% $S_{N.T}$。

（2）在应急柴油发电机组所供电的应急负荷中，最大的笼型电动机的容量$P_{N.M}$与应急柴油发电机组的额定功率P_N之比不宜大于25%，以免电动机启动时使变电所母线电压下降过甚，影响其他负荷的正常工作，即

$$P_N \geqslant 4P_{N.M} \tag{3-42}$$

应急柴油发电机组的单台容量不宜大于1 000 kW。如果应急负荷总计数负荷 $P_{30}>1\,000$ kW，宜选用两台或多台机组。

第五节　无功补偿

一、提高功率因数的意义

由于工矿企业使用大量的感应电动机和变压器等用电设备，因此供电系统除供给有功功率外，还需供给大量的无功功率，为此必须提高企业用户的功率因数，减少对电源系统的无功功率需求量。提高功率因数有下列实际意义：

（1）提高电力系统的供电能力。在发、输、配电设备容量一定的情况下，用户的功率因数越高，则无功功率越小，所需视在功率就越小，这样同样容量的供、配电设备，可向更多的用户提供电能。

（2）减少供电网络中的电压损失，提高供电质量。用户的功率因数越高，在同样有功功率的情况下，线路中的电流就越小，因而网络上电压损失也越小，用电设备的端电压就越高。

（3）减少供电网络的电能损耗。在线路电压和输送的有功功率一定的情况下，功率因数越高，电流就越小，则网络中的电能损耗就越少。

综上可知，电力系统功率因数的高低是十分重要的问题，因此，必须设法提高电力网中各种有关部分的功率因数。目前供电部门实行按功率因数征收电费，因此功率因数的高低也是供电系统的一项重要的经济指标。

二、我国的电价政策

用户用电功率因数的高低对发、供、用电设备的充分利用、节约电能和改善电压质量有着重要影响。为了提高用户的功率因数并保持其均衡，以提高供电用双方和社会的经济效益，我国电力部门实行电费奖惩制度。对于功率因数大于标准的用户给予奖励，而对于功率因数小于标准的用户给予罚款。按文件规定如下：

（一）功率因数的标准值及其适用范围

功率因数标准0.90，适用于160 kV·A以上的高压供电工业用户（包括社队工业用户）、装有带负荷调整电压装置的高压供电电力用户和3 200 kV·A及以上的高压供电电力排灌站。

功率因数标准0.85，适用于100 kV·A（kW）及以上的其他工业用户（包括社队工业用户），100 kV·A（kW）及以上的非工业用户和100 kV·A（kW）及以上的电力排灌站。

功率因数标准0.80，适用于100 kV·A（kW）及以上的农业用户和趸售用户，但大工业用户未划由电业直接管理的趸售用户，功率因数标准应为0.85。

（二）功率因数的确定

凡实行功率因数调整电费的用户，应装设带有防倒装置的无功电度表，按用户每月实用有功电量和无功电量，计算月平均功率因数。

凡装有无功补偿设备且有可能向电网倒送无功电量的用户，应随其负荷和电压变动及时投入或切除部分无功补偿设备，电业部门并应在计费计量点加装有防倒装置的反向无功电度表，按倒送的无功电量与实用无功电量两者的绝对值之和，计算月平均功率因数。

根据电网需要，对大用户实行高峰功率因数考核，加装记录高峰时段内有功、无功电量的电度表，据以计算月平均高峰功率因数；对部分用户还可试行高峰、低谷两个时段分别计算功率因数，由试行的省、市、自治区电力局或电网管理局拟订办法，报水利电力部审批后执行。

（三）电费的调整

根据计算的功率因数，高于或低于规定标准时，在按照规定的电价计算出其当月电费后，再按照“功率因数调整电费表”（见表3-1～表3-3）所规定的百分数增减电费。如用户的功率因数在“功率因数调整电费表”所列两数之间，则以四舍五入计算。

表3-1　以0.90为标准值的功率因数调整电费表

减收电费		增收电费			
实际功率因数	月电费减少/%	实际功率因数	月电费增加/%	实际功率因数	月电费增加/%
0.90	0.00	0.89	0.5	0.75	7.5
0.91	0.15	0.88	1.0	0.74	8.0
0.92	0.30	0.87	1.5	0.73	8.5
0.93	0.45	0.86	2.0	0.72	9.0
0.94	0.60	0.85	2.5	0.71	9.5
0.95～1.00	0.75	0.84	3.0	0.70	10.0
		0.83	3.5	0.69	11.0
		0.82	4.0	0.68	12.0
		0.81	4.5	0.67	13.0
		0.80	5.0	0.66	14.0
		0.79	5.5	0.65	15.0
		0.78	6.0	功率因数自0.64及以下，每降低0.01电费增加2%	
		0.77	6.5		
		0.76	7.0		

表3-2　以0.85为标准值的功率因数电费调整表

减收电费		增收电费			
实际功率因数	月电费减少/%	实际功率因数	月电费增加/%	实际功率因数	月电费增加/%
0.85	0.0	0.84	0.5	0.70	7.5
0.86	0.1	0.83	1.0	0.69	8.0
0.87	0.2	0.82	1.5	0.68	8.5
0.88	0.3	0.81	2.0	0.67	9.0
0.89	0.4	0.80	2.5	0.66	9.5
0.90	0.5	0.79	3.0	0.65	10.0
0.91	0.65	0.78	3.5	0.64	11.0
0.92	0.80	0.77	4.0	0.63	12.0
0.93	0.95	0.76	4.5	0.62	13.0
0.94～1.00	1.10	0.75	5.0	0.61	14.0
		0.74	5.5	0.60	15.0
		0.73	6.0	功率因数自0.59及以下，每降低0.01电费增加2%	
		0.72	6.5		

表 3-3　以 0.80 为标准值的功率因数电费调整表

减收电费		增收电费			
实际功率因数	月电费减少/%	实际功率因数	月电费增加/%	实际功率因数	月电费增加/%
0.80	0.0	0.79	0.5	0.65	7.5
0.81	0.1	0.78	1.0	0.64	8.0
0.82	0.2	0.77	1.5	0.63	8.5
0.83	0.3	0.76	2.0	0.62	9.0
0.84	0.4	0.75	2.5	0.61	9.5
0.85	0.5	0.74	3.0	0.60	10.0
0.86	0.6	0.73	3.5	0.59	11.0
0.87	0.7	0.72	4.0	0.58	12.0
0.88	0.8	0.71	4.5	0.57	13.0
0.89	0.9	0.70	5.0	0.56	14.0
0.90	1.0	0.69	5.5	0.55	15.0
0.91	1.15	0.68	6.0	功率因数自 0.54 及以下，每降低 0.01 电费增加 2%	
0.92～1.00	1.3	0.67	6.5		
		0.66	7.0		

三、功率因数的计算

（一）瞬时功率因数

可由功率因数表直接读出，或根据相位表直接读出，也可以由功率表、电压表、电流表的读数计算出来。计算公式如下：

$$\cos\varphi = \frac{P}{\sqrt{3}UI} \tag{3-43}$$

式中：P——由功率表测出的三相功率读数，kW；

U——电压表测出的线电压读数，kV；

I——电流表测出的线电流读数，A。

（二）平均功率因数（均权功率因数）

平均功率因数是某一规定时间内的功率因数的平均值。

（1）对于已投入生产的工业企业采用的计算公式如下：

$$\cos\varphi = \frac{W_P}{\sqrt{W_P^2 + W_q^2}} = \frac{1}{\sqrt{1 + \left(\frac{W_q}{W_p}\right)^2}} \tag{3-44}$$

式中：W_p——某一时间内消耗的有功电能，kW·h，由有功电度表读出；

W_q——某一时间内消耗的无功电能，kvar·h，由无功电度表读出。

（2）对于正在进行设计的工业企业采用的计算公式如下：

$$\cos\varphi = \frac{\alpha P_{30}}{\sqrt{(\alpha P_{30})^2 + (\beta Q_{30})^2}} = \frac{1}{\sqrt{1 + \left(\frac{\beta Q_{30}}{\alpha P_{30}}\right)^2}} \tag{3-45}$$

式中：P_{30}——全企业的有功计算负荷，kW；

Q_{30}——全企业的有功计算负荷，kvar；

α——有功负荷系数，一般为0.7～0.75；

β——无功负荷系数，一般为0.76～0.82。

（三）最大负荷时的功率因数

最大负荷时的功率因数是指在年最大负荷（即计算负荷）时的功率因数。根据功率因数的定义可以写出公式如下：

$$\cos\varphi = \frac{P_{30}}{S_{30}} = \frac{P_{30}}{\sqrt{(P_{30})^2 + (Q_{30})^2}} \tag{3-46}$$

式中：P_{30}——全企业的有功计算负荷，kW；

Q_{30}——全企业的有功计算负荷，kvar；

S_{30}——全企业的视在计算负荷，kV·A。

四、功率因数的改善

按《供电营业规则》规定：用户在当地供电企业规定电网高峰负荷时的功率因数，100 kV·A及以上高压供电的用户，不得低于0.90；其他电力用户，不得低于0.85。因此用户在充分发挥设备潜力，改善设备运行性能，提高自然功率因数的情况下，如尚达不到规定功率因数要求时，必须考虑进行无功功率的人工补偿。

（一）提高自然功率因数

提高自然功率因数的方法，即采用降低各用电设备所需的无功功率以改善其功率因数的措施，主要有：

（1）正确选用感应电动机的型号和容量，使其接近满载运行；

（2）更换轻负荷感应电动机或者改变轻负荷电动机的接线；

（3）电力变压器不宜轻载运行；

（4）合理安排和调整工艺流程，改善电气设备的运行状况，限制电焊机、机床电动机等设备的空载运转；

（5）使用无电压运行的电磁开关。

（二）人工补偿无功功率

当采用提高用电设备自然功率因数的方法后，功率因数仍不能达到《供用营业规则》所要求的数值时，就需要设置专门的无功补偿电源，人工补偿无功功率。

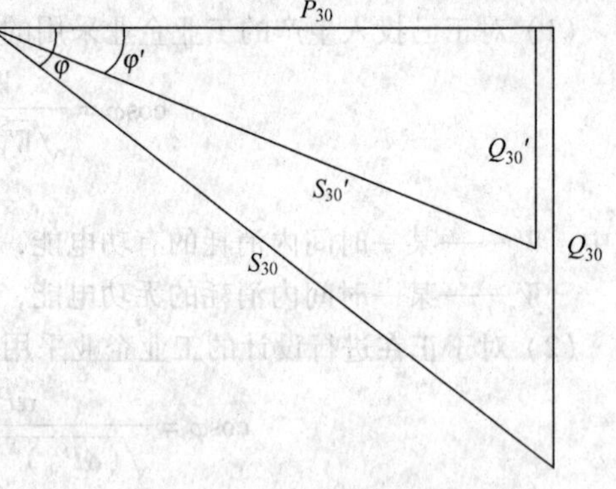

图3-7　功率因数的提高

人工补偿无功功率的方法主要有以下三种：并联电容器补偿、同步电动机补偿、动态无功功率补偿。

用静电电容器（或称移相电容器、电力电容器）作无功补偿以提高功率因数，是目前工业企业内广泛应用的一种补偿装置。

图3-7示出功率因数的提高与无功功率和视在功率的变换的关系。

假设功率因数由 $\cos\varphi$ 提高到 $\cos\varphi'$，这时在

用户需用的有功功率 P_{30} 固定不变的条件下，无功功率将由 Q_{30} 减小到 Q'_{30}，视在功率将由 S_{30} 减小到 S'_{30}。相应的负荷电流 I_{30} 也得以减小，这将使系统的电能损耗和电压损耗均相应地降低，从而达到既节约电能又提高电压质量效果，同时可使系统选用较小容量的供电设备和导线电缆。由此可见，提高功率因数对电力系统是大有好处的。

由图 3-7 可以看出，要使功率因数 $\cos\varphi$ 提高到 $\cos\varphi'$，必须装设的无功补偿装置容量为

$$Q_c = Q_{30} - Q'_{30} = P_{30}(\tan\varphi - \tan\varphi') \tag{3-47}$$

或

$$Q_c = \Delta q_c P_{30} \tag{3-48}$$

式中：$\Delta q_c = \tan\varphi - \tan\varphi'$，称为无功补偿率，又叫比补偿容量。$\Delta q_c$ 表示要使 1 kW 的有功功率由 $\cos\varphi$ 提高到 $\cos\varphi'$ 所需要的无功补偿容量值。

附录表 A-8 列出了并联电容器的无功补偿率，可利用补偿前后的功率因数直接查出。

在计算补偿用的电力电容器容量和个数时，应考虑到实际运行电压可能与额定电压不同，电容器能补偿的实际容量将低于额定容量，此时需对额定容量作修正：

$$q_e = q_N \left(\frac{U}{U_N}\right)^2 \tag{3-49}$$

式中：q_N——电容器铭牌上的额定容量，kvar；

q_e——电容器在实际运行电压下的容量，kvar；

U_N——电容器的额定电压，kV；

U——电容器的实际运行电压，kV。

附录表 A-9 列出了部分并联电容器的主要技术数据。

例如将 YY10.5－10－1 型高压电容器用在 6 kV 的工厂变电所中作无功补偿设备，则每个电容器的无功容量由额定值 10 kvar 降低为

$$q_e = 10 \times \left(\frac{6}{10.5}\right)^2 \text{ kvar} = 3.27 \text{ kvar}$$

显然除了在不得已的情况下使用外，这种降压使用的做法应避免。

在确定了总的补偿容量 Q_c 后，即可根据所选并联电容器的单个容量 q_c 来确定电容器的个数 n，即

$$n = \frac{Q_c}{q_c} \tag{3-50}$$

由上式计算所得的数值 n，对三相电容器应取相近偏大的整数。若为单相电容器，则应取 3 的整数倍，以便三相均衡分配。

三相电容器，通常在其内部接成三角形，单相电容器的电压，若与网络额定电压相等时则应将电容器接成三角形接线，只有当电容器的电压低于运行电压时，才接成星形接线。

相同的电容器，接成三角形接线，因电容器上所加电压为线电压，所补偿的无功容量则是星形接线的 3 倍。若是补偿容量相同，采用三角形接线比星形接线可节约电容值 2/3，因此在实际工作中，电容器组多接成三角形接线。

用户处的静电电容器补偿方式可分为个别补偿、分组（分散）补偿和集中补偿三种。个别补偿就是将电容器直接安装在吸取无功功率的用电设备附近；分组（分散）补偿就是将电容器组分散安装在各车间配电母线上；集中补偿就是指电容器组集中安装在总降压变电所二次侧（6 ～10 kV 侧）或变配电所的一次侧或二次侧（6 ～ 10 kV 或 380 V 侧）。

在设计中一般考虑将测量电能侧的平均功率因数补偿到规定标准。

用户装设了无功补偿装置以后，则在确定补偿装置装设地点总的无功计算负荷时，应扣除无功补偿容量 Q_c，即补偿后总的无功负荷减小为

$$Q'_{30} = Q_{30} - Q'_c \tag{3-51}$$

无功补偿后总的视在计算负荷为：

$$S'_{30} = \sqrt{P_{30}{}^2 + (Q_{30} - Q'_c)^2} \tag{3-52}$$

由上式可以看出,在变电所低压侧装设无功补偿装置后,由于低压侧总的视在计算负荷的减小,从而可以使变电所主变压器的容量选得小一些。这不仅可以降低变电所的投资,而且还可以减少用户的电费开支。由此可见,提高功率因数,不仅对整个电力系统大有好处,对用户本身也是有一定经济实惠的。

例 3-6 某厂拟建一降压变电所,装设一台主变压器。已知变电所低压侧有功计算负荷为 650 kW,无功计算负荷为 800 kvar。为了使工厂(变电所高压侧)的功率因数不低于 0.9,如在变电所低压侧装设并联电容器进行无功补偿时,试求出需装设多大补偿容量的并联电容器？补偿前后工厂变电所所选主变压器的容量有何变化?

解:(1) 补偿前的变压器容量和功率因数。

补偿前变电所低压侧的视在计算负荷为

$$S_{30(2)} = \sqrt{650^2 + 800^2}\ \text{kV·A} = 1\,031\ \text{kV·A}$$

因此未考虑无功补偿时,主变压器的容量应选择为 1 250 kV·A(参见附录表 A-5)。

补偿前变电所低压侧的功率因数为：

$$\cos\varphi_{(2)} = P_{30(2)}/S_{30(2)} = 650/1031 = 0.63$$

(2) 无功补偿容量计算。

按相关规定,补偿后变电所高压侧的功率因数不应低于 0.9,即 $\cos\varphi_{(1)} > 0.9$。在变压器低压侧进行补偿时,因为考虑到变压器的无功功率损耗远大于有功功率损耗,所以低压侧补偿后的低压侧功率因数应略高于 0.9,这里取补偿后低压侧功率因数为 0.92,即 $\cos\varphi_{(2)} = 0.92$。

因此,低压侧需要装设的并联电容器容量为

$$Q_c = P_{30}(\tan\varphi - \tan\varphi') = 650 \times [\tan(\arccos 0.63) - \tan(\arccos 0.92)]\ \text{kvar} = 525\ \text{kvar}$$

取

$$Q_c = 530\ \text{kvar}$$

(3) 无功补偿后的主变压器容量和功率因数计算。

无功补偿后变电所低压侧的视在计算负荷为

$$S'_{30(2)} = \sqrt{650^2 + (800 - 530)^2}\ \text{kV·A} = 704\ \text{kV·A}$$

因此无功功率补偿后的主变压器容量可选为 800 kV·A (参见附录表 A-5)。

补偿后变压器的功率损耗为

$$\Delta P_T \approx 0.01 S'_{30(2)} = 0.01 \times 704\ \text{kV·A} = 7.04\ \text{kV·A}$$

$$\Delta Q_T \approx 0.05 S'_{30(2)} = 0.05 \times 704\ \text{kV·A} = 35.2\ \text{kvar}$$

补偿后变电所高压侧的计算负荷为

$$P'_{30(1)} = 650\ \text{kW} + 7.04\ \text{kW} = 657\ \text{kW}$$

$$Q'_{30(1)} = (800 - 530)\ \text{kvar} + 35.2\ \text{kvar} = 305\ \text{kvar}$$

$$S'_{30(1)} = \sqrt{657^2 + 305^2}\ \text{kV·A} = 724\ \text{kV·A}$$

由此可知，无功补偿后，工厂高压侧的功率因数提高为

$$\cos\varphi' = \frac{P'_{30(1)}}{S'_{30(1)}} = \frac{657}{724} = 0.907 > 0.9$$

满足相关规定的要求。

(4) 无功补偿前后主变压器容量的变化。

$$S'_{N\cdot T} - S_{N\cdot T} = 1\,250\text{ kV}\cdot\text{A} - 800\text{ kV}\cdot\text{A} = 450\text{ kV}\cdot\text{A}$$

由此可见，补偿后主变压器的容量减少了450kV·A，不仅减少了投资，而且减少电费的支出，提高了功率因数。

思考与练习题

3-1 计算负荷是指什么？为什么取半小时最大负荷作为有功计算负荷？

3-2 负荷计算常用的计算方法有哪些？适用场所有什么不同？

3-3 求计算负荷的目的和意义是什么？

3-4 提高功率因数有什么意义？提高功率因数的方法有哪些？

3-5 已知某机修车间的金属切削机床组，有电压为380V的电动机30台，其总的设备容量为120kW。试求其计算负荷。

3-6 已知某机修车间的金属切削机床组，拥有380V的三相电动机7.5kW 3台，4kW 8台，3kW 17台，1.5kW 10台。试用二项式法来确定机床组的计算负荷。

3-7 某装配车间380V线路，供电给3台吊车电动机，其中一台7.5kW（$\varepsilon=60\%$），2台3kW（$\varepsilon=15\%$）。试求该线路的计算负荷。

3-8 某机修车间380V线路上，接有金属切削机床电动机30台共85kW（其中较大容量电动机有11kW 1台，7.5kW 3台，4kW 6台），通风机3台共5kW，电阻炉1台2kW。试用需要系数法和二项式法来确定机修车间380V线路的计算负荷。

3-9 已知某机修车间的金属切削机床组，拥有电压380V的三相电动机15kW 1台，11kW 3台，7.5kW 8台，4kW 15台，其他更小容量电动机总容量35kW。试用需要系数法和二项式法确定其计算负荷。

3-10 一机修车间的380V线路上，接有金属切削机床电动机20台共50kW；另接通风机3台共5kW；电葫芦4个共6kW（$\varepsilon_N=40\%$），试用需要系数法求计算负荷。

3-11 某10kV/0.4kV变电所，总计算负荷$S_{30}=1\,400$kV·A，其中一、二级负荷760kV·A。试初步选择其主变压器的台数和容量。

3-12 某工厂有功计算负荷为2 400kW，平均功率因数为0.67。根据规定应将平均功率因数提高到0.9（在10kV侧固定补偿），如果采用BWF-10.5-40-1型并联电容器，需装设多少只电容器？

第四章 短路电流计算及电气设备选择与校验

本章简介

本章首先介绍了短路的原因、后果及其形式，接着分析了无限大容量电源系统三相短路时的物理过程及有关的物理量，然后重点讲述了供配电系统的短路电流计算方法，进而在此基础上，阐述了短路电流的热效应和力效应，最后讲述高低压电气设备的选择与校验。

学习目标

- 了解短路的原因、后果及种类、计算短路电流的目的。
- 熟悉无限大容量电源系统三相短路时的物理过程分析。
- 会短路电流的计算。
- 能对供配电系统中的高低压电气设备进线选择与校验。

第一节 短路的原因、后果及形式

一、短路的原因

（一）短路的概念

所谓短路，是指电力系统中一切不正常的相与相之间或相与地之间（对于中性点接地的系统）发生通路的情况。短路是电力系统中最常见的一种故障，也是最严重的一种故障。

（二）短路的原因

电力系统出现短路故障，究其原因，主要有以下三个方面：

1. 电气绝缘损坏

这可能是由于电气设备长期运行，其绝缘自然老化而损坏；也可能是设备本身质量不好，其绝缘强度不够而被正常电压击穿；也可能是设备绝缘受到外力损伤而导致短路。

2. 运行人员误操作

例如运行人员带负荷拉刀闸，检修线路或设备时未排除接地线就合闸供电等；又如误将较低电压的设备投入到较高电压的电路中而造成设备的击穿短路。

3. 鸟兽害

鸟类蛇鼠等小动物跨越在裸露的不同电位的导体之间，或者被鼠类咬坏设备或导体的绝缘，都会引起短路故障。

二、短路的后果

电路短路后，其阻抗值比正常负荷时电路的阻抗值小得多，因此短路电流往往比负荷电流大许多倍。在大容量电力系统中，短路电流可高达几万安培或几十万安培。如此巨大的短路电流对电力系统可产生极大的危害：

（1）短路电流的热效应。短路电流将产生很高的温度，可能导致设备过热损坏，甚至引发火灾事故。

（2）短路电流的电动效应。短路电流将产生很大的电动力，可能使设备永久变形或严重损坏。

（3）电压骤降。短路将造成系统电压骤降，越靠近短路点电压越低，这将严重影响电气设备的正常运行。

（4）造成停电事故。短路时，电力系统的保护装置动作，使开关跳闸或熔断器熔断，从而造成停电事故，且越靠近电源短路，引起停电的范围越大，从而给国民经济造成的损失也越大。

（5）使电力系统的运行失去稳定。严重的短路可使并列运行的发电机组失去同步，造成电力系统解列，破坏电力系统的稳定运行。

（6）产生电磁干扰。不对称短路产生的不平衡磁场，会对附近的通信系统及弱电设备产生电磁干扰，影响其正常工作，甚至引起误动作。

由此可见，短路的后果是非常严重的，因此供配电系统在设计、安装和运行中，都应尽力设法消除可能引起短路故障的一切因素。

三、短路的形式

在三相系统中，短路的形式有三相短路、两相短路、单相短路和两相接地短路等，如图4-1所示。

（1）三相短路如图4-1（a）所示。三相短路用$k^{(3)}$表示，三相短路电流则记作$i_k^{(3)}$。

（2）两相短路如图4-1（b）所示。两相短路用$k^{(2)}$表示，两相短路电流则记作$i_k^{(2)}$。

（3）单相短路如图4-1（c）、（d）所示。单相短路用$k^{(1)}$表示，单相短路电流则记作$i_k^{(1)}$。

（4）两相接地短路。图4-1（e）为中性点不接地的电力系统中两不同相的单相接地所形成的两相短路；图4-1（f）为两相短路又接地的情况。两相接地短路用$k^{(1,1)}$表示，其短路电流为$i_k^{(1,1)}$。两相接地短路实质上与两相短路相同。

上述短路电路中，当三相短路时，由于短路回路阻抗相等，因此三相电流和电压仍是对称的，故又称对称短路，而出现其他类型短路时，不仅每相电路中的电流和电压数值不等，其相角也不同，这些短路总称为不对称短路。

电力系统中，发生单相短路的可能性最大，而发生三相短路的可能性最小，但是一般是三相短路电流最大，造成的危害也最严重。为了使电力系统中的电气设备在最严重的短路状态下也能可靠地工作，因此作为选择检验电气设备依据用的短路计算物理量中，以三相短路计算得出来的结论为主。实际上，非对称性短路也可按对称分量法分解为对称的正序、负序和零序分量来研究，所以对称性的三相短路分析也是分析非对称性短路的基础。

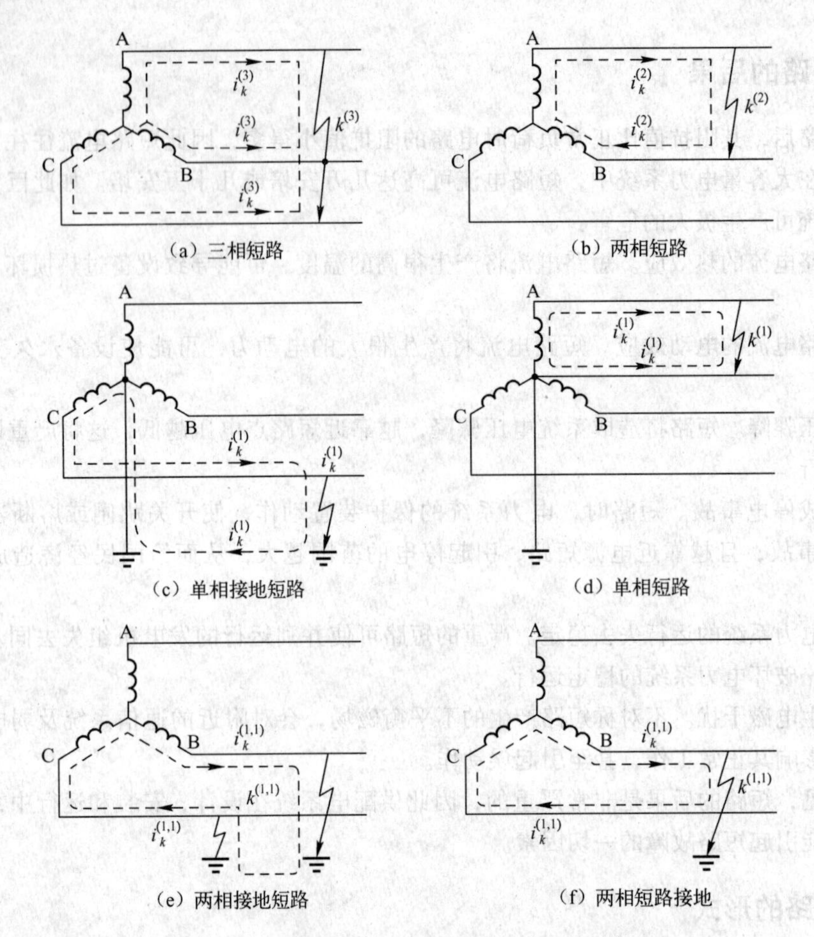

（a）三相短路　（b）两相短路

（c）单相接地短路　（d）单相短路

（e）两相接地短路　（f）两相短路接地

图 4-1　短路的形式（虚线表示短路电流路径）

第二节　无限大容量电力系统发生三相短路时的物理过程和物理量

一、无限大容量电力系统及其三相短路的物理过程

无限大容量电力系统，是指供电容量相对于用户供电系统容量大得多的电力系统。其特点是：当用户供电系统的负荷变动甚至发生短路时，电力系统变电所馈电母线上的电压能基本维持不变。

实际上，电力系统的容量是有限的。在实际的用户供电设计中，当电力系统总阻抗不超过短路回路总阻抗的 5% ～ 10%，或者电力系统容量超过用户供配电系统容量的 50 倍时，可将电力系统视为“无限大容量电力系统”。

对一般用户（含工矿企业）供配电系统来说，由于其容量远比电力系统的总容量小，而其阻抗又远比电力系统大，因此用户供配电系统内发生短路时，电力系统变电所馈电母线上的电压几乎维持不变，也就是说，可以将电力系统看成无限大容量的电源。

图 4-2（a）是一个电源为无限大容量的供电系统发生三相短路的电路图。由于三相短路对称，因此这一三相短路电路可用图 4-2（b）所示的等效单相电路来分析研究。

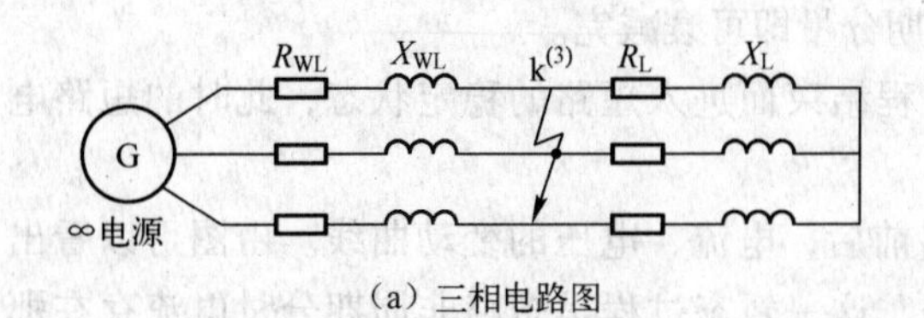

（a）三相电路图

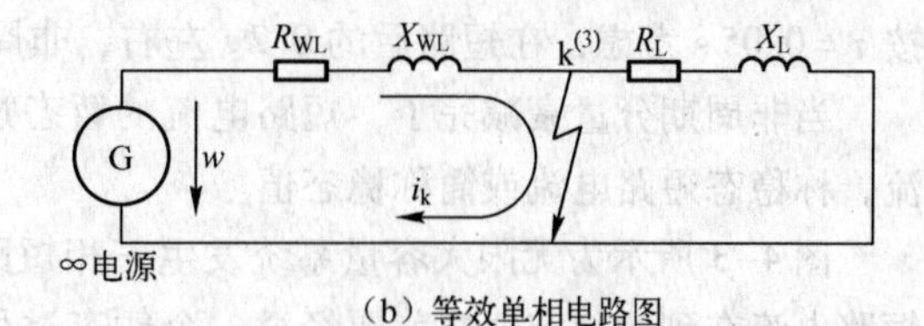

（b）等效单相电路图

图 4-2　无限大容量电力系统发生三相短路

正常运行时，电路中的电流取决于电源电压和电路中所有元件包括负荷（用电设备）在内的总阻抗。当发生三相短路时，由于负荷阻抗和部分线路阻抗被短路，故根据欧姆定律，电路中的电流（短路电流）要突然增大。但是，由于短路中存在着电感，根据楞次定律，电流又不能突变，因而引起一个过渡过程，即短路暂态过程，经过一定的时间以后，最后短路电流达到一个新的稳定状态。

短路前电路中的电流为

$$i = I_m \sin(\omega t + \theta - \varphi) \tag{4-1}$$

式中：I_m——短路前电流的幅值；

φ——短路前回路的阻抗角；

θ——电源电压的初始相角，亦称合闸角。

短路后电路中的电流应满足

$$Ri_k + L\frac{di_k}{dt} = U_m \sin(\omega t + \theta) \tag{4-2}$$

方程式的解就是短路的全电流，它由两部分组成：（1）方程式的特解，它代表短路电流的周期分量；（2）对应齐次方程的一般解，它代表短路电流的非周期分量。

短路的全电流可以用式（4-3）表示：

$$i_k = i_p + i_{np} = I_{pm} \sin(\omega t + \theta - \varphi_k) + Ce^{-\frac{t}{\tau}} \tag{4-3}$$

式中：I_{pm}——短路电流周期分量的幅值；

φ_k——短路后回路的阻抗角；

τ——短路回路时间常数；

C——积分常数，由初始条件决定，即短路电流非周期分量的初始值。

由于电路中存在电感，而电感中的电流不能突变，则短路前瞬间（用下标 0_- 表示）的电流 i_{0-} 应该等于短路发生后瞬间（用下标 0_+ 表示）的电流 i_{0+}，将 $t=0$ 分别代入，可得

$$C = I_m \sin(\theta - \varphi) - I_{pm} \sin(\theta - \varphi_k) \tag{4-4}$$

因此，短路的全电流为

$$i_k = i_p + i_{np} = I_{pm} \sin(\omega t + \theta - \varphi_k) + [I_m \sin(\theta - \varphi) - I_{pm} \sin(\theta - \varphi_k)]e^{-\frac{t}{T_a}} \tag{4-5}$$

由式（4-5）可见，短路电流由两部分组成，短路电流周期分量 i_p 和短路电流非周期分量 i_{np}。第一部分是短路电流的稳态分量，随时间按正弦规律变化的，所以又称周期分量，此分量是外加电压在阻抗的回路内强迫产生的，所以又称强制分量。第二部分为短路电流的暂态分量，是随时间按指数规律衰减的，并且偏于时间轴的一侧，称非周期分量或自由分量。

之所以会产生非周期分量，是因为电路中有电感存在，在短路的瞬间，回路中的电流要激增，由于电感电路的电流不能突变，势必产生一个非周期分量电流而维持其原来的电流。非周期分量按指数规律衰减的快慢取决于短路回路的时间常数 τ。对于高压电网来说，其电阻较电抗小得多，一般取 $\tau = 0.05$ s；而在计算大容量电力网或发电机附近短路时，τ 为 0.1～0.2 s。如

按 $\tau=0.05\,s$ 考虑，在短路后的 0.2 s 左右，非周期分量即可衰减完。

当非周期分量衰减完了，短路电流的暂态过程结束而进入短路的稳定状态，此时的短路电流，称稳态短路电流或简称稳态值。

图 4-3 所示为无限大容量系统发生三相短路前后，电流、电压的变动曲线。由图可以看出短路电流在到达稳定值之前要经过一个暂态过程，这一暂态过程是短路非周期分量电流存在那段时间。短路非周期分量电流衰减完毕后（一般经 $t=0.2\,s$），短路电流达到稳定状态。

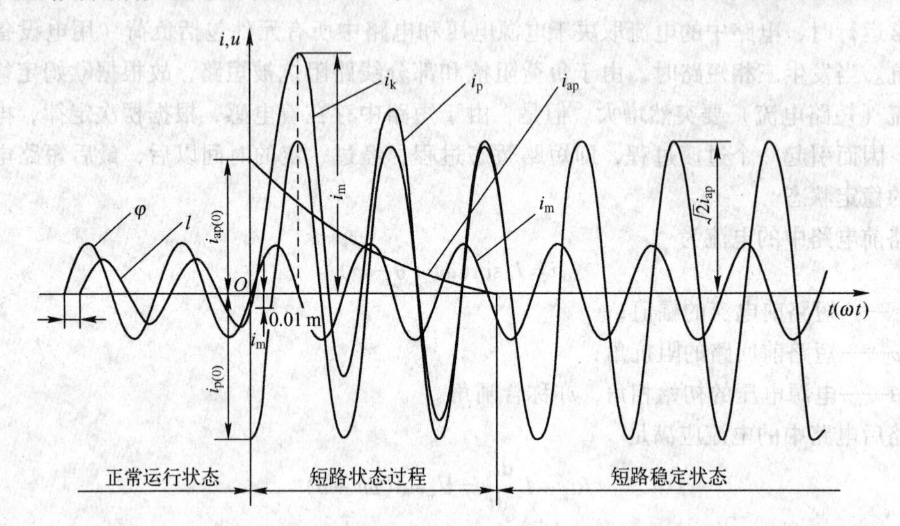

图 4-3　无限大容量电力系统中发生三相短路前后的电压和电流变动曲线

当电路的参数已知时，短路电流周期分量的幅值不变，而短路电流非周期分量则是按指数规律单调衰减的直流电流。因此，非周期电流的初值越大，过渡过程中短路全电流的最大瞬时值也就越大。当满足以下几个条件时，便会产生最大的短路电流：

（1）短路前电路处于空载状态。

（2）短路回路为纯感性回路，即回路的感抗比电阻大得多，可以近似认为阻抗角 $\varphi_k\approx90°$。

（3）短路瞬间电源电压过零值，即初始相角 $\theta=0$。

二、有关短路的物理量

（一）短路次暂态电流（周期分量）I''

短路次暂态电流是指短路以后幅值最大的一个周期（即第一个周期）的短路电流周期分量的有效值。在无限大容量系统中，短路电流周期分量幅值保持不变。

（二）短路冲击电流 i_{sh} 和短路冲击电流有效值 I_{sh}

从图 4-3 中所示的短路全电流曲线可以看出，短路后经过半个周期（$t=0.01\,s$），短路电流瞬时值达到最大值。短路过程中的这一最大短路电流瞬时值，称为短路冲击电流，用 i_{sh} 表示。

$$i_{sh}=i_{p(0.01s)}+i_{np(0.01s)}=I_{pm}(1+e^{-0.01/\tau})=\sqrt{2}K_{sh}I'' \tag{4-6}$$

式中：K_{sh}——短路电流冲击系数，$K_{sh}=1\sim2$，或 $1<K_{sh}<2$。

短路全电流的最大有效值，是短路后第一个周期的短路全电流有效值，用 I_{sh} 表示，又称短路冲击电流有效值，用式（4-7）计算：

$$I_{sh}=\sqrt{I_{p(0.01)}^2+I_{np(0.01)}^2}\approx\sqrt{1+2(K_{sh}-1)^2}\,I'' \tag{4-7}$$

在高压电路发生三相短路时，一般取 $K_{sh}=1.8$，因此

$$i_{sh} = 2.55I'' \tag{4-8}$$

$$I_{sh} = 1.51I'' \tag{4-9}$$

在低压电路和1 000 kV·A及以下变压器二次侧发生三相短路时，一般取 $K_{sh} = 1.3$，因此

$$i_{sh} = 1.84I'' \tag{4-10}$$

$$I_{sh} = 1.09I'' \tag{4-11}$$

（三）短路稳态电流

短路稳态电流是指短路电流非周期分量衰减完毕以后的短路全电流，其有效值用 I_∞ 表示。

在无限大容量系统中，$I_\infty = I'' = I_p$。

（四）短路容量

短路容量又称短路功率，它等于短路电流有效值同短路处的正常工作电压（一般用平均额定电压）的乘积。

在短路的实用计算中，常只用次暂态短路电流来计算短路功率，称为次暂态功率，即

$$S'' = \sqrt{3} U_{av} I'' \tag{4-12}$$

第三节　无限大容量电力系统的短路电流计算

一、计算短路电流的目的

计算短路电流的目的是为了解决以下几个方面的问题：

（一）正确选择和检验各种电气设备

供配电系统要求对用户安全可靠地供电，但是由于各种原因，也难免出现故障，其中最常见的故障就是短路，而短路的后果十分严重，直接影响供配电系统及电气设备的安全运行。为了正确选择电气设备，使设备具有足够的动稳定性和热稳定性，以保证设备在通过可能的最大的短路电流时也不致损坏，必须计算发生短路时流过电气设备的短路电流。如果短路电流太大，必须采取相应的限流措施。

（二）继电保护的设计和整定

关于电力系统中应配置什么样的继电保护，以及这些保护装置应如何整定，必须对电力网中可能发生的各种短路情况逐一加以计算分析，才能正确解决。

（三）电气主接线方案的确定

在设计电气主接线方案时往往出现这种情况：一个供电可靠性高的接线方案，因为电的联系强，在发生故障时，短路电流太大以致必须选用昂贵的电气设备，而使所设计的方案在经济上不合理，这时若采取一些措施，例如适当改变电路的接法，增加限制短路电流的设备，或者限制某种运行方式的出现，就会得到既可靠又经济的主接线方案。总之，在评价和比较各种主接线方案选出最佳者时，计算短路电流是一项很重要的内容。

计算短路电流所必需的原始资料：应该了解变电所主接线系统，主要运行方式，各种变压器的型号、容量、有关各种参数；供电线路的电压等级，架空线和电缆的型号，有关参数、距离；大型高压电机型号和有关参数，还必须到电力部门收集下列资料：

（1）电力系统现有总额定容量及远期的发展总额定容量。

（2）与本变电所电源进线所连接的上一级变电所母线，在最大运行方式下的短路电流，最

小运行方式下的短路电流或短路容量。

(3) 工厂附近有发电厂的应收集各种发电机组的型号、容量、次暂态电抗、连线方式、变压器容量和短路电压百分数，输电线路的电压等级，输电线型号和距离等。

(4) 通常变电所有两条电源进线，一条运行，另一条备用，应判断哪条进线的短路电源较大，哪条较小，然后分别计算最大运行方式下和最小运行方式下的短路电流。

所谓最大运行方式，就是供电系统中的发电机、并联线路、变压器都投入的方式。此时系统容量最大，电压比较稳定，系统的等值电抗最小，短路电流最大。所谓最小运行方式，就是供电系统中的发电机、并联线路和变压器投入最少的一种运行方式。此时系统容量最小，电压较不稳定，系统的等值电抗最大，短路电流最小。

二、短路电流计算的一般规定

为了简化短路电流计算的方法，在保证计算精度的情况下，忽略一些次要因素的影响，作出如下规定：

(1) 所有点的发电机相位角相同、电源的频率相同，短路前电力系统的电势和电流是对称的。

(2) 认为变压器是理想变压器，变压器的铁心始终处于不饱和状态，即电抗值不随电流大小发生变化。

(3) 输电线路的分布电容略去不计。

(4) 每一个电压级采用平均额定电压，这个规定在计算短路电流时，所造成的误差很小。唯一例外的是电抗器，应采用加于电抗器端点的实际额定电压，因为电抗器的阻抗通常比其他元件阻抗大得多，否则误差偏大。

(5) 用式$|Z_{\Sigma}| = \sqrt{R_{\Sigma}^2 + X_{\Sigma}^2}$计算高压系统短路电流时一般只计发电机、变压器、电抗器、线路等元件的电抗。因为这些元件$X/3 > R$时，可略去电阻的影响，只有在短路点总电阻大于短路点总电抗1/3时，才考虑采用$|Z_{\Sigma}|$来代替X_{Σ}。

(6) 短路点离同步调相机和同步电动机较近时，应考虑对短路电流值的影响。

(7) 在简化系统阻抗时，距短路点远的电源与近的电源不能合并。

(8) 以供电电源为基准的电抗标幺值大于3，可认为电源容量为无限大的系统，短路电流的周期分量在短路全过程中保持不变。

短路计算中有关物理量一般采用以下单位：电压——千伏（kV），电流——千安（kA），短路容量和断路容量（功率）——兆伏·安(MV·A)，设备容量——千瓦（kW）或千伏安（kV·A），阻抗——欧（Ω）。但必须特别说明，本书计算公式中各物理量的单位除特别标明的以外，一般均采用国际单位制（SI）的基本单位：伏（V）、安（A）、瓦（W）、伏安（V·A）、欧（Ω）等。因此，后面导出的公式一般不标注物理量的单位。如果采用工程中常用的单位计算，则必须注意所用公式中各物理量单位的换算系数。

计算短路电流的方法，常用的有欧姆法和标幺制法。

三、采用标幺制法进行三相短路电流的计算

(一) 标幺制的概念及优点

标幺制法因其短路计算中的有关物理量是采用标幺值（相对值）而得名，又称相对单位制

法。标幺制是相对单位制的一种，在标幺制中各物理量（电压、电流、功率、阻抗等）都用相对值表示，某一个物理量的标幺值 A_d^*，为该物理量的实际值 A 与所选的基准值 A_d 的比值，即标幺值的定义如下：

$$A_d^* = \frac{A}{A_d} \tag{4-13}$$

显然，同一个实际值，当所选的基准值不同时，其标幺值也就不同，在说明一个物理量的标幺值时，必须说明其基准值为何，否则只说明一个标幺值是没有意义的。标幺值是一个无单位的值，这里用带 * 号的上标以示区别。

采用标幺制有以下的优点：

(1) 应用标幺制易于比较电力系统各元件的特性及参数。电力系统中各种电气设备的额定电压的高低、容量的大小彼此相差很大。它们的特性和参数若用有名值表示时，差别很大，很难进行比较，但用标幺值表示后，这些特性和参数都在一定的范围内，就便于进行对比分析。例如，一台铭牌数据为110 kV，10 000 kV·A 的变压器，其短路电压为 $U_{k1}=11.6\text{ kV}$，而一台铭牌数据为10.5 kV、7 500 kV·A 的变压器，其短路电压为$U_{k2}=1.05\text{ kV}$，这两个短路电压值相差很大，不好比较，如果都取它们各自的额定电压作为基准，则其标幺值为

$$U_{K1}^* = 11.6/110 = 0.105$$

$$U_{K2}^* = 1.05/10.5 = 0.1$$

以上两式说明，它们的短路电压都是其额定电压的10%左右。

(2) 采用标幺制便于判断电气设备的特性和参数的优劣。例如，设已知一台发电机正在运行中，其端电压为10.5 kV，相电流为1 000 A，从这些数值不能立刻判定运行情况是否正常，但如果得到的数据是以发电机额定值作为基准的标幺值，当看到 $U^*=1.0$、$I^*=0.8$，便立即可以断定发电机的运行电压是正常的，负载电流值小于额定电流值。可见，用标幺值表示比用实际值能给人更明确的概念。

(3) 应用标幺值可以使较复杂系统的计算工作大大简化。

（二）采用标幺制法进行三相短路电流计算的思路

标幺制中各量的基准值之间必须服从电路的欧姆定律和功率方程式，也就是说在三相电路中，电压、电流、功率和阻抗的基准值 U_d、I_d、S_d、X_d 要满足下列关系：

$$S_d = \sqrt{3}U_d I_d \tag{4-14}$$

$$U_d = \sqrt{3}I_d X_d \tag{4-15}$$

按照标幺制法进行短路计算时，首先必须选定基准容量 S_d 和基准电压 U_d。

基准容量，工程设计中通常取 $S_d=100\text{ MV·A}$。

基准电压，通常取元件所在处的短路计算电压（U_c），即取 $U_d=U_c$。

选定了基准容量 S_d 和基准电压 U_d 以后，可按式（4-16）计算基准电流：

$$I_d = \frac{S_d}{\sqrt{3}U_d} \tag{4-16}$$

按式（4-17）计算基准电抗：

$$X_d = \frac{U_d}{\sqrt{3}I_d} = \frac{U_d^2}{S_d} \tag{4-17}$$

下面分别讲述供配电系统中各主要元件的电抗标幺值的计算（取 $S_d=100\text{ MV·A}$，$U_d=U_c$）。

(1) 电力系统的电抗标幺值为

$$X_S^* = \frac{X_S}{X_d} = \frac{U_c^2}{S_{oc}} \Big/ \frac{U_c^2}{S_d} = \frac{S_d}{S_{oc}} \tag{4-18}$$

(2) 电力变压器的电抗标幺值为

$$X_T^* = \frac{X_T}{X_d} = \frac{U_Z\% \, U_c^2}{100 S_{NT}} \Big/ \frac{U_c^2}{S_d} = \frac{U_Z\% \, S_d}{100 S_{NT}} \tag{4-19}$$

(3) 电力线路的电抗标幺值为

$$X_{WL}^* = \frac{X_{WL}}{X_d} = \frac{X_0 l}{U_c^2 / S_d} = X_0 l \frac{S_d}{U_c^2} \tag{4-20}$$

求出短路电路中各主要元件的电抗标幺值后，即可利用其等效电路图进行电路化简，计算其总电抗标幺值 X_Σ^*。由于各元件电抗都采用标幺值（相对值），与短路计算点电压无关，因此无须进行电压换算，这也是标幺制法较之欧姆法的优越之处。

无限大容量电力系统中三相短路电流周期分量有效值的标幺值按式（4-21）计算：

$$I_k^{(3)*} = \frac{I_k^{(3)}}{I_d} = \frac{U_c}{\sqrt{3} X_\Sigma} \Big/ \frac{S_d}{\sqrt{3} U_c} = \frac{U_c^2}{S_d X_\Sigma} = \frac{1}{X_\Sigma^*} \tag{4-21}$$

由此可求得三相短路电流周期分量有效值为

$$I_k^{(3)} = I_k^{(3)*} I_d = \frac{I_d}{X_\Sigma^*} \tag{4-22}$$

求出 $I_k^{(3)}$ 后，即可利用前面的有关公式计算 $I''^{(3)}$、$I_\infty^{(3)}$、$i_{sh}^{(3)}$ 和 $I_{sh}^{(3)}$ 等。

三相短路容量的计算公式为

$$S_k^{(3)} = \sqrt{3} U_c I_k^{(3)} = \sqrt{3} U_c \frac{I_d}{X_\Sigma^*} = \frac{S_d}{X_\Sigma^*} \tag{4-23}$$

例 4-1 某工厂供电系统如图 4-4 所示。已知电力系统出口断路器为 SN10－10Ⅱ型。试求工厂变电所高压 10 kV 母线上 k－1 点短路和低压 380 V 母线上 k－2 点短路的三相短路电流和短路容量。

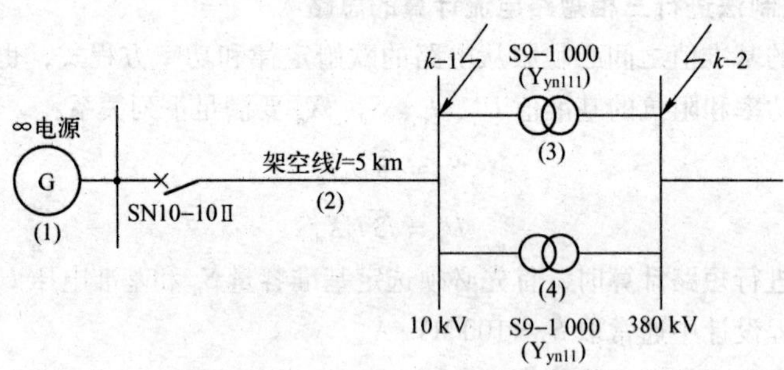

图 4-4 某工厂供电系统

解：(1) 确定基准值。取 $S_d = 100\,\text{MV·A}$，$U_{d1} = U_{c1} = 10.5\,\text{kV}$，$U_{d2} = U_{c2} = 10.4\,\text{kV}$。而

$$I_{d1} = \frac{S_d}{\sqrt{3} U_{c1}} = \frac{100\,\text{MV·A}}{\sqrt{3} \times 10.5\,\text{kV}} = 5.50\,\text{kA}$$

$$I_{d2} = \frac{S_d}{\sqrt{3} U_{c2}} = \frac{100\,\text{MV·A}}{\sqrt{3} \times 0.4\,\text{kV}} = 144\,\text{kA}$$

(2) 计算短路电路中各主要元件的电抗标幺值：

① 电力系统的电抗标幺值：由附录表 A-3 查得 SN10 - 10 Ⅱ 型断路器的 $S_{oc}=500\ \text{MV}\cdot\text{A}$，因此

$$X_1^* = X_S^* = \frac{S_d}{S_{oc}} = \frac{100\ \text{MV}\cdot\text{A}}{500\ \text{MV}\cdot\text{A}} = 0.2$$

② 架空线路的电抗标幺值：由附录表 A-23 查得 $X_0=0.35\ \Omega/\text{km}$，因此

$$X_2^* = = X_0 l \frac{S_d}{U_c^2} = 0.35\ \Omega/\text{km} \times 5\ \text{km} \times \frac{100\ \text{MV}\cdot\text{A}}{(10.5\ \text{kV})^2} = 1.59$$

③ 电力变压器的电抗标幺值：由附录表 A-5 查得 $U_Z\% = 4.5$，因此

$$X_3^* = X_4^* = \frac{U_Z\%\ S_d}{100 S_{NT}} = \frac{4.5 \times 100 \times 10^3\ \text{kV}\cdot\text{A}}{100 \times 1\,000\ \text{kV}\cdot\text{A}} = 4.5$$

绘短路等效电路图如图 4-5 所示，图上标出各元件的序号（分子）和电抗标幺值（分母），并标明短路计算点 $k-1$ 和 $k-2$。

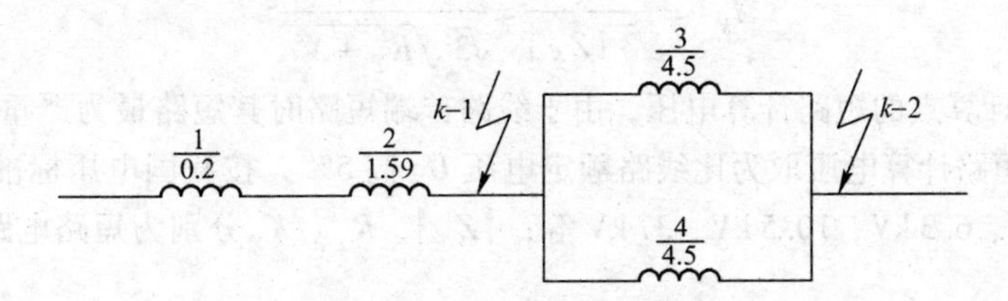

图 4-5　短路等效电路图

（3）计算 $k-1$ 点的短路电路总电抗标幺值及三相短路电流和短路容量：

① 总电抗标幺值为

$$X_{\Sigma(k-1)}^* = X_1^* + X_2^* = 0.2 + 1.59 = 1.79$$

② 三相短路电流周期分量有效值为

$$I_{k-1}^{(3)} = \frac{I_{d1}}{X_{\Sigma(k-1)}^*} = \frac{5.5\ \text{kA}}{1.79} = 3.07\ \text{kA}$$

③ 其他三相短路电流为

$$I''^{(3)} = I_{\infty}^{(3)} = I_{k-1}^{(3)} = 3.07\ \text{kA}$$

$$i_{sh}^{(3)} = 2.55 I''^{(3)} = 2.55 \times 3.07\ \text{kA} = 7.83\ \text{kA}$$

$$I_{sh}^{(3)} = 1.51 I''^{(3)} = 1.51 \times 3.07\ \text{kA} = 4.64\ \text{kA}$$

④ 三相短路容量为

$$S_{k-1}^{(3)} = = \frac{S_d}{X_{\Sigma(k-1)}^*} = \frac{100\ \text{MV}\cdot\text{A}}{1.79} = 55.9\ \text{MV}\cdot\text{A}$$

（4）计算 $k-2$ 点的短路电路总电抗标幺值及三相短路电流和短路容量：

① 总电抗标幺值为

$$X_{\Sigma(k-2)}^* = X_1^* + X_2^* + X_3^* // X_4^* = 0.2 + 1.59 + \frac{4.5}{2} = 4.04$$

② 三相短路电流周期分量有效值为

$$I_{k-2}^{(3)} = \frac{I_{d2}}{X_{\Sigma(k-2)}^*} = \frac{144\ \text{kA}}{4.04} = 35.6\ \text{kA}$$

③ 其他三相短路电流为

$$I''^{(3)} = I_{\infty}^{(3)} = I_{k-2}^{(3)} = 35.6\ \text{kA}$$

$$i_{\text{sh}}^{(3)} = 1.84I''^{(3)} = 1.84 \times 35.6\ \text{kA} = 65.5\ \text{kA}$$

$$I_{\text{sh}}^{(3)} = 1.09I''^{(3)} = 1.09 \times 35.6\ \text{kA} = 38.8\ \text{kA}$$

④ 三相短路容量为

$$S_{k-2}^{(3)} = = \frac{S_d}{X_{\Sigma(k-2)}^*} = \frac{100\ \text{MV}\cdot\text{A}}{4.04} = 24.8\ \text{MV}\cdot\text{A}$$

四、采用欧姆法进行三相短路电流的计算

欧姆法是因短路计算中的阻抗都采用有名单位“欧姆”而得名，亦称有名单位制法。

在无限大容量电力系统发生三相短路时，其三相短路电流周期分量有效值可用式（4-24）计算：

$$I_k^{(3)} = \frac{U_c}{\sqrt{3}\,|Z_{\Sigma}|} = \frac{U_c}{\sqrt{3}\sqrt{R_{\Sigma}^2 + X_{\Sigma}^2}} \tag{4-24}$$

式中：U_c 为短路计算点的短路计算电压，由于线路首端短路时其短路最为严重，因此按线路首端电压考虑，即短路计算电压取为比线路额定电压 U_N 高 5%，按我国电压标准，U_c 有 0.4 kV、0.69 kV、3.15 kV、6.3 kV、10.5 kV、37 kV 等；$|Z_{\Sigma}|$、R_{Σ}、X_{Σ} 分别为短路电路的总阻抗的模、总电阻和总电抗。

在高压供配电系统电路的短路计算中，通常若 $R_{\Sigma} \ll X_{\Sigma}$（一般认为 $R_{\Sigma} < \frac{1}{3}X_{\Sigma}$），就可略去电阻，可只记 X_{Σ}，不计 R_{Σ}。在低压供配电系统电路的短路计算中，也只有当 $R_{\Sigma} > \frac{1}{3}X_{\Sigma}$ 时才需要计入电阻。

如果不计电阻，则三相短路电流周期分量有效值为

$$I_k^{(3)} = \frac{U_c}{\sqrt{3}X_{\Sigma}} \tag{4-25}$$

三相短路容量按式（4-26）计算：

$$S_k^{(3)} = \sqrt{3}U_c I_k^{(3)} \tag{4-26}$$

关于短路电路的阻抗，一般可只计电力系统（电源）的阻抗、电力变压器阻抗和电力线路阻抗。而供配电系统中的母线、线圈型电流互感器的一次绕组、低压断路器的过电流脱扣线圈及开关触点等的阻抗，相对来说很小，在短路计算中一般可忽略不计。在忽略掉上述阻抗以后，计算所得的短路电流自然稍有偏大，但用稍偏大点的短路电流来检验电气设备，可以使所选择的电气设备运行安全性更有保证。

（一）电力系统（电源）的阻抗计算

电力系统（电源）的电阻相对于它的电抗很小，一般不予考虑。电力系统的电抗，可由电力系统变电所高压馈电线出口断路器的断流容量 S_{oc} 来估算，S_{oc} 就看作是电力系统的极限短路容量。因此电力系统的电抗为

$$X_S = \frac{U_c^2}{S_{oc}} \tag{4-27}$$

式中：U_c 为高压馈电线的短路计算电压，但为了便于短路电路总阻抗的计算，免去阻抗换算的麻烦，此式的 U_c 可直接采用短路计算点的短路计算电压；S_{oc} 为电力系统变电所高压馈电线出口

断路器的断流容量，可查有关手册或断路器产品样本（参考附录表 A-3）。

如果只有开断电流 I_{oc} 数据，则其断流容量可按下式求得

$$S_{oc}=\sqrt{3}U_N I_{oc} \tag{4-28}$$

式中：U_N——断路器额定电压。

（二）电力变压器的阻抗计算

1. 电力变压器的电阻 R_T

因为

$$\Delta P_k \approx 3I_N^2 R_T = 3\times\left(\frac{S_N}{\sqrt{3}U_N}\right)^2 R_T \approx \left(\frac{S_N}{U_c}\right)^2 R_T$$

所以

$$R_T \approx \Delta P_k\left(\frac{U_c^2}{S_N}\right) \tag{4-29}$$

式中：U_c——可取短路计算点的短路计算电压，以免阻抗换算；

S_N——变压器的额定容量；

ΔP_k——变压器的短路损耗，可查有关手册或产品样本（见附录表 A-5）。

2. 电力变压器的电抗 X_T

可由变压器的的阻抗电压 $U_Z\%$ （即短路电压 $U_k\%$ ）近似地计算：

因为

$$U_Z\% \approx \frac{\sqrt{3}I_N X_T}{U_c}\times 100 \approx \frac{S_N X_T}{U_c^2}\times 100$$

所以

$$X_T \approx \frac{U_Z\% \, U_c^2}{100S_N} \tag{4-30}$$

式中：$U_Z\%$ ——变压器的阻抗电压百分值，可查有关手册或产品样本（见附录表 A-5）。

（三）电力线路的阻抗计算

1. 电力线路的电阻 R_{WL}

可由导线和电缆的单位长度电阻 R_0 值求得，即

$$R_{WL}=R_0 l \tag{4-31}$$

式中：R_0——导线和电缆线路单位长度的电阻值，可查有关手册或者产品说明书。附录表 A-22 和表 A-23 列出了三相线路导线和电缆单位长度每相 R_0 值；

l——线路长度。

2. 电力线路的电抗 X_{WL}

可由导线和电缆的单位长度电抗 X_0 值求得，即

$$X_{WL}=X_0 l \tag{4-32}$$

式中：X_0——导线和电缆线路单位长度的电抗值，可查有关手册或者产品说明书。附录表 A-22 ～表 A-23 列出了三相线路导线和电缆单位长度每相 X_0 值；

l——线路长度。

如果线路的结构数据不详，X_0 可按表 4-1 取其电抗平均值。因为同一电压的同类线路的电抗值变动的幅度一般不大，这从附录表 A-22 和附录表 A-23 也是可以看出的。

表 4-1　电力线路每相的单位长度电抗平均值　（单位：Ω/km）

线路结构	线路电压		
	≥35 kV	6～10 kV	220/380 V
架空线路	0.40	0.35	0.32
电缆线路	0.12	0.08	0.066

求出短路电路中各主要元件的阻抗后，就化简电路，求出其等效总阻抗，然后按照式（4-24）或式（4-25）计算其三相短路周期分量 $I_k^{(3)}$，再按照有关公式计算其他短路电流 $I''^{(3)}$、$I_{\infty}^{(3)}$、$i_{sh}^{(3)}$ 和 $I_{sh}^{(3)}$ 等，并按式（4-26）计算短路容量 $S_k^{(3)}$。

必须注意：在计算短路电路的阻抗时，假如电路内含有电力变压器，则电路内各元件的阻抗都应统一换算到短路点的短路计算电压去。阻抗等效换算的条件是元件的功率损耗不变。

由 $\Delta P = U^2/R$ 和 $\Delta Q = U^2/X$ 可知，元件的阻抗值与电压平方成正比，因此阻抗换算的公式为

$$R' = R\left(\frac{U'_c}{U_c}\right)^2 \tag{4-33}$$

$$X' = X\left(\frac{U'_c}{U_c}\right)^2 \tag{4-34}$$

式中：R，X，U_c——换算前元件的电阻、电抗和元件所在处的短路计算电压；

R'，X'，U'_c——换算后元件的电阻、电抗和元件所在处的短路计算电压。

就短路计算中考虑的几个主要元件的阻抗来说，只有电力线路的阻抗有时需要换算。例如计算低压侧的短路电流时，高压侧线路的阻抗就需要换算到低压侧。而电力系统（电源）和电力变压器的阻抗，由于其阻抗计算公式中均含有 U_c^2，因此在计算其阻抗时，公式中的 U_c 直接代入短路计算点的短路计算电压，就相当于阻抗已经换算到短路计算点一侧了。

例 4-2　试用欧姆法计算例题 4-1 中工厂变电所高压 10 kV 母线上 $k-1$ 点短路和低压 380 V 母线上 $k-2$ 点短路的三相短路电流和短路容量。

解：(1) 计算 $k-1$ 点的三相短路电流和短路容量（$U_{c1} = 10.5\ \text{kV}$）：

① 计算短路电路中各元件的电抗和总电抗：

• 电力系统（电源）的电抗计算。由附录表 A-3 查得 SN10－10Ⅱ型断路器的 $S_{oc} = 500\ \text{MV·A}$，因此

$$X_1 = X_S = \frac{U_{c1}^2}{S_{oc}} = \frac{(10.5\ \text{kV})^2}{500\ \text{MV·A}} = 0.22\ \Omega$$

• 架空线路的电抗计算。由附录表 A-22 ～表 A-23 或根据表 4-1 查得 $X_0 = 0.35\ \Omega/\text{km}$，因此

$$X_2 = X_0 l = 0.35(\Omega/\text{km}) \times 5\ \text{km} = 1.75\ \Omega$$

• 绘 $k-1$ 点短路的等效电路如图 4-6（a）所示，并计算其总电抗：

$$X_{\Sigma(k-1)} = X_1 + X_2 = 0.22\ \Omega + 1.75\ \Omega = 1.97\ \Omega$$

② 计算三相短路电流和短路容量：

三相短路电流周期分量有效值：

$$I_{k-1}^{(3)} = \frac{U_{c1}}{\sqrt{3}X_{\Sigma(k-1)}} = \frac{10.5\ \text{kV}}{\sqrt{3} \times 1.97\ \Omega} = 3.08\ \text{kA}$$

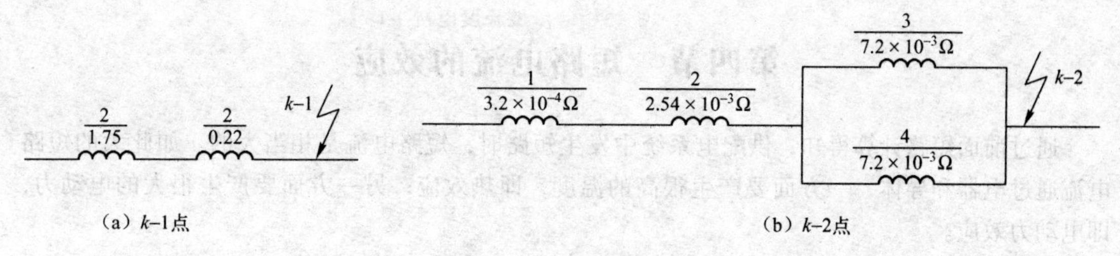

图 4-6　短路等效电路

其他三相短路电流：

$$I''^{(3)} = I_{\infty}^{(3)} = I_{k-1}^{(3)} = 3.08\ \text{kA}$$
$$i_{sh}^{(3)} = 2.55I''^{(3)} = 2.55 \times 3.08\ \text{kA} = 7.85\ \text{kA}$$
$$I_{sh}^{(3)} = 1.51I''^{(3)} = 1.51 \times 3.08\ \text{kA} = 4.65\ \text{kA}$$

三相短路容量：

$$S_{k-1}^{(3)} = \sqrt{3}\,U_{c1}I_{k-1}^{(3)} = \sqrt{3} \times 10.5\ \text{kV} \times 3.08\ \text{kA} = 56.0\ \text{MV}\cdot\text{A}$$

（2）计算 $k-2$ 点的三相短路电流和短路容量。

① 计算短路电路中各元件的电抗和总电抗。

电力系统（电源）的电抗为

$$X_1' = \frac{U_{c2}^2}{S_{oc}} = \frac{(0.4\ \text{kV})^2}{500\ \text{MV}\cdot\text{A}} = 3.2 \times 10^{-4}\ \Omega$$

架空线路的电抗为

$$X_2' = X_0 l\left(\frac{U_c'}{U_c}\right)^2 = X_0 l = 0.35(\Omega/\text{km}) \times 5\ \text{km} \times \left(\frac{0.4\ \text{kV}}{10.5\ \text{kV}}\right)^2 = 2.54 \times 10^{-3}\ \Omega$$

电力变压器的电抗计算。由附录表 A-5 查得 $U_Z\% = 4.5$，因此

$$X_3' = X_4' \approx \frac{U_Z\%\,U_{c2}^2}{100S_N} = \frac{4.5 \times (0.4)^2}{100 \times 1\,000\ \text{kV}\cdot\text{A}} = 7.2 \times 10^{-6}\ \text{k}\Omega = 7.2 \times 10^{-3}\ \Omega$$

绘 $k-2$ 点短路的等效电路如图 4-5（b）所示，并计算其总电抗：

$$X_{\Sigma(k-2)} = X_1' + X_2' + X_3'//X_4' = X_1' + X_2' + \frac{X_3'X_4'}{X_3' + X_4'}$$

$$= 3.2 \times 10^{-4}\ \Omega + 2.54 \times 10^{-3}\ \Omega + \frac{7.2 \times 10^{-3}\ \Omega}{2} = 6.46 \times 10^{-3}\ \Omega$$

② 计算三相短路电流和短路容量。

三相短路电流周期分量有效值：

$$I_{k-2}^{(3)} = \frac{U_{c2}}{\sqrt{3}X_{\Sigma(k-2)}} = \frac{0.4\ \text{kV}}{\sqrt{3} \times 6.46 \times 10^{-3}\ \Omega} = 35.7\ \text{kA}$$

其他三相短路电流：

$$I''^{(3)} = I_{\infty}^{(3)} = I_{k-1}^{(3)} = 35.7\ \text{kA}$$
$$i_{sh}^{(3)} = 1.84I''^{(3)} = 1.84 \times 35.7\ \text{kA} = 65.7\ \text{kA}$$
$$I_{sh}^{(3)} = 1.09I''^{(3)} = 1.09 \times 35.7\ \text{kA} = 38.9\ \text{kA}$$

三相短路容量：

$$S_{k-2}^{(3)} = \sqrt{3}\,U_{c2}I_{k-2}^{(3)} = \sqrt{3} \times 0.4\ \text{kV} \times 35.7\ \text{kA} = 24.7\ \text{MV}\cdot\text{A}$$

第四节　短路电流的效应

通过前面短路计算得知，供配电系统中发生短路时，短路电流是相当大的。如此大的短路电流通过电器和导体，一方面要产生很高的温度，即热效应；另一方面要产生很大的电动力，即电动力效应。

一、短路电流的热效应与热稳定度校验

（一）短路电流的热效应

导体通过正常负荷电流时，由于导体具有电阻，就要产生电能损耗，将电能转化为热能，一方面使导体温度升高，另一方面向周围介质散热。当导体内产生的热量与导体向周围介质散发的热量相等时，导体就维持在一定的稳定值。

当线路发生短路时，短路电流将使导体温度迅速升高。但是短路后，线路的保护装置很快动作，将故障线路切除，所以短路电流通过导体的时间很短，一般不会超过 2 ～ 3 s。这意味着在短路过程中，短路电流产生的大量热量来不及散发向周围介质中，短路故障就被切除了，故可不考虑导体向周围介质的散热，也就是可以近似认为在短路时间内导体与周围介质是绝热的，可以认为短路电流在导体内产生的全部热量都被导体吸收，用来使导体的温度升高了。

图 4-7 表示短路前后导体的温升变化情况。导体在短路前正常负荷时的温度为 θ_L。假设在 t_1 时发生短路，导体温度按指数函数规律迅速升高；而到达 t_2 时，线路的保护装置动作，切除了短路故障，这时导体温度已经升至 θ_k。短路故障切除后，导体不再产生热量，只向周围介质按指数函数规律散热，直至导体温度等于周围介质温度 θ_0 为止。导体短路时的最高发热温度 θ_k 不得超过附录表 A-10 所规定的允许值。

因为短路电流是个变动的电流，而且含有非周期性分量，要计算短路期间在导体内产生的热量 Q_k 及导体达到的最高温度 θ_k 是非常困难的。在工程计算中常用短路电流的稳态值代替实际的短路电流来计算 Q_k，并引入一个“短路发热假想时间” t_{ima}，假设在此时间内以恒定的短路电流稳态值 I_∞ 通过导体产生的热量，恰好与实际短路电流 i_k 或 $I_{k(t)}$ 在实际短路时间 t_k 内通过导体所产生的热量相等，如图 4-8 所示。t_{ima} 又称“短路热效时间”。

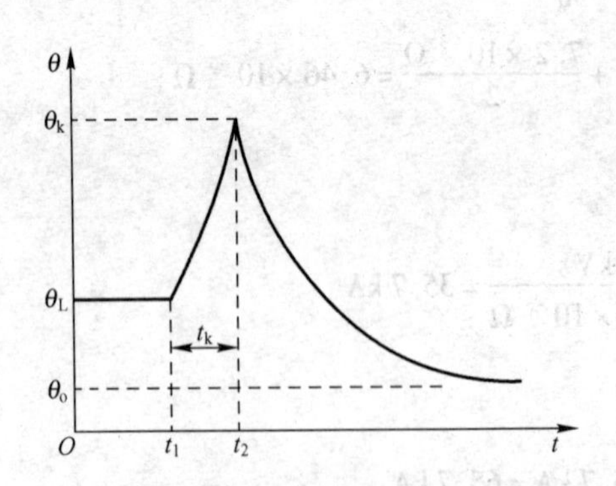

图 4-7　短路前后导体的温升变化曲线

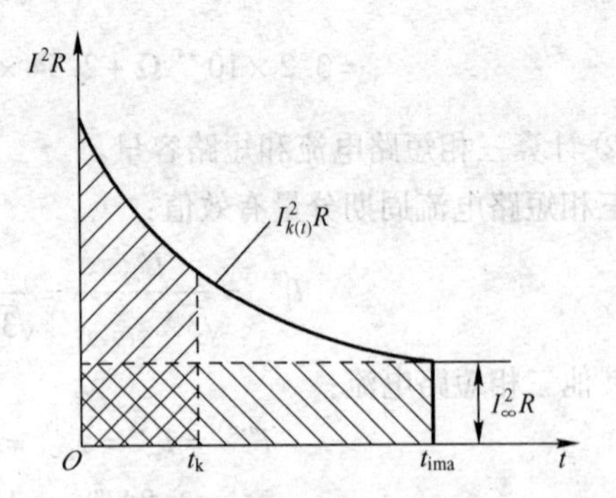

图 4-8　短路产生的热量与短路发热假想时间

$$Q_k = \int_0^{t_k} I_{k(t)}^2 R\mathrm{d}t = I_\infty^2 R t_{ima} \tag{4-35}$$

短路发热假想时间可用下式近似计算：

$$t_{\mathrm{ima}} = t_k + 0.05\left(\frac{I''}{I_\infty}\right)^2 \mathrm{s} \tag{4-36}$$

对于无穷大容量电力系统发生短路时，由于 $I'' = I_\infty$，因此

$$t_{\mathrm{ima}} = t_k + 0.05\ \mathrm{s} \tag{4-37}$$

当 $t_k > 1\ \mathrm{s}$ 时，可认为

$$t_{\mathrm{ima}} = t_k \tag{4-38}$$

短路时间 t_k 为短路保护装置最长的动作时间 t_{op} 与断路器的断路时间 t_{oc} 之和，即

$$t_k = t_{\mathrm{op}} + t_{\mathrm{oc}} \tag{4-39}$$

断路器的断路时间 t_{oc}，包括断路器的固有分闸时间和灭弧时间两部分。对一般的高压断路器（如油断路器），可取 $t_{\mathrm{oc}} = 0.2\ \mathrm{s}$；对于高速断路器（如真空断路器），可取 $t_{\mathrm{oc}} = 0.1 \sim 0.15\ \mathrm{s}$。

（二）短路热稳定度的校验

电器和导体的热稳定度的校验，当校验的对象不同时，采用不同的校验条件。

（1）一般电器的热稳定度校验条件为

$$I_t^2 t \geqslant I_\infty^2 t_{\mathrm{ima}} \tag{4-40}$$

式中：I_t——电器的热稳定实验电流有效值；

t——电器的热稳定试验时间。

（2）母线、绝缘导线和电缆等导体的热稳定度校验条件为

$$\theta_{k.\max} \geqslant \theta_k \tag{4-41}$$

但是 θ_k 的确定比较麻烦，因此通常采用满足热稳定条件的最小截面 $A_{\min}$ 来校验，所以实际上常用的校验条件为

$$A \geqslant A_{\min} = \frac{I_\infty^{(3)}}{C}\sqrt{t_{\mathrm{ima}}} \tag{4-42}$$

式中：C——导体的热稳定系数，可查附录表 A-10。

如果所选导体截面大于等于计算出来的最小经济截面（架空裸导线的最小允许截面参考附录表 A-11，绝缘导线芯线的最小允许截面参考附录表 A-12），则其满足短路热稳定度要求。

例 4-3　已知某车间变电所 380 V 侧采用 80 mm × 10 mm 铝母线，其三相短路稳态电流为 36.5 kA，短路保护动作时间为 0.5 s，低压断路器的断路时间为 0.05 s，试校验此母线的热稳定度。

解： 由已知题意可得 $I_\infty^{(3)} = I_{\mathrm{k}}^{(3)} = 36.5\ \mathrm{kA}$，且查附录表 A-10，$C = 87\ \mathrm{A}\sqrt{\mathrm{s}}/\mathrm{mm}^2$，而根据式(4-37)可得

$$t_{\mathrm{ima}} = t_k + 0.05 = t_{\mathrm{op}} + t_{\mathrm{oc}} + 0.05 = 0.5\ \mathrm{s} + 0.05\ \mathrm{s} + 0.05\ \mathrm{s} = 0.6\ \mathrm{s}$$

因此最小热稳定截面为

$$A_{\min} = \frac{I_\infty^{(3)}}{C}\sqrt{t_{\mathrm{ima}}} = \frac{36.5\ \mathrm{kA}}{87\ \mathrm{A}\sqrt{\mathrm{s}}\,\mathrm{mm}^2} \times \sqrt{0.6\ \mathrm{s}} = 325\ \mathrm{mm}^2$$

由于此母线的实际截面为 $A = 80\ \mathrm{mm} \times 10\ \mathrm{mm} = 800\ \mathrm{mm}^2$，大于最小截面 $A_{\min} = 325\ \mathrm{mm}^2$，因此该母线满足短路热稳定的要求。

二、短路电流的电动力效应与动稳定度校验

（一）短路电流的电动力效应

由“电工基础”课程可知，处在空气中的两平行导体分别通以电流 i_1、i_2（单位为 A）时，

导线轴线间的距离为 a，导体的两支持点距离（即挡距）为 l，则两导体间的电磁互作用力即电动力 F（单位为N）为

$$F=\mu_0 i_1 i_2 \frac{l}{2\pi a} \tag{4-43}$$

式中：μ_0——真空和空气的磁导率，$\mu_0=4\pi\times10^{-7}\ \mathrm{N/A^2}$

如果供配电系统三相线路中发生两相短路，则两相短路冲击电流 $i_{sh}^{(2)}$（单位为A）通过两相导线产生的电动力（单位为N）为最大，其电动力为

$$F^{(2)}=\mu_0 i_{sh}^{(2)2}\frac{l}{2\pi a} \tag{4-44}$$

如果供配电系统三相线路中发生三相短路，则三相短路冲击电流 $i_{sh}^{(3)}$（单位为A）在中间相所产生的电动力（单位为N）为最大，其电动力为

$$F^{(3)}=\frac{\sqrt{3}}{2}\mu_0 i_{sh}^{(3)2}\frac{l}{2\pi a} \tag{4-45}$$

上式代入 $\mu_0=4\pi\times10^{-7}\ \mathrm{N/A^2}$，即得

$$F^{(3)}=\sqrt{3}\,i_{sh}^{(3)2}\frac{l}{a}\times10^{-7}(\mathrm{N/A^2}) \tag{4-46}$$

由于三相冲击电流与两相冲击电流存在以下数量关系：

$$i_{sh}^{(2)}=\frac{\sqrt{3}}{2}i_{sh}^{(3)} \tag{4-47}$$

将上式代入到（4-44）得

$$F^{(2)}=\left(\frac{\sqrt{3}}{2}\right)^2\mu_0 i_{sh}^{(3)2}\frac{l}{2\pi a} \tag{4-48}$$

将（4-48）的 $F^{(2)}$ 与（4-45）的 $F^{(3)}$ 相比较即可看出两者的关系：

$$\frac{F^{(2)}}{F^{(3)}}=\frac{\sqrt{3}}{2} \tag{4-49}$$

由 $F^{(2)}$ 与 $F^{(3)}$ 的比较结果可知，供配电系统三相线路中发生三相短路时中间相导体所受到的电动力比两相短路时导体所受到的电动力大。因此，在校验电器和导体的短路动稳定度时，一般应采用三相短路冲击电流 $i_{sh}^{(3)}$ 或者 $I_{sh}^{(3)}$ 来进行校验。

（二）短路动稳定度的校验

电器和导体的动稳定度的校验，当校验的对象不同时，采用不同的校验条件。

（1）一般电器的热稳定度校验条件为

$$i_{max}\geqslant i_{sh}^{(3)} \tag{4-50}$$

或

$$I_{max}\geqslant I_{sh}^{(3)} \tag{4-51}$$

式中：i_{max}，I_{max}——电器的极限通过电流（又称动稳定电流）峰值和有效值，可由有关手册或产品样本查得（参考附录表A-3）。

（2）绝缘子的动稳定度校验条件为

$$F_{al}\geqslant F_c^{(3)} \tag{4-52}$$

式中：F_{al}为绝缘子的最大允许载荷，可由有关手册或产品样本查得；如果手册或产品样本给出的是绝缘子的抗弯破坏载荷值，则应将抗弯破坏载荷值乘以0.6作为其 F_{al}，即应满足 $F_c^{(3)}\leqslant$

$0.6F_{al}$。$F_c^{(3)}$ 为三相短路时作用于绝缘子上的计算力，按通过 $i_{sh}^{(3)}$ 来计算，$F_c^{(3)}=KF^{(3)}$，其中，K 为受力折算系数，对 6～10 kV 的绝缘子，当为水平布置且母线立放时，$K=1.4$，其他情况为 1，$F^{(3)}$ 为母线承受的电动力值（单位为 N），如图 4-9 所示。

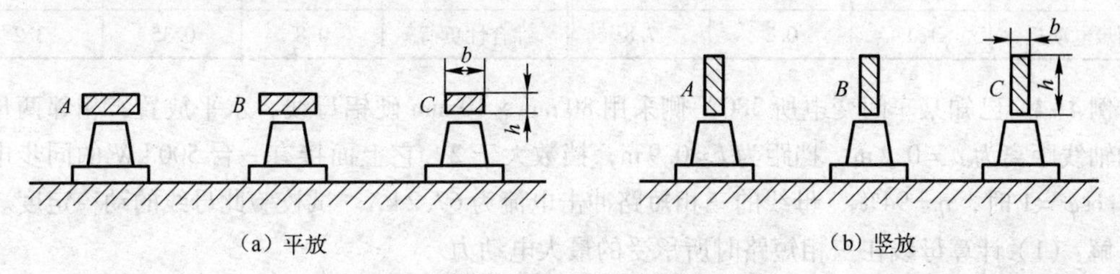

图 4-9　母线在绝缘子上的放置方式

(3) 母线的动稳定度校验条件为

$$\sigma_{al} \geqslant \sigma_c \tag{4-53}$$

式中：σ_{al}——母线的最大允许应力，按母线的材质而定，硬铜母线 $\sigma_{al}=140$ MPa，而硬铝母线 $\sigma_{al}=70$ MPa；

σ_c——母线通过 $i_{sh}^{(3)}$ 时所受到的最大计算应力。

根据材料力学的原理，母线通过 $i_{sh}^{(3)}$ 时所受到的最大计算应力按下式进行计算：

$$\sigma_c = \frac{M}{W} \tag{4-54}$$

式中：W——母线对垂直于作用力方向轴的截面系数，又称抗弯矩（单位为 m^3），与母线截面形状，布置方式有关。当母线水平放置时，$W=b^2h/6$，这里的 b 为母线截面的水平宽度，h 为母线截面的垂直厚度。

M——母线短路时通过 $i_{sh}^{(3)}$ 时所受到的弯曲力矩；当母线挡距数为 1～2 时，$M=F^{(3)}l/8$，当母线挡距数大于 2 时，$M=F^{(3)}l/10$；这里的 $F^{(3)}$ 按式（4-46）计算，l 为母线挡距。

（三）对短路计算点附近交流电动机反馈冲击电流的考虑

当短路计算点附近所接交流电动机的额定电流之和超过供配电系统短路电流的 1% 时，或者短路点附近所接交流电动机的总容量超过 100 kW 时，应计入电动机反馈冲击电流的影响。

由于短路时电动机端电压骤降，导致电动机因定子电动势反高于外施电压而向短路点反馈电流，这样会使短路点的短路冲击电流增大。

当交流电动机进线端发生三相短路时，它反馈的最大短路电流瞬时值（即电动机反馈冲击电流）可按下式计算：

$$i_{sh.M} = \sqrt{2}\frac{E''^{*}_{M}}{X''^{*}_{M}}K_{sh.M}I_{N.M} = CK_{sh.M}I_{N.M} \tag{4-55}$$

式中：E''^{*}_{M}——电动机次暂态电动势标幺值；

X''^{*}_{M}——电动机次暂态电抗标幺值；

C——电动机反馈冲击倍数，以上参数均参考表 4-2；

$K_{sh.M}$——电动机短路电流冲击系数，对于 3～10 kV 电动机可取 1.4～1.7，对于 380 V 电动机可取为 1；

$I_{N.M}$——电动机额定电流。

由于交流电动机在外电路短路后很快受到制动，所以它产生的反馈电流衰减很快。因此只在考虑短路冲击电流的影响时才需计入电动机的反馈电流。

表 4-2　电动机的 E''^{*}_{M}、X''^{*}_{M} 和 C 值

电动机类型	E''^{*}_{M}	X''^{*}_{M}	C	电动机类型	E''^{*}_{M}	X''^{*}_{M}	C
感应电动机	0.9	0.2	6.5	同步补偿机	1.2	0.16	10.6
同步电动机	1.1	0.2	7.8	综合性负荷	0.8	0.35	3.2

例 4-4　已知某车间变电所 380 V 侧采用 80 mm × 10 mm 硬铝母线，水平放置，相邻两母线间的轴线距离为 $a = 0.2$ m，挡距为 $l = 0.9$ m，挡数大于 2，它上面接有一台 500 kW 的同步电动机，$\cos\varphi = 1$ 时，$\eta = 94\%$，母线的三相短路冲击电流为 67.2 kA。试校验此母线的动稳定度。

解：(1) 计算母线在三相短路时所承受的最大电动力。

同步电动机的额定电流为

$$I_{N.M} = \frac{P_N}{\sqrt{3}U_N\cos\varphi\eta} = \frac{500\ \text{kW}}{\sqrt{3} \times 380\ \text{V} \times 1 \times 0.94} = 0.808\ \text{kA}$$

由题意可知，$P_{N.M} = 500\ \text{kW} > 100\ \text{kW}$，所以在计算 380 V 母线短路冲击电流时需要计入电动机反馈电流的影响。

对于同步电动机来说，查表 4-2，可知电动机反馈冲击倍数 $C = 7.8$，又由于它接在某车间变电所 380 V 硬铝母线上，所以电动机短路电流反馈冲击系数 $K_{sh.M}$ 取 1。

此电动机的反馈冲击电流值为

$$i_{sh.M} = CK_{sh.M}I_{N.M} = 7.8 \times 1 \times 0.808 = 6.302\ \text{kA}$$

因此，380 V 母线在三相短路时承受的最大电动力为

$$F^{(3)} = \sqrt{3}(i_{sh}^{(3)} + i_{sh.M})^2 \frac{l}{a} \times 10^{-7}\ (\text{N/A}^2)$$

$$= \sqrt{3}(67.2 \times 10^3\ \text{A} + 6.302 \times 10^3\ \text{A})^2 \times \frac{0.9\ \text{m}}{0.2\ \text{m}} \times 10^{-7}\ \text{N/A}^2$$

$$= 4211\ \text{N}$$

(2) 校验母线短路时的动稳定度

380 V 母线在 $F^{(3)}$ 作用时的弯曲力矩为

$$M = F^{(3)}l/10 = 4211\ \text{N} \times 0.9\ \text{m}/10 = 379\ \text{N}\cdot\text{m}$$

380 V 母线的截面系数为

$$W = b^2h/6 = (0.8\ \text{m})^2 \times 0.1\ \text{m}/6 = 1.07 \times 10^{-5}\ \text{m}^{-3}$$

因此 380 V 母线在三相短路时所受到的计算应力为

$$\sigma_c = \frac{M}{W} = \frac{379\ \text{N}\cdot\text{m}}{1.07 \times 10^{-5}\ \text{m}^3} = 35.4 \times 10^6\ \text{Pa} = 35.4\ \text{MPa}$$

而硬铝母线的允许应力为

$$\sigma_{al} = 70\ \text{MPa} > \sigma_c$$

由此可见，该母线满足短路动稳定度的要求。

第五节　电气设备的选择与校验

为了保证电气设备的安全运行，要按供配电系统中的要求对导体和电气设备进行选择和校验，以确保工厂的可靠供配电。

一、选择电气设备的一般条件

高低压电气设备的选择必须满足其在一次电路正常条件下和短路故障情况下的工作要求。

高低压电气设备按正常工作条件下工作要求选择，就是要考虑高低压电气设备的环境条件和电气要求。环境条件是指电气设备的安装地点（如户内户外）、环境温度、海拔高度以及有无防尘、防腐、防爆等要求。电气要求是指高低压电气设备在电压、电流、频率等方面的要求；对于一些开关电气设备，如熔断器、断路器和负荷开关等，还有断流能力的要求。

高低压电气设备按短路故障条件下工作要求选择，就是要校验其短路时能否满足动稳定度和热稳定度的要求。

（一）按正常工作条件选择电气设备

(1) 电气设备的额定电压。电气设备的额定电压不得低于所接电网的最高运行电压。

(2) 电气设备的额定电流。电气设备的额定电流不小于该回路的最大持续工作电流或计算电流。

(3) 开关设备断流能力。对要求能开断短路电流的开关设备，如断路器、熔断器，其断流容量不小于安装处的最大三相短路容量，即

$$S_{OFF} \geqslant S_{k\cdot\max}^{(3)} \tag{4-56}$$

或

$$I_{OFF} \geqslant I_{k\cdot\max}^{(3)} \tag{4-57}$$

式中：$I_{k\cdot\max}^{(3)}$，$S_{k\cdot\max}^{(3)}$——三相最大短路电流与最大短路容量；

I_{OFF}，S_{OFF}——断路器的开断电流与开断容量。

(4) 选择电气设备时还应考虑设备的安装地点、环境及工作条件，合理地选择设备的类型，如户内户外、海拔高度、环境温度及防尘、防腐、防爆等。

（二）按短路情况进行校验

1. 短路热稳定度校验

当系统发生短路，有短路电流通过电气设备时，导体和电器各部件温度（或热量）不应超过允许值，即满足式（4-40）就满足了短路热稳定度的要求。

2. 短路动稳定度校验

当短路电流通过电气设备时，短路电流产生的电动力应不超过设备的允许应力，即满足式(4-50) 或式（4-51）就满足了短路动稳定度的要求。

供配电系统中的各种电气设备由于工作原理和特性不同，选择及校验的项目也有所不同，常用高低压设备选择校验项目如表 4-3 和表 4-4 所示。

表 4-3　常用高压电气设备的选择校验项目和条件

电气设备名称	电压/V	电流/A	断流能力/kA	短路电流校验	
				动稳定度	热稳定度
高压熔断器	√	√	√	—	—
高压隔离开关	√	√	—	√	√
高压负荷开关	√	√	√	√	√
高压断路器	√	√	√	√	√
电流互感器	√	√	—	√	√

续上表

电气设备名称	电压/V	电流/A	断流能力/kA	短路电流校验	
				动稳定度	热稳定度
电压互感器	√	—	—	—	—
高压电容器	√	—	—	—	—
母线	—	√	—	√	√
电缆、绝缘导线	√	√	—	—	√
支柱绝缘子	√	—	—	√	—
套管绝缘子	√	√	—	√	√

表 4-4 常用低压电气设备的选择校验项目和条件

电气设备名称	电压/V	电流/A	断流能力/kA	短路电流校验	
				动稳定度	热稳定度
低压熔断器	√	√	√	—	—
低压断路器	√	√	√	(√)	(√)
低压负荷开关	√	√	√	—	—
低压刀开关	√	√	√	(√)	(√)

注：① 表中“√”表示必须校验；“—”表示不必校验；（√）表示一般可不校验。

② 对“并联电容器”，需按容量（var 或 μF）选择；对“互感器”尚须校验其准确度级要求。

③ 表中未列“频率”项目，电气设备的额定频率应与所在电路的频率一致。

二、熔断器的选择与校验

（一）熔断器熔体额定电流的选择

1. 保护电力线路的熔断器熔体电流的选择

（1）熔体额定电流 $I_{N.FE}$ 应不小于线路的计算电流 I_{30}，使熔体在线路正常最大负荷运行时不致熔断。即

$$I_{N.FE} \geqslant I_{30} \tag{4-58}$$

式中：$I_{N.FE}$——熔体额定电流（A）。

I_{30} 对于并联电容器线路熔断器来说，由于电容器的合闸涌流较大，应取为电容器额定电流的 1.43 ～ 1.55 倍（根据 GB 50227—2008《并联电容器装置设计规范》规定）。

（2）熔体额定电流 $I_{N.FE}$ 应躲过线路的尖峰电流 I_{pk}，使熔体在线路出现尖峰电流时也不致熔断。即

$$I_{N.FE} \geqslant KI_{pk} \tag{4-59}$$

考虑到尖峰电流为短时大电流，而熔体加热熔断器需经一定时间，因此 K 一般取小于 1 的值。

① 对供单台电动机的线路，如起动时间 $t_{st} < 3$ s（轻载起动），宜取 $K = 0.25 \sim 0.35$；$t_{st} = (3 \sim 8)$ s（重载起动），宜取 $K = 0.35 \sim 0.5$；$t_{st} \geqslant 8$ s 及频繁起动或反接制动，宜取 $K = 0.5 \sim 0.6$。

② 对供多台电动机的线路，K 值应视线路上最大一台电动机的起动情况、线路计算电流与尖峰电流的比值及熔断器的特性而定，取为 $K = 0.5 \sim 1$；如果线路计算电流与尖峰电流的比值

$I_{30}/I_{pk} \approx 1$，则可取 $K=1$。

（3）熔断器保护还应与被保护的线路相配合，不能发生因线路过负荷或短路已经导致绝缘导线或电缆过热甚至起燃而熔断器熔体不熔断的事故。因此还应满足：

$$I_{N.FE} \leqslant K_{OL} I_{al} \tag{4-60}$$

式中：I_{al}为绝缘导线和电缆的允许载流量（参考附录表 A-15 10 kV 常用三芯电缆的允许载流量，附录表 A-16 ～表 A－19 绝缘导线明敷、穿钢管和穿塑料管时的允许载流量），K_{OL}为绝缘导线和电缆的允许短时过负荷系数，其值为：

① 熔断器只作短路保护时，对电缆和穿管绝缘导线，$K_{OL}=2.5$；对明敷绝缘导线，$K_{OL}=1.5$。

② 熔断器既作短路保护又作过负荷保护时，例如住宅建筑、重要仓库和公共建筑中的照明线路，有可能长时间过负荷的动力线路等，则应取 $K_{OL}=1$。

如果按照公式（4-58）和公式（4-59）两个条件选择的熔体电流不满足（4-60）的要求，则应改选熔断器的型号规格，或适当增大绝缘导线和电缆的芯线截面。

2. 保护电力变压器的熔断器熔体电流的选择

保护电力变压器的熔断器熔体电流，应满足下式要求：

$$I_{N.FE} = (1.5 \sim 2.0) I_{1N.T} \tag{4-61}$$

式中：$I_{1N.T}$——变压器的额定一次电流（单位为 A）。

上式考虑了以下三个因素：

（1）熔体电流要躲过变压器允许的正常过负荷电流。

（2）熔体电流要躲过来自变压器低压侧的电动机自起动引起的尖峰电流。

（3）熔体电流要躲过变压器自身的励磁涌流，这涌流是电压器空载投入时或者在外部故障切除后突然恢复电压所产生的一个类似涌浪的电流，可高达（8 ～10）$I_{1N.T}$，与三相电路突然短路时的短路全电流相似，也要衰减，但较之短路全电流的衰减速度稍慢。

附录表 A-20 列出了电力变压器配用的高压熔断器规格，供参考。

3. 保护电压互感器的熔断器熔体电流的选择

由于电压互感器二次侧的负荷很小，因此保护高压电压互感器的 RN2 型熔断器的熔体额定电流一般为 0.5 A。

（二）熔断器规格的选择与校验

熔断器规格的选择与校验应满足下列条件：

（1）熔断器的额定电压 $U_{N.FU}$应不低于所在线路的额定电压 U_N，即

$$U_{N.FU} \geqslant U_N \tag{4-62}$$

（2）熔断器的额定电流应不低于它所安装的熔体额定电流，即

$$I_{N.FU} \geqslant I_{N.FE} \tag{4-63}$$

（3）熔断器断流能力（极限熔断电流）的校验：

① 对有限流作用的熔断器，由于它会在短路电流到达冲击值之前熔断，因此可按下式校验断流能力：

$$I_{oc} \geqslant I''^{(3)} \tag{4-64}$$

式中：I_{oc}——熔断器的极限熔断电流；

$I''^{(3)}$——熔断器安装处的三相短路次暂态电流有效值。

图 4-10 所示为限流熔断器的限流示意图。

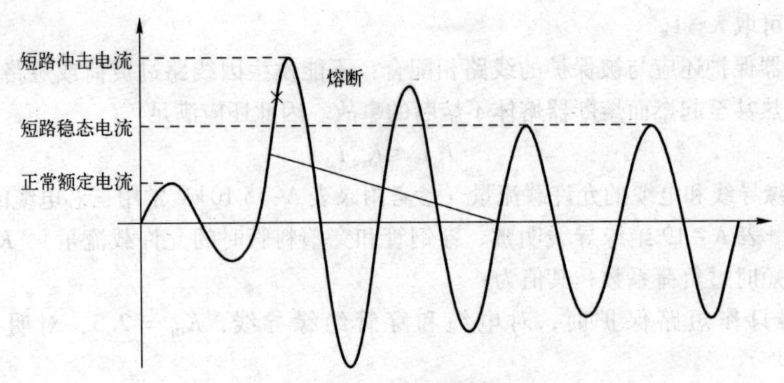

图 4-10　限流熔断器的限流

② 对无限流作用的熔断器，由于它不能在短路电流达到冲击值之前灭弧，因此可按下式校验断流能力：

$$I_{oc} \geqslant I_{sh}^{(3)} \tag{4-65}$$

式中：$I_{sh}^{(3)}$——熔断器安装处三相短路冲击电流有效值。

③ 对具有断流能力上下限的熔断器，其断流能力上限应满足式（4-65）的条件，而其断流能力下限应满足：

$$I_{oc.\,min} \leqslant I_{k}^{(2)} \tag{4-66}$$

式中：$I_{oc.\,min}$——熔断器的最小分断电流（下限）；

$I_{k}^{(2)}$——熔断器所保护线路末端的两相短路电流。

图 4-11 所示为非限流熔断器的限流示意图。

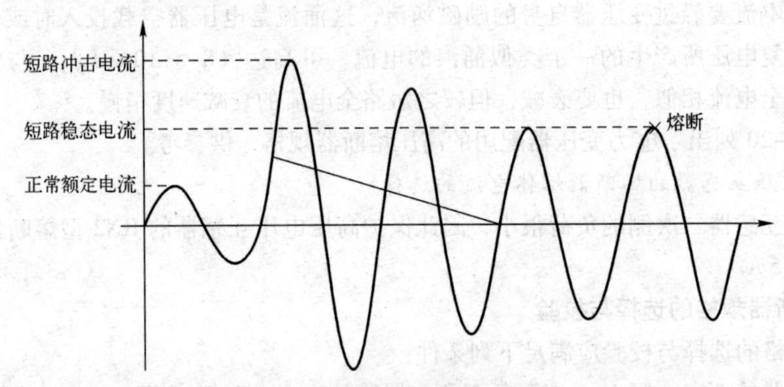

图 4-11　非限流熔断器的限流

（三）熔断器保护灵敏度的校验

为了保证熔断器在其保护范围内发生最轻微的短路故障时能可靠地熔断，因此熔断器的保护灵敏度必须满足下列条件：

$$S = \frac{I_{k \cdot min}}{I_{N.\,FE}} \geqslant K \tag{4-67}$$

式中：$I_{N.\,FE}$——熔断器熔体的额定电流。

$I_{k \cdot min}$——熔断器保护范围线路末端在电力系统最小运行方式下的最小短路电流。对 TN 系统和 TT 系统，则为单相短路电流或单相接地故障电流；对 IT 系统及中性点不接地的高压系统，则为两相短路电流；对于保护降压变压器的高压熔断器来说，则为低压侧母线的两相短路电流折算到高压侧之值。

K——满足保护灵敏度的最小比值，如表4-5所示。

表4-5　检验熔断器保护灵敏度的最小比值 K（据GB 50054—1995）

熔体额定电流/A		4～10	16～32	40～63	80～200	250～500
熔断时间/s	5	4.5	5	5	6	7
	0.4	8	9	10	11	—

注：本表所列 K 值适用于负荷IEC标准的一些新型低压熔断器。对于老型号熔断器，可取 $K=4\sim7$，即近似地按表中熔断时间为5 s的熔体取值。

例4-5　有一台异步电动机，额定电压为380 V，额定容量为18.5 kW，额定电流为35.5 A，起动电流倍数为7。现拟采用BLV-1000-1×10（铝心塑料线）型导线穿钢管（SC）敷设对电动机配电，该电动机采用RM10型熔断器作短路保护。已知三相短路电流 $I_k^{(3)}$ 最大可达4 000 A，单相短路电流 $I_k^{(1)}$ 可达1 500 A，当地环境温度为30 ℃。试选择熔断器及其熔体的额定电流，并进行校验。

解：(1) 选择熔断器及熔体的额定电流。

按满足 $I_{N.FE} \geqslant I_{30}=35.5$ A 及 $I_{N.FE} \geqslant KI_{pk}=0.35\times7\times35.5=86.98$ A 来选择。由附录表A-2，可选RM10-100型熔断器，熔管的额定电流为 $I_{N.FU}=100$ A，熔体的额定电流选择 $I_{N.FE}=100$ A。

(2) 校验熔断器的断流能力 。

查附录表A-2得，RM10-100型熔断器的最大分断电流 $I_{oc}=10$ kA $\geqslant I''^{(3)}=I_k^{(3)}=4$ kA，因此该熔断器的断流能力是满足要求的。

(3) 校验熔断器的保护灵敏度：

$$S=\frac{I_{k\cdot\min}}{I_{N.FE}}=\frac{1\,500}{100}=15\geqslant K=7$$

所以该熔断器的熔体也满足保护灵敏度要求。

(4) 校验导线与熔断器保护的配合。

由附录表A-16～表A-19查得BLV-1000-1×10型导线在30 ℃时穿钢管（SC）的允许载流量为 $I_{al}=41$ A。

熔断器保护与导线配合的条件为 $I_{N.FE}\leqslant K_{OL}I_{al}=2.5I_{al}=2.5\times41=102.5$ A，而现在 $I_{N.FE}=100$ A，因此满足配合要求。

（四）前后熔断器之间的选择性配合

前后熔断器之间的选择性配合，就是在线路上发生故障时，应该是靠近故障点的熔断器最先熔断，切除故障部分，从而使系统的其他部分恢复正常运行，使得故障范围最小。

前后熔断器之间的选择性配合，宜按其保护特性曲线（又称安秒特性曲线）来进行校验。

在如图4-12 (a) 所示的线路中，假设支线WL2的 k 点发生短路，则其三相短路电流 I_k 要同时通过FU2和FU1，但是根据前后熔断器之间的选择性配合要求，应该是FU2的熔体首先熔断，切除故障线路WL2，而FU1不动作，干线WL1正常运行。然而熔体实际熔断时间与其产品的标准保护特性曲线所查得的熔断时间可能有±30%～±50%的偏差。我们从最不利的情形分析，假设 k 点短路时，FU1的实际熔断时间 t_1' 比标准保护特性曲线所查得的时间 t_1 小50%（为负偏差），即 $t_1'=0.5t_1$，而FU2的实际熔断时间 t_2' 比标准保护特性曲线所查得的时间 t_2 大50%（为正偏差），即 $t_2'=1.5t_2$。这时由图4-12 (b) 可以看出，要保证前后两熔断器FU1和FU2的保护选择性，必须满足的条件是 $t_1'>t_2'$，或 $0.5t_1>1.5t_2$，也就是要保证前后熔断器的保护选择性，就必须满足：

$$t_1>3t_2 \tag{4-68}$$

即前一熔断器（FU1）根据其保护特性曲线查得的熔断时间，至少应为后一熔断器（FU2）根据其保护特性曲线查得的熔断时间的3倍，才能保证前后熔断器动作的选择性。如果不能满足这一要求时，则应将前一熔断器的熔体电流提高1～2级再进行校验。

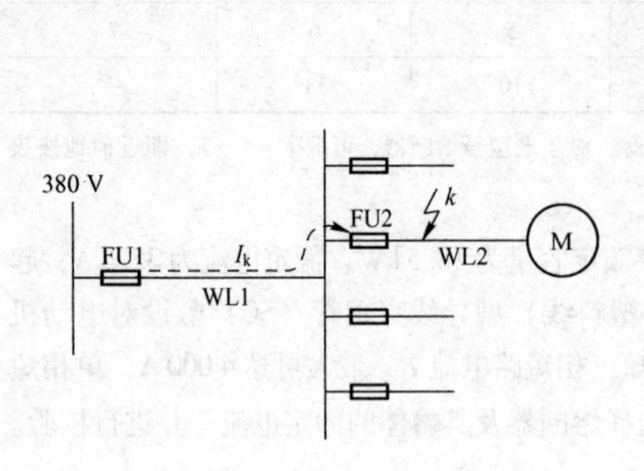

（a）熔断器在低压线路中的选择性配置

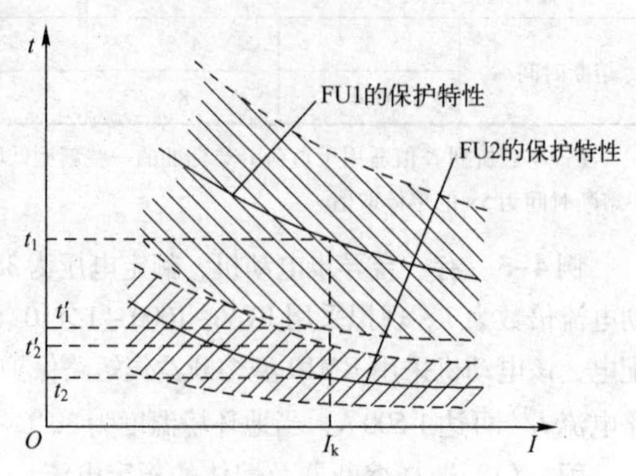

（b）熔断器的保护特性曲线及选择性校验

图4-12　熔断器保护的选择性配合

（注：特性曲线上的斜线区表示特性曲线的偏差范围）

如果不用熔断器的保护特性曲线来校验选择性，则一般只有在前一熔断器的熔体电流大于后一熔断器的熔体电流2～3倍，才有可能保证其动作的选择性。

三、低压断路器的选择与校验

（一）低压断路器过电流脱扣器的选择

低压断路器过电流脱扣器额定电流 $I_{N \cdot OR}$ 应大于或等于线路的计算电流 I_{30}，即

$$I_{N \cdot OR} \geqslant I_{30} \tag{4-69}$$

式中：$I_{N \cdot OR}$——过电流脱扣器额定电流；

I_{30}——线路的计算电流。

（二）低压断路器过电流脱扣器的整定

1. 瞬时过电流脱扣器动作电流的整定

瞬时过电流脱扣器的动作电流 $I_{op(o)}$ 应躲过线路的尖峰电流 I_{pk}，即

$$I_{op(o)} \geqslant K_{rel} I_{pk} \tag{4-70}$$

式中：K_{rel}——可靠系数。对动作时间在0.02s以上的万能式断路器，可取1.35；对动作时间在0.02 s及以下的塑壳式断路器，则宜取2～2.5。

$I_{op(o)}$——瞬时过电流脱扣器的动作电流的整定值；I_{pk} 为线路的尖峰电流。

2. 短延时过电流脱扣器动作电流和动作时间的整定

短延时过电流脱扣器的动作电流 $I_{op(s)}$ 应躲过线路的尖峰电流 I_{pk}，即

$$I_{op(s)} \geqslant K_{rel} I_{pk} \tag{4-71}$$

式中：K_{rel}——可靠系数，一般取1.2。

短延时过电流脱扣器的动作时间有0.2 s、0.4 s和0.6 s等级，应按前后保护装置保护选择性要求来确定。前一级保护的动作时间应比后一级保护的动作时间长一个时间级差0.2 s。

3. 长延时过电流脱扣器动作电流和动作时间的整定

长延时过电流脱扣器主要用来作过负荷保护，因此过电流脱扣器的动作电流 $I_{op(l)}$ 应大于或

等于线路的计算电流 I_{30}，即

$$I_{op(I)} \geqslant K_{rel} I_{30} \tag{4-72}$$

式中：K_{rel}——可靠系数，一般取 1.1。

长延时过电流脱扣器的动作时间，应躲过允许过负荷持续时间。其动作特性通常为反时限，即过负荷越大，动作时间越短，一般动作时间可达 1 ～ 2 h。

4. 过电流脱扣器与被保护线路的配合要求

为了不致发生因过负荷或短路已引起导线或电缆过热起燃而断路器的过电流脱扣器不动作的事故，因此低压断路器过电流脱扣器的动作电流 I_{op} 还必须满足下列条件：

$$I_{op} \leqslant K_{oL} I_{al} \tag{4-73}$$

式中：I_{al}——绝缘导线或电缆的允许载流量（参看附录表 A-15 ～表 A-19）。

K_{oL}——绝缘导线或电缆的允许短时过负荷系数，对于瞬时和短延时过电流脱扣器，可取 $K_{oL}=4.5$；对于长延时过电流脱扣器，可取 $K_{oL}=1$；对于保护有爆炸气体区域内线路的过电流脱扣器，应取 $K_{oL}=0.8$。

如果不满足以上配合要求，则应该改选脱扣器的动作电流，或者适当加大绝缘导线或电缆的芯线截面。

（三）低压断路器热脱扣器的选择与整定

1. 热脱扣器的选择

热脱扣器的额定电流 $I_{N.HR}$ 应不小于线路的计算电流 I_{30}，即

$$I_{N.HR} \geqslant I_{30} \tag{4-74}$$

2. 热脱扣器的整定

热脱扣器的动作电流 $I_{op.HR}$ 应不小于线路的计算电流 I_{30}，以实现其对过负荷的保护，即

$$I_{op.HR} \geqslant K_{rel} I_{30} \tag{4-75}$$

式中：K_{rel}——可靠系数，可取 1.1，但一般应通过实际运行试验来进行检验和调整；

$I_{op.HR}$——热脱扣器的动作电流。

（四）低压断路器规格的选择与校验

低压断路器规格的选择与校验应满足以下条件：

（1）低压断路器的额定电压 $U_{N.QF}$ 应不低于所在线路的额定电压 U_N，即

$$U_{N.QF} \geqslant U_N \tag{4-76}$$

（2）低压断路器的额定电流 $I_{N.QF}$ 应不小于它所安装的脱扣器额定电流 $I_{N.OR}$ 或 $I_{N.HR}$，即

$$I_{N.QF} \geqslant I_{N.OR} \tag{4-77}$$

或

$$I_{N.QF} \geqslant I_{N.HR} \tag{4-78}$$

（3）低压断路器断流能力校验：

① 对动作时间在 0.02 s 以上的万能式断路器，其极限分断电流 I_{oc} 应不小于通过它的最大三相短路电流周期分量有效值 $I_k^{(3)}$，即

$$I_{oc} \geqslant I_k^{(3)} \tag{4-79}$$

② 动作时间在 0.02 s 及以下的塑壳式断路器，其极限分断电流 I_{oc} 或 i_{oc} 应不小于通过它的最大三相短路冲击电流 $I_{sh}^{(3)}$ 或 $i_{sh}^{(3)}$，即

$$I_{oc} \geqslant I_{sh}^{(3)} \tag{4-80}$$

或

$$i_{oc} \geqslant i_{sh}^{(3)} \tag{4-81}$$

（五）低压断路器过电流保护灵敏度的校验

为了保证低压断路器的瞬时或短延时过电流脱扣器在系统最小运行方式下在其保护区内发生最轻微的短路故障时能可靠地动作，低压断路器保护灵敏度必须满足以下条件：

$$S_p = \frac{I_{k.min}}{I_{op}} \geqslant K \tag{4-82}$$

式中：I_{op}——低压断路器的瞬时或短延时过电流脱扣器的动作电流；

$I_{k.min}$——低压断路器保护的线路末端在系统最小运行方式下发生两相（对 IT 系统）或单相短路（对 TN 和 TT 系统）时的短路电流，K 为最小比值，可取 1.3。

例 4-6 有一条 380 V 动力线路，计算电流 $I_{30}=125$ A，尖峰电流 $I_{pk}=450$ A，此线路首端 $I_k^{(3)}=5$ kA，末端 $I_k^{(1)}=1.2$ kA，当地环境温度为 30 ℃，该线路现拟采用 BLV－1 000－1×70（铝心塑料线）型导线穿硬塑料管（PC）敷设。试选择此线路上装设的 DW16 型低压断路器及其过电流脱扣器。

解：（1）选择低压断路器及其过电流脱扣器。

由附录表 A-4 可知，DW16－630 型低压断路器的过电流脱扣器额定电流 $I_{N.OR}=160\text{ A}>I_{30}=125$ A，故初步选择 DW16－630 型低压断路器，其 $I_{N.OR}=160$ A。

设瞬时脱扣电流整定为 3 倍，即

$$I_{op}=3I_{N.OR}=3\times160\text{ A}=480\text{ A}$$

而

$$K_{rel}I_{pk}=1.35\times450=608\text{ A}$$

不满足 $I_{op(o)} \geqslant K_{rel}I_{pk}$ 的要求，因此需要增大 $I_{op(o)}$。

现将瞬时脱扣电流整定为 4 倍，即

$$I_{op}=4I_{N.OR}=4\times160\text{ A}=640\text{ A}$$

而

$$K_{rel}I_{pk}=1.35\times450=608\text{ A}$$

满足了 $I_{op(o)} \geqslant K_{rel}I_{pk}$ 的要求，所以躲过了线路尖峰电流的要求。

（2）校验低压断路器的断流能力。

由附录表 A-4 可知，所选的 DW16－630 型低压断路器，其 $I_{oc}=30\text{ A}>I_k^{(3)}=5$ kA，满足分断要求。

（3）检验低压断路器的保护灵敏度：

$$S_p=\frac{I_{k.min}}{I_{op.oR}}=\frac{1\ 200}{4\times160\text{ A}}=1.88>K=1.3$$

满足保护灵敏度的要求。

（4）检验低压断路器保护与导线的配合。

由附录表 18 可知，BLV－1 000－1×70 导线的 $I_{al}=121$ A（3 根穿 PC 管），而 $I_{op(o)}=640$ A，不满足 $I_{op(o)} \leqslant 4.5I_{al}=4.5\times121\text{ A}=544.5$ A 的配合要求。因此所用导线应增大截面，改用 BLV－1 000－1×95，其 $I_{al}=147$ A，$4.5I_{al}=4.5\times147\text{ A}=661.5\text{ A} \geqslant I_{op(o)}=640$ A，满足了两者配合的要求。

（六）前后低压断路器之间及低压断路器与熔断器之间的选择性配合

1. 前后低压断路器之间的选择性配合

前后两低压断路器之间是否符合选择性配合，宜按其保护特性曲线进行校验，并按产品样本给出的保护特性曲线考虑其偏差范围可为 ±20% ～ ±30%。如果在后一断路器出口发生三相短路时，前一断路器的保护动作时间在计入负偏差（即提前动作）而后一断路器的保护动作时间在计入正偏差（即延后动作）的情况下，前一级断路器的动作时间仍大于后一级的动作时间，则说明能实现选择性配合的要求。对于非重要负荷，前后保护装置可允许无选择性动作。

一般来说，要保证前后两低压断路器之间能选择性动作，前一级低压断路器宜采用带短延时的过电流脱扣器，后一级低压断路器则采用瞬时脱扣器，前一级的动作电流不小于后一级动作电流的1.2倍。

2. 低压断路器与熔断器之间的选择性配合

要校验低压断路器与熔断器之间是否符合选择性配合，也只有通过各自的保护特性曲线。前一级低压断路器可按产品样本给出的保护特性曲线考虑 -30% ～ -20% 的负偏差，而后一级熔断器可按产品样本给出的保护特性曲线考虑 +30% ～ +50% 的正偏差。在这种情况下，如果两条曲线不重叠也不交叉，且前一级的曲线总在后一级的曲线之上，则前后两级保护可实现选择性动作，而且两条曲线之间留有的裕量越大，则其动作的选择性越有保证。

四、高压隔离开关、负荷开关和断路器的选择与校验

（一）按照电压和电流选择

高压隔离开关、负荷开关和断路器的额定电压，不得低于装设地点电路的额定电压；它们的额定电流，则不得小于通过它们的计算电流。

（二）断流能力的校验

高压隔离开关不允许带负荷操作，只作隔离电源用，因此不校验断流能力。

高压负荷开关能带负荷操作，但不能切断短路电流，故断流能力应按切断最大可能的过负荷电流来校验，满足的条件为

$$I_{oc} \geqslant I_{oL.max} \tag{4-83}$$

式中：I_{oc}——负荷开关的最大分断电流；

$I_{oL.max}$——负荷开关所在电路的最大可能的过负荷电流，可取为（1.5 ～3）I_{30}，这里 I_{30} 为电路计算电流。

高压断路器可分断短路电流，其断流能力应满足的条件为

$$I_{oc} \geqslant I_k^{(3)} \tag{4-84}$$

或

$$S_{oc} \geqslant S_k^{(3)} \tag{4-85}$$

式中：I_{oc}，S_{oc}——断路器的最大开断电流和断流容量；

$I_k^{(3)}$，$S_k^{(3)}$——断路器安装地点的三相短路电流周期分量有效值和三相短路容量。

（三）短路稳定度的校验

高压隔离开关、负荷开关和断路器都需要进行短路动、热稳定度的校验。

校验热稳定度的公式如前式（4-40）所示。校验动稳定度的公式如前式（4-50）和式（4-51）所示。

例 4-7　已知配电所 10 kV 母线短路时的 $I_k^{(3)}$ = 2.86 kA，线路的计算电流为 350 A，继电保护

动作时间为1.1 s，断路器断路时间取0.2 s。试选择10 kV高压配电所进线侧的高压户内少油断路器的型号规格。

解：初步选用SNl0－10型，根据线路计算电流，试选SNl0－10Ⅰ型断路器来进行校验，如表4-6所示。校验结果表明所选SNl0－10Ⅰ型是合格的。

表4-6　例4-6中高压断路器的选择校验表

序　号	安装地点的电气条件		SNl0－10Ⅰ/630－300型断路器		
	项目	数据	项目	数据	结论
1	U_N	10 kV	U_N	10 kV	合格
2	I_{30}	350 A	I_N	630 A	合格
3	$I_k^{(3)}$	2.86 kA	I_{oc}	16 kA	合格
4	$i_{sh}^{(3)}$	2.55×2.86 kA＝7.29 kA	i_{max}	40 kA	合格
5	$I_\infty^{(3)2}t_{ima}$	2.86^2×（1.1＋0.2）＝10.6	I_t^2t	16^2×4＝1 024	合格

五、电流互感器和电压互感器的选择与校验

（一）电流互感器的选择与校验

1. 选择额定电压和额定电流

电流互感器的额定电压应不低于装设地点电路的额定电压；其额定一次电流应不小于电路的计算电流，而其额定二次电流按其二次设备的电流负荷而定，一般为5 A。

2. 按准确级要求选择

电流互感器满足准确级要求的条件是其二次负荷S_2不得大于额定准确级所要求的额定二次负荷S_{2N}，即

$$S_{2N} \geqslant S_2 \tag{4-86}$$

S_2由互感器二次侧的阻抗$|Z_2|$来决定，而$|Z_2|$为其二次回路所有串联的仪表、继电器电流线圈的阻抗$\sum|Z_i|$、连接导线阻抗$|Z_{WL}|$与二次回路接头的接触电阻R_{XC}等之和。由于$\sum|Z_i|$和$|Z_{WL}|$中的感抗远比其中的电阻小，因此可认为

$$|Z_2| \approx \sum|Z_i| + |Z_{WL}| + R_{XC} \tag{4-87}$$

式中：$|Z_i|$可由仪表、继电器的产品样本查得；$|Z_{WL}| \approx R_{WL} = l/(\gamma A)$，这里$\gamma$为二次导线的电导率，$A$为导线截面积（$mm^2$），$l$为二次回路的计算长度（m），$R_{XC}$很难准确测定，可近似地取为0.1 Ω。

电流互感器二次回路的计算长度l，与其接线方式有关。设从互感器二次端子到仪表、继电器端子的单相长度为l_1，则互感器二次侧为Y形接线时，$l=l_1$；如互感器二次侧为V形接线时，$l=\sqrt{3}l_1$；如果互感器二次侧为一相式接线时，$l=2l_1$。

电流互感器的二次负荷S_2，可按下式计算：

$$S_2 = I_{2N}^2|Z_2| \approx I_{2N}^2(\sum|Z_i| + R_{WL} + R_{XC})$$

或

$$S_2 = \sum S_i + I_{2N}^2(R_{WL} + R_{XC}) \tag{4-88}$$

式中：S_i——仪表、继电器在I_{2N}时的功率损耗，可查产品样本或有关手册。

如果电流互感器不满足式（4-86）的条件，则应改选较大二次容量或较大变流比的互感器，或者适当加大二次接线的导线截面。按规定，电流互感器二次接线应采用电压不低于

500 V、截面不小于 2.5 mm^2 的铜芯绝缘导线。

3. *短路热稳定度的校验*

电流互感器的热稳定度校验，应满足的条件仍为前式（4-40）。但有的电流互感器产品给出的是其热稳定倍数 K_t，因此其热稳定度校验公式为

$$(K_t I_{1N})^2 t \geqslant I_{\infty}^{(3)2} t_{ima} \tag{4-89}$$

电流互感器的热稳定倍数 K_t 是指在规定时间（通常取 1 s）内所允许通过电流互感器的热稳定电流与其一次侧额定电流之比，即

$$K_t = I_t / I_{1N} \tag{4-90}$$

大多数电流互感器产品的热稳定试验时间 t 为 1 s，因此其热稳定度校验公式则为

$$K_t I_{1N} \geqslant I_{\infty}^{(3)} \sqrt{t_{ima}} \tag{4-91}$$

附录表 A-21 列出了 LQJ - 10 型电流互感器的主要技术数据，供参考。

4. *短路动稳定度的校验*

电流互感器的动稳定度校验，应满足的条件仍为前面的公式（4-50）或公式（4-51）。但有的电流互感器产品给出的是其动稳定倍数 K_{es}，因此其动稳定度校验公式为

$$\sqrt{2} K_{es} I_{1N} \geqslant i_{sh}^{(3)} \tag{4-92}$$

式中：I_{1N}——电流互感器的额定一次电流。

电流互感器的动稳定性倍数 K_{es} 是指电流互感器允许短时极限通过电流峰值与电流互感器一次侧额定电流峰值之比，即

$$K_{es} = i_{OFF} / \sqrt{2} I_{1N} \tag{4-93}$$

（二）电压互感器的选择与校验

1. *选择额定电压*

电压互感器的额定一次电压应与安装地点的电路电压相适应，其额定二次电压一般为 100 V。

2. *按准确级要求选择*

电压互感器满足准确级的要求，电压互感器二次负荷 S_2 不大于该准确度级下的所要求的额定二次容量 S_{2N}，换句话说，也就是要求所接测量仪表和继电器电压线圈的总负荷 S_2 不应超过所要求准确度级下的允许负荷容量 S_{2N}，即

$$S_{2N} \geqslant S_2 \tag{4-94}$$

式中：S_2——电压互感器二次侧所接实际容量；

S_{2N}——电压互感器二次侧允许负荷容量。

电压互感器二次负荷 S_2，只记其二次回路中所有仪表、继电器电压线圈所消耗的视在功率，即

$$S_2 = \sqrt{(\sum P)^2 + (\sum Q)^2} \tag{4-95}$$

式中：$\sum P$，$\sum Q$——仪表、继电器电压线圈所消耗的总的有功功率和无功功率。

电压互感器一、二次侧装有熔断器保护，因此不需要进线短路动稳定度或热稳定度的校验。

六、导线和电缆截面的选择与校验

（一）导线和电缆的选择

10 kV 及以下的架空线路，一般采用铝绞线。35 kV 及以上的架空线路及 35 kV 以下的线路在挡距较大、电杆较高时，则宜采用钢芯铝绞线。沿海地区及有腐蚀性介质的场所，宜采用铜绞

线或绝缘导线。

对于敷设在城市繁华街区、高层建筑群区及旅游区和绿化区的10 kV及以下的架空线路，以及架空线路与建筑物间的距离不能满足安全要求的地段及建筑施工现场，宜采用绝缘导线。

电缆线路，在一般环境和场所，可采用铝芯电缆；在重要场所、剧烈振动、强烈腐蚀和有爆炸危险的场所，宜采用铜芯电缆；低压TN系统应采用三相四芯或五芯电缆；埋地敷设的电缆，应采用有外护层的铠装电缆；敷设在电缆沟、桥架和水泥排管中的电缆，一般采用裸铠装电缆或塑料护套电缆，宜优先选用交联电缆；两端有较大高度差的电缆线路，不能采用油浸纸绝缘电缆。

住宅内的绝缘线路，只允许采用铜芯绝缘线，一般采用铜芯塑料线。

（二）导线和电缆截面选择的条件

为了保证供配电线路安全、可靠、优质、经济地运行，其导线和电缆截面的选择必须满足下列条件：

1. 发热条件

导线和电缆在通过线路计算电流时产生的发热温度，不应超过其正常运行时的最高允许温度。（参考附录表A-10）

2. 电压损耗条件

导线和电缆在通过线路计算电流时产生的电压损耗，不应超过正常运行时允许的电压损耗值。对于工厂内较短的高压线路，可不进行电压损耗校验。

3. 经济电流密度

高压线路及特大电流的低压线路，一般应按规定的经济电流密度选择导线和电缆的截面，以使线路的年运行费用（包括电能损耗费）接近于最小，节约电能和有色金属。但对工厂10 kV及以下的线路和母线，可不按经济电流密度选择。按照经济电流密度选择 的截面，称为经济截面。

4. 机械强度

导线的截面应不小于最小允许截面，架空裸导线的最小允许截面参考附录表A-11，绝缘导线芯线的最小允许截面参考附录表A-12。由于电缆有内外护套，它的机械强度很好，因此电缆不校验机械强度，但需校验短路热稳定度。

此外，对于绝缘导线和电缆，还需满足工作电压的要求，不得低于线路的额定电压。

根据设计经验，一般10 kV及以下的高压线路和低压动力线，因其负荷电流较大，所以一般先按发热条件来选择导线（含母线）和电缆的截面，再校验电压损耗和机械强度。低压照明线路，因照明对电压水平要求较高，所以一般先按允许电压损耗来选择截面，然后校验其发热条件和机械强度。而高压线路（35 kV及以上的高压线路及35 kV以下长距离大电流线路）则往往先按经济电流密度来选择截面（除很短的厂内高压配电线路外），再校验其他条件。按以上经验选择，通常较易满足要求，较少返工。

（三）按发热条件选择导线和电缆的截面

电流通过导线和电缆时，要产生电能损耗，使导线发热。裸导线温度过高时，会使接头处氧化加剧，增大接触电阻，使之进一步加热和氧化，如此恶性循环，最后可能发展到断线。而绝缘导线和电缆，如发热温度过高，可使绝缘加速老化甚至热击穿或烧毁，甚至引发火灾。因此，导线的正常发热温度不得超过附录表A-10所列的允许温度。

1. 三相系统中相线截面的选择

按发热条件选择三相系统中相线截面时，应使其允许载流量I_{al}不小于通过相线的计算电流I_{30}。即

$$I_{al} \geqslant I_{30} \tag{4-96}$$

所谓导线的允许载流量，就是对应于导体最高允许温度，导体中所允许通过的长期工作电流，称为该导体的允许载流量。

注意：导体的允许载流量，不仅和导体的截面、散热条件有关，还与周围的环境温度有关。在资料中所查得的导体允许载流量是对应于周围环境温度为 $\theta_0 = 25$ ℃的允许载流量，如果环境温度不等于 25 ℃，允许载流量应乘以温度修正系数 K_t。

$$K_t = \sqrt{\frac{\theta_{al} - \theta_0}{\theta_{al} - 25}} \tag{4-97}$$

式中：θ_{al}——导线额定负荷时的最高允许温度；

θ_0——导线敷设地点实际的环境温度。

对于电缆，还应当考虑到电缆的敷设方式对散热条件的影响。如果几根电缆并排直接埋于土中，由于电缆互相影响，使散热条件变坏，其允许温度还应乘以并排修正系数 K_p。电缆埋于土中，土壤的热阻系数不同，允许载流量表中所指出的数值 I'_{al}，应乘以土壤热阻修正系数 K_{tr}。因此电缆的允许电流应按下式计算：

$$I_{al} = KI'_{al} = K_t K_p K_{tr} I'_{al} \tag{4-98}$$

附录表 A-13 列出了 LJ 型铝绞线和 LGJ 型钢芯铝绞线的允许载流量；附录表 A-14 列出了 LMY 型矩形硬铝母线的允许载流量；附录表 A-15 列出了 10kV 常用三芯电缆的允许载流量；附录表 A-16 ～表 A-19 列出了绝缘导线明敷、穿钢管和穿塑料管时的允许载流量。

按发热条件选择导线和电缆截面所用的计算电流，对于电力变压器一次侧的导线和电缆来说，应取变压器的额定一次电流；对于并联电容器的引入线来说，由于电容器充电时有较大的涌流，因此计算电流应取为电容器额定电流的 1.35 倍。

需要注意的是：按发热条件选择的导线和电缆截面，应校验导线和电缆截面是否与保护装置（如熔断器或低压断路器）配合得当。如果配合不当，则应适当增大导线和电缆的截面。

2. 三相系统中性线和保护线截面的选择

1）中性线（N 线）截面的选择

① 一般要求中性线截面 A_0 应不小于相线截面 A_ϕ 的一半，即

$$A_0 \geqslant 0.5A_\phi \tag{4-99}$$

② 对三相四线制线路分支的两相三线线路和单相线路，由于其中性线电流与相线电流相等，因此其中性线截面 A_0 应与相线截面 A_ϕ 相同，即

$$A_0 = A_\phi \tag{4-100}$$

③ 对三次谐波电流突出的线路，中性线电流可能会超过相线电流，因此中性线截面应不小于相线截面，即

$$A_0 \geqslant A_\phi \tag{4-101}$$

2）保护线（PE 线）截面的选择

PE 线要考虑三相线路发生单相短路故障时的单相短路热稳定度。根据短路热稳定度的要求，如果 PE 线与相线同材质时，GB 50054—1995《低压配电设计规范》规定：

① 当 $A_\phi \leqslant 16\ \text{mm}^2$ 时：

$$A_{PE} \geqslant A_\phi \tag{4-102}$$

② 当 $16\ \text{mm}^2 < A_\phi \leqslant 35\ \text{mm}^2$ 时：

$$A_{PE} \geqslant 16\ \text{mm}^2 \tag{4-103}$$

③ 当 $A_\phi > 35\ \mathrm{mm}^2$ 时：

$$A_{PE} \geqslant A_\phi \tag{4-104}$$

GB 50054—1995 同时规定，当 PE 线采用单芯绝缘导线时，按机械强度要求，有机械保护时，不应小于 $2.5\ \mathrm{mm}^2$；无机械保护时，不应小于 $4\ \mathrm{mm}^2$。

3）保护中性线（PEN 线）截面的选择

对三相四线制系统中，保护中性线兼有中性线（N 线）和保护线（PE 线）的双重功能，截面选择应同时满足上述 N 线和 PE 线二者的选择条件，并取其中较大者作为保护中性线的截面。按照 GB 50054—1995 规定：当 PEN 线采用单芯导线时，铜芯截面不应小于 $10\ \mathrm{mm}^2$，铝芯截面不应小于 $16\ \mathrm{mm}^2$；当采用多芯电缆的芯线作 PEN 线干线时，其截面不应小于 $4\ \mathrm{mm}^2$。

（四）按经济电流密度选择导线和电缆的截面

导线和电缆的截面越大，电能损耗越小，但是线路投资、维修管理费用和有色金属消耗量都要增加。因此从经济性考虑，导线应选择一个比较经济合理的截面，既能降低电能损耗，又不致过分增加线路投资、维修管理费用和有色金属消耗量。

图 4-13 所示为线路年运行费用 C 与导线截面 A 的关系曲线。其中曲线 1 表示线路的年折旧费用和线路的年维修管理费用之和与导线截面的关系曲线；曲线 2 表示线路的年电能损耗费与导线截面的关系曲线；曲线 3 为曲线 1 和与曲线 2 的叠加，表示线路的年运行费用（含线路的折旧费、维修费、管理费和电能损耗费）与导线截面的关系曲线。

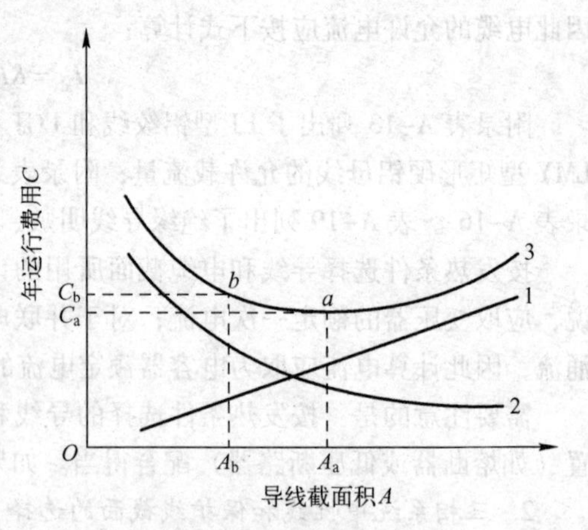

图 4-13　线路年运行费用 C 与导线截面 A 的关系曲线

由图 4-13 的曲线 3 可以看出，与年运行费用最小值 C_a（a 点）相对应的导线截面积 A_a 不一定是很经济合理的导线截面，因为 a 点附近，曲线 3 比较平坦。如果将导线截面再选小一些，例如选为 A_b（b 点），年运行费用 C_b 增加不多，而导线截面即有色金属消耗量却显著减少。因此从全面的经济效益来考虑，导线截面选为 A_b 比 A_a 更为经济合理。这种从全面的经济效益考虑，既使线路的年运行费用接近于最小而又适当考虑有色金属节约的导线截面，称为"经济截面"，用符号 A_{ec} 表示。

各国根据其具体国情特别是其有色金属资源的情况，规定了导线和电缆的经济电流密度。我国现行的经济电流密度规定如表 4-7 所示。

表 4-7　导线和电缆的经济电流密度（单位：$\mathrm{A/mm}^2$）

线路类别	导线材质	年最大有功负荷利用小时		
		3 000 h 以下	3 000～5 000 h	5 000 h 以上
架空线路	铜	3.00	2.25	1.75
	铝	1.65	1.15	0.90
电缆线路	铜	2.50	2.25	2.00
	铝	1.92	1.73	1.54

由上表可以看出，经济电流密度 J_{ec} 与年最大负荷利用小时数有关，年最大负荷利用小时数越大，负荷越平稳，损耗越大，经济截面因而也就越大，经济电流密度就会变小。按经济电流密度 J_{ec} 计算经济截面 A_{ec} 的公式为

$$A_{ec} = \frac{I_{30}}{J_{ec}} \tag{4-105}$$

式中：I_{30}——线路的计算电流。

根据上式计算出截面 A_{ec} 后，从手册或附录表中选取一种与该值最接近（可稍小）的标准截面，再校验其他条件即可。

例 4-8　有一条用 LGJ 型钢芯铝绞线架设的 35 kV 架空线路，计算负荷为 4 800 kW，$\cos\varphi = 0.86$，$T_{max} = 5\,300$ h。试选择其经济截面，并校验发热条件和机械强度，当地平均气温为 30 ℃。

解：(1) 按经济电流密度选择：

$$I_{30} = \frac{P_{30}}{\sqrt{3}U_N\cos\varphi} = \frac{4\,800\ \text{kW}}{\sqrt{3} \times 35\ \text{kV} \times 0.86} = 92.1\ \text{A}$$

由表 4-7 查得 $J_{ec} = 0.9\ \text{A/mm}^2$，因此可以得出：

$$A_{ec} = \frac{I_{30}}{J_{ec}} = \frac{92.1\ \text{A}}{0.9\ \text{A/mm}^2} = 102.3\ \text{mm}^2$$

选相近的标准截面 95 mm^2，即 LGJ－95 的钢芯铝绞线。

(2) 校验发热条件

查附录表 A-13 得 LGJ－95 的 $I_{al} = 315\ \text{A}(30\ ℃) > I_{30} = 95.9\ \text{A}$，故满足发热条件。

(3) 校验机械强度

查附录表 A-11 得 35 kV 架空 LGJ 线路的 $A_{min} = 35\ \text{mm}^2$。由于 $A = 95\ \text{mm}^2 > A_{min}$，故 LGJ－95 满足机械强度要求。

(五) 线路电压损耗的计算

由于线路存在着阻抗，所以线路通过负荷电流时要产生电压损耗。按规定：高压配电线路的电压损耗，一般不应超过线路额定电压的5%。从变压器低压母线到用电设备受电端上的低压配电线路的电压损耗，一般不应超过用电设备额定电压的5%。对视觉要求较高的照明线路，电压损耗则不得超过线路额定电压的2%～3%。如果线路的电压损耗值超过了允许值，则应适当加大导线或电缆的截面，使之满足允许的电压损耗要求。

1. 集中负荷的三相线路电压损耗的计算

以图 4-14 所示带两个集中负荷的三相线路为例，线路图中的负荷电流都用小写 i 表示，各线段电流都用大写 I 表示。各线段的长度及每相的电阻和电抗，分别用小写 l、r 和 x 表示；各负荷点至线路首端的线路长度及每相的电阻和电抗，分别用大写 L、R 和 X 表示。

如果用负荷功率 $p + jq$（感性负荷）来计算，则电压损耗的计算公式为

$$\Delta U = \frac{\sum(pR + qX)}{U_N} \tag{4-106}$$

如果用线段功率 $P + jQ$（感性负荷）来计算，则电压损耗的计算公式为

$$\Delta U = \frac{\sum(Pr + Qx)}{U_N} \tag{4-107}$$

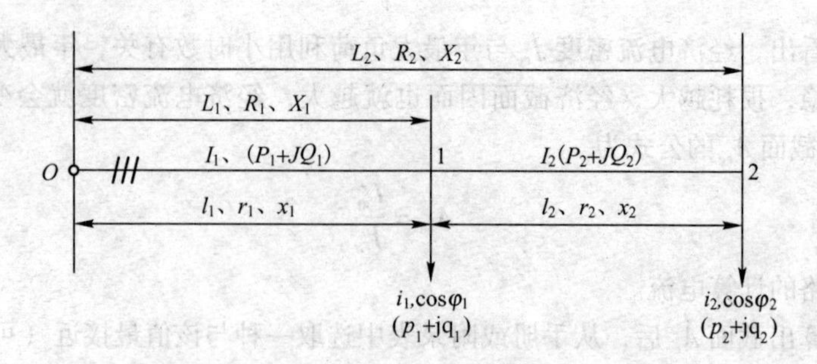

图 4-14　带有两个集中负荷的三相线路

对于“无感”线路，即线路感抗可略去不计或负荷 $\cos\varphi\approx1$ 的线路，则电压损耗计算公式为：

$$\Delta U=\frac{\sum(pR)}{U_N}=\frac{\sum(Pr)}{U_N} \tag{4-108}$$

对于“均一无感”线路，即全线的导线型号规格一致且可不计感抗或负荷 $\cos\varphi\approx1$ 的线路，则电压损耗计算公式为

$$\Delta U=\frac{\sum(pL)}{\gamma AU_N}=\frac{\sum(Pl)}{\gamma AU_N}=\frac{\sum M}{\gamma AU_N} \tag{4-109}$$

式中：γ——导线的电导；

A——导线截面（mm^2）；

$\sum M$——线路的所有功率 pL 和 Pl 之和；U_N 为线路额定电压。

线路电压损耗的百分值的定义为

$$\Delta U\%=\frac{\Delta U}{U_N}\times100\% \tag{4-110}$$

“均一无感”的三相线路电压损耗的百分值为

$$\Delta U\%=\frac{\sum M}{\gamma AU_N^2}\times100\%=\frac{\sum M}{CA} \tag{4-111}$$

式中：C——计算系数，如表 4-8 所示。

表 4-8　公式 $\Delta U\%=\sum M/(CA)$ 中的计算系数 C 值

线路额定电压/V	线路类别	C 的计算式	计算系数 $C/(kW\cdot m/mm^2)$	
			铜线	铝线
220/380	三相四线	$\gamma U_N^2/100$	76.5	46.2
	两相三线	$\gamma U_N^2/225$	34.0	20.5
220	单相及直流	$\gamma U_N^2/200$	12.8	7.74
110			3.21	1.94

注：表中 C 值是导线工作温度为 50 ℃、功率距 M 的单位为 kW·m、导线截面 A 的单位为 mm^2 时的数值。

由上式知，均一无感线路按允许电压损耗值 $\Delta U_{al}\%$ 选择其导线截面的公式为

$$A=\frac{\sum M}{C\Delta U_{al}\%} \tag{4-112}$$

此式通常用于照明线路导线截面的选择。

注意：线路电压降是线路首端电压与末端电压的相量差；而线路电压损耗是线路首端电压与末端电压的代数差。

例 4-9　某 220 V/380 V 线路，采用 BV－$(3\times35+1\times16)\text{mm}^2$的四根导线明敷，在距线路首端处 40 m，接有一个 30 kW 的电阻性负荷，在线路末端（线路全长 90 m）接有一个 40 kW 的电阻性负荷。试计算该线路的电压损耗百分值。

解：查表 4-8，得 $C=76.5\ \text{kW}\cdot\text{m/mm}^2$

因此

$$\sum M=30\ \text{kW}\times40\ \text{m}+40\ \text{kW}\times90\ \text{m}=4\,800\ \text{kW}\cdot\text{m}$$

$$\Delta U\%=\frac{\sum M}{CA}=\frac{4\,800\ \text{kW}\cdot\text{m}}{76.5\ \text{kW}\cdot\text{m/mm}^2\times35\ \text{mm}^2}=1.79\%$$

2. 均匀分布负荷的三相线路电压损耗计算

设线路有一段均匀分布负荷，如图 4-15 所示。单位长度线路上的负荷电流为 i_0，则微小线段 $\text{d}l$ 上的负荷电流为 $i_0\text{d}l$。这一负荷电流 $i_0\text{d}l$ 流过线路（长度为 l，电阻为 R_0l，设无感抗）产生的电压损耗为

$$\text{d}(\Delta U)=\sqrt{3}\,i_0\text{d}lR_0l$$

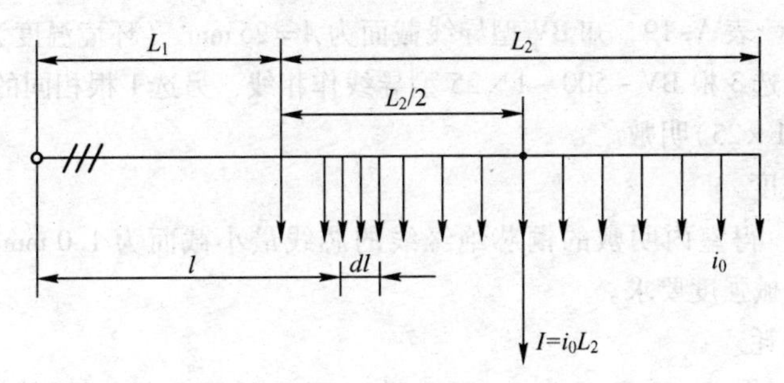

图 4-15　均匀分布负荷的线路

因此，整条线路由分布负荷产生的电压损耗为

$$\Delta U=\int_{L_1}^{L_1+L_2}\text{d}(\Delta U)=\int_{L_1}^{L_1+L_2}\sqrt{3}\,i_0R_0l\text{d}l=\sqrt{3}\,i_0L_2R_0\left(L_1+\frac{L_2}{2}\right)$$

令 $i_0L_2=I$ 为与均匀分布负荷等效的集中负荷，则得：

$$\Delta U=\sqrt{3}\,IR_0\left(L_1+\frac{L_2}{2}\right)\tag{4-113}$$

上式说明，带有均匀分布负荷的线路，在计算其电压损耗时，可将分布负荷集中于分布线段的中点，按集中负荷来计算。

两个相同的集中负荷，也可看作均匀分布负荷，将此两负荷集中于它们之间的中点，按一个集中负荷来计算其电压损耗。

例 4-10　某个 220 V/380 V 的 TN－C 线路，如图 4-16（a）所示。线路拟采用 BV－500 型铜芯塑料线室内明敷，环境温度为 30 ℃，允许电压损耗为 5%。试选择其导线截面。

解：（1）线路的等效变换。

将图 4-16（a）所示带有均匀分布负荷的线路，等效变换为图 4-16（b）所示集中负荷的线路。

原集中负荷 $p_1=25\ \text{kW}$，$\cos\varphi=0.85$，$\tan\varphi=0.62$，故 $q_1=25\ \text{kW}\times0.62=15.5\ \text{kvar}$。原分布负荷 $p_2=0.5\ \text{kW/m}\times60\ \text{m}=30\ \text{kW}$，$\cos\varphi=0.82$，$\tan\varphi=0.7$，故 $q_2=30\ \text{kW}\times0.7=21\ \text{kvar}$。

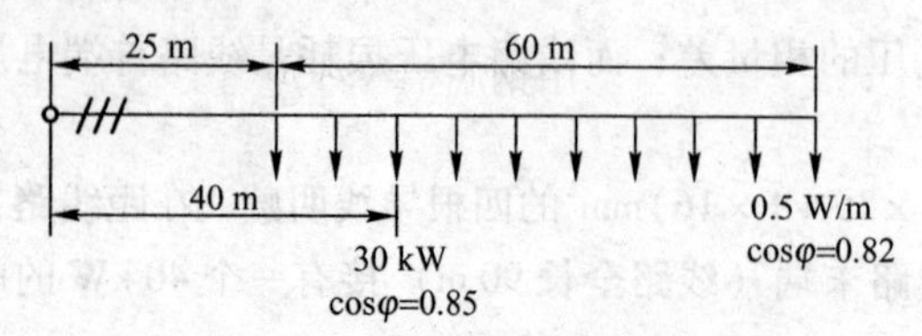

（a）带有均匀分布负荷的线路

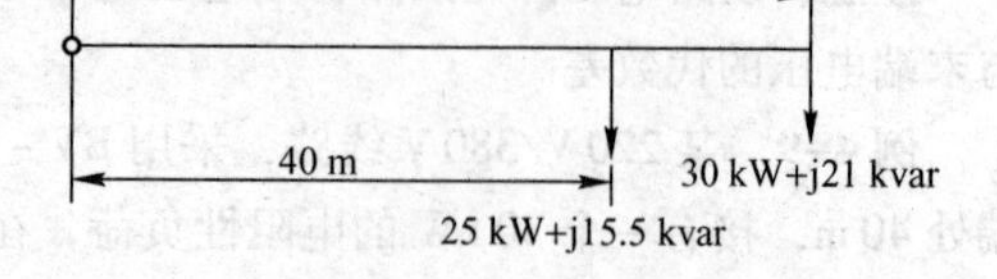

（b）等效变换为集中负荷的线路

图 4-16　例 4-9 的线路

（2）按发热条件选择导线截面。

线路中的计算负荷为

$$P = p_1 + p_2 = 25\ \text{kW} + 30\ \text{kW} = 55\ \text{kW}$$

$$Q = q_1 + q_2 = 15.5\ \text{kvar} + 21\ \text{kvar} = 36.5\ \text{kvar}$$

$$S = \sqrt{P^2 + Q^2} = \sqrt{55^2 + 36.5^2} = 66\ \text{kVA}$$

$$I = \frac{S}{\sqrt{3}U_N} = \frac{66\ \text{kVA}}{\sqrt{3} \times 0.38\ \text{kV}} = 100\ \text{A}$$

查附录表 A-16 ～表 A-19，知 BV 型导线截面为 $A = 25\ \text{mm}^2$（环境温度为 30 ℃）的 $I_{al} = 126\ \text{A} > I_{30} = 100\ \text{A}$。因此选 3 根 BV－500－1×25 型导线作相线，另选 1 根相同的导线作 PEN 线，即 BV－500－(3×25＋1×25)明敷。

（3）校验机械强度

查附录表 A-12，得室内明敷的铜芯绝缘线的芯线最小截面为 $1.0\ \text{mm}^2$，现所选导线 $A = 25\ \text{mm}^2$，完全满足机械强度要求。

（4）校验电压损耗

查附录表 A-22，得 $R_0 = 1.25\ \Omega/\text{km}$（50 ℃时），$X_0 = 0.29\ \Omega/\text{km}$（线距 150 mm 时），因此线路的电压损耗为

$$\begin{aligned}\Delta U &= \frac{(p_1L_1 + p_2L_2)R_0 + (q_1L_1 + q_2L_2)X_0}{U_N} \\ &= [(25\ \text{kW} \times 0.04\ \text{km} + 30\ \text{kW} \times 0.06\ \text{km}) \times 1.25\ \Omega/\text{km} + \\ &\quad (15.5\ \text{kvar} \times 0.04\ \text{km} + 21\ \text{kvar} \times 0.06\ \text{km}) \times 0.29\ \Omega/\text{km}] \div 0.38\ \text{kV} \\ &= 10.65\ \text{V}\end{aligned}$$

$$\Delta U\% = \frac{\Delta U}{U_N} \times 100\% = \frac{10.65\ \text{V}}{380\ \text{V}} \times 100\% = 2.8\%$$

由于 $\Delta U\% = 2.8\% \leqslant \Delta U_{al}\% = 5\%$，因此所选导线 BV－500－(3×25＋1×25)明敷是满足电压损耗要求的。

七、母线的选择与校验

（一）母线的选择

1. 母线材料和类型选择

母线的材料有铜和铝。铜母线，用在持续工作电流大，且位置特别狭窄的发电机、变压器出线处或污秽大的场所；而铝母线，应用最为广泛。

母线的截面形状有矩形、槽形和管形。

35 ～ 110 kV 多采用钢芯铝绞线；10 kV 及以下根据情况，采用钢芯铝绞线或绞线或铝排。

（1）矩形母线：散热条件好，有一定机械强度，便于固定和连接，但是集肤效应大。可用 2 ～ 4条并列使用。一般只用于35 kV 及以下，电流在4 000 A 及以下的配电装置中。

（2）槽形母线：机械强度较好，载流量较大，集肤效应较小。一般用于4 000 ～ 8 000 A 的配电装置中。

（3）管形母线：集肤效应小，机械强度高，管内可以通水和通风。用于8 000 A 以上的大电流母线。

母线的敷设方式：水平平放、水平立放、垂直平放、垂直立放。

2. 母线截面的选择

（1）一般汇流母线按长期允许发热条件选择截面，按前面公式（4–96）选择。

（2）当母线较长或传输容量较大时，按经济电流密度选择母线截面，按前面公式（4–105）选择。

（二）母线的校验

1. 母线热稳定度校验

当系统发生短路时，母线上最高温度不应超过母线短时允许最高温度。按前面公式（4–42）进行校验。

2. 母线动稳定度校验

当短路冲击电流通过母线时，母线将承受很大电动力。要求每跨母线中产生的最大应力计算值应不大于母线材料允许的抗弯应力，按公式（4–53）和公式（4–54）进行校验。

校验时，如果不满足要求，则必须采取措施以减小母线计算应力，具体方法有：

① 降低短路电流，但需增加电抗器；

② 增大母线相间距离，但需增加配电装置尺寸；

③ 增大母线截面，但需增加投资；

④ 减小母线跨距尺寸，但需增加绝缘子；

⑤ 将立放的母线改为平放，但散热效果变差。

八、支柱绝缘子和套管绝缘子的选择与校验

支柱绝缘子与穿墙套管的选择方法分别为：

（1）对支柱绝缘子，按额定电压条件选择，校验短路时动稳定性。

（2）穿墙套管按额定电压和额定电流条件选择，校验短路时热稳定性和动稳定性。

（3）母线型穿墙套管不需按额定电流条件选择，只需保证套管与母线的尺寸相配合。

（一）支柱绝缘子的选择与校验

1. 选型

对于户内支柱绝缘子，推荐用联合胶装绝缘子；对于户外支柱绝缘子，推荐用棒式或悬式绝缘子。

2. 额定电压的选择

绝缘子（insulator）的额定电压不低于安装处电网的额定电压，即

$$U_{\mathrm{inN}} \geqslant U_{\mathrm{N}} \tag{4-114}$$

3. 校验支柱绝缘子的动稳定度

支柱绝缘子的动稳定度的校验按照前面公式（4–52）进行校验。

（二）套管绝缘子的选择与校验

1. 选型

推荐用矩形铝导体的套管绝缘子。

2. 额定电压的选择

绝缘子（insulator）的额定电压不低于安装处电网额定电压。按公式（4-114）进行选择。

3. 额定电流的选择

绝缘子额定电流应不小于该回路最大持续工作电流，即

$$I_{\mathrm{inN}} \geqslant I_{30} \tag{4-115}$$

4. 校验套管绝缘子的热稳定度和动稳定度

套管绝缘子的热稳定度按照前面公式（4-40）进行校验。

套管绝缘子的动稳定度校验同支柱绝缘子的动稳定度校验完全一样，按照前面公式（4-52）进行校验。

思考与练习题

4-1　什么叫短路？电力系统中短路故障产生的原因有哪些？短路对电力系统有哪些危害？

4-2　短路的形式有哪些？哪些属于对称短路？哪些属于非对称短路？哪一种短路故障最常见？哪一种短路故障最严重？为什么通常以三相短路故障的分析研究为主？

4-3　无限大容量电力系统的概念和特点是什么？

4-4　短路电流周期分量和非周期分量是如何产生的？各符合什么规律？

4-5　简述短路冲击电流、短路次暂态电流和短路稳态电流的概念和关系。

4-6　什么叫短路计算电压？它与线路额定电压有什么关系？

4-7　什么叫短路电流的电动效应？什么时候应计短路点附近交流电动机反馈电流的影响？应该用哪个短路电流来校验电气设备的动稳定度？

4-8　什么叫短路电流的热效应？为什么短路热效应要采用短路稳态电流和假想时间来计算？假想时间的定义是什么？如何进行计算？

4-9　限流熔断器与非限流熔断器的区别是什么？

4-10　前后熔断器之间如何选择才能实现选择性配合？

4-11　电流互感器和电压互感器各如何选择和校验？

4-12　试选择某10 kV高压进线侧的高压户内少油断路器的型号规格。已知该进线的计算电流为290 A，高压母线的三相短路电流周期分量有效值 $I_k^{(3)}=3\,\mathrm{kA}$，继电保护的动作时间为1.1 s。

4-13　某工厂供电系统如图4-17所示。已知电力系统出口断路器为SN10-10 Ⅱ型。试求工厂变电所高压10 kV母线上 $k-1$ 点短路和低压380 V母线上 $k-2$ 点短路的三相短路电流和短路容量。

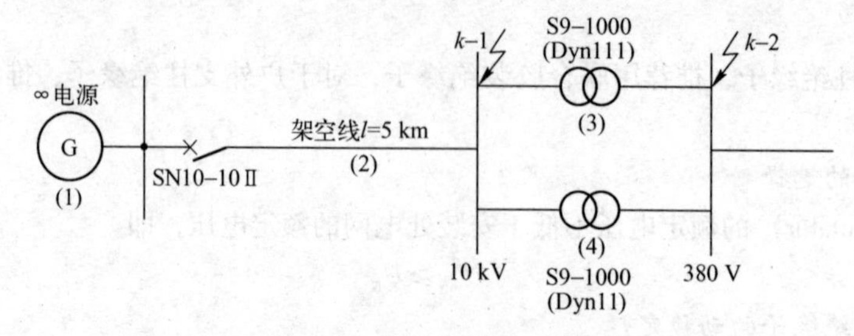

图4-17　某工厂供电系统

4-14　如图 4-18 所示，请计算 $k-1$ 点的三相短路电流、冲击电流、稳态电流及三相短路容量。其中架空线 $X_0=0.35\ \Omega/\mathrm{km}$，变压器 T_1、T_2 型号均为 S9－1000－/10，系统出口断路器 QF 的断流容量 $S_{oc}=500\ \mathrm{MV\cdot A}$。

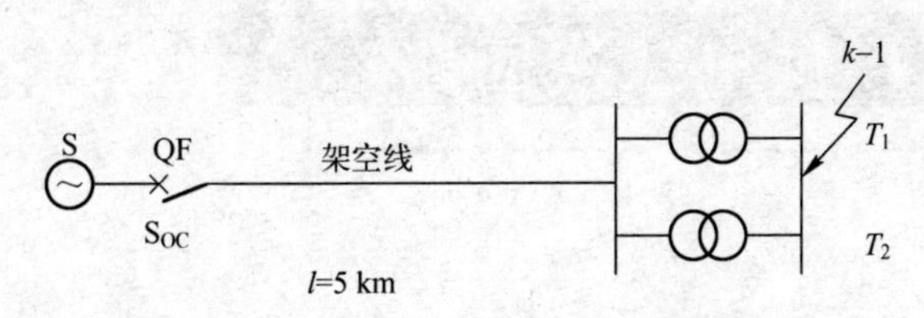

图　4-18

4-15　有一条用 LGJ 型钢芯铝线架设的 5 km 长的 35 kV 架空线路，计算负荷为 2 500 kW，$\cos\varphi=0.7$，$T_{max}=4\,800$ h。试选择其经济截面，并校验其发热条件和机械强度

4-16　有一台 Y 型电动机，其额定电压为 380 V，额定功率为 18.5 kW，额定电流为 35.5 A，起动电流倍数为 7。现拟采用 BLV 型导线穿焊接钢管敷设。该电动机采用 RT0 型熔断器作短路保护，短路电流 $I_k^{(3)}$ 最大可达 13 kA。试选择熔断器及其熔体的额定电流，并选择导线截面和钢管直径（环境温度为 +30 ℃）。

4-17　有一条采用 BLX－500 型铝芯橡皮线明敷的 220 V/380 V 的 TN－S 线路，线路计算电流为 150 A，当地最热月平均最高气温为 +30℃。试按发热条件选择此线路的导线截面。

第五章 工厂供电二次回路

本章简介

本章主要介绍工厂供电系统中常用的几种过电流保护装置——熔断器保护、低压断路器保护和继电器保护，其中继电器保护广泛应用于高压供电系统中，其保护功能很多，而且是实现供电系统自动化的基础，因此将予以重点讲述。同时讲述工厂供电系统二次回路的概念及其操作电源、高压断路器的控制和信号回路、电测量仪表与绝缘监视装置，自动重合闸装置与备用电源自动投入装置及供电系统远动化的基本知识，二次回路的安装接线及接线图的绘制方法。本章内容是保证供电系统安全可靠运行的基本技术知识，也是保证供电一次系统安全可靠运行的基本技术知识。

学习目标

- 掌握工厂供电系统中常用的过电流保护装置。
- 掌握工厂供电的二次回路电工测量仪表及绝缘监视装置。
- 掌握工厂供电二次回路控制及信号回路。
- 掌握工厂供电系统的二次回路的接线及接线图。

第一节　过电流保护

一、过电流保护装置

在工厂供电系统中装有各种类型的过电流保护装置，主要目的是保证工厂供电系统的安全运行，避免过负荷和短路对系统的影响。

（一）过电流保护装置简介

工厂供电系统的过电流保护装置有：熔断器保护、低压断路器保护和继电保护。

（1）熔断器保护。适用于高、低压供电系统。由于其装置简单经济，所以在工厂供电系统中应用非常广泛。但是其断流能力较小，选择性较差，且其熔体熔断后要更换熔体才能恢复供电，因此在要求供电可靠性较高的场所不宜采用熔断器保护。

（2）低压断路器保护。又称低压自动开关保护，适用于要求供电可靠性较高和操作灵活方便的低压供配电系统中。

（3）继电保护。适用于要求供电可靠性高、操作灵活方便特别是自动化程度较高的高压供配电系统中。

熔断器保护和低压断路器保护都能在过负荷和短路时动作，断开电路，切除过负荷和短路部分，而使系统的其他部分恢复正常运行。但熔断器大多主要用于短路保护，而低压断路器则除了可作过负荷和短路保护外，有的还可作低电压或失压保护。

继电保护装置在过负荷时动作，一般只发出报警信号，引起运行值班人员注意，以便及时处理；只有当过负荷可危及人身或设备安全时，才动作于跳闸。而在发生短路故障时，则要求有选择性地动作于跳闸，将故障部分切除。

（二）对保护装置的基本要求

供电系统对保护装置有下列基本要求：

（1）选择性。当供电系统发生故障时，只离故障点最近的保护装置动作，切除故障，而供电系统的其他部分则仍然正常运行。保护装置满足这一要求的动作，称为“选择性动作”。

（2）速动性。为了防止故障扩大，减轻其危害程度，并提高电力系统运行的稳定性，因此在系统发生故障时，保护装置应尽快地动作，切除故障。

（3）可靠性。保护装置在应该动作时就应动作，而不应该动作时就不应误动。保护装置的可靠程度，与保护装置的元件质量、接线方案以及安装、整定和运行维护等多种因素有关。

（4）灵敏度。灵敏度或灵敏系数是表征保护装置对其保护区内故障和不正常工作状态反应能力的一个参数。如果保护装置对其保护区内极轻微的故障都能及时地反应动作，就说明保护装置的灵敏度高。继电保护装置对其保护区内的所有故障都应该正确反应。

过电流保护的灵敏度或灵敏系数，用其保护区内在电力系统为最小运行方式（电力系统的最小运行方式，是指电力系统处于短路回路阻抗为最大、短路电流为最小的状态下的一种运行方式。例如双回路供电的系统在只有一回路运行时，就属于一种最小运行方式）时的最小短路电流 $I_{k.\min}$ 与保护装置一次动作电流 $I_{op.1}$ 的比值来表示，即

$$S_p = \frac{I_{k.\min}}{I_{op.1}} \tag{5-1}$$

式中：$I_{k.\min}$——（过电流保护）保护区内电力系统在最小运行方式下的最小短路电流；

$I_{op.1}$——保护装置动作电流换算到一次侧的值，又称保护装置一次侧起动值。

以上所讲的对保护装置的四项基本要求，对一个具体的保护装置来说，不一定都是同等重要的，而往往有所侧重。例如对电力变压器，由于它是供电系统中的最关键的设备，因此对其保护装置的灵敏度要求较高；而对一般电力线路的保护装置，灵敏度要求可低一些，但对其选择性要求较高。又例如，在无法兼顾保护选择性和速动性的情况下，为了快速切除故障，以保证某些关键设备，或者为了尽快恢复系统的正常运行，有时甚至牺牲选择性来保证速动性。

二、熔断器保护

熔断器是利用过载或短路电流将熔体熔断后，再依靠灭弧介质熄灭电弧以开断电路的电器。熔断器的功能主要是短路时对电路及电路中的设备进行保护，有时也可作过负荷保护。

（一）熔断器在供配电系统中的配置

熔断器在供配电系统中的配置，首先应符合选择性保护的原则，即熔断器要配置得能使故障范围缩小到最低限度。此外应考虑经济性，即供电系统中配置的数量要尽量地少。

图 5-1 是熔断器在低压放射式配电系统中合理配置的方案，既可满足保护选择性的要求，又使配置的熔断器数量较少。图中熔断器 FU5 用来保护电动机及其支线。当 $k-5$ 处发生短路时，FU5 熔断。熔断器 FU4 主要用来保护动力配电箱母线。当 $k-4$ 处发生短路时，FU4 熔断。

同理，熔断器 FU3 主要用来保护配电干线，FU2 主要用来保护低压配电屏母线，FU1 主要用来保护电力变压器。在 $k-1 \sim k-3$ 处短路时，也都是靠近短路点的熔断器熔断。

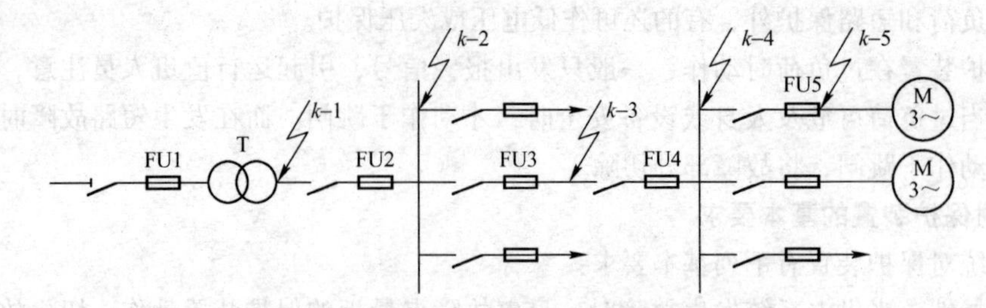

图 5-1　熔断器在低压放射式线路中的配置

必须注意：低压配电系统中的 PE 线和 PEN 线上，不允许装设熔断器，以免 PE 线或 PEN 线因熔断器熔断而断路时，致使所有接 PE 线或接 PEN 线的设备外露可导电部分带电，危及人身安全。

（二）熔断器熔体电流的选择

保护电力线路的熔断器熔体电流，应满足下列条件：

（1）熔体额定电流 $I_{N.FE}$ 应不小于线路的计算电流 I_{30}，以使熔体在线路正常运行时不致熔断，即

$$I_{N.FE} \geqslant I_{30} \tag{5-2}$$

（2）熔体额定电流 $I_{N.FE}$ 还应躲过（是指在所需躲过的电流作用下保护装置不致动作）线路的尖峰电流 I_{pk}，以使熔体在线路上出现正常的尖峰电流时也不致熔断。由于尖峰电流是短时最大电流，而熔体加热熔断需一定时间，所以满足的条件为

$$I_{N.FE} \geqslant KI_{pk} \tag{5-3}$$

式中：K——小于 1 的计算系数。

对供单台电动机的线路熔断器来说，此系数 K 应根据熔断器的特性和电动机的启动情况来决定，具体取值见表 5-1。

表 5-1　计算系数 K 取值

线路情况	启动时间	K 值
单台电动机	3 s 以下（轻载启动）	0.25～0.35
	3～8 s（重载启动）	0.35～0.5
	8 s 以上及频繁启动、反接制动	0.5～0.6
多台电动机	按最大一台电动机启动情况	0.5～1
	I_{30} 与 I_{pk} 较接近时	1

但必须说明，由于熔断器品种繁多，特性各异，因此上述有关计算系数 K 的取值方法，不一定都很恰当，故 GB 50055—1993《通用用电设备配电设计规范》规定：保护交流电动机的熔断器熔体额定电流“应大于电动机的额定电流，且其安秒特性曲线计及偏差后略高于电动机启动电流和启动时间的交点。当电动机频繁启动和制动时，熔体的额定电流应再加大 1 ～ 2 级。

（3）熔断器保护还应与被保护的线路相配合，当过负荷和短路引起绝缘导线或电缆过热起燃时，不致发生熔体不熔断的事故，因此熔断器熔体电流还应满足以下条件：

$$I_{N.FE} \leqslant K_{OL} I_{al} \tag{5-4}$$

式中：I_{al} 为绝缘导线和电缆的允许载流量；K_{OL} 为绝缘导线和电缆的允许短时过负荷倍数。如果熔断器只作短路保护，对电缆和穿管绝缘导线，取 $K_{OL}=2.5$；对明敷绝缘导线，取 $K_{OL}=1.5$ 。

如果熔断器不只作短路保护，而且要求作过负荷保护时，例如住宅建筑、重要仓库和公共建筑中的照明线路，有可能长时间过负荷的动力线路，以及在可燃建筑物构架上明敷的有延燃性外层的绝缘导线线路等，则应取 $K_{OL}=1$；当 $I_{N.FE}\leqslant 25$ A 时，则取为 $K_{OL}=0.85$ 。对有爆炸性气体和粉尘的区域内的线路，应取 $K_{OL}=0.8$。

如果按式（5-2）和式（5-3）两个条件选择的熔体电流不满足式（5-4）的配合要求时，则应改选熔断器的型号规格，或者适当增大导线或电缆的芯线截面。

（三）保护电力变压器的熔断器熔体电流的选择

保护电力变压器的熔断器熔体电流，根据经验，应满足下式要求：

$$I_{N.FE}=(1.5\sim 2.0)I_{1N.T} \tag{5-5}$$

式中：$I_{1N.T}$——变压器的额定一次电流。

式（5-5）考虑了以下三个因素：

（1）$I_{N.FE}$应躲过变压器正常允许的过负荷电流。油浸式变压器过负荷允许为：室内最高为1.2倍，室外最高为1.3倍。

（2）$I_{N.FE}$应躲过变压器低压侧电动机自起动引起的尖峰电流。

（3）$I_{N.FE}$应躲过变压器初合闸时的励磁涌流。

励磁涌流是变压器空载初合闸时出现的很大的励磁电流。

变压器空载投入（或突然恢复电压）时（合闸前铁心磁通为0），约在0.01 s，将会出现一个最大的磁通，铁心严重饱和，励磁电流迅速增大，大约为正常时励磁电流的100倍，或为$I_{1N.T}$的8～10倍，如图5-2所示。

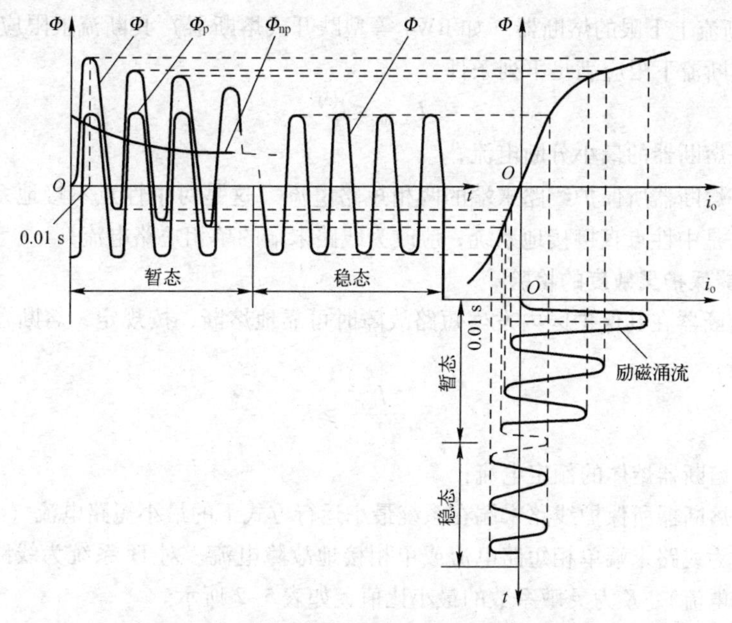

图5-2　变压器空载投入时励磁涌流的变化曲线

由图5-2可以看出，励磁涌流中含有数值很大的非周期分量，而且衰减较慢（与短路电流非周期分量相比），因此其波形在过渡过程中相当长一段时间内，都偏向时间轴的一侧。很明显，熔断器的熔体电流如果不躲过励磁涌流，就可能在变压器空载投入时或电压突然恢复时使熔断器熔断，破坏了供电系统的正常运行。

附录表A-3列出部分电力变压器配用的高压熔断器规格，供参考。

（四）保护电压互感器的熔断器熔体电流的选择

由于电压互感器二次侧的负荷很小，因此保护电压互感器的 RN2 型熔断器熔体额定电流一般为 0.5 A。

（五）熔断器的选择与校验

（1）选择熔断器时应满足下列条件：

① 熔断器的额定电压应不低于线路的额定电压。对高压熔断器，其额定电压应不低于线路的最高电压。

② 熔断器的额定电流应不小于它所装熔体的额定电流。

③ 熔断器的类型应符合安装条件（户内或户外）及被保护设备对保护的技术要求。

（2）熔断器还必须进行断流能力的校验：

① 对限流式熔断器（如 RN1、RT0 等型）由于限流式熔断器能在短路电流达到冲击值之前完全熔断并熄灭电流，切除短路故障，因此满足的条件为

$$I_{oc} \geqslant I''^{(3)} \tag{5-6}$$

式中：I_{oc}——熔断器的最大分断电流；

$I''^{(3)}$——熔断器安装地点的三相次暂态短路电流有效值，在无限大容量系统中，$I''^{(3)}=I_{\infty}^{(3)}=I_k^{(3)}$。

② 对非限流熔断器（如 RW4、RM10 等型）由于非限流熔断器不能在短路电流达到冲击值之前熄灭电弧，切除短路故障，因此需满足的条件为

$$I_{oc} \geqslant I_{sh}^{(3)} \tag{5-7}$$

式中：$I_{sh}^{(3)}$——熔断器安装地点的三相短路冲击电流有效值。

③ 对具有断流上下限的熔断器（如 RW4 等型跌开式熔断器）其断流上限应满足式（5-7）的校验条件，其断流下限应满足下列条件

$$I_{oc.\,min} \leqslant I_k^{(2)} \tag{5-8}$$

式中：$I_{oc.\,min}$——熔断器的最小分断电流；

$I_k^{(2)}$——熔断器所保护线路末端的两相短路电流（这是对中性点不接地系统而言，如果是中性点直接接地系统，应改为线路末端的单相短路电流）。

（六）熔断器保护灵敏度的检验

为了保证熔断器在其保护区内发生短路故障时可靠地熔断，按规定，熔断器保护的灵敏度应满足下列条件：

$$S_p = \frac{I_{k.\,min}}{I_{N.\,FE}} \geqslant K \tag{5-9}$$

式中：$I_{N.\,FE}$——熔断器熔体的额定电流；

$I_{k.\,min}$——熔断器所保护线路末端在系统最小运行方式下的最小短路电流（对 TN、TT 系统为线路末端单相短路电流或单相接地故障电流。对 IT 系统为线路末端两相短路电流）；K 为灵敏系数的最小比值，如表 5-2 所示。

表 5-2　检验熔断器保护灵敏度的最小比值 *K*

额体额定电流/A		4～10	16～32	40～63	80～200	250～500
熔断时间/s	5	4.5	5	5	6	7
	0.4	8	9	10	11	—

注：表中 K 值适用于符合 IEC 标准的一些新型熔断器，如 RT12、RT14、RT15、NT 等型熔断器。对于老型熔断器，可取 $K=4～7$，即近似地按表中熔断时间为 5 s 的熔断器来取值。

例 5-1　有一台 Y 型电动机，其 $U_N = 380\ V$，$P_N = 18.5\ kW$，$I_N = 35.5\ A$，启动电流倍数为 7。现拟采用 BLV 型导线穿焊接钢管敷设。该电动机采用 RT0 型熔断器作短路保护，短路电流 $I_k^{(3)}$ 最大可达 13 kA。当地环境温度为 30 ℃。试选择熔断器及其熔体的额定电流，并选择导线截面和钢管直径。

解：（1）选择熔断器及熔体的额定电流。

$$I_{N.FE} \geqslant I_{30} = 35.5\ A$$

且

$$I_{N.FE} \geqslant KI_{pk} = 0.3 \times 35.5\ A \times 7 = 74.55\ A$$

因此由附录表 A-1，可选 RT0－100 型熔断器，即 $I_{N.FU} = 100\ A$，而熔体选 $I_{N.FE} = 80\ A$。

（2）校验熔断器的断流能力

查附录表 A-1，得 RT0－100 型熔断器的 $I_{oc} = 50\ kA > I'' = 13\ kA$。其断流能力是满足要求。

（3）选择导线截面和钢管直径

按发热条件选择，查附录表 A-16 ～表 A-19 得 $A = 10\ mm^2$ 的 BLV 型铝芯塑料线三根穿钢管时，$I_{al(30℃)} = 41\ A > I_{30} = 35.5\ A$，满足发热条件。相应地选择穿线钢管 SC20 mm。

校验机械强度，查附录表 A-16 ～表 A-19 知，穿管铝芯线的最小截面为 2.5 mm^2。现 $A = 10\ mm^2$，故满足机械强度要求。

（4）校验导线与熔断器保护的配合

假设该电动机安装在一般车间内，熔断器只作短路保护用，因此导线与熔断器保护的配合条件为 $I_{N.FE} \leqslant 2.5 I_{al}$，现 $I_{N.FE} = 80\ A < 2.5 \times 41\ A = 102.5\ A$，故满足熔断器保护与导线的配合要求。（注：因未给 $I_{k.min}$ 数据，熔断器灵敏度校验从略。）

（七）前后熔断器之间的选择性配合

前后熔断器之间的选择性配合，即熔断时间的配合，要求在线路发生故障时，靠近故障点的熔断器首先熔断，从而使系统的其他部分恢复正常运行。

前后熔断器的选择性配合，宜按它们的保护特性曲线（安秒特性曲线）来进行检验。

如图 5-3（a）所示线路中，设支线 WL2 的首端 k 点发生三相短路，则三相短路电流 I_k 要通过 FU2 和 FU1。但保护选择性要求，应该是 FU2 的熔体首先熔断，切断故障线路 WL2，而 FU1 不再熔断，使干线 WL1 恢复正常运行。但是熔体实际熔断时间与其产品的标准特性曲线查得的熔断时间可能有 ±30% ～ ±50% 的偏差，从最不利的情况考虑，k 点短路时，FU1 的实际熔断时间 t_1' 比标准特性曲线查得的时间 t_1 小 50%（为负偏差），即 $t_1' = 0.5t_1$；而 FU2 的实际熔断时间 t_2' 又比标准特性曲线查得的时间 t_2 大 50%（为正偏差），即 $t_2' = 1.5t_2$。这时由图 5-3 所示熔断器保护特性曲线可以看出，要保证前后两熔断器 FU1 和 FU2 的保护选择性，必须满足的条件是 $t_1' > t_2'$，即 $0.5t_1 > 1.5t_2$，因此

$$t_1 > 3t_2 \tag{5-10}$$

式（5-10）说明：在后一熔断器所保护的首端发生最严重的三相短路时，前一熔断器按其保护特性曲线查得的熔断时间，至少应为后一熔断器按其保护特性曲线查得的熔断时间的 3 倍，才能确保前后两熔断器动作的选择性。如果不能满足这一要求时，则应将前一熔断器的熔体额定电流提高 1 ～ 2 级，再进行校验。

如果不用熔断器的保护特性曲线来检验选择性，则一般只有前一熔断器的熔体电流大于后一熔断器的熔体电流 2 ～ 3 级以上，才有可能保证其动作的选择性。

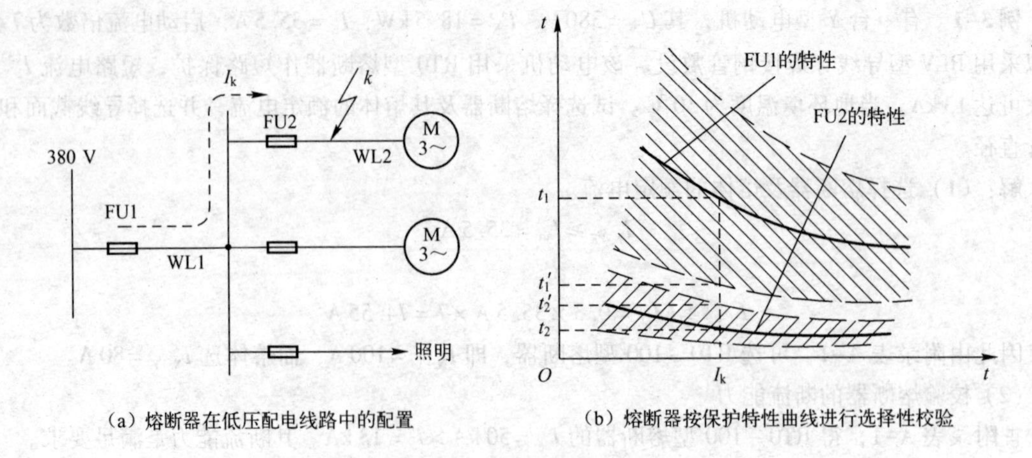

（a）熔断器在低压配电线路中的配置　　（b）熔断器按保护特性曲线进行选择性校验

图 5-3　熔断器保护的配置和选择性校验

说明：图 5-3（b）曲线图中斜线区表示特性曲线的偏差范围。

三、低压断路器保护

断路器是供电系统中重要的电气设备之一。它能在有负荷情况下接通和断开电路，当系统产生短路故障时，能迅速切断短路电流。它不仅能通断正常负荷电流，而且能通断一定的短路电流，它还能在保护装置的作用下自动跳闸切除短路故障。

（一）低压断路器在低压配电系统中的配置方式

低压断路器在低压配电系统中的配置方式如图 5-4 所示。

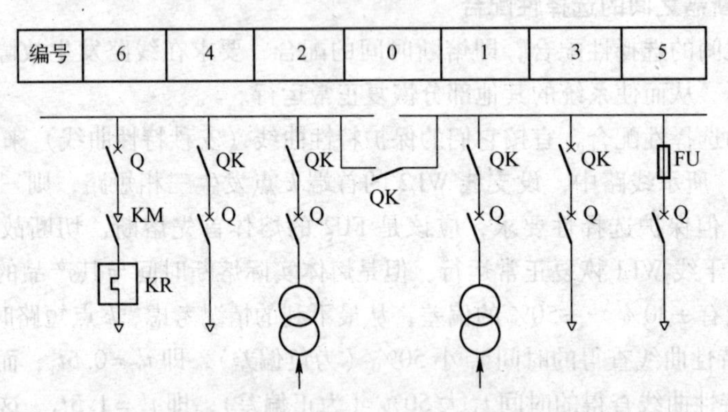

图 5-4 低压断路器在低压系统中常用的配置方式

Q—低压断路器　QK—刀开关　KM—接触器

KR—热继电器　FU—熔断器

在图 5-4 中，3[#]、4[#]的接法适用于低压配电出线；1[#]、2[#]的接法适用于两台变压器供电的情况。配置了刀开关 QK 是为了检修低压断路器用。如果是单台变压器供电，其变压器二次侧出线只需设置一个低压断路器。图中 6[#]出线是低压断路器与接触器 KM 配合用，低压断路器用作短路保护，接触器用作电路控制器，供电动机频繁起动用。其次热继电器 KR 用作过负荷保护。5[#]出线是低压断路器与熔断器的配合方式，适用于开关断流能力不足的情况。此时靠熔断器进行短路保护，低压断路器只在过负荷和失压时才断开电路。

（二）低压断路器的过电流脱扣器

（1）配电用低压断路器分为选择型和非选择型两种，所配备的过电流脱扣器有三种。

① 具有反时限特性的长延时电磁脱扣器，动作时间可以不小于10 s。

② 延时时限分别为0.2 s、0.4 s、0.6 s的短延时脱扣器。

③ 动作时限小于0.1 s的瞬时脱扣器。

对于选择型低压断路器必须装有第②种短延时脱扣器；而非选择型低压断路器只有第①和③两种脱扣器，其中长延时电磁脱扣器用作过负荷保护，短延时或瞬时脱扣器均用于短路故障保护。我国目前普遍应用的为非选择型低压断路器，保护特性以瞬时动作方式为主。

（2）低压断路器各种脱扣器的电流整定如下：

① 长延时过电流脱扣器（即热脱扣器）的整定。这种脱扣器主要用于线路过负荷保护，故其整定值比线路计算电流稍大即可，即

$$I_{op(1)} \geqslant 1.1 I_{30} \tag{5-11}$$

式中：$I_{op(1)}$——长延时脱扣器（即热脱扣器）的整定动作电流。但是，热元件的额定电流$I_{H.N}$应比$I_{op(1)}$大10%～25%为好。即

$$I_{H.N} \geqslant (1.1 \sim 1.25) I_{op(1)} \tag{5-12}$$

② 瞬时（或短延时）过电流脱扣器的整定。瞬时或短延时脱扣器的整定电流应躲开线路的尖峰电流I_{pk}，即

$$I_{op(2)} \geqslant K_{rel} I_{pk} \tag{5-13}$$

式中：$I_{op(2)}$——瞬时或短延时过电流脱扣器的整定电流值，规定短延时过电流脱扣器整定电流的调节范围对于容量在2 500 A及以上的断路器为3～6倍脱扣器的额定值，对2 500 A以下为3～10倍；瞬时脱扣器整定电流调节范围对2 500 A及以上的选择型自动开关为7～10倍，对2 500 A以下则为10～20倍，对非选择型开关为3～10倍。

K_{rel}为可靠系数。对动作时间$t_{op} \geqslant 0.4$ s的DW型断路器，取$K_{rel} = 1.35$；对动作时间$t_{op} \leqslant 0.2$ s的DZ型断路器，$K_{rel} = 1.7 \sim 2$；对有多台设备的干线，可取$K_{rel} = 1.3$。

③ 灵敏系数S_p为

$$S_p = I_{k.min} / I_{op(2)} \geqslant 1.5 \tag{5-14}$$

式中：$I_{k.min}$——线路末端最小短路电流；

$I_{op(2)}$——瞬时或短延时脱扣器的动作电流。

④ 低压断路器过流脱扣器整定值与导线的允许电流I_{al}的配合。要使低压断路器在线路过负荷或短路时，能够可靠地保护导线不致过热而损坏。因此要满足：

$$I_{op(1)} < I_{al} \tag{5-15}$$

或

$$I_{op(2)} < 4.5 I_{al} \tag{5-16}$$

（三）低压断路器与熔断器在低压电网保护中的配合

低压断路器与熔断器在低压电网中的设置方案如图5-5所示。若能正确选定其额定参数，使上一级保护元件的特性曲线在任何电流下都位于下一级保护元件安秒特性曲线的上方，便能满足保护选择性的动作要求。图5-5（a）所示设置方案是能满足上述要求的，因此这种方案应用得最为普遍。

在图5-5（b）中，如果电网被保护范围内的故障电流I_k大于临界短路电流$I_{cr.k}$（图中两条曲线交点处对应的短路电流），则无法满足有选择地动作。

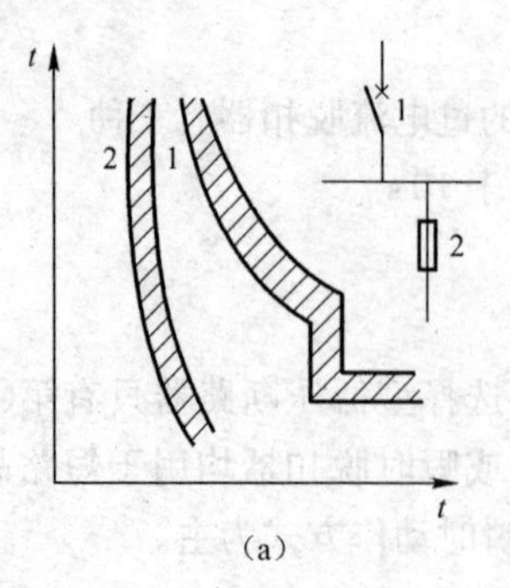

（a）

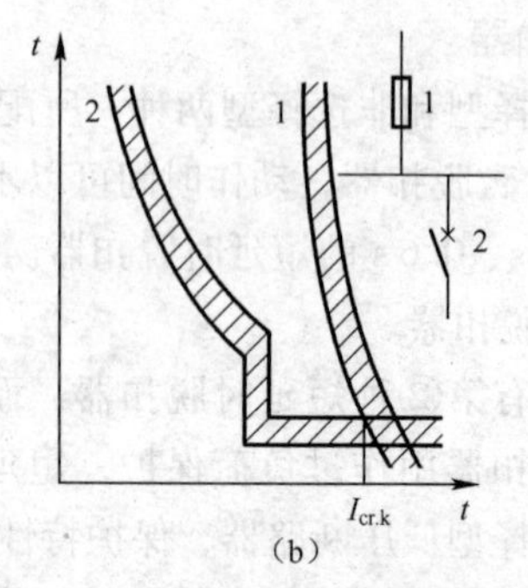

（b）

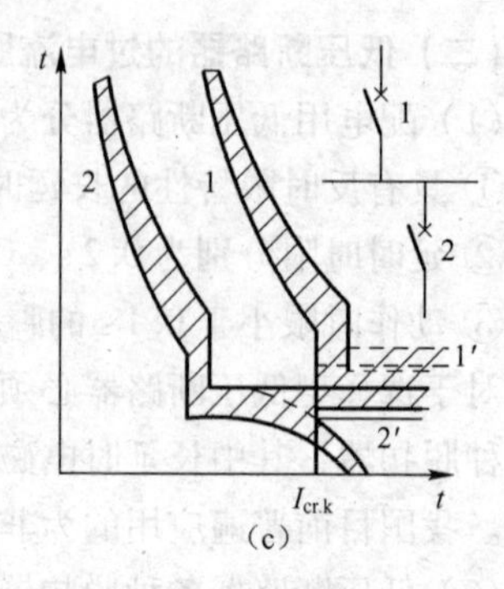

（c）

图 5-5　低压断路器与熔断器的设置

图 5-5（c）中，如果要使两级低压断路器的动作满足选择性要求，必须使 1 处的安秒特性曲线位于 2 处的特性曲线之上。否则，必须使 1 处的特性曲线为 1′或 2 处的特性曲线为 2′。

由于安秒特性曲线是非线性的，为使保护满足选择性的要求，设计计算时宜用图解方法。

四、常用的保护继电器

用户供配电系统中，由于各种原因难免发生各种故障和不正常运行状态。其中最常见的故障就是各种形式的短路，短路产生很大的短路电流，使电气设备产生电动效应和热效应，同时使供配电系统供电电压下降，引发严重后果。常见的不正常运行状态有线路或设备过负荷、中性点不接地系统发生单相接地等，如果不及时处理，可能导致相间短路故障。所以必须设置相应的保护装置将故障部分及时地从系统中切除，以保证非故障部分的继续运行。

电力系统发生故障时，会引起电流的增加和电压的降低，以及电流与电压之间相位的变化等，因此继电保护装置就是利用故障时物理量与正常运行时物理量的差别来制成的。例如，反应电流增大的过电流保护、反应电压降低（或升高）的低电压（或过电压）保护等。

（一）继电保护装置的任务和要求

继电保护装置是指能反应电力系统中电气设备发生的故障和不正常运行状态，并能动作于断路器跳闸或起动信号装置发出报警信号的一种自动装置。

1. 继电保护装置的任务

1）故障时跳闸

在供电系统出现短路故障时，继电保护装置能自动地、迅速地、有选择地动作，使对应的断路器跳闸，切除故障部分，恢复其他无故障部分的正常运行，同时发出信号，以便提醒值班人员检查，及时消除故障。

2）异常状态发出报警信号

在供电系统出现不正常工作状态，如过负荷或有故障苗头时发出报警信号，提醒值班人员注意并及时处理，以免发展为故障。

2. 继电保护装置的基本要求

根据继电保护装置所担负的任务，它必须满足以下 4 个基本要求：即选择性、速动性、可靠性和灵敏性。

1）选择性

继电保护动作的选择性是指在供电系统发生故障时，只使电源一侧距离故障点最近的继电保护装置动作，通过开关电器将故障部分切除，而非故障部分仍然正常运行。

图 5-6 就是继电保护装置动作选择性示意图。

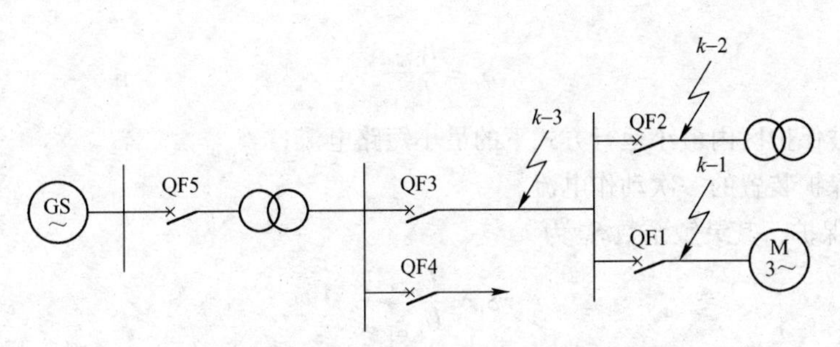

图 5-6　继电保护装置动作选择性示意图

当 $k-1$ 点发生短路时，则继电保护装置动作只应使断路器 QF1 跳闸，切除电动机 M。而其他断路器都不跳闸；当 $k-3$ 点发生短路时，则继电保护装置动作只应使断路器 QF3 跳闸，切除故障线路。满足这一要求的动作称为“选择性动作”。如果 QF1 或 QF3 不动作，其他断路器跳闸，则称为“无选择性动作”。但是，在 $k-1$ 点发生短路时，如果继电保护装置由于某种原因拒动或断路器 QF1 本身拒动时，则上一级保护装置应该尽快动作使断路器 QF3 跳闸。虽然扩大了停电范围，但限制了故障的扩大，起着后备保护作用。保护装置在这种情况下动作使断路器 QF3 跳闸，仍然称为保护的“选择性动作”。

2）速动性

速动性就是快速切除故障部分。当系统内发生短路故障时，为了减轻短路故障电流对用电设备的损害程度，要求继电保护装置快速动作切除故障部分。快速切除故障部分还可以防止故障范围扩大，加速系统电压的恢复过程，使电压降低的时间缩短，有利于电动机的自起动，提高电力系统运行的稳定性和可靠性。

应当指出，为了满足选择性，继电保护需要带一定时限，允许延时切除故障的时间一般为 0.5 ～2 s 左右。即速动性和选择性往往是有矛盾的，当两者发生矛盾时，一般应首先满足选择性而牺牲一点速动性。但应在满足选择性的前提下，尽量缩短切除故障部分的延时。对一个具体的保护装置来说，在无法兼顾选择性和速动性的情况下，为了快速切除故障部分以保护某些关键设备，或者为了尽快恢复系统的正常运行，有时甚至也只好牺牲选择性来保证速动性。

3）可靠性

可靠性指继电保护装置在其所规定的保护范围内发生故障或不正常工作状态时，一定要准确动作，即在应该动作时，就应动作（不能拒动）；而其他非故障设备的保护装置（即故障或不正常工作状态发生地点不属于其保护范围）则一定不应动作，即在不应该动作时，不能误动。供配电系统正常运行时，保护装置也不应该误动。继电保护装置的任何拒动或误动，都会降低电力系统的供电可靠性。保护装置的可靠程度，与保护装置的元器件质量、接线方式以及安装、整定和运行维护等多种因素有关。为了提高保护装置动作的可靠性，应尽量采用高质量元器件，简化保护装置接线方式，提高安装和调试质量，以及加强运行维护等。

4）灵敏性

灵敏性是指保护装置在其保护范围内对故障和不正常运行状态的反应能力。所谓反应能力是用继电保护装置的灵敏系数（灵敏度）来衡量。如果保护装置对其保护区内极轻微的故障都能及时地反应动作，则说明保护装置的灵敏度高。继电保护装置的灵敏度一般是用被保护电气设备故障时，通过保护装置的故障参数（例如短路电流）与保护装置整定的动作参数（例如动作电流）的比值大小来判断，这个比值称为灵敏系数，亦称灵敏度，用 S_P 表示。

对于过电流保护装置，其灵敏系数 S_P 为

$$S_P = \frac{I_{k.\min}}{I_{op.1}} \tag{5-17}$$

式中：$I_{k.\min}$——被保护区内最小运行方式下的最小短路电流；

$I_{op.1}$——保护装置的一次动作电流。

对于低电压保护，其灵敏系数 S_P 为

$$S_P = \frac{U_{op.1}}{U_{k.\max}} \tag{5-18}$$

式中：$U_{k.\max}$——被保护区内发生短路时，连接该保护装置的母线上最大残余电压（V）；

$U_{op.1}$——保护装置的一次动作电压（V）。

对不同作用的保护装置和被保护设备，所要求的灵敏度是不同的，在《继电保护和自动装置设计技术规程》中规定，主保护的灵敏度一般要求不小于1.5～2。以上四项要求对于一个具体的继电保护装置，不一定都是同等重要，应根据保护对象而有所侧重。例如对电力变压器，一般要求灵敏性和速动性较好。对一般的电力线路，灵敏度可略低一些，但对选择性要求较高。

继电保护装置除满足上面的基本要求外，还要求投资少，便于调试及维护，并尽可能满足电气设备运行的条件。

（二）继电器的分类

继电器按其输入量的性质分为电气继电器和非电气继电器两大类。按其用途分为控制继电器和保护继电器两大类，前者用于自动控制电路中，后者用于继电保护电路中。这里只介绍保护继电器。

（1）按其在继电保护电路中的功能，可分测量继电器和有或无继电器两大类。测量继电器装设在继电保护电路中的第一级，用来反应被保护元件的特性变化。当其特性量达到动作值时即动作，它属于基本继电器或启动继电器。有或无继电器是一种只按电气量是否在其工作范围内或者为零时而动作的电气继电器，包括时间继电器、信号继电器、中间继电器等，在继电保护装置中用来实现特定的逻辑功能，属于辅助继电器，亦称逻辑继电器。

（2）按其组成元件分，有机电型、晶体管型和微机型等。由于机电型继电器具有简单可靠、便于维修等优点，因此工厂供电系统中现在仍普遍应用机电型继电器。

机电型继电器按其结构原理分，有电磁式、感应式等继电器。

（3）按其反应的物理量分，有电流继电器、电压继电器、功率继电器、瓦斯（气体）继电器等。

（4）按其反应的物理量数量变化分，有过量继电器和欠量继电器，例如过电流继电器、欠电压继电器等。

（5）按其在保护装置中的用途分，有启动继电器、时间继电器、信号继电器、中间（亦称出口）继电器等。图5-7是过电流保护装置的框图。当线路上发生短路时，启动用的电流继电器KA瞬时动作，使时间继电器KT启动，经整定的一定时限（延时）后，接通信号继电器KS和中间继电器KM，KM就接通断路器的跳闸回路，使断路器QF自动跳闸。

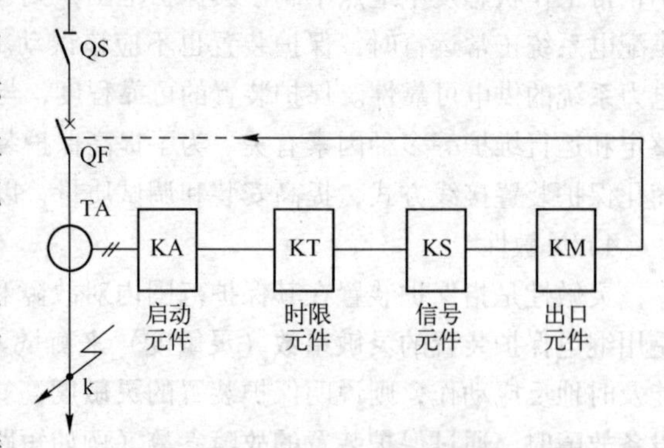

图5-7　过电流保护装置框图

KA—电流继电器　KT—时间继电器

KS—信号继电器　KM—中间（出口）继电器

（6）按其动作于断路器的方式分，有直接动作式（直动式）和间接动作式两大类。断路器操作机构中的脱扣器（跳闸线圈）实际上就

是一种直动式继电器，而一般的保护继电器均为间接动作式。

(7) 按其与一次电路的联系方式分，有一次式继电器和二次式继电器。一次式继电器的线圈是与一次电路直接相连的，例如低压断路器的过流脱扣器和失压脱扣器，实际上就是一次式继电器，并且也是直动式继电器。二次式继电器的线圈连接在电流互感器和电压互感器的二次侧，通过互感器与一次电路相联系。高压供电系统中的保护继电器都属于二次式继电器。

保护继电器型号的表示和含义如下：

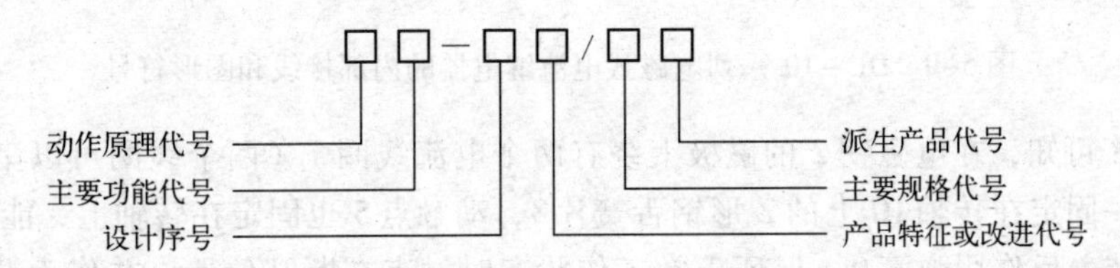

(1) 动作原理代号：D—电磁式；G—感应式；L—整流式；B—半导体式；W—微机式。

(2) 主要功能代号：L—电流；Y—电压；S—时间；X—信号；Z—中间；C—冲击；CD—差动。

(3) 产品特征或改进代号：用阿拉伯数字或字母 A、B、C 等表示。

(4) 派生产品代号：C—可长期通电；X—带信号牌；Z—带指针；TH—湿、热带用。

(5) 设计序号和规格代号：用阿拉伯数字表示。

(三) 几种常用保护继电器

供配电系统中常用的保护继电器有电磁式继电器和感应式继电器。

1. 电磁式继电器

1) 电磁式电流继电器

电磁式电流继电器在继电保护装置中，用作启动器件，因此又称起动继电器。电流继电器的文字符号为 KA。

常用的 DL－10 系列电磁式电流继电器的内部结构如图 5-8 所示，其内部接线和图形符号如图 5-9 所示。

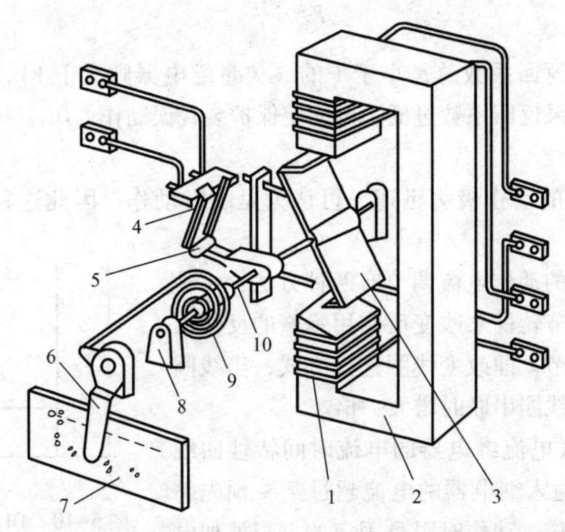

图 5-8　DL－10 系列电磁式电流继电器的内部结构
1—线圈　2—电磁铁　3—钢舌片　4—静触点　5—动触点　6—启动电流调节转杆
7—标度盘（铭牌）　8—轴承　9—反作用弹簧　10—轴

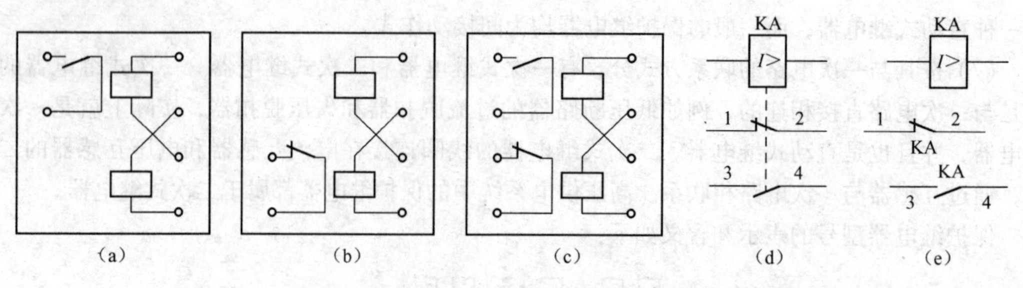

图 5-9　DL－10 系列电磁式电流继电器的内部接线和图形符号

由图 5-8 可知，在电磁铁 2 的磁极上绕有两个电流线圈 1（两个线圈可以串联或并联），磁极中间有一固定在转轴 10 上的 Z 形钢舌簧片 3，动触点 5 也固定在转轴上，能随转轴转动。转轴上还安装着反作用弹簧 9，保证正常工作状态时触点在断开位置，并作为调整起动电流之用。改变与弹簧连接的调节转杆 6 的位置就可以改变弹簧的松紧。图中 4 是静触点，7 是标度盘。

当继电器线圈 1 通过电流时，电磁铁 2 中产生磁通，力图使 Z 形钢舌簧片 3 面向凸出磁极偏转。与此同时转轴 10 上的反作用弹簧 9 又力图阻止钢舌簧片偏转。当继电器线圈中的电流增大到使钢舌簧片所受到的转矩大于反作用弹簧的反作用力矩时，钢舌簧片就转动，并带着同轴的动触点 5 运动，使之与静触点 4 闭合，即继电器的常开触点闭合，继电器动作或启动。这种继电器的动作行为取决于流入继电器的电流，所以称为电流继电器。使电流继电器动作的最小电流称继电器的动作电流（或启动电流），用 I_{op}表示。

过电流继电器动作后，减小通入继电器线圈的电流到一定值时，钢舌簧片在反作用弹簧作用下返回起始位置，常开触点断开。使继电器由动作状态返回到起始位置的最大电流，称为继电器的返回电流，用 I_{re}表示。

继电器的返回电流 Ire 与动作电流 I_{op}之比，称为继电器的返回系数，用 K_{re}表示，即

$$K_{re}=\frac{I_{re}}{I_{op}} \tag{5-19}$$

对于过量继电器，返回系数总是小于 1 的（欠量继电器则大于 1），返回系数越接近于 1，说明继电器越灵敏，如果返回系数过低，可能使保护装置误动作。DL－10 系列继电器的返回系数一般不小于 0.8。

电磁式电流继电器的动作极为迅速，可认为是瞬时动作，因此这种继电器也称为瞬时继电器。

电磁式电流继电器的动作电流调节有两种方法：一种是平滑调节，即拨动调节转杆来改变反作用弹簧的反作用力矩；另一种是级进调节，即改变线圈连接方式，当线圈并联时，动作电流将比线圈串联时增大一倍。

DL－10 系列电磁式电流继电器的电流时间特性曲线如图 5-10 所示。只要通入继电器的电流超过某一预先整定的数值时，它就能动作，动作时限是固定的，与外加电流无关，这种特性称作定时限特性。

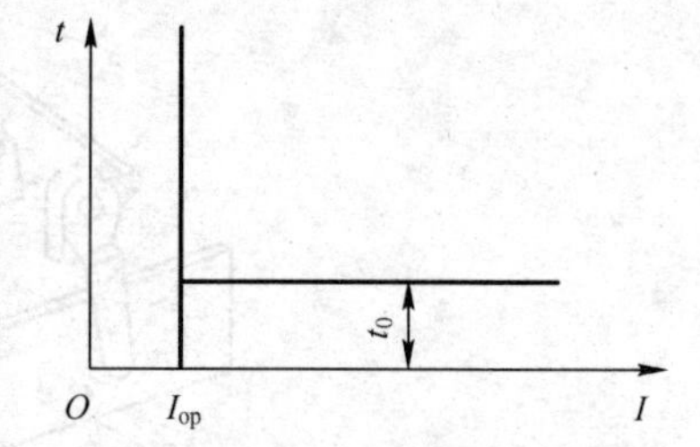

图 5-10　DL－10 系列电磁式电流继电器的电流时间特性曲线

电磁式电流继电器的优点是消耗功率小，灵敏度高，动作迅速；缺点是触点容量小，不能直接作用于断路器跳闸。

2）电磁式电压继电器

供电系统中常用的电磁式电压继电器的结构和动作原理，与上述电磁式电流继电器基本相同，只是电压继电器的线圈为电压线圈，且多做成低电压（欠电压）继电器。低电压继电器的动作电压 U_{op}，为其线圈上的使继电器动作的最高电压；其返回电压 U_{re}，为其线圈上的使继电器由动作状态返回到起始位置的最低电压。低电压继电器的返回系数为

$$K_{re}=\frac{U_{re}}{U_{op}}>1 \tag{5-20}$$

K_{re} 值越接近于1，说明继电器越灵敏。低电压继电器的 K_{re} 一般为1.25。

3）电磁式时间继电器

电磁式时间继电器在继电保护装置中，用来使保护装置获得所要求的延时（时限）。时间继电器的文字符号为KT。

时间继电器应用钟表机构和电磁铁作用，获得一定的动作时限。常用的DS－110、120系列时间继电器基本结构包括：电磁系统（线圈、衔铁），传动系统（螺杆、齿轮、弹簧），钟表机构，触头系统，调整时限机构。其内部结构如图5－11所示，其内部接线和图形符号如图5－12所示。

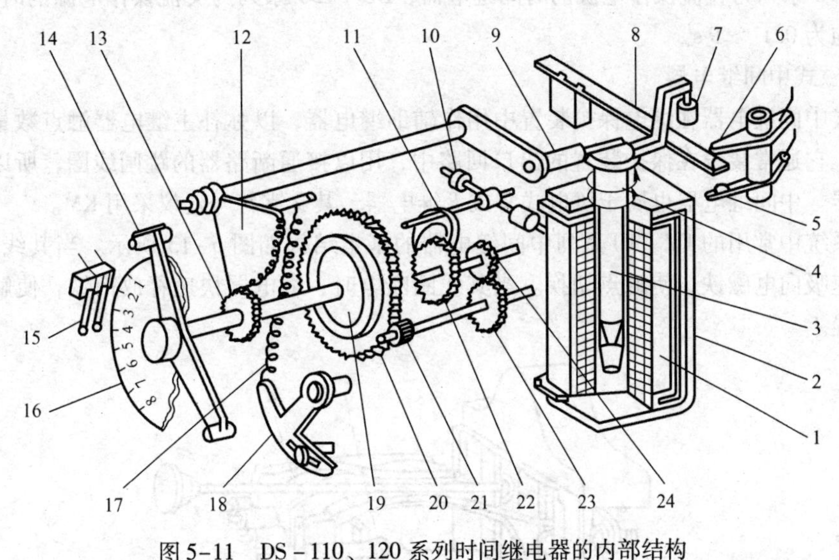

图5－11　DS－110、120系列时间继电器的内部结构

1—线圈　2—电磁铁　3—可动铁心　4—返回弹簧　5、6—瞬时静触点　7—绝缘件　8—瞬时动触点
9—压杆　10—平衡锤　11—摆动卡板　12—扇形齿轮　13—传动齿轮　14—主动触点
15—主静触点　16—标度盘　17—拉引弹簧　18—弹簧拉力调节器　19—摩擦离合器
20—主齿轮　21—小齿轮　22—掣轮　23、24—钟表机构传动齿轮

时间继电器的动作过程：当电磁系统中的线圈通过电流后，衔铁动作并带动传动系统运动。传动系统通过齿轮带动钟表机构顺时针方向转动，钟表机构则以一定速度转动，并带动触头系统的动触头运动。经过预定的行程（通过整定机构进行整定）后，动触头即与静触头相接触，转轴至此停止转动，完成电路的接通任务。当继电器的线圈断电时，继电器在弹簧作用下返回起始位置。

继电器的延时，可借改变主静触点的位置（即它与主动触头的相对位置）来调整。调整的时间范围，在标度盘上标出。

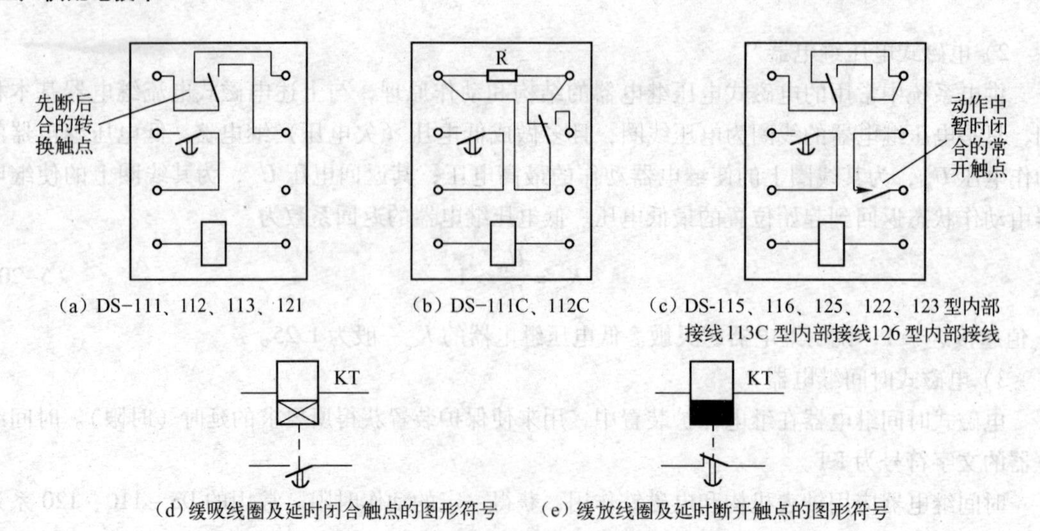

（a）DS–111、112、113、121　（b）DS–111C、112C　（c）DS-115、116、125、122、123 型内部接线113C 型内部接线126 型内部接线

（d）缓吸线圈及延时闭合触点的图形符号　（e）缓放线圈及延时断开触点的图形符号

图 5–12　DS－110、120 系列时间继电器的内部接线和图形符号

DS－110 系列为直流操作电源的时间继电器，DS－120 系列为交流操作电源的时间继电器，延时范围均为 0.1 ～ 9 s。

4）电磁式中间继电器

电磁式中间继电器在继电保护装置中用作辅助继电器，以弥补主继电器触点数量或触点容量的不足。它通常装设在保护装置的出口回路中，用以接通断路器的跳闸线圈，所以它又称为出口继电器。中间继电器也属于机电式有或无继电器，其文字符号建议采用 KM。

供电系统中常用的 DZ－10 系列中间继电器的基本结构如图 5–13 所示。当其线圈通电时，衔铁被快速吸向电磁铁，使触点切换。当其线圈断电时，继电器快速释放衔铁，使触点全部返回起始位置。

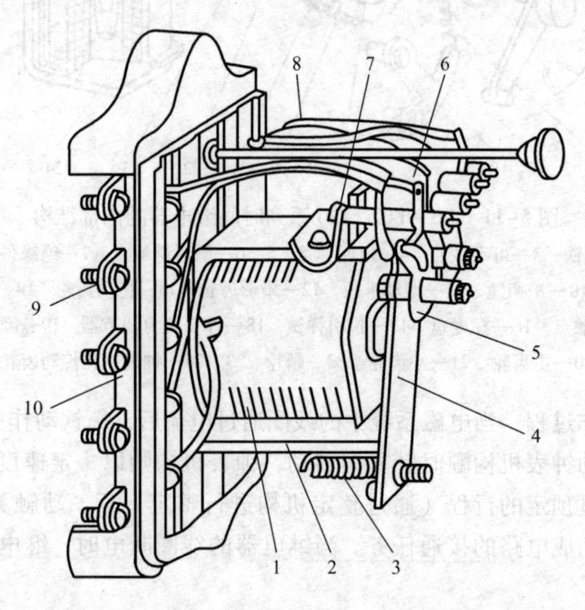

图 5–13　DZ－10 系列中间继电器的内部结构

1—线圈　2—电磁铁　3—弹簧　4—衔铁　5—动触点　6、7—静触点　8—连接线　9—接线端子　10—底座

这种快吸快放的电磁式中间继电器的内部接线和图形符号如图 5-14 所示。这里的线圈符号采用 GB/T4728 中的机电式有或无继电器类的“快速（快吸和快放）继电器”的线圈符号。

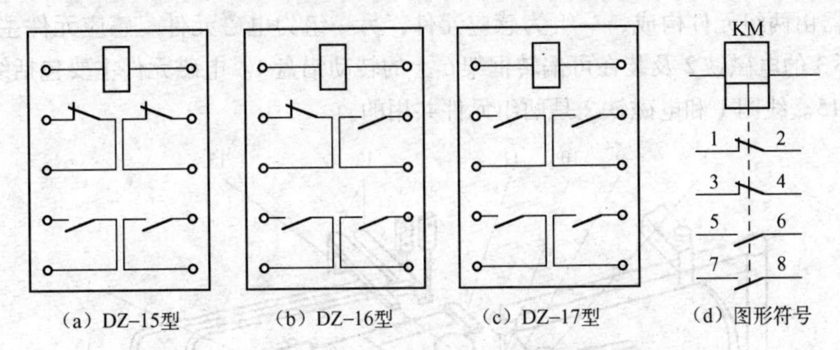

图 5-14　DZ－10 系列中间继电器的内部接线和图形符号

5）电磁式信号继电器

信号继电器用来标志保护装置的动作，并同时接通灯光和音响信号回路，发出保护动作信号。信号继电器的文字符号为 KS。

常用的 DX－11 型信号继电器结构与中间继电器相同，但多了信号牌和手动复归旋钮。信号继电器动作时，信号牌失去支持而掉落，可以从外壳的玻璃小窗中看出红色标志（未掉牌前是白色的）。其内部结构如图 5-15 所示，其内部接线和图形符号如图 5-16 所示。

信号继电器有两种：一种继电器的线圈是电压式的，并联接入电路；另一种继电器的线圈是电流式的，串联接入电路。

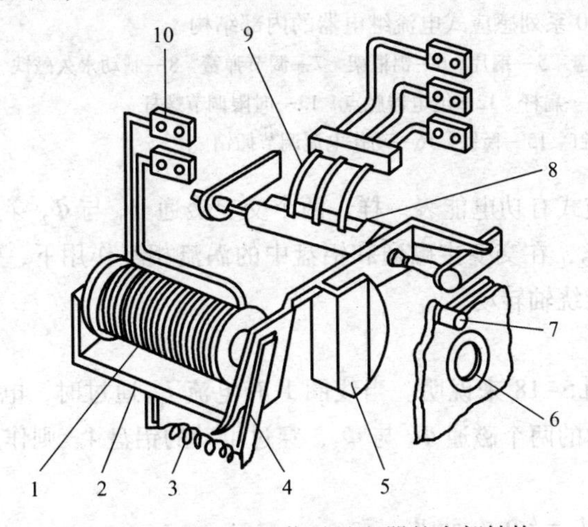

图 5-15　DX－11 型信号继电器的内部结构

1—线圈　2—电磁铁　3—弹簧　4—衔铁　5—信号牌

6—观察窗口　7—复位旋钮　8—动触点

9—静触点　10—接线端子

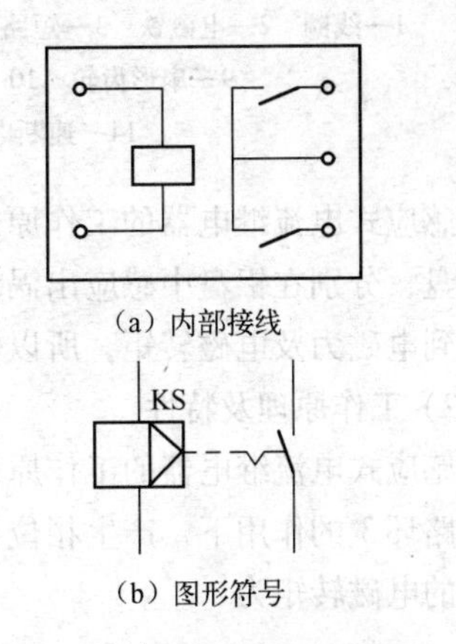

图 5-16　DX－11 型信号继电器的内部接线和图形符号

2. 感应式电流继电器

在工厂供电系统中，广泛采用感应式电流继电器来做过电流保护兼电流速断保护，因为感应式电流继电器兼有上述电磁式电流继电器、时间继电器、信号继电器和中间继电器的功能，从而可大大简化继电保护装置。而且采用感应式电流继电器组成的保护装置采用交流操作，可进一步简化二次系统，减少投资，因此它在中小型变配电所中应用非常普遍。

1）基本结构

工厂供电系统中常用的GL－10、20系列感应式电流继电器的内部结构如图5-17所示。这种电流继电器由两组元件构成，一组为感应元件，另一组为电磁元件。感应元件主要包括线圈1、带短路环3的电磁铁2及装在可偏转框架6上的转动铝盘4。电磁元件主要包括线圈1、电磁铁2和衔铁15。线圈1和电磁铁2是两组元件共用的。

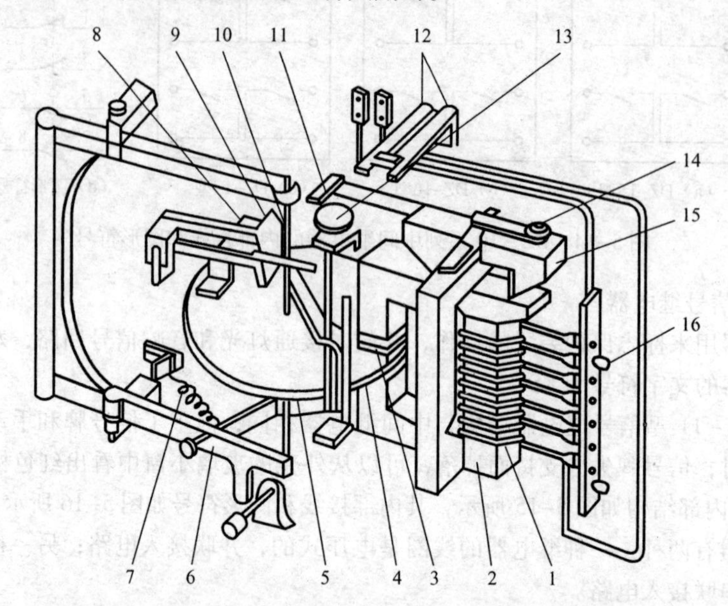

图5-17　GL－10、20系列感应式电流继电器的内部结构

1—线圈　2—电磁铁　3—短路环　4—铝盘　5—钢片　6—铝框架　7—调节弹簧　8—制动永久磁铁　9—扇形齿轮　10—蜗杆　11—扁杆　12—继电器触点　13—时限调节螺杆　14—速断电流调节螺钉　15—衔铁　16—动作电流调节插销

感应式电流继电器的工作原理与感应式有功电能表一样。两个交变磁通 Φ_1 与 Φ_2 穿过可动的铝盘，分别在铝盘中感应出涡流 I_1 和 I_2，在交变主磁通和铝盘中的涡流相互作用下，铝盘就要受到电磁力及电磁转矩，所以铝盘就能绕轴转动。

2）工作原理及特性

感应式电流继电器的工作原理可用图5-18来说明。当线圈1有电流 I_{KA} 通过时，电磁铁2在短路环3的作用下，产生相位一前一后的两个磁通 Φ_1 与 Φ_2，穿过可动的铝盘4。则作用在铝盘上的电磁转矩为

$$M_1 = k\Phi_1\Phi_2\sin\Psi \tag{5-21}$$

式中：Ψ——Φ_1 与 Φ_2 间的相位差；

k——常数。

上式通常称为感应式仪表的基本转矩方程。

由于 $\Phi_1 \propto I_{KA}$，$\Phi_2 \propto I_{KA}$，而 Ψ 为常数，因此 $M_1 \propto I_{KA}^2$，铝盘在转矩 M_1 作用下转动，同时切割永久磁铁8的磁通，在铝盘上感应出涡流，涡流又与永久磁铁的磁通作用，产生一个与 M_1 反向的制动力矩 M_2。制动力矩 M_2 与铝盘转速 n 成正比，即 $M_2 \propto n$。当铝盘转速 n 增大到某一定值时，$M_1 = M_2$，这时铝盘匀速转动。

继电器的铝盘在上述 M_1 和 M_2 的共同作用下，铝盘受力有使框架绕轴顺时针方向偏转的趋

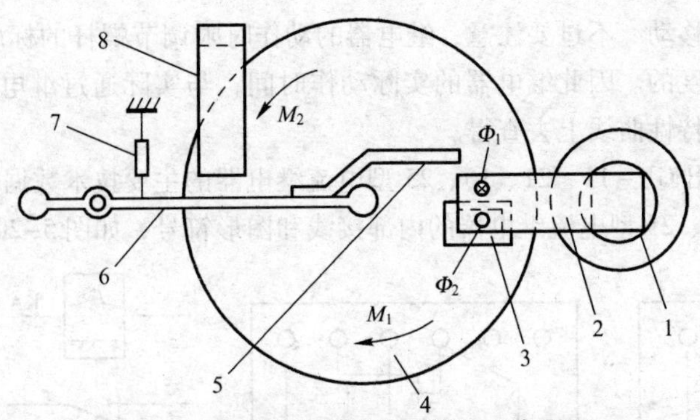

图 5-18　感应式电流继电器的工作原理

1—线圈　2—电磁铁　3—短路环　4—铝盘　5—钢片　6—铝框架　7—调节弹簧　8—制动永久磁铁

势，但受到弹簧 7 的阻力。

当继电器线圈电流增大到继电器的动作电流值 I_{op}时，铝盘受到的力也增大到可克服弹簧的阻力，使铝盘带动框架前偏（参看图 5-17），使蜗杆 10 与扇形齿轮 9 啮合，这就称为继电器动作。由于铝盘继续转动，使扇形齿轮沿着蜗杆上升，最后使触点 12 切换，同时使信号牌（图 5-17 上未示出）掉下，从观察窗口可看到红色或白色的信号指示，表示继电器已经动作。使感应元件动作的最小电流，称为其动作电流。

继电器线圈中的电流越大，铝盘转动得越快，使扇形齿轮沿蜗杆上升的速度也越快，因此动作时间也越短，这也就是感应式电流继电器的“反时限特性”（也称“反比延时特性”），如图 5-19 所示的曲线 abc，这一特性是其感应元件所产生的。

当继电器线圈进一步增大到整定的速断电流（quick - break current）时，电磁铁 2（参看图 5-17）瞬时将衔铁 15 吸下，使触点 12 瞬时切换，同时也使信号牌掉下。电磁元件的“电流速断特性”，如图 5-19 所示曲线 bb′d。因此该电磁元件又称电流速断元件。使电磁元件动作的最小电流，称为其速断电流 I_{qb}。

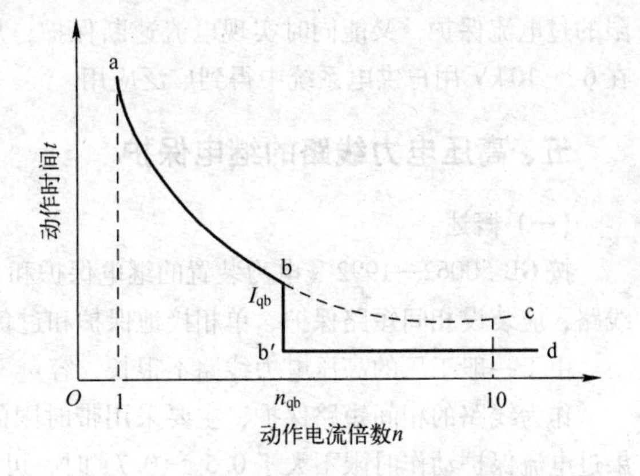

图 5-19　感应式电流继电器的动作特性曲线

abc—感应元件的反时限特性

速断电流 I_{qb}与感应元件动作电流 I_{op}的比值，称为速断电流倍数，即

$$n_{qb}=\frac{I_{qb}}{I_{op}} \tag{5-22}$$

GL－10、20 系列电流继电器的速断电流倍数 $n_{qb}=2\sim8$。

感应式电流继电器的上述有一定限度的反时限动作特性，称为“有限反时限特性”。

3）动作电流和动作时限的调节

继电器的动作电流（整定电流）I_{op}，可利用插销 16（参看图 5-17）以改变线圈匝数来进行级进调节，也可以利用调节弹簧 7 的拉力来进行平滑的细调。

继电器的速断电流倍数 n_{qb}，可利用螺钉 14 来改变衔铁 15 与电磁铁 2 之间的气隙来调节。气隙越大，n_{qb}越大。

继电器感应元件的动作时限，可利用时限调节螺杆 13 来改变扇形齿轮顶杆行程的起点，以使动作特性曲线上下移动。不过要注意，继电器的动作时限调节螺杆的标度尺，是以 10 倍动作电流的动作时间来标度的。因此继电器的实际动作时间，与实际通过继电器线圈的电流大小有关，需从相应的动作特性曲线上去查得。

附录表 A-24 列出 GL－11、21、15、25 型电流继电器的主要技术数据。

GL－11、21、15、25 型电流继电器的内部接线和图形符号，如图 5-20 所示。

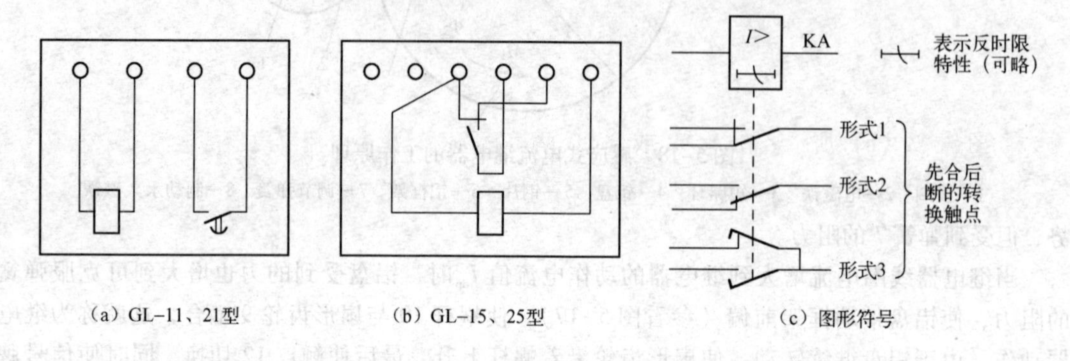

图 5-20　GL－11、21、15、25 型电流继电器的内部接线和图形符号

GL 型感应式电流继电器机械结构复杂，精度不高，瞬动时限误差大，但它的触点容量大，它同时兼有电磁式电流继电器、时间继电器、信号继电器和中间继电器的功能，即它在继电保护装置中，既能作为起动器件，又能实现延时、给出信号和直接接通跳闸回路；既能实现带时限的过电流保护，又能同时实现电流速断保护，从而使保护装置的元件减少，接线简单。因而在 6 ～ 10 kV 用户供电系统中得到广泛应用。

五、高压电力线路的继电保护

（一）概述

按 GB 50062—1992《电力装置的继电保护和自动装置设计规范》规定：对 3 ～ 66 kV 电力线路，应装设相间短路保护、单相接地保护和过负荷保护。

由于一般工厂的高压电力线路不很长，容量不很大，因此其继电保护装置通常比较简单。

作为线路的相间短路保护，主要采用带时限的过电流保护和瞬时动作的电流速断保护。如果过电流保护动作时限不大于 0. 5 ～ 0. 7 s 时，可不装设电流速断保护。相间短路保护应动作于断路器的跳闸机构，使断路器跳闸，切除短路故障部分。

作为线路的单相接地保护，有两种方式：绝缘监视装置，装设在变配电所的高压母线上，动作于信号；但是当单相接地故障危及人身和设备安全时，则应动作于跳闸。

对可能经常过负荷的电缆线路，按 GB 50062 规定，应装设过负荷保护，动作于信号。

（二）继电保护装置的接线方式

高压电力线路的继电保护装置中，启动继电器与电流互感器之间的连接方式，主要有两相两继电器式和两相一继电器式两种。

1. 两相两继电器式接线（见图 5-21）

这种接线，如果一次电路发生三相短路或两相短路时，都至少有一个继电器要动作，从而使一次电路的断路器跳闸。

为了表达这种接线方式中继电器电流 I_{KA} 与电流互感器二次电流 I_2 的关系，特引入一个接线

系数 K_w：

$$K_w = \frac{I_{KA}}{I_2} \tag{5-23}$$

两相两继电器式接线在一次电路发生任意相间短路时，$K_w=1$，即其保护灵敏度都相同。

2. 两相一继电器式接线

如图5-22所示，这种接线又称两相电流差接线。正常工作和三相短路时，流入继电器的电流 I_{KA} 为A相和C相两相电流互感器二次电流的相量差，即 $\dot{I}_{KA}=\dot{I}_a-\dot{I}_c$，而量值上 $I_{KA}=\sqrt{3}I_a$，如图5-23（a）所示。在A、C两相短路时，流进继电器的电流为电流互感器二次侧电流的2倍，如图5-23（b）所示。在A、B或B、C两相短路时，流进电流继电器的电流等于电流互感器二次侧的电流，如图5-23（c）所示。

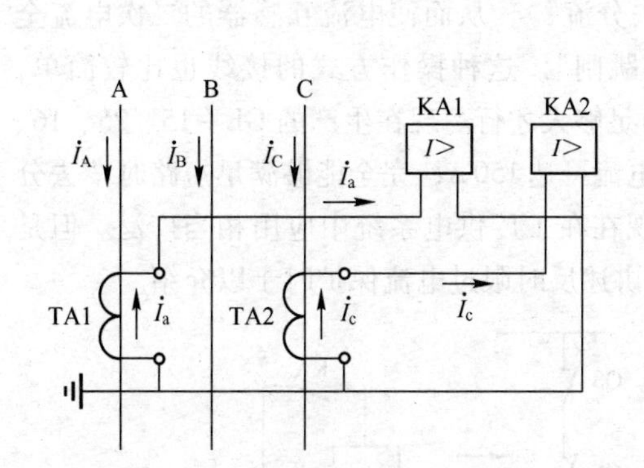

图5-21 两相两继电器式接线

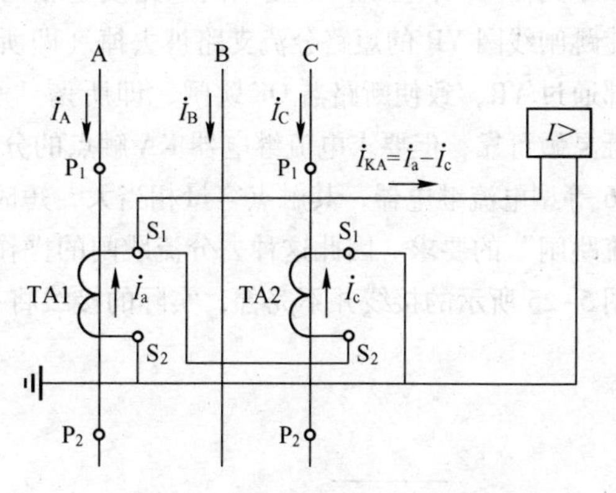

图5-22 两相一继电器式接线图

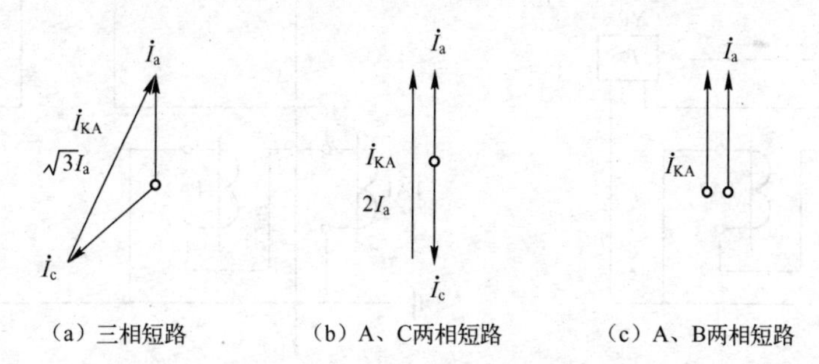

（a）三相短路 （b）A、C两相短路 （c）A、B两相短路

图5-23 两相电流差接线在不同短路形式时电流相量图

可见，两相电流差接线的接线系数与一次电路发生短路的形式有关，不同的短路形式，其接线系数不同。

三相短路：流过断电器的电流为 $\sqrt{3}I_k^{(3)}/K_i$，$K_W=\sqrt{3}$。

A相与B相或B相与C相短路：流过继电器的电流为 $I_k^{(2)}/K_i$，$K_W=1$。

A相与C相短路：流过继电器的电流为 $2I_k^{(2)}/K_i$，$K_W=2$。

因为两相电流差式接线在不同短路时接线系数不同，故在发生不同形式故障情况下，保护装置的灵敏度不同。有的甚至相差一倍，这是不够理想的。然而这种接线所用设备较少，简单经济，因此在用户小容量高压电动机和车间变压器的保护中仍有所采用。

（三）继电保护装置的操作方式

继电保护装置的操作电源，有直流操作电源和交流操作电源两大类。由于交流操作电源具有投资少、运行维护方便及二次回路简单可靠等优点，因此它在中小型工厂供电系统中应用广泛。

交流操作电源供电的继电保护装置主要有以下两种操作方式：

1. 直接动作式（见图5-24）

利用断路器手动操作机构内的过流脱扣器（跳闸线圈）YR作为直动式过流继电器KA，接成两相一继电器式或两相两继电器式。正常运行时，YR通过的电流远小于其动作电流，因此不动作。而在一次电路发生相间短路时，YR动作，使断路器QF跳闸。这种操作方式简单经济，但保护灵敏度低，实际上较少应用。

2. “去分流跳闸”的操作方式（见图5-25）

正常运行时，电流继电器KA的常闭触点将跳闸线圈YR短路分流，YR中无电流通过，所以断路器QF不会跳闸。当一次电路发生相间短路时，电流继电器KA动作，其常闭触点断开，使跳闸线圈YR的短路分流支路被去掉（即所谓“去分流”），从而使电流互感器的二次电流全部通过YR，致使断路器QF跳闸，即所谓“去分流跳闸”。这种操作方式的接线也比较简单，且灵敏可靠，但要求电流继电器KA触点的分断能力足够大才行。现在生产的GL-15、25、16、26等型电流继电器，其触点容量相当大，短时分断电流可达150 A，完全能够满足短路时“去分流跳闸”的要求。因此这种去分流跳闸的操作方式现在在工厂供电系统中应用相当广泛。但是图5-25所示的接线并不完善，实际的接线将在下面讲述反时限过电流保护时予以介绍。

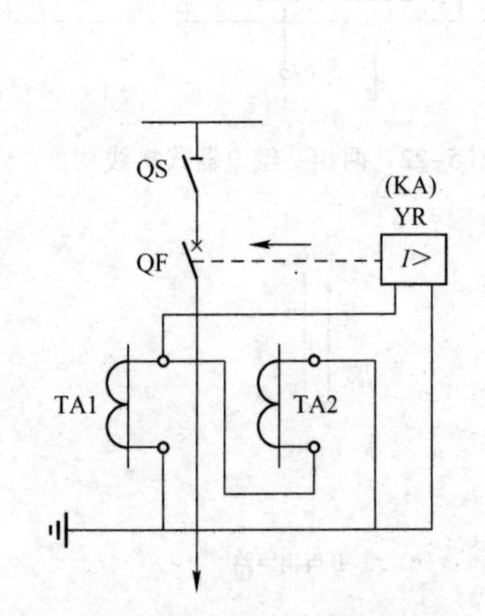

图5-24　直接动作式过电流保护电路

QF—断路器　TA1、TA2—电流互感器

YR—断路器跳闸线圈（即直动式继电器KA）

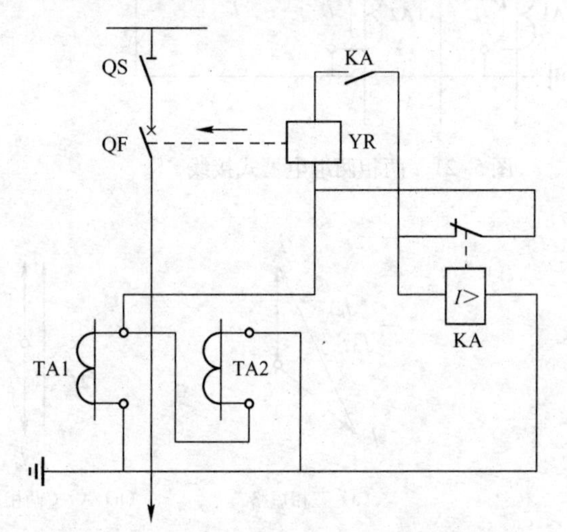

图5-25　“去分流跳闸”的过电流保护电路

QF—断路器　TA1、TA2—电流互感器

KA—电流继电器（GL型）　YR—跳闸线圈

（四）定时限的过电流保护

定时限过电流保护，即保护装置的动作时间按整定的动作时间固定不变，与短路电流的大小无关。

1. 定时限过电流保护装置的组成和工作原理

定时限过电流保护装置的原理电路如图5-26所示，其中图5-26（a）为集中表示的原理电路图，通常称为接线图，这种电路图中的所有电器的组成部件是各自归总在一起的，因此过去也称为归总式电路图。图5-26（b）为分开表示的原理电路图，通常称为展开图，这种电路图中的所有电器的组成部件按各部件所属回路分开绘制。从原理分析的角度来说，展开图简明清晰，在二次回路（包括继电保护、自动装置、控制、测量等回路）中应用最为普遍。

下面分析图 5-26 所示定时限过电流保护的工作原理。

当一次电路发生相间短路时，电流继电器 KA 瞬时动作，闭合其触点，使时间继电器 KT 动作。KT 经过整定的时限后，其延时触点闭合，使串联的信号继电器（电流型）KS 和中间继电器 KM 动作。KS 动作后，其指示牌掉下，同时接通信号回路，给出灯光信号和音响信号。KM 动作后，接通跳闸线圈 YR 回路，使断路器 QF 跳闸，切除短路故障。QF 跳闸后，其辅助触点 QF1－2 随之切断跳闸回路。在短路故障被切除后，继电保护装置除 KS 外的其他所有继电器均自动返回起始状态，而 KS 则可手动复位。

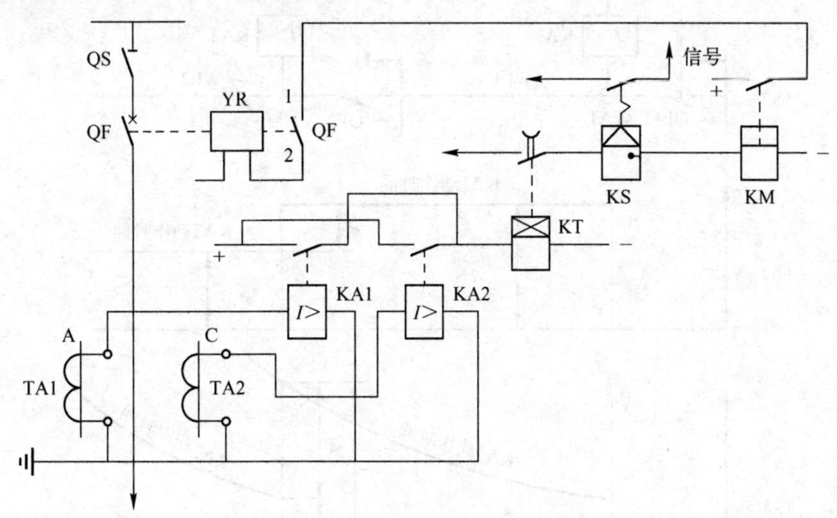

（a）接线图（按集中表示法绘制）

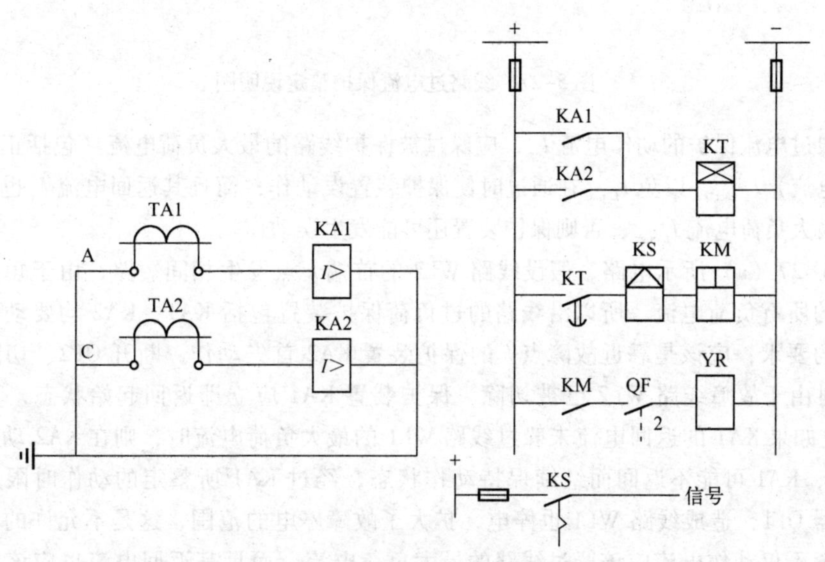

（b）展开图（按分开表示法绘制）

图 5-26　定时限过电流保护的原理电路图

QF—断路器　KA—电流继电器（DL 型）　KT—时间继电器（DS 型）

KS—信号继电器（DX 型）　KM—中间继电器（DZ 型）　YR—跳闸线圈

2. 定时限过电流保护动作电流的整定

动作电流的整定必须满足下面两个条件：

(1) 线路通过最大负荷电流（包括正常过负荷电流和尖峰电流）时保护装置不应启动，动作电流必须躲过（大于）线路的最大负荷电流 $I_{L.\max}$。

(2) 保护装置的返回电流 I_{re} 也应该躲过线路的最大负荷电流 $I_{L.\max}$，以保证保护装置在外部故障部分切除后，能可靠地返回到原始位置，避免发生误动作。为说明这一点，现以图 5-27 为例来说明。

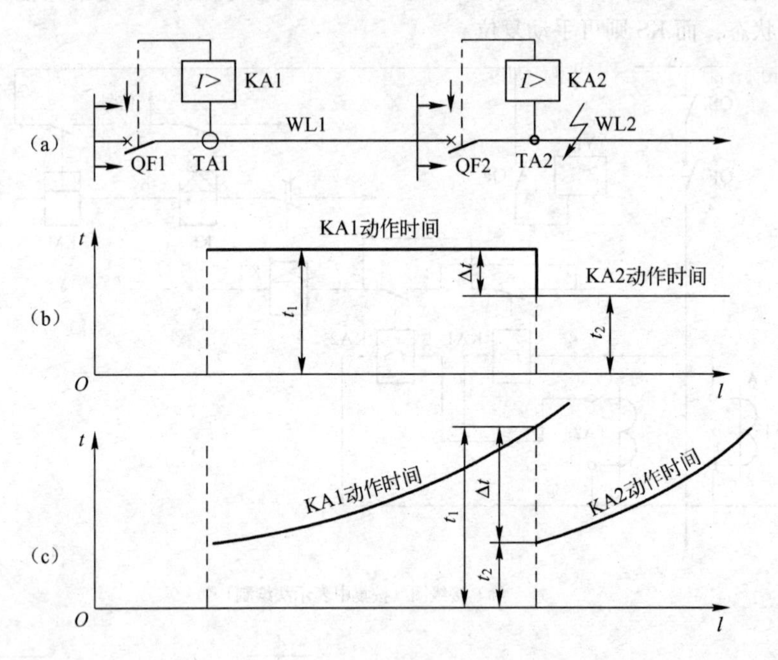

图 5-27 线路过电流保护整定说明图

带时限过电流保护的动作电流 I_{op}，应躲过被保护线路的最大负荷电流（包括正常过负荷电流和尖峰电流）$I_{L.\max}$，以免 $I_{L.\max}$ 在通过时使保护装置误动作；而且其返回电流 I_{re} 也应躲过被保护线路的最大负荷电流 $I_{L.\max}$，否则保护装置还可能发生误动作。

如图 5-27（a）所示电路，假设线路 WL2 的首端 k 点发生相间短路，由于短路电流远大于线路上的所有负荷电流，所以沿线路的过负荷保护装置包括 KA1、KA2 均要动作。按照保护选择性的要求，应该是靠近故障点 k 的保护装置 KA2 首先动作，断开 QF2，切除故障线路 WL2。这时由于故障线路 WL2 已被切除，保护装置 KA1 应立即返回起始状态，不致再断开 QF1。但是如果 KA1 的返回电流未躲过线路 WL1 的最大负荷电流时，则在 KA2 动作并断开线路 WL2 后，KA1 可能不返回而继续保持动作状态，经过 KA1 所整定的动作时限后，错误地断开断路器 QF1，造成线路 WL1 也停电，扩大了故障停电的范围，这是不允许的。所以过电流保护装置不仅动作电流应该躲过线路的最大负荷电流，而且其返回电流也应该躲过线路的最大负荷电流。

设保护装置所连接的电流互感器变流比为 K_i，保护装置的接线系数为 K_w，保护装置的返回系数为 K_{re}，则线路的最大负荷电流 $I_{L.\max}$ 换算到继电器中的电流为 $K_w I_{L.\max}/K_i$。由于要求返回电流也要躲过最大负荷电流，即 $I_{re} > K_w I_{L.\max}/K_i$。而 $I_{re} = K_{re} I_{op}$，因此 $K_{re} I_{op} > K_w I_{L.\max}/K_i$。将此式写

成等式，计入一个可靠系数 K_{rel}，即得到过电流保护装置动作电流的整定计算公式为

$$I_{op}=\frac{K_{rel}K_w}{K_{re}K_i}I_{L.max} \tag{5-24}$$

式中：K_{rel}——保护装置的可靠系数，对 DL 型电流继电器取 1.2，对 GL 型电流继电器取 1.3；

K_w——保护装置的接线系数，对两相两继电器式接线（相电流接线）为 1，对两相一继电器式接线（两相电流差接线）为$\sqrt{3}$；

$I_{L.max}$——线路上的最大负荷电流，可取为（1.5 ～3）I_{30}，

I_{30}——线路计算电流。

如果采用断路器手动操作机构中的过流脱扣器（跳闸线圈）YR 作过电流保护，则过流脱扣器的动作电流（脱扣电流）应按下式整定：

$$I_{op(YR)}=\frac{K_{rel}K_w}{K_i}I_{L.max} \tag{5-25}$$

式中：K_{rel}——脱扣器的可靠系数，可取 2 ～2.5，这里的可靠系数已计入脱扣器的返回系数。

3. 过电流保护动作时限的整定

为了保证前后两级保护装置动作的选择性，过电流保护装置的动作时间（也称动作时限），应按“阶梯原则”进行整定，也就是在后一级保护装置所保护的线路首端（如图 5-27（a）中的 k 点）发生三相短路时，前一级保护装置的动作时间 t_1 应比后一级保护装置中最长的动作时间 t_2 都要大一个时间级差 Δt，如图 5-27（b）所示。

当 k 点发生短路故障时，设置在定时限过电流装置中的电流继电器 KA1、KA2 等都将同时起动，根据保护动作选择性要求，应该由距离 k 点最近的保护装置 KA2 动作，使断路器 QF2 跳闸，故保护装置中时间继电器 KT2 的整定值应比装置 KT1 的整定值小一个时间级差 Δt。即

$$t_1 \geqslant t_2+\Delta t \tag{5-26}$$

在确定 Δt 时，应考虑到前一级保护装置动作时限可能发生提前动作的负误差，后一级保护装置可能发生滞后动作的正误差，还要考虑到保护装置的动作有一定的惯性误差，为了确保前后级保护装置的动作选择性，还应该考虑加上一个保险时间。于是，Δt 大约在 0.5 ～0.7 s 之间。

对于定时限过电流保护，可取 $\Delta t=0.5$ s；对于反时限过电流保护，可取 $\Delta t=0.7$ s。

4. 定时限过电流保护的灵敏度校验

根据式（5-1），灵敏系数 $S_PI=I_{k.min}/I_{op(1)}$。对于线路过电流保护，$I_{k.min}$应取被保护线路末端在系统最小运行方式下的两相短路电流 $I_{k.min}^{(2)}$。而 $I_{op(1)}=(K_i/K_w)I_{op}$。因此按规定过电流保护的灵敏系数必须满足的条件为

$$S_P=\frac{K_wI_{k.min}^{(2)}}{K_iI_{op}}\geqslant 1.5 \tag{5-27}$$

当过电流保护作后备保护时，如满足式（5-27）有困难，可以取 $S_p \geqslant 1.2$。

当定时限过电流保护灵敏系数达不到上述要求时，可采取措施来提高灵敏度，以达到上述要求。如增设低电压闭锁装置，可降低动作电流，提高其灵敏度。

5. 低电压闭锁的过电流保护

如图 5-28 所示保护电路，在线路过电流保护的过电流继电器 KA 的常开触点回路中，串入低电压继电器 KV 的常闭触点，而 KV 经过电压互感器 TV 接在被保护线路的母线上。

在供电系统正常运行时，母线电压接近于额定电压，因此低电压继电器 KV 的常闭触点是断开的。这时的过电流继电器 KA 即使由于线路过负荷而误动作（即 KA 触点闭合）也不致造成断路器 QF 误跳闸。正因为如此，凡装有低电压闭锁的过电流保护装置的动作电流 I_{op}，不必按躲过线路的最大负荷电流 $I_{L.max}$ 来整定，而只需按躲过线路的计算电流 I_{30} 来整定。当然保护装置的返回电流 I_{re} 也应躲过 I_{30}。因此，装有低电压闭锁的过电流保护的动作电流整定计算公式为

$$I_{op}=\frac{K_{rel}K_{w}}{K_{re}K_{i}}I_{30} \tag{5-28}$$

式中：各系数的含义和取值，与前面式（5-27）相同。由于其 I_{op} 的减少，从而有效地提高了保护灵敏度。

上述低电压继电器 KV 的动作电压 U_{op}，按躲过母线正常最低工作电压 U_{min} 来整定，当然其返回电压也应躲过 U_{min}。因此低电压继电器动作电压的整定计算公式为

$$U_{op}=\frac{U_{min}}{K_{rel}K_{re}K_{u}}\approx 0.6\frac{U_{N}}{K_{u}} \tag{5-29}$$

式中：U_{min}——母线最低工作电压，取（0.85～0.95）U_N；

U_N——线路额定电压；

K_{rel}——保护装置的可靠系数，可取 1.2；

K_{re}——低电压继电器的返回系数，一般取 1.25；

K_u——电压互感器的变压比。

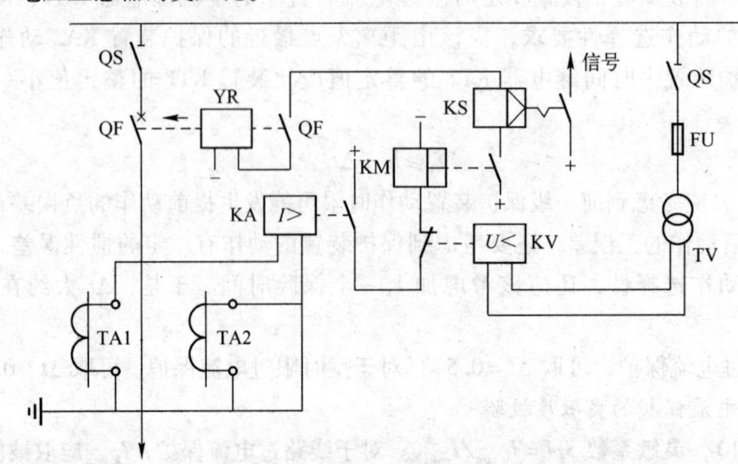

图 5-28　低电压闭锁的过电流保护

QF—高压断路器　TA—电流互感器　TV—电压互感器　KA—过电流继电器

KS—信号继电器　KM—中间继电器　KV—低电压继电器

（五）反时限过电流保护

反时限过电流保护，即保护装置的动作时间与反应到继电器中的短路电流的大小成反比关系，短路电流越大，动作时间越短，所以反时限特性也称为反比延时特性或反延时特性。

1. 反时限过电流保护的组成及原理

图 5-29 为反时限过电流保护的原理接线图，KA1、KA2 为 GL 型感应型带有瞬时动作元件的反时限过电流继电器，继电器本身动作带有时限，并有动作及指示信号牌，所以回路不需要

时间继电器和信号继电器。

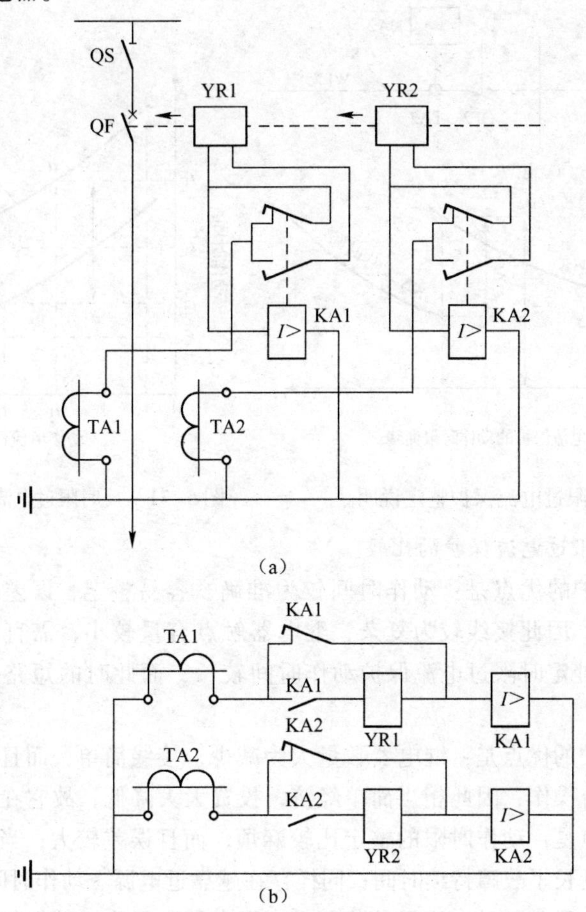

图 5-29　反时限过电流保护的原理接线图

TA——电流互感器 KA——感应型电流继电器 YR——跳闸线圈

当一次电路发生相间短路时，电流继电器 KAl、KA2 至少有一个动作，经过一定延时后(延时长短与短路电流大小成反比关系)，其常开触点闭合，紧接着其常闭触点断开，这时断路器跳闸线圈 YR 去分流而通电，从而使断路器跳闸，切除短路故障部分。在继电器去分流跳闸的同时，其信号牌自动掉下，指示保护装置已经动作。在短路故障部分被切除后，继电器自动返回，信号牌则需手动复位。

2. 反时限过电流保护动作电流的整定

反时限过电流保护动作电流的整定与定时限过电流保护相同，式（5-24）中 K_{rel} 取 1.3。

3. 反时限过电流保护动作时间的整定

由于 GL 型继电器的时限调节机构是按 10 倍动作电流的动作时间来标度的，而实际通过继电器的电流一般不会恰恰为动作电流的 10 倍，因此必须根据继电器的动作特性曲线来整定。

假设图 5-30（a）所示电路中，后一级保护 KA2 的 10 倍动作电流动作时间已经整定为 t_2，现在要求整定前一级保护 KA1 的 10 倍动作电流动作时间 t_1，整定计算步骤如图 5-31 所示。

4. 反时限过电流保护的灵敏度校验

反时限过电流保护的灵敏度校验与定时限过电流保护相同。

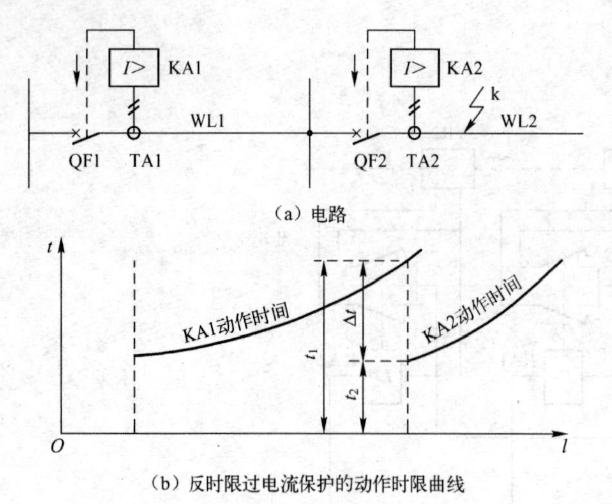

图 5-30　反时限过电流保护整定说明

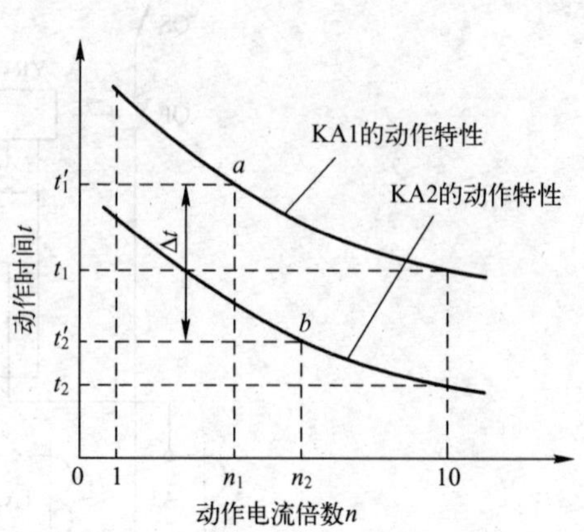

图 5-31　反时限过电流保护的动作特性曲线

5. 定时限与反时限过电流保护的比较

定时限过电流保护的优点是：动作时间较为准确，容易整定，误差小。其缺点是：所用继电器的数目比较多，因此接线较为复杂，继电器触点容量较小，需直流操作电源，投资较大。此外，靠近电源处定时限过电流保护动作时间较长，而此时的短路电流又较大，故对设备的危害较大。

反时限过电流保护的优点是：继电器数量大为减少，接线简单，而且可同时实现电流速断保护，加之可采用交流操作，因此相当简单经济，投资大大降低，故它在中小工厂供电系统中得到广泛应用。但缺点是：动作时限的整定比较麻烦，而且误差较大；当短路电流小时，其动作时间可能相当长，延长了故障持续时间；同样存在越靠近电源、动作时间越长的缺点。

由以上比较可知，反时限过电流保护装置具有继电器数目少，接线简单，以及可直接采用交流操作跳闸等优点，所以在 6 ～10 kV 供电系统中广泛采用。

例 5-2　某高压线路的计算电流为 90 A，线路末端的三相短路电流为 1 300 A。现采用 GL－15 型电流继电器，组成两相电流差接线的相间短路保护，电流互感器变流比为 315/5。试整定此继电器的动作电流。

解：取 $K_{re}=0.8$，$K_w=\sqrt{3}$，$K_{rel}=1.3$，$I_{L.max}=2I_{30}=2\times 90=180\ \text{A}$

根据公式（5-24）得此继电器的动作电流为

$$I_{op}=\frac{K_{rel}K_w}{K_{re}K_i}I_{L.max}=\frac{1.3\times\sqrt{3}}{0.8\times(315/5)}\times 180\ \text{A}=8.04\ \text{A}$$

可整定为 8 A。

例 5-3　图 5-30（a）所示高压线路中，已知 TA1 的 $K_{i(1)}=160/5$，TA2 的 $K_{i(2)}=100/5$。WL1 和 WL2 的过电流保护均采用两相两继电器式接线，继电器均为 GL－15/10 型。KA1 已经整定，$I_{op(1)}=8\ \text{A}$，10 倍动作电流动作时间 $t_1=1.4\ \text{s}$。WL2 的 $I_{L.max}=75\ \text{A}$，WL2 首端的 $K_{i(3)}=1\,100\ \text{A}$，末端的 $K_{i(3)}=400\ \text{A}$。试整定 KA2 的动作电流和动作时间。

解：(1) 整定 KA2 的动作电流。取 $K_{rel}=1.3$ 而 $K_w=1$，$K_{re}=0.8$ 故

$$I_{op(2)}=\frac{K_{rel}K_w}{K_i}I_{L.max}=\frac{1.3\times 1}{0.8\times(100/5)}\times 75=6.09\text{A}$$

整定为6 A。

（2）整定KA2动作时间。先确定KAl的动作时间。由于I_k反应到KAl的电流为

$$I'_{k(1)}=1\,100\ A\times1/(160/5)=34.4\ A$$

故$I'_{k(1)}$对KAl的动作电流倍数为

$$n_1=34.4/8=4.3$$

利用$n_1=4.3$和$t_1=1.4\ s$，查图GL－32型电流继电器的动作特性曲线，可得KAl的实际动作时间$t'_1=1.9\ s$。

因此KA2的实际动作时间应为

$$t'_2=t'_1-\Delta t=1.9\ s-0.7\ s=1.2\ s$$

现在确定KA2的10倍动作电流的动作时间。由于I_k反应到KA2中的电流为

$$I'_{k(2)}=1\,100\ A\times1/(100/5)=55\ A$$

故$I'_{k(2)}$对KA2的动作电流倍数

$$n_2=55\ A/6\ A=9.17$$

利用$n_2=9.17$和KA2的实际动作时间$t_2=1.2\ s$，查图GL－15型电流继电器的动作特性曲线，可得KA2的10倍动作电流的动作时间即整定时间$t_2\approx1.2\ s$。

（六）电流速断保护

上述带时限的过电流保护装置中，为了保证动作的选择性，其保护装置整定时限必须逐级增加一个Δt，这样，越靠近电源处，动作时限越长，而短路电流越大，对电力系统危害越严重。因此一般规定，当过电流保护的动作时限超过0.5～0.7 s时，应该装设电流速断保护，以保证本段线路的短路故障部分能迅速地被切除。

1. 电流速断保护的组成及速断电流的整定

电流速断保护实际上就是一种瞬时动作的过电流保护。其动作时限仅仅为继电器本身的固有动作时间，它的选择性不是依靠时限，而是依靠选择适当的动作电流来实现。对于采用GL型电流继电器的电力系统，直接利用继电器本身结构，既可完成反时限过电流保护，又可完成电流速断保护，不用额外增加设备，非常简单、经济。

对于采用DL型电流继电器的电力系统，其电流速断保护电路如图5-32所示。该图同时具有定时限电流保护功能，图中KAl、KA2、KT、KSl与KM构成定时限过电流保护，KA3、KA4、KS2与KM构成电流速断保护。比较可知，电流速断保护装置只是比定时限过电流保护装置少了时间继电器。

为了保证保护装置动作的选择性，电流速断保护的动作电流（即速断电流）I_{qb}，应按躲过它所保护线路末端的最大短路电流（即三相短路电流）$I_{k.max}$来整定。只有这样整定，才能避免在后一级速断保护所保护线路的首端发生三相短路时，它可能发生的误跳闸（因后一段线路距离很近，阻抗很小，所以速断电流应躲过其保护线路末端的最大短路电流）。

如图5-33所示电路中，WLl末端$k-1$点的三相短路电流，实际上与其后一段WL2首端$k-2$点的三相短路电流是近乎相等的。

因此可得电流速断保护动作电流（速断电流）的整定计算公式为

$$I_{qb}=\frac{K_{rel}K_{w}}{K_i}I_{k.max}\tag{5-30}$$

式中：$I_{k.max}$——保护线路末端的最大短路电流（即三相短路电流）。

K_{rel}——可靠系数，对DL型继电器，取1.2～1.3；对GL型继电器，取1.4～1.5；对脱扣器，取1.8～2。

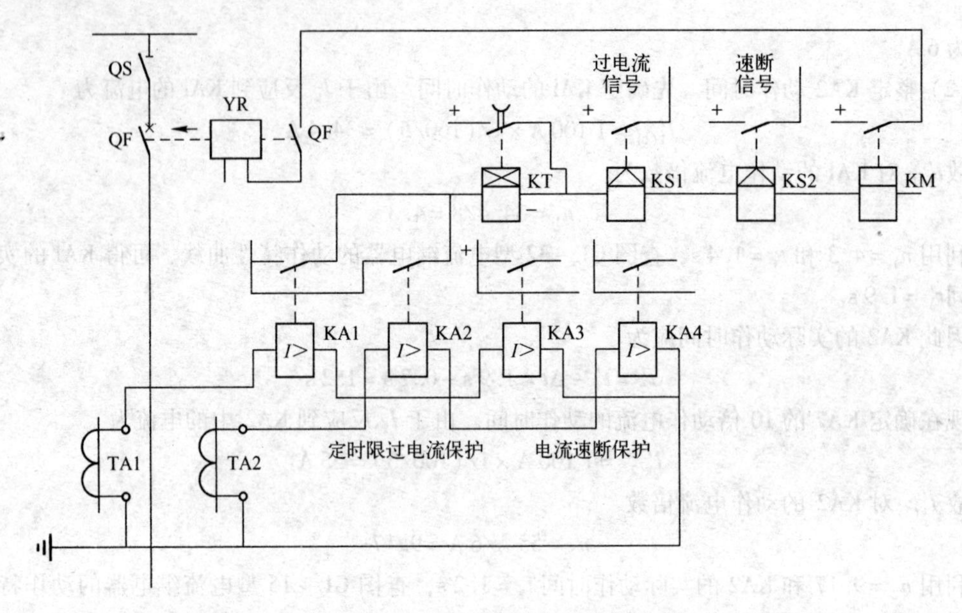

图 5-32　电力线路定时限过电流保护和电流速断保护电路图

2. 电流速断保护的"死区"及其弥补

由于电流速断保护的动作电流是按躲过线路末端的最大短路电流来整定的，因此在靠近线路末端的一段线路上发生的不一定是最大的短路电流（例如两相短路电流）时，电流速断保护装置就不可能动作，也就是说电流速断保护实际上不能保护线路的全长，这种保护装置不能保护的区域，就称为"死区"，如图 5-33 所示。

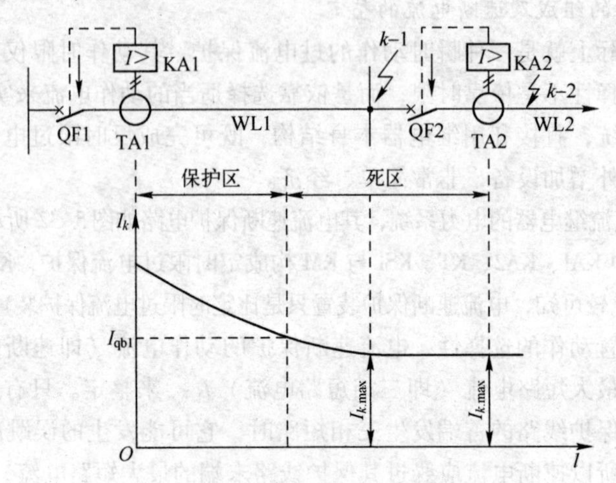

图 5-33　线路电流速断保护的保护区和死区

$I_{k.\max}$—前一级保护应躲过的最大短路电流

I_{qb1}——前一级保护整定的一次动作电流

为了弥补速断保护存在死区的缺陷，一般规定，凡装设电流速断保护的线路，都必须装设带时限的过电流保护。且过电流保护的动作时间比电流速断保护至少长一个时间级差 Δt = 0.5 ～ 0.7 s，而且前后级的过电流保护的动作时间又要符合"阶梯原则"，以保证选择性。在速断保护区内，速断保护作为主保护，过电流保护作为后备保护；而在速断保护的死区内，则过电流保护为基本保护。

3. 电流速断保护的灵敏度校验

电流速断保护的灵敏度，应按其保护装置安装处（即线路首端）的最小短路电流（两相短路电流）来校验。因此电流速断保护的灵敏度必须满足的条件是

$$S_{\mathrm{p}}=\frac{K_w I_k^{(2)}}{K_i I_{\mathrm{op}}}\geqslant 1.5\sim 2 \tag{5-31}$$

式中：$I_k^{(2)}$——线路首端在系统最小运行方式下的两相短路电流。

（七）有选择性的单相接地保护

在小接地电流的电力系统中，如果发生单相接地故障，则只有很小的接地电容电流，而相间电压不变，因此可暂时继续运行。但是这毕竟是一种故障，而且由于非故障相的对地电压要升高为原来对地电压的$\sqrt{3}$倍，因此对线路绝缘是一种威胁，如果长此下去，可能引起非故障相的对地绝缘击穿而导致两相接地短路，这将引起开关跳闸，线路停电。因此，在系统发生单相接地故障时，必须通过无选择性的绝缘监视装置或有选择性的单相接地保护装置，发出报警信号，以便运行值班人员及时发现和处理。

1. 单相接地保护的基本原理

单相接地保护又称零序电流保护，它利用单相接地所产生的零序电流使保护装置动作，发出信号。当单相接地危及人身和设备安全时，则动作于跳闸。

单相接地保护必须通过零序电流互感器将一次电路发生单相接地时所产生的零序电流反应到它二次侧的电流继电器中去，如图 5-34 所示。

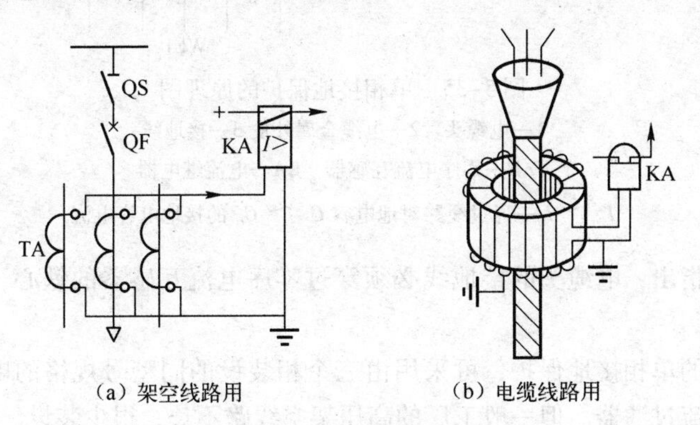

图 5-34 零序电流保护装置

单相接地保护的原理说明，如图 5-35 所示。图中所示供电系统中，母线 WB 上接有三路电缆出线 WL1、WL2、WL3，每路出线上都装有零序电流互感器。现假设电缆 WL1 的 A 相发生接地故障，这时 A 相的电位为地电位，所以 A 相不存在对地电容电流，只 B 相和 C 相有对地电容电流 I_1 和 I_2。电缆 WL2 和 WL3 也只有 B 相和 C 相有对地电容电流 $I_3\sim I_6$。所有这些对地电容电流 $I_1\sim I_6$ 都要经过接地故障点。由图可以看出，故障电缆 A 相芯线上流过所有电容电流之和，且与同一电缆的其他完好的 B 相和 C 相芯线及其金属外皮上所流过的电容电流恰好抵消，而除故障电缆外的其他电缆的所有电容电流 $I_3\sim I_6$ 则经过电缆头接地线流入地中。接地线流过的这一不平衡电流（零序电流）就要在零序电流互感器 TAN 的铁心中产生磁通，使 TAN 的二次绕组感应出电动势，使接于二次侧的电流继电器 KA 动作，发出报警信号。而在系统正常运行时，由于三相电流之和为零，没有不平衡电流，因此零序电流互感器铁心中没有磁通产生，

其二次侧也没有电动势和电流，电流继电器自然也不会动作。

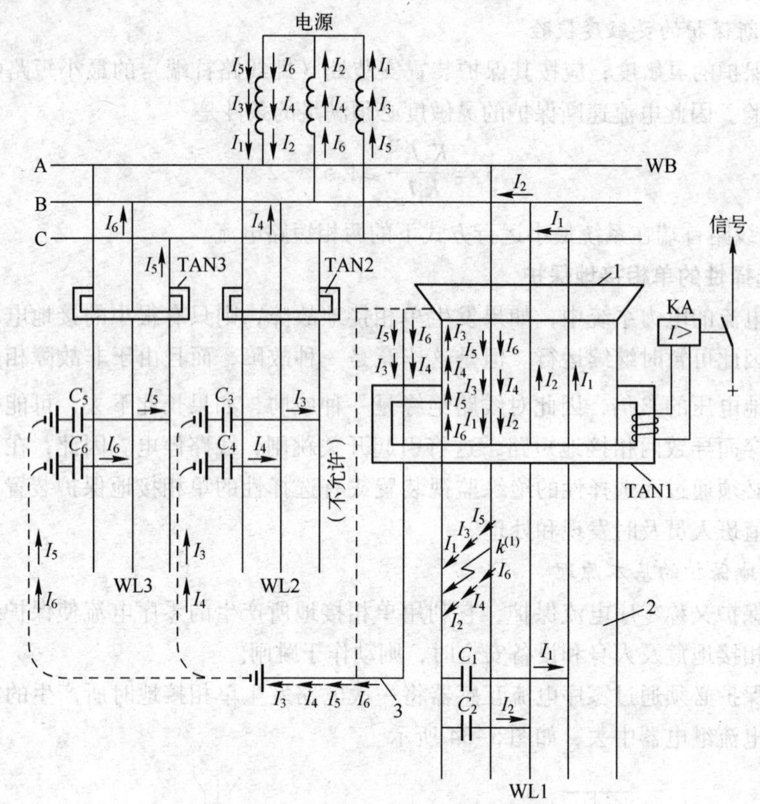

图 5-35　单相接地保护的原理图

1—电缆头　2—电缆金属外皮 3—接地线

TAN—零序电流互感器　KA—电流继电器

I_1 ～ I_6—通过线路对地电容 C_1 ～ C_6 的接地电容电流

这里必须强调指出：电缆头的接地线必须穿过零序电流互感器的铁心，否则接地保护装置不起作用。

关于架空线路的单相接地保护，可采用由三个相装设的同型号规格的电流互感器同极性并联所组成的零序电流过滤器。但一般工厂的高压架空线路不长，很少装设。

2. 单相接地保护装置动作电流的整定

由图 5-35 可以看出，当供电系统某一线路发生单相接地故障时，其他线路上都会出现不平衡的电容电流，而这些线路因本身是正常的，其接地保护装置不应该动作，因此单相接地保护的动作电流 $I_{op(E)}$ 应该躲过在其他线路上发生单相接地时在本线路上引起的电容电流 I_C，即单相接地保护动作电流的整定计算公式为

$$I_{op(E)}=\frac{K_{rel}}{K_i}I_C \tag{5-32}$$

I_C 为其他线路发生单相接地时，在被保护线路上产生的电容电流，可按前面式（1-3）计算，只是式中 l 应取被保护线路的长度；K_i 为零序电流互感器的变流比；K_{rel} 为可靠系数，保护装置不带时限时，取4 ～ 5，以躲过被保护线路发生两相短路时所出现的不平衡电流；保护装置带时限时，取1.5 ～ 2，这时接地保护的动作时间应比相间短路的过电流保护动作时间大 Δt，以保证选择性。

3. 单相接地保护的灵敏度

单相接地保护的灵敏度，应按被保护线路末端发生单相接地故障时流过接地线的不平衡电流作为最小故障电流来检验，而这一电容电流为与被保护线路有电联系的总电网电容电流 $I_{C.\Sigma}$ 与该线路本身的电容电流 I_C 之差。$I_{C.\Sigma}$ 按式 $I_C=\frac{U_N(l_{oh}+35l_{cab})}{350}$ 计算，而 $I_C=0.1U_Nl$，l 为被保护电缆的长度。因此单相接地保护的灵敏度检验公式为

$$S_p=\frac{I_{C.\Sigma}-I_C}{K_iI_{op(E)}}\geqslant 1.5 \tag{5-33}$$

式中：K_i——零序电流互感器的变流比。

(八) 电力线路的过负荷保护

电力线路的过负荷保护，只对可能经常出现过负荷的电缆线路才予以装设，一般延时动作于信号。其接线如图 5-36 所示。

电力线路过负荷保护的动作电流 $I_{op(OL)}$，按躲过线路的计算电流 I_{30} 来整定，即其整定计算公式为

$$I_{op(OL)}=\frac{1.2\sim1.3}{K_i}I_{30} \tag{5-34}$$

式中：K_i——电流互感器的变流比。

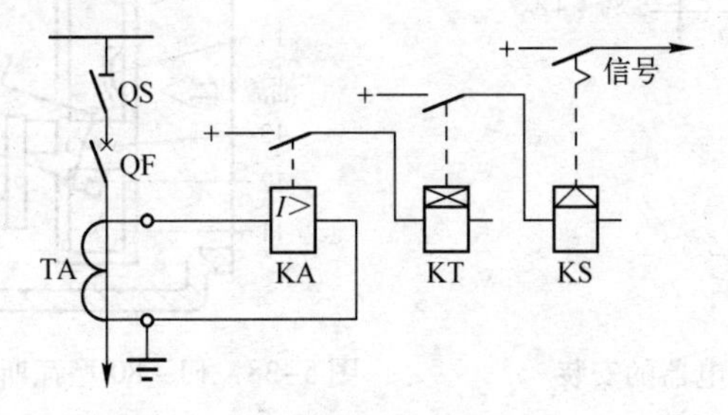

图 5-36　线路过负荷保护电路

TA—电流互感器　KA—电流继电器　KT—时间继电器　KS—信号继电器

六、电力变压器的继电保护

(一) 概述

电力变压器是供电系统中的重要设备，它出现故障将对供电的可靠性和用户的生产、生活产生严重的影响。因此，必须根据变压器的容量和重要程度装设适当的保护装置。

变压器故障一般分为内部故障和外部故障两种。按 GB 50062—1992 规定：对电力变压器的下列故障及异常运行方式，应装设相应的保护装置：(1) 绕组及其引出线的相间短路和中性点直接接地侧的单相接地短路；(2) 绕组的匝间短路；(3) 外部短路引起的过电流；(4) 中性点直接接地系统中外部接地短路引起的过电流及中性点过电压；(5) 过负荷；(6) 油面降低；(7) 变压器温度升高或油箱压力升高或冷却系统故障。

根据变压器的故障种类及不正常运行状态，变压器一般应装设下列保护。

(1) 瓦斯保护。它能反应（油浸式）变压器油箱内部故障和油面降低，瞬时动作于信号或跳闸。

（2）差动保护或电流速断保护。它能反应变压器内部故障和引出线的相间短路、接地短路，瞬时动作于跳闸。

（3）过电流保护。它能反应变压器外部短路而引起的过电流，带时限动作于跳闸，可作为上述保护的后备保护。

（4）过负荷保护。它能反应过负荷而引起的过电流。一般作用于信号。

（二）变压器的瓦斯保护

瓦斯保护又称气体继电保护，是保护油浸式电力变压器内部故障的一种基本的相当灵敏的保护装置。按 GB 50062—1992 规定，容量在 320 kV·A 以上的户内安装的油浸式变压器和 800 kV·A 以上的户外油浸式变压器以及 400 kV·A 及以上的车间内油浸式变压器，均应装设瓦斯保护。

变压器的瓦斯保护是防止油浸式变压器产生内部故障的一种基本保护。瓦斯保护的主要元件是瓦斯继电器，它装在变压器的油箱和油枕之间的连通管上，图 5-37、图 5-38 为 FJ－80 型开口杯式瓦斯继电器的安装及结构示意图。

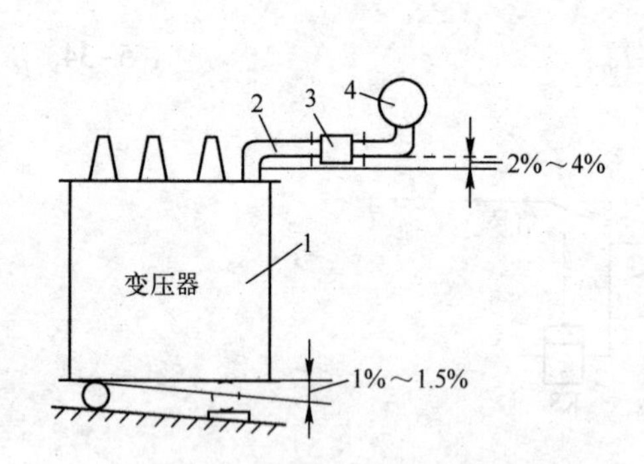

图 5-37　FJ－80 型瓦斯继电器的安装

1—变压器油箱　2—连通管
3—瓦斯继电器　4—油枕

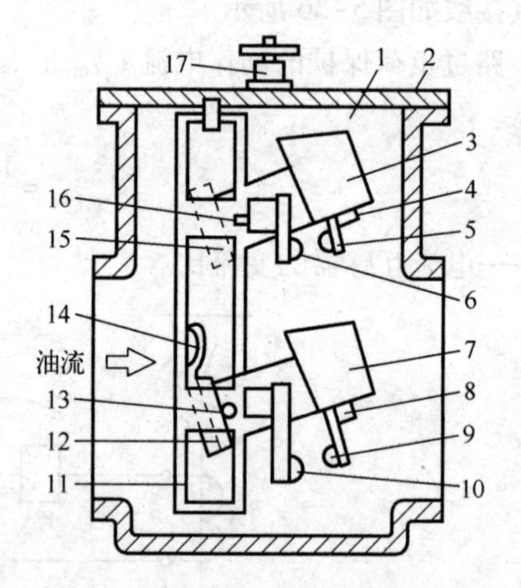

图 5-38　FJ－80 型瓦斯继电器结构示意图

1—容器　2—盖　3—上油杯　4—永久磁铁　5—上动触点　6—上静触点　7—下油杯　8—永久磁铁　9—下动触点　10—下静触点　11—支架　12—下油杯平衡锤　13—下油杯转轴　14—挡板　15—上油杯　平衡锤　16—上油杯转轴　17—放气阀

在变压器正常工作时，瓦斯继电器的上下油杯中都是充满油的，油杯因平衡锤的作用使上下触点断开。当变压器油箱内部发生轻微故障致使油面下降时，上油杯因盛有剩余的油使其力矩大于平衡锤的力矩而降落，从而使上触点接通，发出报警信号，这就是轻瓦斯动作。

当变压器油箱内部发生严重故障时，例如相间短路、铁心起火等，由于故障产生的气体很多，带动油流迅猛地由变压器油箱通过连通管进入油枕，在油流经过瓦斯继电器时，冲击挡板，使下油杯降落，从而使下触点接通，直接动作于跳闸，这就是重瓦斯动作。

如果变压器出现漏油，将会使瓦斯继电器内的油也慢慢流尽。这时继电器的上油杯先降落，接通上触点，发出报警信号，当油面继续下降时，会使下油杯降落，下触点接通，从而使断路器跳闸，如图 5-39 所示。

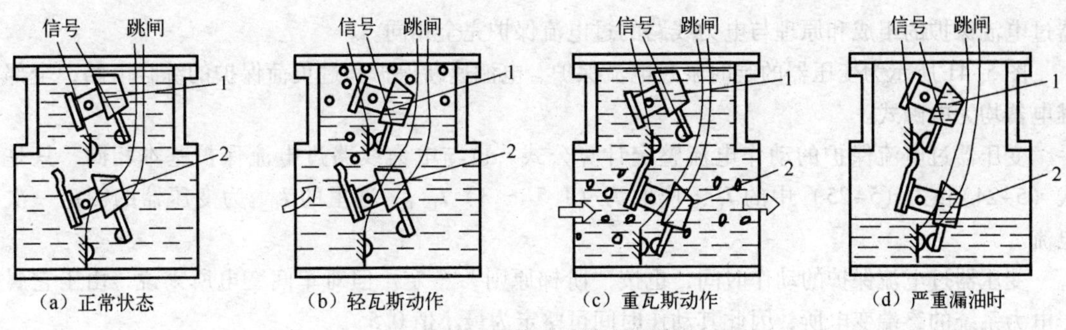

图5-39 瓦斯继电器动作说明

1—上开口油杯 2—下开口油杯

图5-40是变压器瓦斯保护的接线图。当变压器内部发生轻微故障（轻瓦斯）时，气体继电器KG的上触点KG1－2闭合，动作于报警信号。当变压器内部发生严重故障（重瓦斯）时，气体继电器KG的下触点KG3－4闭合，经中间继电器KM动作于断路器QF的跳闸线圈YR，同时通过信号继电器KS发出跳闸信号。

为了防止瓦斯保护在变压器换油或气体继电器试验时误动作，在出口回路装设了切换片XB，利用XB将重瓦斯回路切换至限流电阻R，只动作于报警信号。

在变压器内部发生严重故障时，油流和气流的速度往往很不稳定，KG3－4可能有“抖动”（接触不稳定）的现象，所以在变压器多种保护共用的出口继电器KM前并联了自保持触点KM1－2。因此为使断路器有足够的时间可靠地跳闸，中间继电器KM必须有自保持回路。只要KG3－4闭合，KM就动作，并借助KM1－2闭合而稳定KM动作状态（自保持，即使KG3－4又断开，KM仍通电），同时KM3－4也闭合，接通断路器QF的跳闸回路，使其跳闸。而后断路器辅助触点QF1－2返回，切断跳闸回路，同时QF3－4返回，切断KM自保持回路，使KM返回。

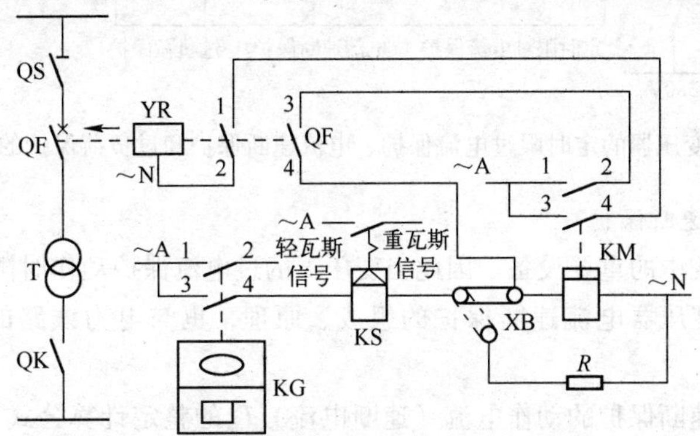

图5-40 变压器瓦斯保护的原理接线图

T—电力变压器 KG—气体继电器 KS—信号继电器

KM—中间继电器 QF—断路器 YR—跳闸线圈 XB—切换片

瓦斯继电器只能反应变压器内部的故障，包括漏油、漏气、油内有气、匝间故障、绕组相间短路等。而对变压器外部端子上的故障情况则无法反应。因此，除设置瓦斯保护外，还需设置过电流、电流速断或差动等保护。

（三）变压器的过电流保护、电流速断保护、过负荷保护

1. 变压器的过电流保护

变压器的过电流保护装置一般都装设在变压器的电源侧。无论是定时限还是反时限，变压器过电流保护的组成和原理与电力线路的过电流保护完全相同。

图5-41所示为变压器的定时限过电流保护、电流速断保护和过负荷保护的综合电路，全部继电器均为电磁式。

变压器过电流保护的动作电流整定计算公式，也与电力线路过电流保护基本相同，只是式（5-24）和式（5-25）中的 $I_{L.max}$ 应取为（1.5～3）$I_{1N.T}$，这里的 $I_{1N.T}$ 为变压器的额定一次电流。

变压器过电流保护的动作时间，也按“阶梯原则”整定。但对车间变电所来说，由于它属于电力系统的终端变电所，因此其动作时间可整定为最小值0.5 s。

变压器过电流保护的灵敏度，按变压器二次侧母线在系统最小运行方式时发生两相短路（换算到高压侧的电流值）来校验。其灵敏度的要求也与线路过电流保护相同，即 $S_p \geqslant 1.5$；当作为后备保护时可以 $S_p \geqslant 1.2$。

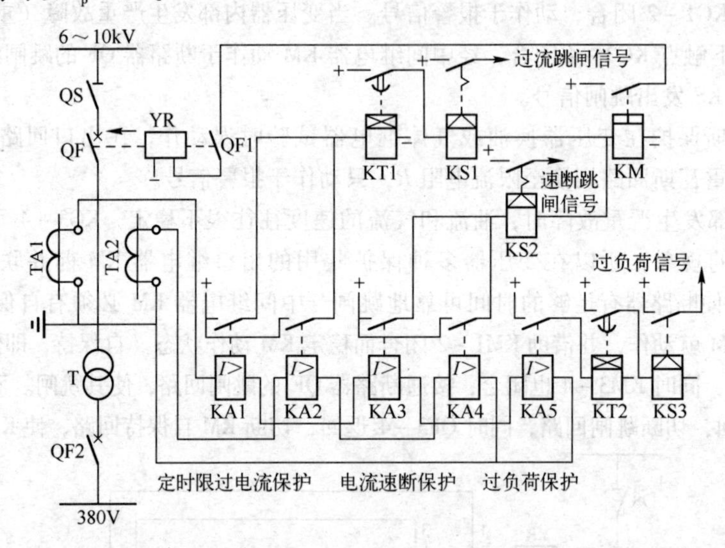

图5-41　变压器的定时限过电流保护、电流速断保护和过负荷保护的综合电路

2. 变压器的电流速断保护

变压器是供电系统中的重要设备。因此当变压器的过电流保护动作时限大于0.5 s时，必须装设电流速断保护。变压器电流速断保护的组成、原理，也与电力线路的电流速断保护完全相同。

电力变压器电流速断保护的动作电流（速断电流）I_{qb} 的整定计算公式，也与电力线路电流速断保护的基本相同，只是式（5-30）中的 $I_{k.max}$ 应改为电力变压器二次侧母线的三相短路电流周期分量有效值换算到一次侧的短路电流值，即电力变压器电流速断保护的速断电流应按躲过其二次侧母线三相短路电流来整定。

电力变压器电流速断保护的灵敏度，按保护装置安装处在系统最小运行方式下发生两相短路时的短路电流 $I_k^{(2)}$ 来检验，要求 $S_p \geqslant 1.5 \sim 2$。

电力变压器的电流速断保护，与电力线路的电流速断保护一样，也有“死区”。弥补死区的措施，也是配备带时限的过电流保护装置。

考虑到电力变压器在空载投入或突然恢复电压时将出现一个冲击性的励磁涌流，为避免电流速断保护误动作，可在速断电流 I_{qb} 整定后，将电力变压器在空载时试投若干次，以检验变压器的电流速断保护是否误动作。

3. 变压器的过负荷保护

变压器的过负荷保护是用来反应变压器正常运行时出现的过负荷情况，只在变压器确有过负荷可能的情况下才予以装设，一般动作于信号。

电力变压器过负荷保护的组成、原理，也与电力线路的过负荷保护完全相同。

变压器的过负荷在大多数情况下都是三相对称的，因此过负荷保护只需要在一相上装一个电流继电器。在过负荷时，电流继电器动作，再经过时间继电器给予一定延时，最后接通信号继电器发出报警信号。

过负荷保护的动作电流按躲过变压器额定一次电流 $I_{1N.T}$ 来整定，其计算公式为

$$I_{op(OL)}=(1.2\sim1.5)I_{T.N1}/K_i \tag{5-35}$$

式中：K_i——电流互感器的电流比。动作时间一般取 10 ～ 15 s。

例 5-4　某车间变电所装有一台 10 kV/0.4 kV、1 000 kV·A 的变压器。已知变压器低压侧母线的三相短路电流 $I_k^{(3)}=16$ kA，高压侧继电保护用电流互感器变流比为 100/5 A，继电器采用 GL－15/10型，接成两相两继电器式。试整定该继电器的动作电流、动作时限和速断电流倍数。

解：（1）过电流保护动作电流的整定。取 $K_w=1$，$K_{re}=0.8$，$K_i=100/5=20$，而

$$I_{L.max}=2I_{1N.T}=2\times\frac{1\,000\ \text{kVA}}{\sqrt{3}\times10\ \text{kV}}=115.5\ \text{A}$$

故其动作电流

$$I_{op}=\frac{1.3\times1}{0.8\times20}\times115.5\ \text{A}=9.4\ \text{A}$$

动作电流整定为 9 A。

（2）过电流保护动作时限的整定。考虑到车间变电所为终端变电所，因此其过电流保护的 10 倍动作电流的动作时间整定为 0.5 s。

（3）电流速断保护速断电流倍数的整定。取 $K_{rel}=1.5$ 而 $I_{k.max}=16\ \text{kA}\times0.4\ \text{kV}/10\ \text{kV}=0.64\ \text{kA}=640\ \text{A}$，故其速断电流

$$I_{qb}=\frac{1.5\times1}{20}\times640\ \text{A}=48\ \text{A}$$

因此速断电流倍数整定为

$$n_{qb}=\frac{48\ \text{A}}{9\ \text{A}}=5.3$$

（四）变压器低压侧的单相短路保护

变压器低压侧的单相短路保护，可采取下列措施之一。

1. 低压侧装设三相均带过电流脱扣器的低压断路器

这种低压断路器，既作低压侧的主开关，操作方便，便于自动投入，可提高供电可靠性，又用来保护低压侧的相间短路和单相短路。这种措施在低压配电保护电路中得到广泛的应用。

2. 低压侧三相装设熔断器保护

这种措施既可以保护变压器低压侧的相间短路也可以保护单相短路，但由于熔断器熔断后更换熔体需要一定的时间，所以它主要适用于供电要求不太重要负荷的小容量变压器。

3. 在变压器中性点引出线上装设零序过电流保护

如图 5-42 所示，这种零序过电流保护的动作电流，按躲过变压器低压侧最大不平衡电流来

整定，其整定计算公式为

$$I_{op(0)}=\frac{K_{rel}K_{dsq}}{K_i}I_{2N.T} \tag{5-36}$$

式中：$I_{2N.T}$——变压器的额定二次电流；

K_{dsq}——不平衡系数，一般取0.25；

K_{rel}——可靠系数，一般取1.2～1.3；

K_i——零序电流互感器的电流比。

零序过电流保护的动作时间一般取0.5～0.7 s。

零序过电流保护的灵敏度，按低压干线末端发生单相短路校验。对架空线$S_p\geqslant1.5$，对电缆线$S_p\geqslant1.2$，这一措施保护灵敏度较高，但不经济，一般较少采用。

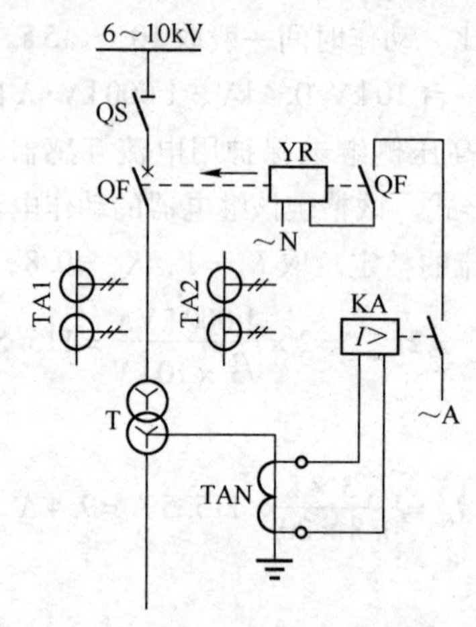

图5-42　变压器的零序过电流保护

QF—高压断路器　TNA—零序电流互感器　KA—电流继电器　YR—断路跳闸线圈

4. 两相三继电器式接线或三相三继电器式接线的过电流保护

适于兼作电力变压器低压侧单相短路保护的两种过电流保护接线方式，如图5-43所示。这两种接线既能实现相间短路保护，又能实现低压侧的单相短路保护，且保护灵敏度较高。

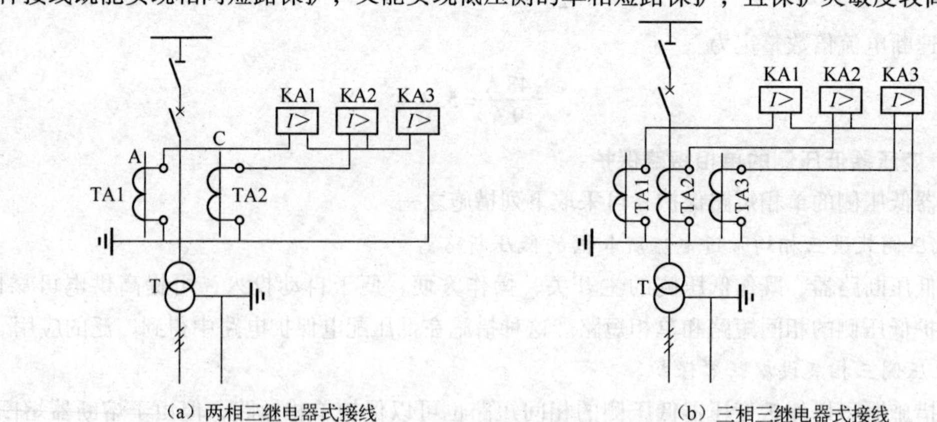

图5-43　适于兼作电力变压器低压侧单相短路的两种过电流保护接线方式

这里必须指出：通常作为电力变压器过电流保护的两相两继电器式接线和两相一继电器式接线，均不宜作为其低压侧的单相短路保护。下面对此作一简单分析。

(1) 两相两继电器式接线［见图5-44（a)］。

这种接线适用于作相间短路保护和过负荷保护，而且它属于相电流接线，接线系数为1，因此无论何种相间短路，保护装置的灵敏系数都是相同的。但若变压器低压侧发生单相短路情况就不同了。如果是装设有电流互感器的那一相（A相或C相）所对应的低压相（a相或c相）发生单相短路，继电器中的电流反应的是整个单相短路电流，这当然是符合要求的。但如果是未装有电流互感器的那一相（B相）所对应的低压相（b相）发生单相短路，由下面的分析可知，继电器的电流仅仅反应单相短路电流的1/3，这就达不到保护灵敏度的要求，因此这种接线不适于作低压侧单相短路保护。

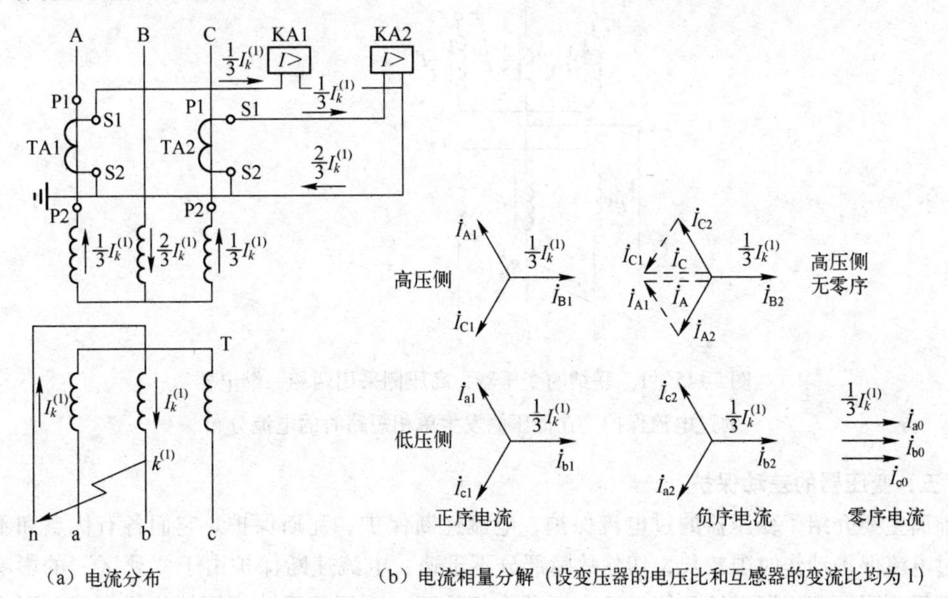

（a）电流分布　　（b）电流相量分解（设变压器的电压比和互感器的变流比均为1）

图5-44　联结的变压器，高压侧采用两相两继电器的过电流保护（在低压侧发生单相短路时）

图5-44（a）所示是未装电流互感器的B相所对应的低压侧b相发生单相短路时短路电流的分布情况。根据不对称三相电路的“对称分量分析法”，可将低压侧b相的单相短路电流分解为正序$\dot{I}_{b1}=\dot{I}_b/3$，负序$\dot{I}_{b2}=\dot{I}_b$和零序$\dot{I}_{b0}\dot{I}_b/3$。由此可绘出变压器低压侧各相电流的正序、负序和零序相量图，如图5-44（b）所示。

低压侧的正序电流和负序电流通过三相三芯柱变压器都要感应到高压侧去，但低压侧的零序电流$\dot{I}_{a0}$、$\dot{I}_{b0}$、$\dot{I}_{c0}$都是同相的，其零序磁通在三相三芯柱变压器铁心内不可能闭合，因而也不可能与高压侧绕组相交链，变压器的高压侧则无零序分量。所以高压侧各相电流就只有正序和负序分量的叠加，如图5-44（b）所示。

由以上分析可知，当低压侧b相发生单相短路时，在变压器高压侧两相两继电器接线的继电器中只反应1/3的单相短路电流，因此灵敏度过低，所以这种接线方式不适用于作低压侧单相短路保护。

(2) 两相一继电器式接线（见图5-45）。

这种接线也适于作相间短路保护和过负荷保护，但对不同相间短路保护灵敏度不同，这是不够理想的。然而由于这种接线只用一个继电器，比较经济，因此小容量变压器也有采用这种接线。

值得注意的是，采用这种接线时，如果未装电流互感器的那一相对应的低压相发生单相短路，由图5-45可知，继电器中根本无电流通过，因此这种接线也不能作低压侧的单相短路保护。

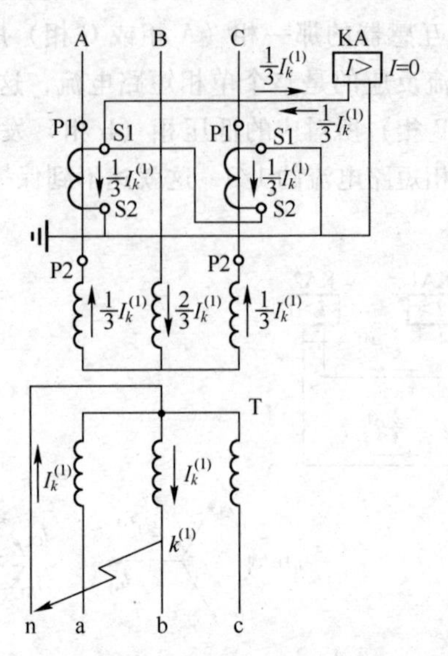

图5-45 Y_{yn0}联结的变压器，高压侧采用两相一继电器的过电流保护，在低压侧发生单相短路时的电流分布

（五）变压器的差动保护

前面主要介绍了变压器的过电流保护、电流速断保护、瓦斯保护。它们各有优点和不足之处。过电流保护动作时限较长，切除故障部分不迅速；电流速断保护由于“死区”的影响使保护范围受到限制；瓦斯保护只能反映变压器内部故障，而不能反映变压器绝缘套管和引出线的故障。变压器的差动保护，主要用来保护变压器内部以及引出线和绝缘套管的相间短路，并且也可用来保护变压器内的匝间短路，其保护区在变压器一、二次侧所装电流互感器之间。

差动保护分为纵联差动保护和横联差动保护两种形式，纵联差动保护用于单回路，横联差动保护用于双回路。这里讲的变压器差动保护是纵联差动保护，差动保护利用故障时产生的不平衡电流来动作，保护灵敏度很高，而且动作迅速。

按GB 50062—1992规定：10 000 kV·A及以上的单独运行变压器和6 300 kV·A及以上的并列运行变压器，应装设纵联差动保护；其他重要变压器及电流速断保护灵敏度达不到要求时，也可装设纵联差动保护。

1. 变压器差动保护的基本原理

图5-46是变压器差动保护的单相原理电路图。将变压器两侧的电流互感器同极性串联起来，使继电器跨接在两连线之间，于是流入差动继电器的电流就是两侧电流互感器二次电流之差，即$I_{KA}=I'_1-I'_2$。在变压器正常运行或差动保护的保护区外$k-1$点发生短路时，流入继电器KA（或差动继电器KD）的电流$I_{KA}=I'_1-I'_2\approx 0$，继电器KA（或KD）不动作，而在差动保护的保护区内$k-2$点发生短路时，对于单端供电的变压器来说，$I'_2=0$，所以$I_{KA}=I'_1$，超过继电器KA（或KD）所整定的动作电流$I_{OP(d)}$，使KA（或KD）瞬时动作，然后通过出口继电器KM使断路器QF1、QF2同时跳闸，将故障变压器退出，切除短路故障部分，同时由信号继电器KS发出信号。

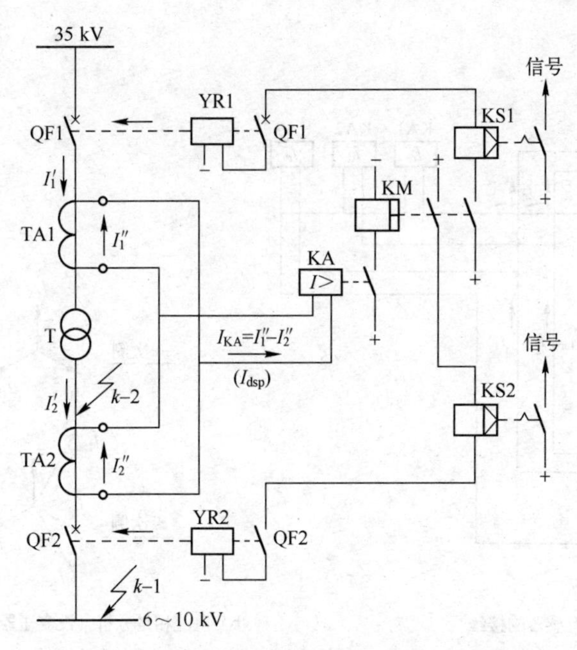

图 5–46　变压器差动保护的单相原理电路图

通过对变压器差动保护工作原理分析可知，为了防止保护误动作，必须使差动保护的动作电流大于最大的不平衡电流。为了提高差动保护的灵敏度，又必须设法减小不平衡电流。因此，分析讨论变压器差动保护中不平衡电流产生的原因其克服方法是十分必要的。

2. 变压器差动保护中的不平衡电流及其减小措施

变压器差动保护是利用保护区内发生短路故障时变压器两侧电流在差动回路（即差动保护中连接继电器的回路）中引起的不平衡电流而动作的一种保护。这一不平衡电流用 I_{dsp} 表示，$I_{dsp} = I'_1 - I'_2$。在变压器正常运行或保护区外部短路时，希望 I_{dsp} 尽可能地小，理想情况下是 $I_{dsp} = 0$。但这几乎是不可能的，I_{dsp} 不仅与变压器及电流互感器的接线方式和结构性能等因素有关，而且与变压器的运行有关，因此只能设法使之尽可能地减小。

下面简述不平衡电流产生的原因及其减小和消除的措施。

1）电力变压器接线引起的不平衡电流及其消除措施

工厂总降压变电所的主变压器通常采用 Yd11 联结组，这就造成变压器两侧电流 30°的相位差。因此，虽然可通过恰当选择变压器两侧电流互感器的变流比使互感器二次电流相等，但由于变压器两侧电流之间有 30°电位差，从而在差动回路中仍然有相当大的不平衡电流 $I_{dsq} = 0.268I_2$，I_2 为互感器二次电流。为了消除差动回路中的这一不平衡电流 I_{dsq}，因此将装设在变压器星形连接一侧的电流互感器接成三角形连接，而将装设在变压器三角形连接一侧的电流互感器接成星形连接，如图 5–47（a）所示。由图 5–47（b）所示相量图可知，如此连接进行相位差的相互补偿后，即可消除差动回路中因变压器两侧电流相位不同所引起的不平衡电流。

2）由电力变压器两侧电流互感器变流比选择而引起的不平衡电流及其消除措施

由于电力变压器的变压比和电流互感器的变流比各有标准，因此不太可能使之完全配合恰当，从而不太可能使差动保护两边的电流完全相等，这就必然在差动保护回路中产生不平衡电流。为消除这一不平衡电流，可在互感器二次回路中接入自耦电流互感器来进行平衡，或者利用速饱和电流互感器中的或差动继电器中的平衡线圈来实现平衡，消除不平衡电流。

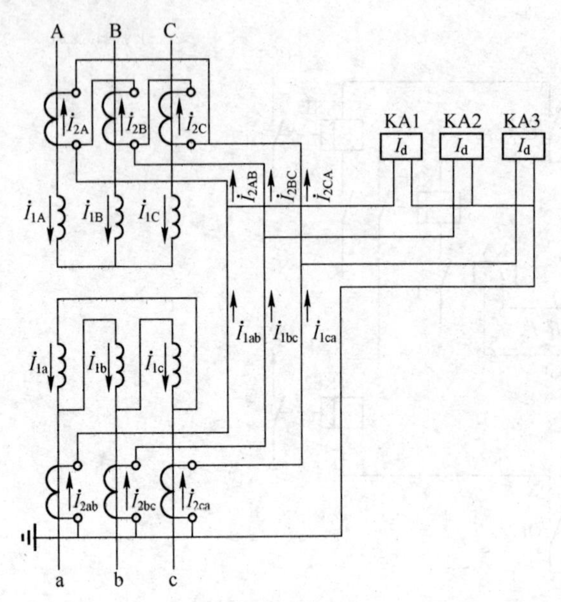

（a）两侧电流互感器的接线

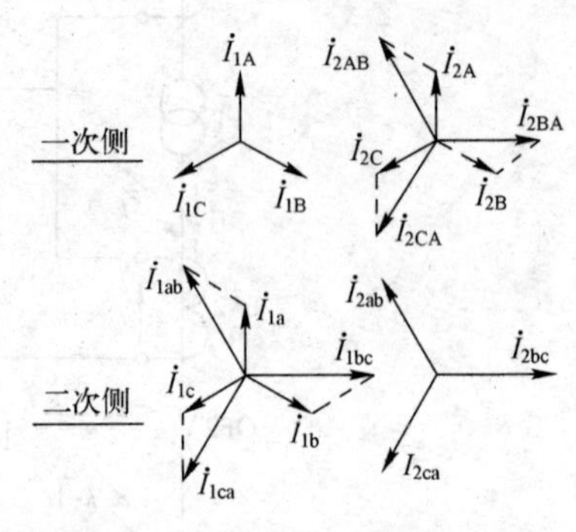

（b）电流相量分析（设变压器和互感器的匝数比均为 1）

图 5-47　*Yd*11 联结变压器的纵联差动保护接线

3）由电力变压器励磁涌流引起的不平衡电流及其减小措施

由于电力变压器在空载投入时产生的励磁涌流只通过变压器一次绕组，而二次绕组因开路而无电流，从而在差动回路中产生相当大的不平衡电流。这可以通过在差动保护回路中接入速饱和电流互感器，而继电器则接在速饱和电流互感器的二次侧，以减小励磁涌流对差动保护的影响。

此外，在电力变压器正常运行和外部短路时，由于电力变压器两侧电流互感器的形式和特性的不同，也会在差动保护回路中产生不平衡电流。电力变压器分接头电压的改变，改变了变压器的变压比，而电流互感器的变流比不可能相应改变，从而破坏了差动保护回路中原有的电流平衡状态，也会产生新的不平衡电流。总之，产生不平衡电流的因素很多，不可能完全消除，而只能设法使之减小到最小值。

3. 电力变压器差动保护动作电流的整定及其灵敏度的检验

1）电力变压器差动保护动作电流的整定

电力变压器差动保护的动作电流 $I_{op(d)}$ 应满足以下三个条件：

(1) 应躲过电力变压器差动保护区外短路时出现的最大不平衡电流 $I_{dsq.\max}$，即

$$I_{op(d)} = K_{rel} I_{dsq.\max} \tag{5-37}$$

式中：K_{rel}——可靠系数，可取 1.3。

(2) 应躲过电力变压器的励磁涌流，即

$$I_{op(d)} = K_{rel} I_{1N.T} \tag{5-38}$$

式中：$I_{1N.T}$——电力变压器额定一次电流；

K_{rel}——可靠系数，可取 1.3 ～ 1.5。

(3) 在电流互感器二次回路断线且电力变压器处于最大负荷时，差动保护不应误动作，因此

$$I_{op(d)} = K_{rel} I_{L.\max} \tag{5-39}$$

式中：$I_{L.\max}$——最大负荷电流，取为（1.2 ～ 1.3）$I_{1N.T}$；

K_{rel}——可靠系数，可取 1.3。

2）电力变压器差动保护灵敏度的检验

电力变压器差动保护的灵敏度，按变压器二次侧在系统最小运行方式下发生两相短路来检验，其灵敏系数 $S_p \geqslant 2$。

七、高压电动机的继电保护

（一）概述

工业企业中大量采用高压同步或异步电动机来拖动各种机械负载，电动机在运行过程中可能发生各种短路故障和不正常运行状态，若不及时处理，往往会使电动机严重损坏，按 GB 50062—1992 规定，对电压为 3 kV 及以上的异步电动机和同步电动机的下列故障及异常运行方式，应装设相应的保护装置以保证电动机安全运行：①定子绕组相间短路；②定子绕组单相接地；③定子绕组过负荷；④定子绕组低电压；⑤同步电动机失步；⑥同步电动机失磁；⑦同步电动机出现非同步冲击电流。

电动机常见故障和不正常运行状态及其相应的保护装置如下：

（1）电动机定子绕组相间短路，应装设电流速断保护。对容量 2 000 kW 及以上的电动机，或容量小于 2 000 kW 但有 6 个引出端子的重要电动机，当电流速断保护灵敏度不能满足要求时，则应装设纵联差动保护。两种保护装置都应动作于跳闸。

（2）电动机定子绕组单相接地（碰壳），是电动机常见的故障。在小接地电流系统中，当接地电容电流大于 5 A 时，应装设有选择性的单相接地保护；当单相接地电容电流小于 5 A 时，可装设接地监视装置；当单相接地电容电流为 10 A 及以上时，保护装置动作于跳闸；而当接地电容电流为 10 A 以下时，可动作于跳闸或者发出信号。

（3）电动机由于所带机械负荷过大而引起的过负荷，应装设过负荷保护，保护装置应根据负荷特性，带时限动作于信号或跳闸或自动减负荷。

（4）电源电压降低，即当电网电压短时降低或短时中断后，电动机转速将下降；而当电网电压恢复时，大量电动机将同时自启动，从电网吸收较大功率，造成电网电压不易恢复，影响重要电动机的重新工作。因此应在有些不重要的电动机上装设低电压保护，当电网电压降低到一定值时就将其从电网中断开，从而保证重要电动机的自启动再运行。

（5）同步电动机失步运行，即同步电动机失磁、电源电压过低等使同步电动机失去同步，进入异步运行状态，可利用失步运行时在定子回路内出现振荡电流或在转子回路内出现交流而构成同步电动机失步保护，失步保护动作于跳闸。同步电动机所有保护动作于跳闸时，都应连动励磁装置断开电源开关并灭磁。

（二）高压电动机相间短路保护

1. 电动机电流速断保护及动作电流整定

电流速断保护一般采用两相一继电器式接线。如果要求保护灵敏度较高时，可采用两相两继电器式接线。继电器采用 GL－15、25 型时，可利用该继电器的速断装置（电磁元件）来实现电流速断保护。

电流速断的动作电流（速断电流）I_{qb}，按躲过电动机的最大启动电流 $I_{st.max}$ 来整定，整定计算的公式为

$$I_{qb} = \frac{K_{rel}K_w}{K_i}I_{st.max} = \frac{K_{rel}K_w k_{st}}{K_i}I_{NM} \tag{5-40}$$

式中：K_{rel}——可靠系数，采用 DL 型电流继电器时取 1.4 ～ 1.6，采用 GL 型电流继电器时取 1.8 ～ 2；

I_{NM}——电动机的额定电流；

k_{st}——电动机的启动倍数，可查有关产品样本或手册。

电流速断保护的灵敏度可按下式校验：

$$S_P = \frac{K_w I_{k\cdot \min}^{(2)}}{K_i I_{op}} \geqslant 1.5 \tag{5-41}$$

式中：$I_{k\cdot \min}^{(2)}$——在系统最小运行方式下，电动机机端两相短路电流，即最小短路电流。

2. 电动机差动保护接线及电流整定

在 3 ～ 10 kV 小接地电流系统中，电动机差动保护多采用两相两继电器式接线，如图 5-48 所示。继电器 KA 可采用 DL-11 型电流继电器，也可采用 BCH-2 型差动继电器。

差动保护的动作电流 $I_{op(d)}$，应按躲过电动机额定电流 $I_{N.M}$ 来整定，整定计算的公式为

$$I_{op(d)} = \frac{K_{rel}}{K_i} I_{N.M} \tag{5-42}$$

式中：K_{rel}——可靠系数，对 DL 型继电器，取 1.5 ～ 2；

对 BCH-2 型继电器，采用两相式接线取 1.3，采用三相式接线取 0.55。

差动保护的灵敏度校验同电流速断保护一样。

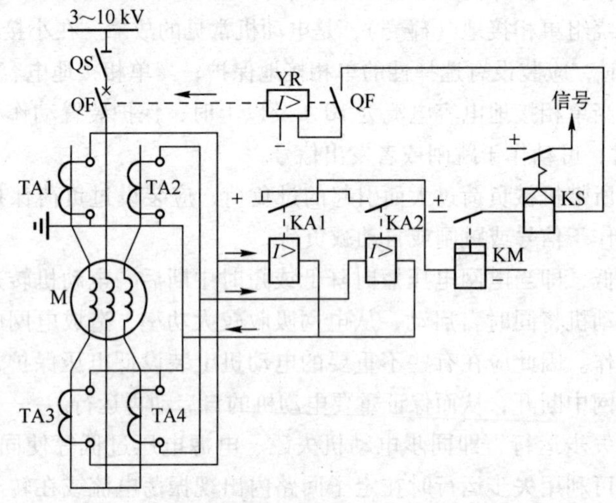

图 5-48　高压电动机差动保护接线（采用 DL 型电流继电器）

(三) 高压电动机过负荷保护接线及电流整定

作为过负荷保护，一般可采用一相一继电器式接线，如图 5-49 所示。但如果电动机装有电流速断保护时，可利用作为电流速断保护的 GL 型继电器的反时限过电流装置（感应元件）来实现过负荷保护。

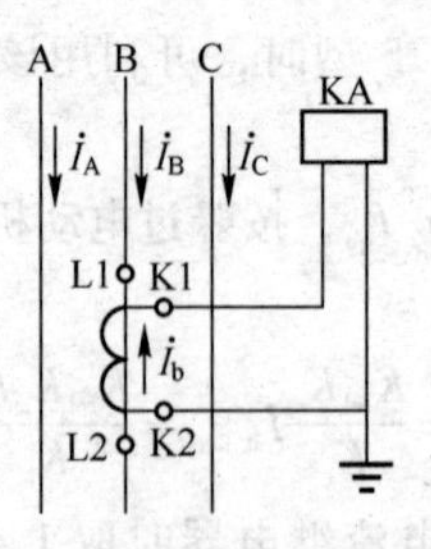

图 5-49　一相式电流互感器的接线

过负荷保护的动作电流 $I_{op(OL)}$，按躲过电动机的额定电流 $I_{N.M}$ 来整定，整定计算的公式为

$$I_{op(OL)}=\frac{K_{rel}K_{w}}{K_{re}K_{i}}I_{N.M} \tag{5-43}$$

式中：K_{rel}——可靠系数，对 GL 型继电器，取 1.3；

K_{re}——继电器的返回系数，一般取 0.85。

过负荷保护的动作时间，应大于电动机启动所需的时间，一般取为 10 ～ 15 s。对于启动困难的电动机，可按躲过实测的启动时间来整定。

（四）高压电动机单相接地保护

按 GB 50062—1992 规定，高压电动机在发生单相接地，接地电流大于 5 A 时，应装设单相接地保护，如图 5-50 所示。

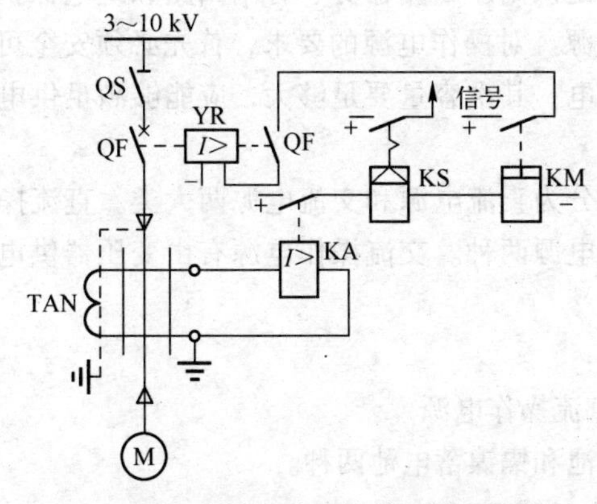

图 5-50　高压电动机的单相接地保护

KA —电流继电器　KS —信号继电器　KM —中间继电器　TAN —零序电流互感器

单相接地保护的动作电流 $I_{op(E)}$，按躲过保护区外（即 TAN 以前）发生单相接地故障时流过 TAN 的电动机本身及其配电电缆的电容电流 $I_{C.M}$ 计算，即其整定计算的公式为

$$I_{op(E)}=\frac{K_{rel}}{K_{i}}I_{C.M} \tag{5-44}$$

式中：K_{rel}——保护装置的可靠系数，取 4 ～ 5；

K_{i}——TAN 的变流比。

亦可按保护的灵敏系数 S_{p}（一般取 1.5）来近似地整定，即

$$I_{op(E)}=\frac{I_{C}-I_{C.M}}{K_{i}S_{p}} \tag{5-45}$$

式中：I_{C}——与高压电动机定子绕组有电联系的整个电网的单相接地电容电流；

$I_{C.M}$——被保护电动机及其配电电缆的电容电流，在此可略去不计。

第二节　二次回路仪表及控制、信号回路

一、二次回路及其操作电源

（一）二次回路及其分类

工厂供电系统或变配电所的二次回路（即二次电路）是指用来控制、指示、监测和保护一次电路运行的电路，亦称二次系统，包括控制系统、信号系统、监测系统及继电保护和自动化系统等。

二次回路分类：

(1) 按其电源性质分，有直流回路和交流回路。交流回路又分为交流电流回路和交流电压回路。交流电流回路由电流互感器供电，交流电压回路由电压互感器供电，构成测量、控制、保护、监视及信号等回路。

(2) 按其用途分，有控制（操作）回路、信号回路、测量和监视回路、继电保护和自动装置回路等。

二次回路在供电系统中虽然是其一次电路的辅助系统，但是它对一次电路的安全、可靠、优质、经济地运行有着十分重要的作用，因此必须予以充分的重视。

（二）二次回路操作电源

二次回路的操作电源，是供高压断路器分、合闸回路和继电保护装置、信号回路、监测系统及其他二次回路所需的电源。对操作电源的要求，首先必须安全可靠，不应受供电系统运行情况的影响，保持不间断供电；其次容量要足够大，应能够满足供电系统正常运行和事故处理所需要的容量。

二次回路的操作电源，分为直流电源和交流电源两大类。直流操作电源有由蓄电池组供电的电源和由整流装置供电的电源两种。交流操作电源有由变压器供电的和通过电流、电压互感器供电的两种。

1. 直流操作电源

1）由蓄电池组供电的直流操作电源

蓄电池主要有铅酸蓄电池和镉镍蓄电池两种。

(1) 铅酸蓄电池

铅酸蓄电池由二氧化铅（PbO_2）的正极板、铅（Pb）的负极板及密度为 1.2 ～ 1.3 g/cm^3 的稀硫酸（H_2SO_4）电解液构成，容器多为玻璃。

铅酸蓄电池在放电和充电时的化学反应式为

$$PbO_2 + Pb + 2H_2SO_4 \underset{\text{充电}}{\overset{\text{放电}}{\rightleftharpoons}} 2PbSO_4 + 2H_2O$$

铅酸蓄电池的额定端电压（单个）为 2 V。但是蓄电池充电终了时，其端电压可达 2.7 V；而放电后，其端电压可下降到 1.95 V。为获得 220 V 的操作电压，需蓄电池的个数为 $n = 230 \div 1.95 \approx 118$ 个。考虑到充电终了时端电压的升高，因此长期接入操作电源母线的蓄电池个数为 $n_1 = 230 \div 2.7 \approx 88$ 个，而其他 $n_2 = n - n_1 = 118 - 88 = 30$ 个蓄电池则用于调节电压，接于专门的调节开关上。

采用铅酸蓄电池组作为操作电源，不受供电系统运行情况的影响，工作可靠；但是它在充电过程中要排出氢和氧的混合气体（由于水被电解而产生的），可有爆炸危险，而且随着气体带出的硫酸蒸气，有强腐蚀性，对人身健康和设备安全都有很大的危害。因此铅酸蓄电池组一般要求单独装设在一个房间内，而且要考虑防腐防爆，从而投资较大，现在一般工厂供电系统中不予采用。

(2) 镉镍蓄电池

镉镍蓄电池的正极板为氢氧化镍[$Ni(OH)_3$]或三氧化二镍(Ni_2O_3)的活性物，负极板为镉(Cd)，电解液为氢氧化钾（KOH）或氢氧化钠（NaOH）、氢氧化镉[$Cd(OH)_2$]、氢氧化镍[$Ni(OH)_3$]等碱溶液。

镉镍蓄电池在放电和充电时的化学反应式为

$$Cd + 2Ni(OH)_3 \underset{充电}{\overset{放电}{\rightleftharpoons}} Cd(OH)_2 + 2Ni(OH)_2$$

由以上反应式可以看出，电解液并未参与反应，它只起传导电流的作用，因此在放电和充电过程中，电解液的密度不会改变。

镉镍蓄电池的额定端电压（单个）为1.2 V。充电终了时端电压可达1.75 V；放电后端电压为1 V。

采用镉镍蓄电池组作为操作电源，除了不受供电系统运行情况的影响、工作可靠外，还有其大电流放电性能好、比功率大、机械强度高、使用寿命长、腐蚀性小、无须专用房间从而大大降低投资等优点，因此它在工厂供电系统中应用比较普遍。

2）由整流装置供电的直流操作电源

整流装置主要有硅整流电容储能式和复式整流两种。

（1）硅整流电容储能式直流电源

如果单独采用硅整流器作为直流操作电源，那么当交流供电系统电压降低或电压消失时，将严重影响直流系统的正常工作。因此宜采用有电容储能的硅整流电源。在供电系统正常运行时，通过硅整流器供给直流操作电源；同时通过电容器储能，在交流供电系统电压降低或电压消失时，由储能电容器对继电器和跳闸回路放电，使其正常动作。

图5-51是一种硅整流电容储能式直流操作电源系统的接线图。

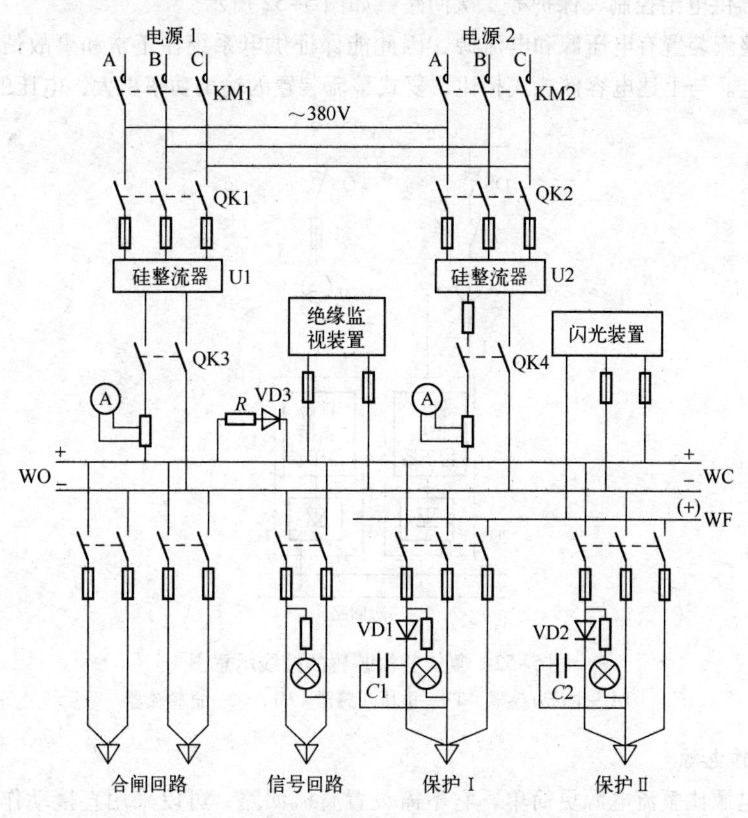

图5-51 硅整流电容储能式直流操作电源系统接线

$C1$、$C2$—储能电容器 WC—控制小母线

WF—闪光信号小母线 WO—合闸小母线

为了保证直流操作电源的可靠性，采用两个交流电源和两台硅整流器。硅整流器 U1 主要用作断路器合闸电源，并向控制、信号和保护回路供电。硅整流器 U2 的容量较小，仅向控制、信号和保护回路供电。

逆止元件 VD1 和 VD2 的主要功能：一是当直流电源电压因交流供电系统电压降低而降低时，使储能电容 $C1$、$C2$ 所储能量仅用于补偿自身所在的保护回路，而不向其他元件放电；二是限制 $C1$、$C2$ 向各断路器控制回路中的信号灯和重合闸继电器等放电，以保证其所供电的继电保护和跳闸线圈可靠动作。逆止元件 VD3 和限流电阻 R 接在两组直流母线之间，使直流合闸母线只向控制小母线 WC 供电，防止断路器合闸时硅整流器 U2 向合闸母线供电。

限流电阻 R 用来限制控制回路短路时通过 VD3 的电流，以免 VD3 烧毁。

储能电容器 $C1$ 用于对高压线路的继电保护和跳闸回路供电，而储能电容器 C2 用于对其他元件的继电保护和跳闸回路供电。储能电容器多采用容量大的电解电容器，其容量应能保证继电保护和跳闸回路可靠地动作。

(2) 复式整流的直流操作电源

复式整流器是指提供直流操作电压的整流器电源有两个：①电压源——由所用变压器或电压互感器供电，经铁磁谐振稳压器（当稳压要求较高时装设）和硅整流器供电给控制、保护等二次回路。②电流源——由电流互感器供电，同样经铁磁谐振稳压器（也是稳压要求较高时装设）和硅整流器供电给控制、保护等二次回路。如图 5-52 所示。

由于复式整流装置有电压源和电流源，因此能保证供电系统在正常和事故情况下直流系统均能可靠地供电。与上述电容储能式相比，复式整流装置的输出功率更大，电压的稳定性更好。

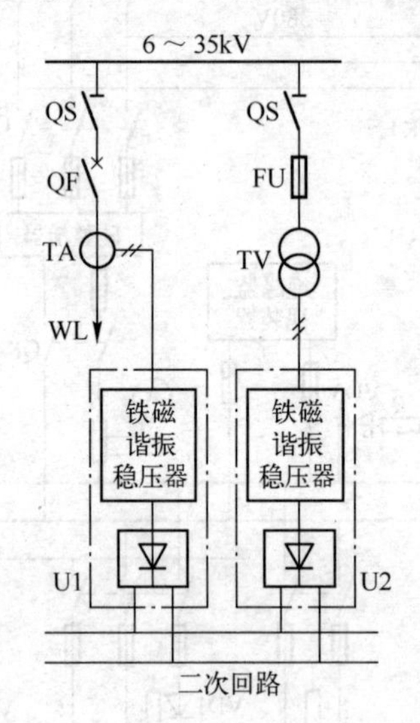

图 5-52　复式整流装置的接线示意图

TA—电流互感器　TV—电压互感器　U1、U2—硅整流器

2. 交流操作电源

交流操作电源比整流电源更简单，它不需设置直流回路，可以采用直接动作式继电器，工作可靠，二次接线简单，便于维护。交流操作电源广泛用于中小型变电所中断路器采用手动操作和继电保护采用交流操作的场合。

交流操作电源可以从电压互感器、电流互感器或所用变压器取得。在使用电压互感器作为操作电源时必须注意：在某些情况下，当发生短路时，母线上的电压显著下降，以至加到断路器线圈上的电压过低，不能使操作机构动作。因此，用电压互感器作为操作电源，只能作为保护内部故障的气体继电器的操作电源。

相反，对于短路保护的保护装置，其交流操作电源可取自电流互感器，在短路时，短路电流本身可用来使断路器跳闸，交流操作电源供电的继电保护装置，根据跳闸线圈供电方式的不同，分为“直接动作式”和“去分流跳闸”式两种，参看图5-24、5-25所示。

二、电测量仪表与绝缘监视装置

（一）电测量仪表

为了监视供电系统一次设备（电力装置）的运行状态和计量一次系统消耗的电能，保证供电系统安全、可靠、优质和经济合理地运行，工厂供电系统的电力装置中必须装设一定数量的电测量仪表。电测量仪表是指对电力装置回路的运行参数作经常测量、选择测量和记录用的仪表以及作计费或技术经济分析考核管理用的计量仪表的总称。

电测量仪表按其用途分：

（1）常用测量仪表，是对一次电路的电力运行参数作经常测量、选择测量和记录用的仪表；

（2）计量仪表，是对一次电路进行供用电的技术经济考核分析和对电力用户用电量进行测量、计量的仪表，即各种电能表（又称电度表）。

1. 对常用测量仪表的一般要求

（1）常用测仪表应能正确地反映电力装置的运行参数，能随时监测电力装置回路的绝缘状况。

（2）交流回路仪表的精确度等级，除谐波测量仪表外，不应低于2.5级；直流回路仪表的精确度等级，不应低于1.5级。

（3）1.5级和2.5级的常用测仪表，应配用不低于1.0级的互感器。

（4）仪表的测量范围（量限）和电流互感器电流比的选择，应满足电力装置回路以额定值运行时，仪表的指示在标度尺的2/3处。对有可能过负荷运行的电力装置回路，仪表的测量范围，宜留有适当的过负荷裕度。对重载启动的电动机及运行中有可能出现短时冲击电流的电力装置回路，宜采用具有过负荷标度尺的电流表。对有可能双向运行的电力装置回路，应采用具有双向标度尺的仪表。

2. 对电能计量仪表的一般要求

（1）月平均用电量在1 000 MW·h及以上或变压器容量为2 000 kV·A及以上高压侧计费的电力用户电能计量点，应采用0.5级的有功电能表。月平均用电量小于1 000 MW·h而大于100 MW·h或变压器容量为315 kV·A及以上高压侧计费的电力用户电能计量点，应采用1.0级的有功电能表。在315 kV·A以下的变压器低压侧计费的电力用户电能计量点、75 kW及以上的电动机以及仅作为企业内部技术经济考核而不计费的线路和电力装置，均应采用2.0级有功电能表。

（2）在315 kV·A及以上的变压器高压侧计费的电力用户电能计量点和并联电力电容器组，均应采用2.0级的无功电能表。在315 kV·A以下的变压器低压侧计费的电力用户电能计量点及仅作为企业内部技术经济考核而不计费的电力用户电能计量点，均可采用3.0级的无功电能表。

（3）0.5级的有功电能表，应配用0.2级的互感器。1.0级的有功电能表，1.0级的专用电能计量仪表，2.0级计费用的有功电能表及2.0级的无功电能表，应配用不低于0.5级的互感器。仅作为企业内部技术经济考核而不计费的 2.0 级有功电能表及 3.0 级的无功电能表，宜配用不低于 1.0 级的互感器。

总之，对常测仪表和计量仪表的要求，均应符合 GB/T 50063—2008《电力装置的电测量仪表设计规范》的规定。

3. 变配电装置中各部分仪表的配置要求

(1) 在工厂的电源进线上，或在经供电部门同意的电能计量点，必须装设计费的有功电能表和无功电能表，而且应采用经供电部门认可的标准的电能计量柜。为了解负荷电流，进线上还应装设一只电流表。

(2) 变配电所的每段母线上，必须装设电压表测量电压。在中性点非直接接地的电力系统中，各段母线上还应装设绝缘监视装置。

(3) 35 ～ 110 kV 或 6 ～ 10 kV 的电力变压器，应装设电流表、有功功率表、无功功率表、有功电能表、无功电能表各一只，装在哪一侧视具体情况而定。6 ～ 10 kV 或 3 ～ 10 kV 的电力变压器，在其一侧装设电流表、有功和无功电能表各一只。6 ～ 10 kV 或 0.4 kV 的电力变压器，在高压侧装设电流表和有功电能表各一只；如为单独经济核算单位的变压器，还应装设一只无功电能表。

(4) 3 ～ 10 kV 的配电线路，应装设电流表、有功和无功电能表各一只。如果不是送往单独经济核算单位时，可不装设无功电能表。当线路负荷在 5 000 kV·A 及以上时，可再装设一只有功功率表。

(5) 380 V 的电源进线或变压器低压侧，各相应装一只电流表。如果变压器高压侧未装电能表时，在低压侧还应装设一只有功电能表。

(6) 低压动力线路上，应装设一只电流表。低压照明线路及三相负荷不平衡率大于 15% 的线路上，应装设三只电流表分别测量三相电流。如需计量电能，一般应装设一只三相四线有功电能表。对负荷平衡的三相动力线路，可只装设一只单相有功电能表，实际电能按其计量的 3 倍计。

(7) 并联电容器组的总回路上，应装设三只电流表，分别测量三相电流；并应装设一只无功电能表。

4. 电气测量仪表接线举例

(1) 6 ～ 10 kV 高压电气测量仪表接线

图 5-53 是 6 ～ 10 kV 高压线路上装设的电气测量仪表接线例图。图中通过电压、电流互感器装设有电流表、三相三线有功电能表和无功电能表各一只。

(2) 220 V/380 V 低压电气测量仪表接线

图 5-54 是低压 220 V/380 V 照明线路上装设的电测量仪表接线例图。图中通过电流互感器装设有电流表三只，三相四线有功电能表一只。

关于电测量仪表的结构原理已在相关基础课程“电工测量”中讲述，此处略。

(二) 绝缘监视装置

绝缘监视装置主要用来监视小接地电流系统相对地的绝缘情况，及时发现系统中单相接地故障时的某点接地或绝缘能力降低。

6 ～ 35 kV 系统的绝缘监视装置可采用三个单相双绕组电压互感器和三只电压表，也可采用三个单相三绕组电压互感器或一个三相五芯柱三绕组电压互感器，接成 Y0 的二次绕组，其中三只电压表均接各相的相电压。

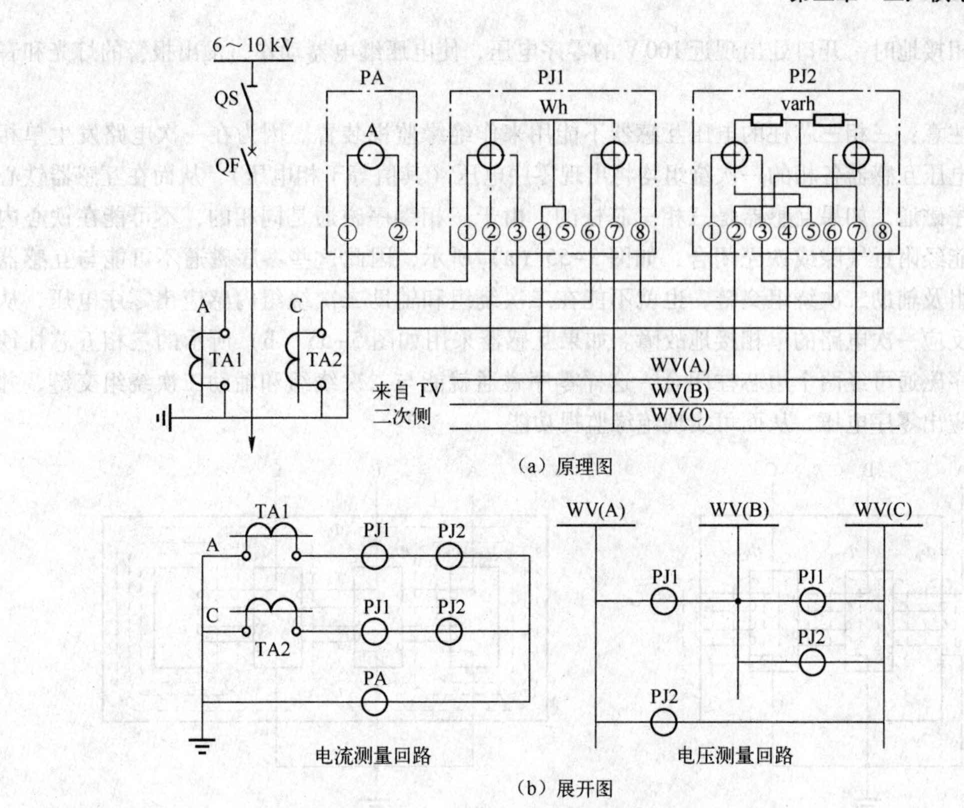

图 5-53　6 ～ 10 kV 高压线路测量仪表电路图

TA—电流互感器　PA—电流表　TV—电压互感器　PJ1—三相有功电能表　PJ2—三相无功电能表　WV—电压小母线

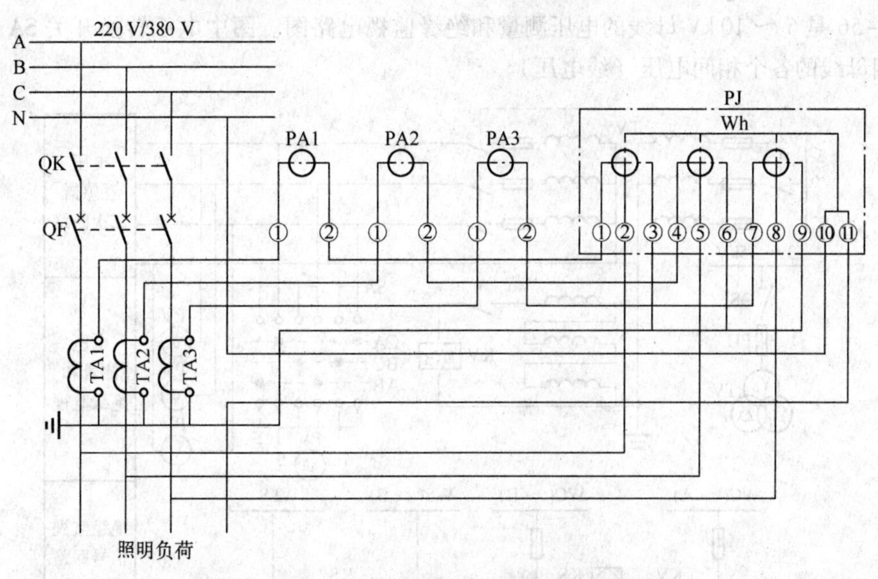

图 5-54　220 V/380 V 低压线路测量仪表电路图

TA—电流互感器　PA—电流表　PJ—三相四线有功电能表

电压互感器二次侧有两组线圈，一组接成星形，在它的引出线上接三只电压表，反映各个相电压；另一组接成开口三角形，构成零序电压过滤器，在开口处接一个过电压继电器。在系统发生一相接地时，开口处出现近100 V的零序电压，使电压继电器动作，发出报警的灯光和音响信号。

必须注意：三相三芯柱的电压互感器不能用来作绝缘监视装置。因为在一次电路发生单相接地时，电压互感器各相的一次绕组均将出现零序电压（其值等于相电压），从而在互感器铁心内产生零序磁通。如果互感器是三相三芯柱的，由于三相零序磁通是同相的，不可能在铁心内闭合，只能经附近气隙或铁壳闭合，如图5-55（a）所示，因此这些零序磁通不可能与互感器的二次绕组及辅助二次绕组交链，也就不能在二次绕组和辅助二次绕组内感应出零序电压，从而它无法反应一次电路的单相接地故障。如果互感器采用如图5-55（b）所示的三相五芯柱铁心，则零序磁通可经两个边芯柱闭合，这样零序磁通就能与二次绕组和辅助二次绕组交链，并在其中感应出零序电压，从而可实现绝缘监视功能。

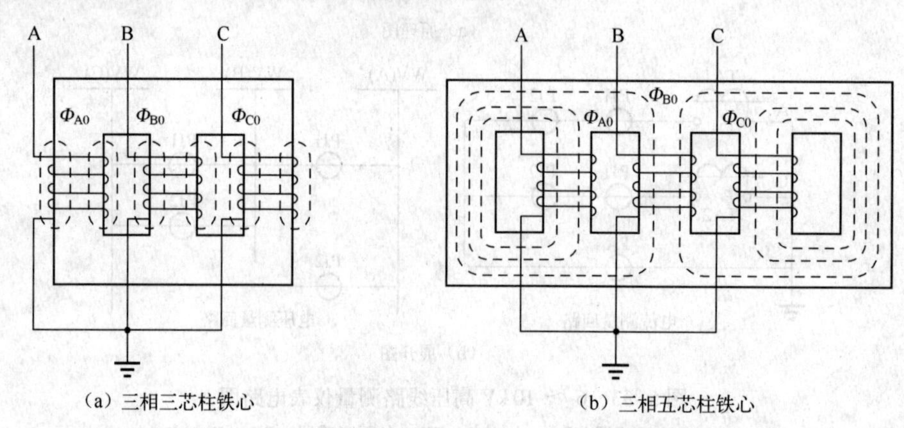

图5-55　电压互感器中的零序磁通分布（只画出互感器的一次绕组）

图5-56是6～10 kV母线的电压测量和绝缘监视电路图。图中电压转换开关SA用于转换测量三相母线的各个相间电压（线电压）。

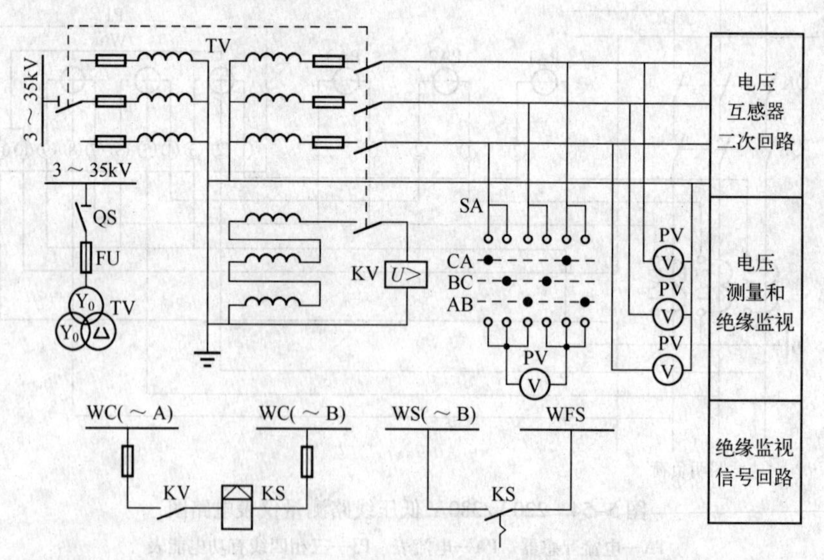

图5-56　6～10 kV母线的电压测量和绝缘监视电路

TV—电压互感器　QS—高压隔离开关及其辅助触点　SA—电压转换开关 PV—电压表

KV—电压继电器　KS—信号继电器　WC—控制小母线 WS—信号小母线　WFS—预告信号小母线

三、高压断路器的控制和信号回路

（一）概述

高压断路器的控制回路，是指控制（操作）高压断路器分、合闸的回路。

控制断路器进行分合闸的电气回路称为断路器的控制回路；反映断路器故障状态的电气回路称为断路器的信号回路。

断路器控制回路功能是对断路器进行通断操作，当线路发生短路故障时，电流互感器二次回路有较大电流，响应的机电保护电流继电器动作，保护回路做出相应的动作。

高压断路器控制回路的直接控制对象是断路器的操作机构，主要有电磁操作机构、弹簧操作机构、液压操作机构。

信号回路是用来指示一次系统设备运行状态的二次回路。信号按用途分，有断路器位置信号、事故信号和预告信号等。断路器位置信号用来显示断路器正常工作的位置状态。一般是红灯亮，表示断路器处在合闸位置；绿灯亮，表示断路器处在分闸位置。事故信号用来显示断路器在一次系统事故情况下的工作状态。一般是红灯闪光，表示断路器自动合闸；绿灯闪光，表示断路器自动跳闸。此外，还有事故音响信号和光字牌等。预告信号是在一次系统出现不正常工作状态时或在故障初期发出的报警信号。例如变压器过负荷或者轻瓦斯动作时，就发出区别于上述事故音响信号的另一种预告音响信号，同时光字牌亮，指示出故障的性质和地点，值班员可根据预告信号及时处理。

对断路器的控制和信号回路有下列主要要求：

（1）应能控制开关进行分、合闸操作，在继电保护与自动装置的作用下自动跳闸或合闸。

（2）合闸或分闸完成后，能自动断电，防止断路器的跳、合闸线圈长时间通电而烧毁。

（3）断路器的操作机构中没有防止跳跃的“防跳”机械闭锁装置时，在控制回路中应用防止断路器多次出现跳、合闸的“防跳”电气闭锁装置。

（4）信号回路能正确指示断路器正常合闸和分闸的位置状态，并在自动合闸和自动跳闸时有明显的指示信号。

（5）能监视电源的工作状态及跳、合闸回路的完整性。

（6）断路器事故跳闸回路，应按不对应原理接线。

（二）采用手动操作的断路器控制和信号回路

图 5-57 是手动操作的断路器控制和信号回路的原理图。

合闸时，推上操作机构手柄使断路器合闸。这时断路器的辅助触点 QF3 - 4 闭合，红灯 RD 亮，指示断路器 QF 已经合闸。由于有限流电阻 R，跳闸线圈 YR 虽有电流通过，但电流很小，不会动作。红灯 RD 亮，还表示跳闸线圈 YR 回路及控制回路的熔断器 FU1、FU2 是完好的，即红灯 RD 同时起着监视跳闸回路完好性的作用。

分闸时，扳下操作机构手柄使断路器分闸。这时断路器的辅助触点 QF3 - 4 断开，切断跳闸回路，同时辅助触点 QF1 - 2 闭合，绿灯 GN 亮，指示断路器 QF 已经分闸。绿灯 GN 亮，还表示控制回路的熔断器 FU1、FU2 是完好的，即绿灯 GN 同时起着监视控制回路完好性的作用。

在正常操作断路器分、合闸时，由于操作机构辅助触点 QM 与断路器的辅助触点 QF5 - 6 是同时切换的，总是一开一合，所以事故信号回路总是不通的，因而不会错误地发出事故信号。

当一次电路发生短路故障时，继电保护装置动作，其出口继电器 KM 的触点闭合，接通跳闸线圈 YR 的回路（触点 QF3－4 原已闭合），使断路器 QF 跳闸。随后触点 QF3－4 断开，使红灯 RD 灭，并切断 YR 的跳闸电源。与此同时，触点 QF1－2 闭合，使绿灯 GN 亮。这时操作机构的操作手柄虽然仍在合闸位置，但其黄色指示牌掉下，表示断路器已自动跳闸。同时事故信号回路接通，发出音响和灯光信号。事故信号回路正是按“不对应原理”来接线的：由于操作机构仍在合闸位置，其辅助触点 QM 闭合，而断路器因已跳闸，其辅助触点 QF5－6 也返回闭合，因此事故信号回路接通。当值班员得知事故跳闸信号后，可将操作手柄扳下至分闸位置，这时黄色指示牌随之返回，事故信号也随之解除。

控制回路中分别与指示灯 GN 和 RD 串联的电阻 *R*1 和 *R*2，主要用来防止指示灯的灯座短路时造成控制回路短路或断路器误跳闸。

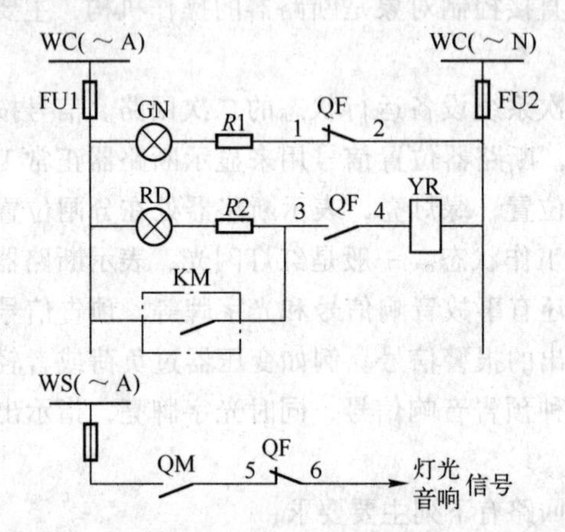

图 5-57　手动操作的断路器控制和信号回路原理图

WC—控制小母线　WS—信号小母线 GN—绿色指示灯　RD—红色指示灯　*R*—限流电阻　YR—跳闸线圈（脱扣器）

KM—继电保护出口继电器触　QF1 ～ 6—断路器 QF 的辅助触点 QM—手动操作机构辅助触点

（三）采用电磁操作机构的断路器控制和信号回路

图 5-58 是采用电磁操作机构的断路器控制和信号回路原理图。其操作电源采用硅整流电容储能的直流系统。控制开关采用双向自复式并具有保持触点的 LW5 型万能转换开关，其手柄正常为垂直位置（0°）。顺时针扳 45°，为合闸（ON）操作，手松开即自动返回（复位），保持合闸状态。反时针扳转 45°，为分闸（OFF）操作，手松开也自动返回，保持分闸状态。图中虚线上打黑点（·）的触点，表示在此位置时触点接通；而虚线上标出的箭头（→），表示控制开关 SA 手柄自动返回的方向。

合闸时，将控制开关 SA 手柄顺时针扳转 45°，这时其触点 SA1－2 接通，合闸接触器 KO 通电（回路中触点 QF1－2 原已闭合），其主触点闭合，使电磁合闸线圈 YO 通电，断路器 QF 合闸。断路器合闸完成后，SA 自动返回，其触点 SA1－2 断开，QF1－2 也断开，切断合闸回路；同时 QF3－4 闭合，红灯 RD 亮，指示断路器已经合闸，并监视着跳闸线圈 YR 回路的完好性。

分闸时，将控制开关 SA 手柄反时针扳转 45°，这时其触点 SA7－8 接通，跳闸线圈 YR 通电（回路中触点 QF3－4 原已闭合），使断路器 QF 分闸。断路器分闸后，SA 自动返回，其触点 SA7－8 断开，QF3－4 也断开，切断跳闸回路；同时 SA3－4 闭合，QF1－2 也闭合，绿灯 GN 亮，指示断路器已经分闸，并监视着合闸接触器 KO 回路的完好性。

由于红绿指示灯兼起监视分、合闸回路完好性的作用，长时间运行，因此耗电较多。为了减少操作电源中储能电容器能量的过多消耗，因此另设灯光指示小母线 WL（＋），专门用来接入红绿指示灯，储能电容器的能量只用来供电给控制小母线 WC。

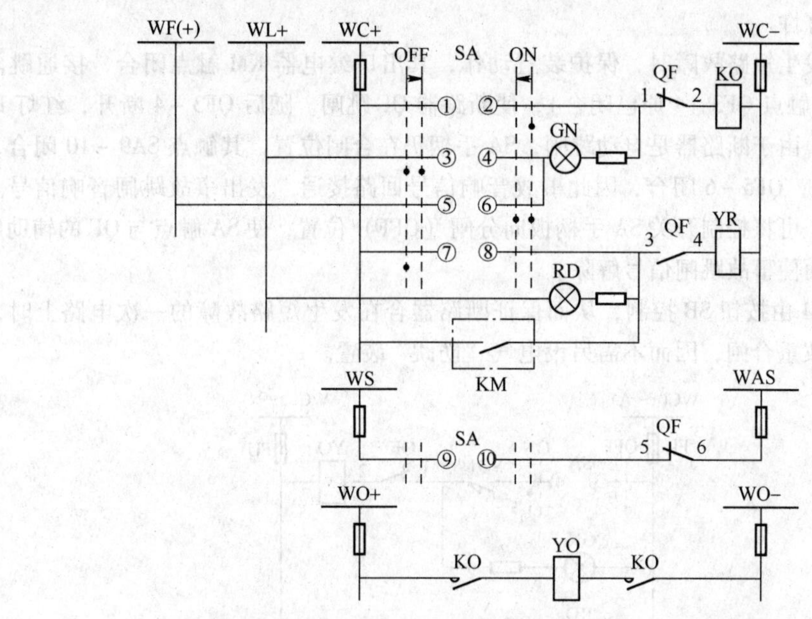

图 5-58　采用电磁操作机构的断路器控制和信号回路原理图

WC—控制小母线　WL—灯光信号小母线　WF—闪光信号小母线　WS—信号小母线　WAS—事故音响信号小母线　WO—合闸小母线　SA—控制开关　KO—合闸接触器　YO—电磁合闸线圈　YR—跳闸线圈　KM—继电保护出口继电器触点 QF1 ～ 6—断路器 QF 的辅助触点　GN—绿色指示灯　RD—红色指示灯　ON—合闸操作方向　OFF—分闸操作方向

当一次电路发生短路故障时，继电保护动作，其出口继电器触点 KM 闭合，接通跳闸线圈 YR 回路（回路中触点 QF3 - 4 原已闭合），使断路器 QF 跳闸。随后 QF3 - 4 断开，使红灯 RD 灭，并切断跳闸回路，同时 QF1 - 2 闭合，而 SA 在合闸位置，其触点 SA5 - 6 也闭合，从而接通闪光电源 WF（+），使绿灯闪光，表示断路器 QF 自动跳闸。由于 QF 自动跳闸，SA 在合闸位置，其触点 SA9 - 10 闭合，而 QF 已经跳闸，其触点 QF5 - 6 也闭合，因此事故音响信号回路接通，又发出音响信号。当值班员得知事故跳闸信号后，可将控制开关 SA 的操作手柄扳向分闸位置（反时针扳转 45°后松开），使 SA 的触点与 QF 的辅助触点恢复对应关系，全部事故信号立即解除。

（四）采用弹簧操作机构的断路器控制和信号回路

图 5-59 是采用 CT7 型弹簧操作机构的断路器控制和信号回路原理图，其控制开关 SA 采用 LW2 或 LW5 型万能转换开关。

合闸时，先按下按钮 SB，使储能电动机 M 通电运转（位置开关 SQ2 原已闭合），从而使合闸弹簧储能。弹簧储能完成后，SQ2 自动断开，切断电动机 M 的回路，同时位置开关 SQ1 闭合，为合闸做好准备。然后将控制开关 SA 手柄扳向合闸（ON）位置，其触点 SA3 - 4 接通，合闸线圈 YO 通电，使弹簧释放，通过传动机构使断路器 QF 合闸。合闸后，其辅助触点 QF1 - 2 断开，绿灯 GN 灭，并切断合闸回路；同时 QF3 - 4 闭合，红灯 RD 亮，指示断路器在合闸位置，并监视跳闸回路的完好性。

分闸时，将控制开关 SA 手柄扳向分闸（OFF）位置，其触点 SA1 - 2 接通，跳闸线圈 YR 通电（回路中触点 QF3 - 4 原已闭合），使断路器 QF 分闸。分闸后，其辅助触点 QF3 - 4 断开，红灯 RD 灭，并切断跳闸回路；同时 QF1 -2 闭合，绿灯 GN 亮，指示断路器在分闸位置，并监视合闸回路的完好性。

当一次电路发生短路故障时，保护装置动作，其出口继电器 KM 触点闭合，接通跳闸线圈 YR 回路（回路中触点 QF3 -4 原已闭合），使断路器 QF 跳闸。随后 QF3 -4 断开，红灯 RD 灭，并切断跳闸回路。由于断路器是自动跳闸，SA 手柄仍在合闸位置，其触点 SA9 -10 闭合，而断路器 QF 已经跳闸，QF5 -6 闭合，因此事故音响信号回路接通，发出事故跳闸音响信号。值班员得知此信号后，可将控制开关 SA 手柄扳向分闸（OFF）位置，使 SA 触点与 QF 的辅助触点恢复对应关系，从而使事故跳闸信号解除。

储能电动机 M 由按钮 SB 控制，从而保证断路器合在发生短路故障的一次电路上时，断路器自动跳闸后不致重合闸，因而不需另设电气“防跳”装置。

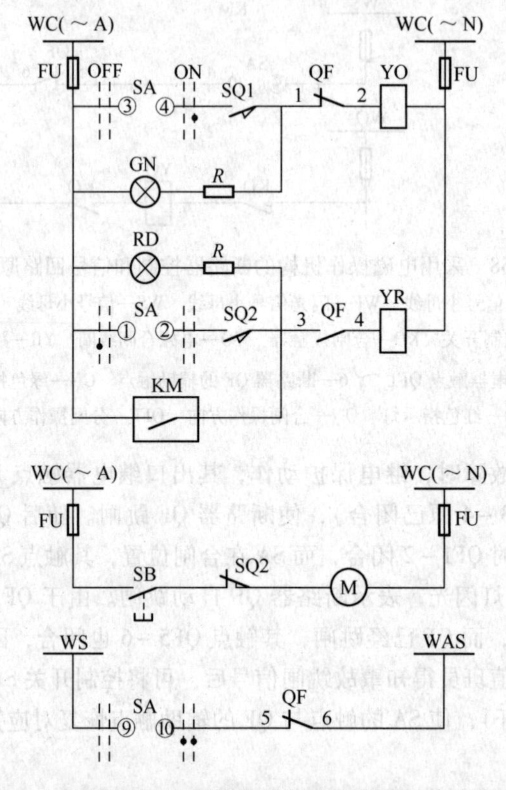

图 5-59　采用弹簧操作机构的断路器控制和信号回路原理图

WC—控制小母线　WS—信号小母线　WAS—事故音响信号小母线　SA—控制开关　SB—按钮　SQ—储能位置开关　YO—电磁合闸线圈 YR—跳闸线圈　QF1 ～QF6—断路器辅助触点　M—储能电动机　GN—绿色指示灯　RD—红色指示灯　KM—继电保护出口继电器触点

四、供配电系统常用的自动装置

为了提高供电的可靠性，缩短故障停电时间，减少经济损失，在二次系统中还常设置备用电源自动投入装置（APD）和自动重合闸（ARD）装置。

（一）备用电源自动投入装置

1. 概述

当工作电源不论由于何种原因而失去电压时，备用电源自动投入装置（APD）能够将失去电压的电源切断，随即将另一备用电源自动投入以恢复供电。

APD 从其电源备用方式上可分成两大类：

(1) 明备用方式。其是装设专用的备用变压器或备用线路。图 5-60（a）所示是有一条工作线路和一条备用线路的明备用情况。正常情况下，由工作电源供电，备用电源由于 QF2 断开处于备用状态。当工作电源故障时，APD 动作，将断路器 QF1 断开，切断故障的工作电源，然后合上 QF2，使备用电源投入工作，恢复供电。

(2) 暗备用方式。其是不装设专用的备用变压器或备用线路。图 5-60（b）所示是两条独立的工作线路分别供电的暗备用情况。APD 装在母线分段断路器 QFB 上，正常工作时，两路电源同时工作，Ⅰ段母线和Ⅱ段母线分别由电源 A 和电源 B 供电，通过断路器互为备用。如电源 A 发生故障，APD 动作，将 QF1 断开，将分段断路器 QF3 自动投入，此时母线Ⅰ由电源 B 供电。

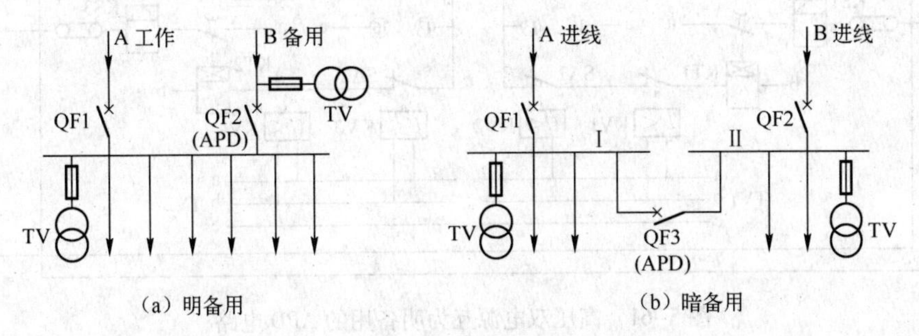

图 5-60　备用电源自动投入示意图

2. 对 APD 的装设基本要求

在用户供配电系统中，须装设 APD：变电所的所用电；由双电源供电且其中一个电源经常断开以作为备用的变电所；有备用变压器或互为备用的母线段的降压变电所；某些重要的备用机组。

虽然不同场合的 APD 接线可能有所不同，但基本要求相同，具体要求如下：

(1) 应保证在工作电源或设备断开后，APD 才能将备用电源投入。

(2) 当工作电源的电压不论因何原因消失时，APD 均应动作。

(3) 应保证 APD 只动作一次，这是为了避免将备用电源多次投入到永久性故障元件上。

(4) APD 的动作时间应尽可能的短，以减小负荷的停电时间。运行实践证明，APD 装置的动作时间以 1 ～ 1.5 s 为宜，低电压场合可减小到 0.5 s。

(5) 工作电源正常停电操作及工作电源、备用电源同时失去电压时，APD 不应动作，以防备用电源投入。

(6) 电压互感器两侧熔断器熔断时，APD 不应误动作。

3. APD 接线及动作原理

图 5-61 为高压双电源互为明备用的 APD 装置原理接线图。QF1、QF2 为两路电源进线的断路器，其操作电源由两组电压互感器 TV1、TV2 供电，动作情况如下：

假定电源 1 为工作电源，电源 2 为备用电源，QF1 处于合闸状态，QF2 处于分闸状态。正常运行时，TV1、TV2 均带电，低电压继电器 KV1 ～ KV4 不动作，常闭触点打开，切断了 APD 启动回路的时间继电器 KT1。用两只低电压继电器 KV1、KV2 及 KV3、KV4 其触点串联，可防止电压互感器因一相熔断器熔断而引起 APD 误动作。

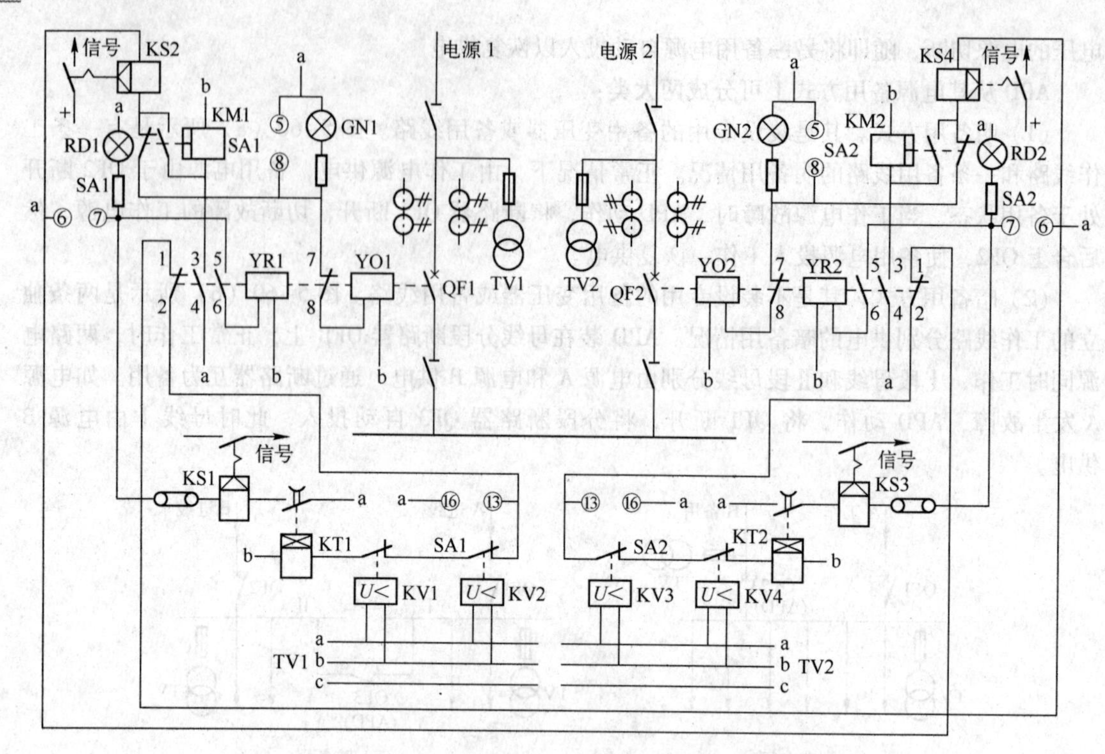

图 5-61　高压双电源互为明备用的 APD 电路

TV—电压互感器　SA—控制开关　KV—电压继电器　KT—时间继电器

KM—中间继电器　KS—信号继电器　YR—跳闸线圈　YO—合闸线圈

当工作电源 1 因事故停电后，工作线路失压，则低电压继电器 KV1、KV2 动作，其常闭触点闭合，启动时间继电器 KT1，经过整定时间 t 后，KT1 动作，通过信号继电器 KS1 和跳闸线圈 YR1，使断路器 QF1 跳闸，QF1 跳闸后，其常闭辅助触点闭合，通过防跳中间继电器 KM2 常闭触点，使断路器 QF2 合闸，备用电源 2 投入工作。QF2 合闸后，其常开辅助触点闭合，KM2 启动，其常闭触点打开，切断了 QF2 的合闸回路，从而保证 QF2 只动作一次。同样当工作电源 2 因事故停电时，则 KV3、KV4 动作，使 QF2 跳闸，QF1 合闸，使备用电源 1 又自动投入。

（二）供配电线路自动重合闸装置

1. 自动重合闸装置概述

断路器因保护动作跳闸后能自动重新合闸的装置称为自动重合闸装置，简称 ARD 或 ZCH。运行经验表明，供配电系统的架空线路是发生故障最多的元件，且故障大多属于瞬时性故障，如雷电引起绝缘子表面闪络，线路对树枝放电，大风引起的碰线等，这些故障均可自行消除。当架空线路发生瞬时性故障时，则继电保护动作使断路器跳闸，如采用自动重合闸装置（ARD），使断路器自动重新合闸，即可迅速恢复供电。

规程规定，电路在 1 kV 以上的架空线路和电缆线路与架空的混合线路，当具有断路器时，一般均应装设自动重合闸装置；对电力变压器和母线，必要时可以装设自动重合闸装置。

1）自动重合闸装置的分类

（1）按照 ARD 的作用对象可分为线路、变压器和母线的重合闸，其中以线路的自动重合闸应用最广。

（2）按照 ARD 的动作方法可分为机械式重合闸和电气式重合闸，前者多用在断路器采用弹簧式或重锤式操动机构的变电所中，后者多用在断路器采用电磁式操动机构的变电所中。

(3) 按照 ARD 的使用条件可分为单侧或双侧电源的重合闸，在工厂和农村电网中以前者应用最多。

(4) 按照 ARD 和继电器保护配合的方式可分为 ARD 前加速、ARD 后加速和不加速三种，究竟采用哪一种，应视电网的具体情况而定，但以 ARD 后加速应用较多。

(5) 按照 ARD 的动作次数可分为一次重合闸、二次重合闸或三次重合闸。

用户供电系统采用的 ARD，一般是三相电气一次 ARD。因一次重合式 ARD 简单经济，而且能满足供电的可靠性的要求。运行经验证明：ARD 的重合成功率随着重合次数的增加而显著降低。对架空线路来说，一次重合成功率可达 60% ～ 90%，而二次重合成功率只有 15% 左右，三次重合成功率仅 3% 左右。因此工厂供电系统中一般只采用一次 ARD。

2）自动重合闸装置应满足的要求

(1) 当值班人员手动操作或由遥控装置将断路器断开时，ARD 装置不应动作。当手动投入断路器，由于线路上有故障随即由保护装置将其断开后，ARD 装置也不应动作。

(2) 除上述情况外，当断路器因继电保护或其他原因而跳闸时，ARD 均应动作，使断路器重新合闸。

(3) 为了能够满足前两个要求，应优先从采用控制开关位置与断路器位置不对应原则来启动重合闸。

(4) 无特殊要求时对架空线路只重合闸一次，当重合于永久性故障而再次跳闸后，就不应再动作。对电缆线路不采用 ARD。

(5) 自动重合闸动作以后，应能自动复归准备好下一次再动作。

(6) 自动重合闸装置应能够在重合闸以前或重合闸以后加速继电保护动作，以便更好地和继电保护相配合，减少故障切除时间。

(7) 自动重合闸装置动作应尽量快，以便减少工厂的停电时间。一般重合闸时间为 0.7 s 左右。

2. 电气一次自动重合闸的基本原理

图 5-62 为单电源线路一次自动重合闸装置的原理简图。

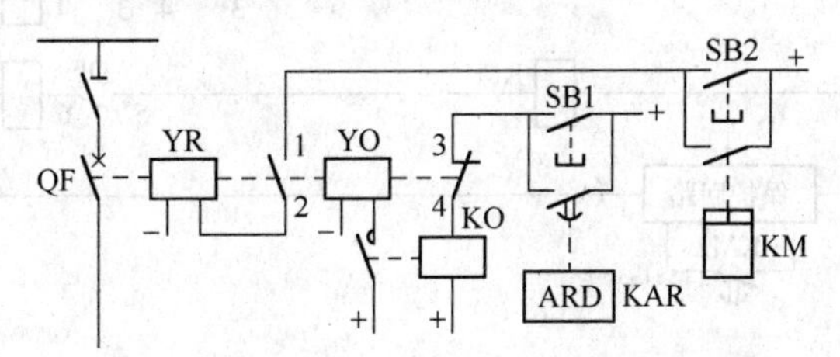

图 5-62　电气一次自动重合闸装置基本原理简图

QF—断路器 YR—跳闸线圈　YO—合闸线圈　KO—合闸接触器　KAR—重合闸继电器

KM—继电保护出口继电器触点　SB1—合闸按钮　SB2—跳闸按钮

手动合闸时，按下合闸按钮 SB1，使合闸接触器 KO 通电动作，从而使合闸线圈 YO 动作，使断路器 QF 合闸。

手动跳闸时，按下跳闸按钮 SB2，使跳闸线圈 YR 通电动作，使断路器 QF 跳闸。

当一次电路发生短路故障时，继电保护装置动作，其出口继电器触点 KM 闭合，接通跳闸线圈 YR 回路，使断路器 QF 自动跳闸。与此同时，断路器辅助触点 QF3 - 4 闭合，而且重合闸继电器 KAR 启动，经整定的时间后其延时闭合的常开触点闭合，使合闸接触器 KO 通电动作，从而使断路器 QF 重合闸。如果一次电路上的故障是瞬时性的，已经消除，则可重合成功。如果短路故障尚未消除，则保护装置又要动作，KM 的触点又使断路器 QF 再次跳闸。由于一次 ARD 采取了“防跳”措施（防止多次反复跳、合闸，图 5-62 中未表示），因此不会再次重合闸。

3. 电气一次自动重合闸装置示例

图 5-63 是采用 DH－2 型重合闸继电器的电气一次自动重合闸装置（ARD）展开式原理电路图（图中仅绘出与 ARD 有关的部分）。该电路的控制开关 SA1 采用 LW2 型万能转换开关，其合闸（ON）和分闸（OFF）操作各有三个位置：预备分、合闸，正在分、合闸，分、合闸后。SA1 两侧的箭头“→”指向就是这种操作程序。选择开关 SA2 采用 LW2－1.1/F4－X 型，只有合闸（ON）和分闸（OFF）两个位置，用来投入和解除 ARD。

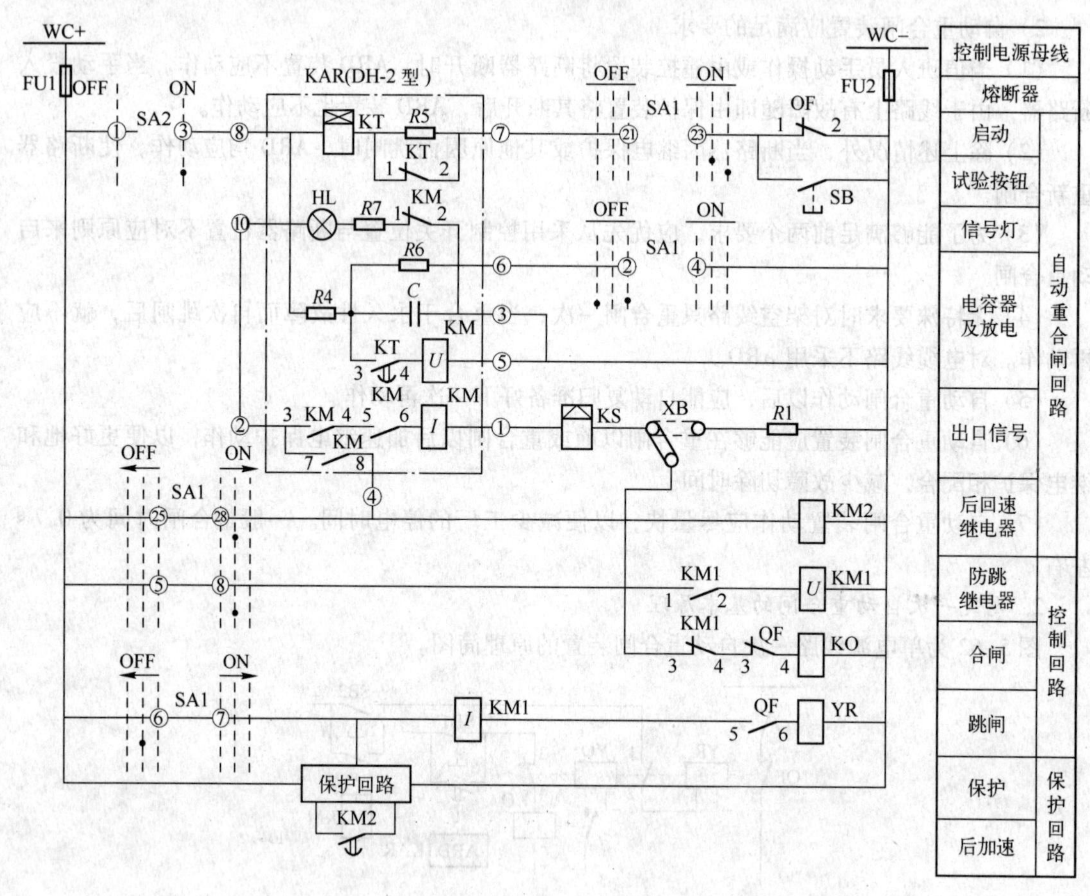

图 5-63　电气一次自动重合闸装置（ARD）展开式原理电路图

WC—控制小母线　SA1—控制开关　SA2—选择开关　KAR—DH—2 型重合闸继电器（内含 KT—时间继电器、KM—中间继电器、HL—指示灯及电阻 R、电容器 C 等）KM1—防跳继电器（DZB—115 型中间继电器）　KM2—后加速继电器（DZS—145 型中间继电器）KS—DX—11 型信号继电器　KO—合闸接触器　YR—跳闸线圈　XB—连接片　QF—断路器辅助触点

1）基本原理

线路正常运行时，SA1 和 SA2 都扳到合闸（ON）位置，ARD 投入工作。重合闸继电器 KAR 中的电容器 C 经 $R4$ 充电，指示灯 HL 亮。同时指示灯 HL 亮，表示控制小母线 WC 的电压

正常，电容器 C 处于充电状态。

一次线路发生故障时，保护装置发出跳闸信号，跳闸线圈 YR 得电，断路器 QF 跳闸。QF 的辅助触点全部复位，而 SA1 仍在合闸位置。从而接通 KAR 的启动回路，使 KAR 中的时间继电器 KT 经它本身的常闭触点 KT1－2 而动作。KT 动作后，其常闭触点 KT1－2 断开，串入电阻 $R5$，使 KT 保持动作状态。串入 $R5$ 的目的，是限制通过 KT 线圈的电流，防止线圈过热烧毁，因为 KT 线圈不是按长期接上额定电压设计的。

时间继电器 KT 动作后，经一定延时，其延时闭合的常开触点 KT3－4 闭合。这时电容器 C 对 KAR 中的中间继电器 KM 的电压线圈放电，使 KM 动作。其常闭触点 KM1－2 断开，使指示灯 HL 熄灭，表示 KAR 已经动作，其出口回路已经接通。合闸接触器 KO 由控制小母线 WC 经 SA2、KAR 中的 KM3－4、KM5－6 两对触点及 KM 的电流线圈、KS 线圈、连接片 XB、触点 KM1 3－4 和断路器辅助触点 QF3－4 而获得电源，从而使断路器 QF 重合闸。若线路故障是暂时的，则合闸成功。

由于继电器 KM 是由电容器 C 放电而动作的，但 C 的放电时间不长，因此为了使 KM 能够自保持，在 KAR 的出口回路中串入了 KM 的电流线圈，借 KM 本身的常开触点 KM3－4 和 KM5－6 闭合使之接通，以保持 KM 的动作状态。在断路器 QF 合闸后，其辅助触点 QF3－4 断开而使 KM 的自保持解除。在 KAR 的出口回路中串联信号继电器 KS，是为了记录 KAR 的动作，并为 KAR 动作发出灯光信号和音响信号。断路器重合成功以后，所有继电器自动返回，电容器 C 又恢复充电。

要使 ARD 退出工作，可将 SA2 扳到分闸（OFF）位置，同时将出口回路中的连接片 XB 断开。

当线路发生永久性故障时，一次重合闸不成功，继电保护装置第二次将断路器跳闸，此时虽然 KT 将再次启动，但因电容器 C 尚未充满电，不能使 KM 动作，因而保证了 ARD 只动作一次。

2）线路特点

(1) 一次 ARD 只能重合闸一次。

如果一次电路故障是永久性的，断路器在 KAR 作用下重合闸后，继电保护又要动作，使断路器再次自动跳闸。断路器第二次跳闸后，KAR 又要启动，使时间继电器 KT 动作。但由于电容器 C 还来不及充好电（充电时间需 15 ～ 25 s），所以 C 的放电电流很小，不能使中间继电器 KM 动作，从而 KAR 的出口回路不会接通，这就保证了 ARD 只重合一次。

(2) 用控制开关断开断路器时，ARD 不会动作。

通常在分闸操作时，先将选择开关 SA2 扳至分闸（OFF）位置，其 SA2 1－3 断开，使 KAR 退出工作。同时将控制开关 SA1 扳到“预备分闸”及“分闸后”位置时，其触点 SA1 2－4 闭合，使电容器 C 先对 $R6$ 放电，从而使中间继电器 KM 失去动作电源。因此即使 SA2 没有扳到分闸位置（使 KAR 退出的位置），在采用 SA1 操作分闸时，断路器也不会自行重合闸。

(3) 线路设置了可靠的防跳措施。

当 KAR 出口回路中的中间继电器 KM 的触点被粘住时，应防止断路器多次重合于发生永久性短路故障的一次电路上。

图 5-63 所示 ARD 电路中，采用了两项“防跳”措施：

① 在 KAR 的中间继电器 KM 的电流线圈回路（即其自保持回路）中，串联了它自身的两对常开触点 KM3－4 和 KM5－6。这样，万一其中一对常开触点被粘住，另一对常开触点仍能正常

工作，不致发生断路器“跳动”，即反复跳、合闸现象。

② 为了防止万一 KM 的两对触点 KM3－4 和 KM5－6 同时被粘住时断路器仍可能“跳动”，故在断路器的跳闸线圈 YR 回路中，又串联了防跳继电器 KM1 的电流线圈。在断路器分闸时，KM1 的电流线圈同时通电，使 KM1 动作。当 KM3－4 和 KM5－6 同时被粘住时，KM1 的电压线圈经它自身的常开触点 KM1 1－2、XB、KS 线圈、KM 电流线圈及其两对触点 KM3－4、KM5－6 而带电自保持，使 KM1 在合闸接触器 KO 回路中的常闭触点 KM1 3－4 也同时保持断开，使合闸接触器 KO 不致接通，从而达到“防跳”的目的。因此这防跳继电器 KM1 实际是一种分闸保持继电器。

采用了防跳继电器 KM1 以后，即使用控制开关 SA1 操作断路器合闸，只要一次电路存在着故障，继电保护使断路器跳闸后，断路器也不会再次合闸。当 SA1 的手柄扳到“合闸”位置时，其触点 SA1 5－8 闭合，合闸接触器 KO 通电，使断路器合闸。如果一次电路存在着故障，继电保护将使断路器自动跳闸。在跳闸回路接通时，防跳继电器 KM1 启动。这时即使 SA1 手柄扳在“合闸”位置，但由于 KO 回路中 KM1 的常闭触点 KM1 3－4 断开，SA1 的触点 SA1 5－8 闭合，也不会再次接通 KO，而是接通 KM1 的电压线圈使 KM1 自保持，从而避免断路器再次合闸，达到“防跳”的要求。当 SA1 回到“合闸后”位置时，其触点 SA1 5－8 断开，使 KM1 的自保持随之解除。

3）ARD 与继电保护的配合方式

ARD 与继电保护的配合方式有两种，即后加速保护与前加速保护，如图 5－64 所示。图 5-64（a）所示为后加速保护，其构成原理如下：

（1）利用线路上设置的保护装置按照整定的动作时限切除故障部分。

（2）相应的 ARD 动作，使断路器重合一次。

（3）如为瞬时性故障，重合成功；如为永久性故障，则可实现无延时的第二次跳闸（即重合闸后加速了保护动作）。

图 5-64（b）所示为前加速保护方式，其构成原理如下：

（1）不管哪一段线路发生故障，均由装设于首端的保护动作，瞬时切断全部供电线路（即重合闸前加速了保护动作）。

（2）首段装设有 ARD，切断后立即重合。

（3）如为瞬时性故障，则重合成功，如为永久性故障，则由各级线路 l_1、l_2、l_3 按其保护装置整定的动作时限有选择地切除故障部分。

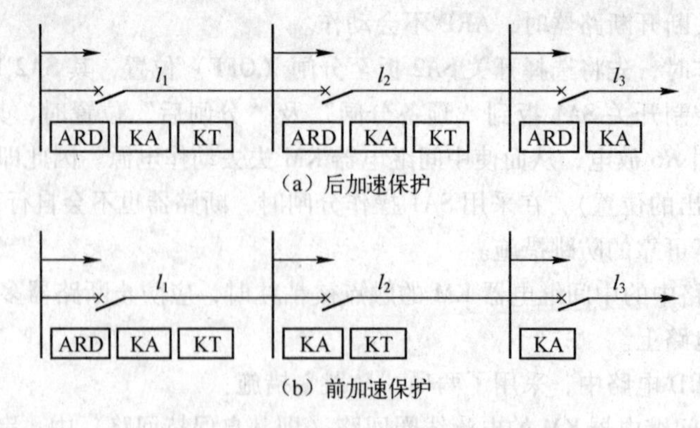

图 5-64　ARD 装置与继电保护的配合方式

后加速保护能快速切除永久性故障部分，但每段线路都需装设 ARD，使用设备多；前加速保护使用 ARD 设备少，且能瞬时切除故障部分，但重合不成功会扩大事故范围。对于不超过3个电压等级的用户供电系统架空线路 ARD 常采用前加速保护，以减少使用设备。

五、工厂供电系统运动化简介

（一）概述

随着工业生产的发展和科学技术的进步，有的企业特别大型企业供配电系统的控制、信号和监测工作，已开始由人工管理、就地监控发展为运动化，实现遥控、遥信、遥测，即所谓“三遥”；如加上遥调，即所谓“四遥”。

供配电系统的运动装置，现在多采用微机（微型电子计算机）来实现。

（二）微机控制的供电系统运动装置简介

微机控制的供电系统运动装置，由调度端、执行端及联系两端的信号通道等三部分组成，如图 5-65 所示。

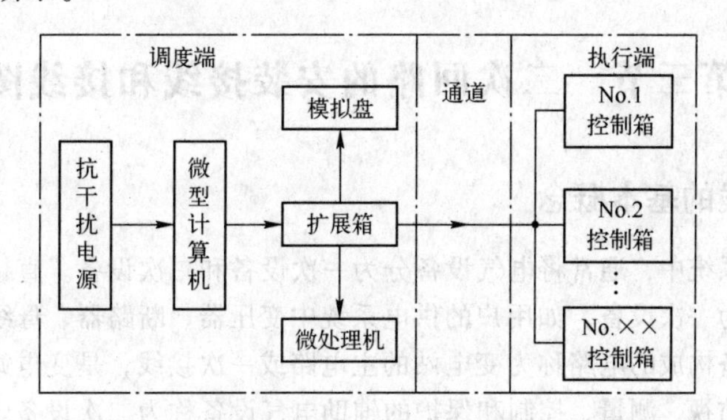

图 5-65　微机控制的工厂供电系统三遥装置框图

1. 调度端

调度端由操纵台和数据处理用微机组成。

操纵台包括：①供电系统模拟盘，其上绘有供电系统主电路图，主电路图上每台断路器都装有跳、合闸状态指示灯。②数据采集和监控用计算机系统一套，包括：主机一台，用以发出各项指令进行操作；打印机一台，可根据指令随时打印出所需要的数据资料；彩色 CRT（显示器）一台，用以显示系统全部或局部的工作状态和有关数据以及各种操作命令和事故状态等。③若干路就地常测入口，通过数字表，将信号输入计算机，并用以随时显示全厂电源进线的电压和功率。④通信接口，用以完成与数据处理用微机之间的通信联络。

数据处理用微机的功能主要有：

（1）根据所记录的全天小时平均负荷绘出全厂用电负荷曲线；

（2）按全厂有功电能、功率因数及最大需电量等计算每月总电费；

（3）统计全厂高峰负荷时间的用电量；

（4）根据需要，统计各配电线路的用电情况；

（5）统计和分析系统的运行情况及事故情况等。

2. 信号通道

信号通道是用来传递调度端操纵台与执行端控制箱之间往返的信号用的通道，一般采用带屏蔽的电话电缆，控制距离小于1 km 时，也可用控制电缆或塑料绝缘导体线。通道的敷设一般采用树干式，各车间变电所通过分线盒与之相连。

3. 执行端

执行端是用逻辑电路和继电器组装而成的成套控制箱。每一被控点至少应装设一台。它的主要功能是：

(1) 遥控。对断路器进行远距离分、合闸操作。

(2) 遥信。其中一部分反应被控断路器的分、合闸状态以及事故跳闸的报警；另一部分反应事故预告信号，可实现过负荷、过电压、变压器瓦斯保护及超温等的报警。

(3) 遥测。包括电流、电压等参数的遥测，其中可设一路电流、电压等参数为常测，其余为定时循环检测或自动选测。

(4) 电能遥测。分别遥测有功和无功电能。电能信号分别取自有功和无功电能表，表内装有光电转换单元，将电能表的铝盘转数转换成脉冲信号送回调度端。

微机在工厂供电系统中的应用，大大提高了供电系统的运行水平，使供电系统的运行更加安全、可靠、优质和经济合理。

第三节　二次回路的安装接线和接线图

一、二次接线的基本概念

在用户供配电系统中，通常将电气设备分为一次设备和二次设备。直接生产、输送和分配使用电能的设备称为一次设备，如用户的供电系统中变压器、断路器、母线和电动机等属于一次设备。由一次设备构成的电路称为变电站的主电路或一次接线，是变电站的主体。对一次设备的工作状态进行监视、测量、控制和保护的辅助电气设备称为二次设备。二次设备包括测量仪器、控制与信号设备、继电保护装置以及自动和远动装置等。

根据测量、控制、保护和信号显示的要求，表示二次设备互相连接关系的电路，称为二次回路或二次接线，亦称二次系统，包括控制系统、信号系统、监测系统及继电保护和自动化系统等。

二次接线按照电源性质分，有直流回路和交流回路。直流回路是由直流电源供电的控制、保护和信号回路；交流回路又分为交流电流回路和交流电压回路。交流电流回路由电流互感器供电，交流电压回路由电压互感器或所用变压器供电，构成测量、控制、保护、监视及信号等回路。

二次接线按照用途分，有断路器控制回路、信号回路、测量回路、继电保护回路和自动装置回路等。

二次接线在用户供配电系统中虽然是一次电路的辅助系统，但它对一次电路的安全、可靠、优质、经济地运行有着十分重要的作用，因此必须予以充分的重视。

二、二次回路的安装接线要求

用户供配电系统的电气接线图，可分为一次接线图和二次接线图。用规定的图形符号和文字符号表示一次设备及其相互连接顺序的图称为一次接线图，即主接线图；用规定的图形符号和文字符号表示二次设备的元件及其相互连接顺序的图称为二次接线图。二次接线图分为原理接线图和安装接线图。

(1) 按 GB 50171—1992《电气装置安装工程·盘、柜及二次回路接线施工及验收规范》规定，二次回路的安装接线应符合下列要求：

① 按图施工，接线正确。

② 导线与电气元件间采用螺栓连接、插接、焊接或压接等，均应牢固可靠。

③ 盘、柜内的导线中间不应有接头，导线芯线应无损伤。

④ 电缆芯线和所配导线的端部均应标明其回路编号，编号应正确，字迹清楚，且不脱色。

⑤ 配线应整齐、清晰、美观，导线绝缘应良好、无损伤。

⑥ 每个接线端子的每侧接线宜为一根，不得超过两根；对于插接式端子，不同截面的两根不得接在同一端子上；对于螺栓连接端子，当接两根导线时，中间应加平垫片。

⑦ 二次回路接地应设专用螺栓。

⑧ 盘、柜内的二次回路配线：电流回路应采用电压不低于500 V的铜芯绝缘导线，其截面不应小于2.5 mm^2；其他回路截面不应小于1.5 mm^2；对电子元件回路、弱电回路采用锡焊连接时，在满足载流量和电压降及有足够机械强度的情况下，可采用截面不小于0.5 mm^2的铜芯绝缘导线。

(2) 用于连接盘、柜门上的电器及控制台板等可动部位的导线，还应符合下列要求：

① 应采用多股铜芯软导线，敷设长度应有适当裕度。

② 线束应有外套塑料管等加强绝缘层。

③ 与电器连接时，导线端部应绞紧，并应加终端附件或搪锡，不得松散、断股。

④ 在可动部位两端导线应用卡子固定。

(3) 引入盘、柜内的电缆及其芯线应符合下列要求：

① 引入盘、柜的电缆应排列整齐，编号清晰，避免交叉，并应固定牢固，不得使所接的端子排受到机械应力。

② 铠装电缆在进入盘、柜后，应将钢带切断，切断处的端部应扎紧，应将钢带接地。

③ 使用于静态保护、控制等逻辑回路的控制电缆，应采用屏蔽电缆。其屏蔽层应按设计要求的接地方式予以接地。

④ 盘、柜内的电缆芯线，应按垂直或水平有规律地配置，不得任意歪斜交叉连接。备用芯线长度应留有适当裕度。

⑤ 橡胶绝缘的导线应外套绝缘管保护。

⑥ 强电与弱电回路不能使用同一根电缆，并应分别成束分开排列。

二次回路接线还应注意：在油污环境，二次回路应采用耐油的绝缘导线，如塑料绝缘导线。在日光直照环境，橡胶或塑料绝缘导线均应采取保护措施，如穿金属管、蛇皮管保护。

二、二次回路安装接线图的绘制要求与方法

二次回路安装接线图，简称二次回路接线图，是用来表示成套装置或设备中二次回路的各元器件之间连接关系的一种简图。必须注意，这里的接线图与通常等同于电路图的接线图含义是不同的，其用途也有区别。

二次回路接线图主要用于二次回路的安装接线、线路检查维修和故障处理。在实际应用中，安装接线图通常与原理电路图配合使用。接线图有时也与接线表配合使用。接线表的功能与接线图相同，只是绘制形式不同。接线图和接线表一般都应表示出各个项目（指元件、器件、部件、组件和成套设备等）的相对位置、项目代号、端子号、导线号、导线类型和导线截面、根数等内容。

绘制二次回路接线图，必须遵循现行国家标准 GB/T 6988·3—1997《电气技术用文件的编制·第三部分：接线图和接线表》的有关规定，其图形符号应符合 GB/T 4728—1996 ～ 2000《电气简图用图形符号》的有关规定，其文字符号包括项目代号应符合 GB/T 5094—2002《工业系统、装置与设备以及工业产品结构原则与参照代号》和 OODX001《建筑电气工程设计常用图形和文字符号》等的有关规定。

下面分别介绍接线图中二次设备、接线端子及连接导线的表示方法。

（一）二次设备的表示方法

由于二次设备是从属于某一次设备或一次电路的，而一次设备或一次电路又从属于某一成套装置，因此为避免混淆，所有二次设备都必须按 GB/T 5094—2002 等系列标准规定标明其项目代号。项目是指接线图上用图形符号所表示的元件、部件、组件、功能单元、设备、系统等，例如电阻器、继电器、发电机、放大器、电源装置、开关设备等。

项目代号是用来识别项目种类及其层次关系与位置的一种代号。一个完整的项目代号包括四个代号段，每一代号段之前还有一个前缀符号作为代号段的特征标记，如表 5-3 所示。例如某高压线路的测量仪表电路图中，无功电能表的项目代号为 PJ2。假设这一高压线路的项目代号为 W3，而此线路又装在项目代号为 A5 的高压开关柜内，则上述无功电能表的项目代号的完整表示为“ = A5 + W3 - PJ2”。对于该无功电能表上的第 7 号端子，其项目代号则应表示为“ = A5 + W3 - PJ2: 7”。不过在不致引起混淆的情况下可以简化，例如上述无功电能表第 7 号端子，就可表示为“ - PJ2: 7”或“PJ2: 7”。

表 5-3　项目代号的层次与符号

项目层次（段）	代号名称	前缀符号	示　例
第一段	高层代号	=	= A5
第二段	位置代号	+	+ W3
第三段	种类代号	–	– PJ2
第四段	端子代号	:	: 7

（二）接线端子的表示方法

盘、柜外的导线或设备与盘、柜内的二次设备相连接时，必须经过端子排。端子排由专门的接线端子板组合而成。

接线端子板分为普通端子、连接端子、试验端子和终端端子等。

普通端子板用来连接由盘外引至盘内或由盘内引至盘外的导线。

连接端子板有横向连接片，可与临近端子板相连，用来连接有分支的二次回路导线。

试验端子板用来在不断开二次回路的情况下，对仪表、继电器等进行试验。如图 5-66 所示两个试验端子，将工作电流表 PA1 与电流互感器 TA 的二次侧相连。当需要换下工作电流表 PA1 进行试验时，可用另一备用电流表 PA2 分别接在两试验端子的接线螺钉 2 和 7 上，如图 5-66 上虚线所示。然后拧开螺钉 3 和 8，拆下工作电流表 PA1 进行试验。PA1 校验完毕后，再将它接入，并拆下备用电流表 PA2，整个电路恢复原状运行。

终端端子板是用来固定或分隔不同安装项目的端子排。

在二次回路接线图中，端子排中各种形式端子板的符号标志如图 5-67 所示。端子排的文字符号为 X，端子的前缀符号为“:”。

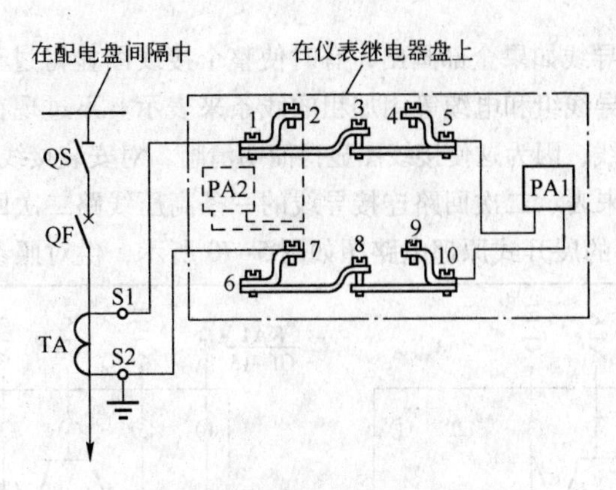

图 5-66　试验端子的结构及其应用

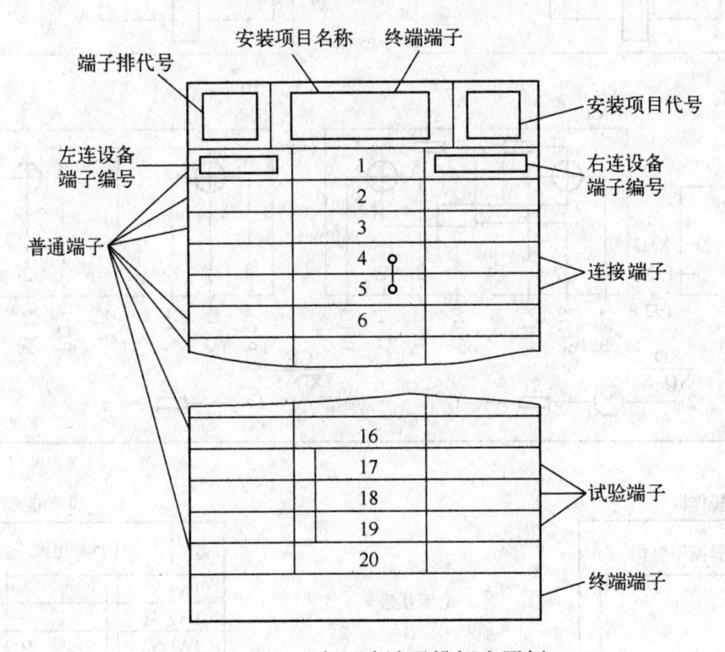

图 5-67　二次回路端子排标志图例

(三) 连接导线的表示方法

二次回路接线图中端子之间的连接导线有以下两种表示方法：

(1) 连续线表示法。表示两端子之间连接导线的线条是连续的，如图 5-68 (a) 所示。

(2) 中断线表示法。表示两端子之间连接导线的线条是中断的，如图 5-68 (b) 所示。

注意：在线条中断处必须标明导线的去向，即在接线端子出线处标明对面端子的代号。因此这种标号法，又称为"相对标号法"或"对面标号法"。

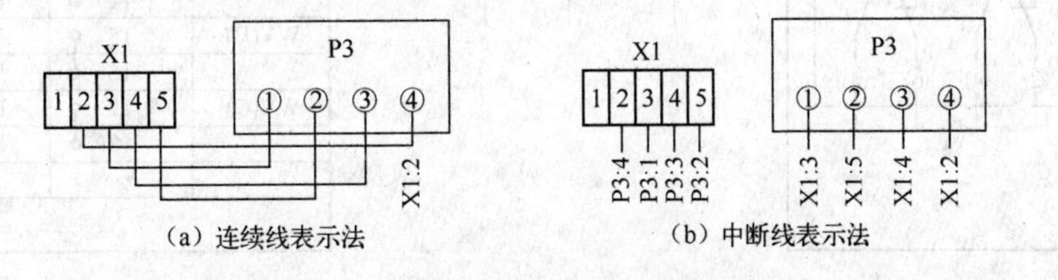

图 5-68　二次回路端子间连接导线的表示方法

用连续线表示的连接导线如果全部画出，有时使整个接线图显得过于繁复，因此在不致引起误解的情况下，也可以将导线组和电缆等用加粗的线条来表示。不过现在的二次回路接线图上多采用中断线来表示连接导线，因为这使接线图显得简明清晰，对安装接线和维护检修都很方便。

图 5-69 是用中断线来表示二次回路连接导线的一条高压线路二次回路安装接线图。为阅读方便，另绘出该二次回路的展开式原理电路图如图 5-70 所示，供对照参考。

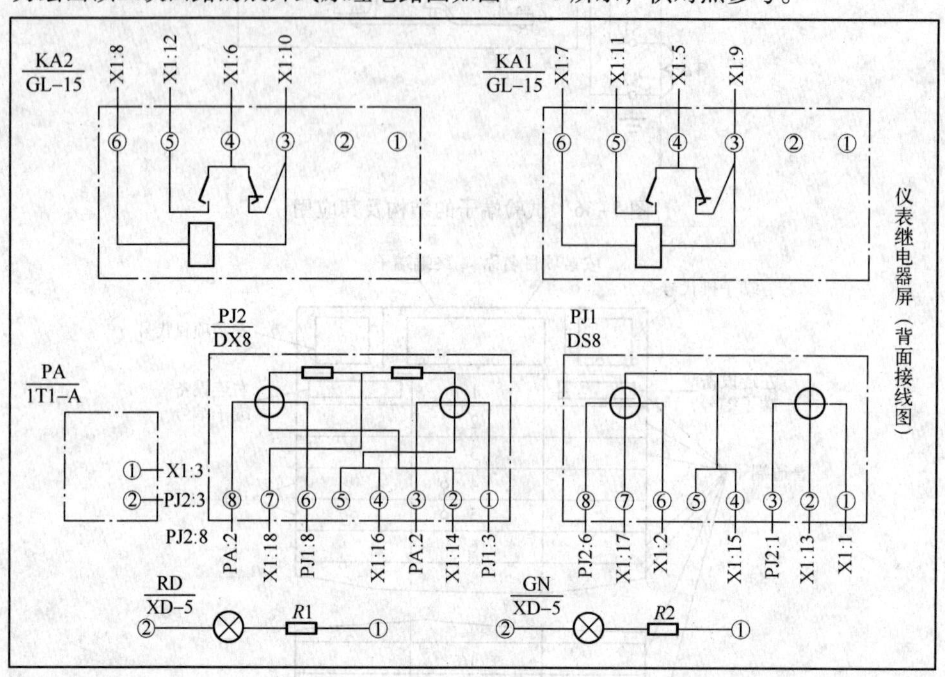

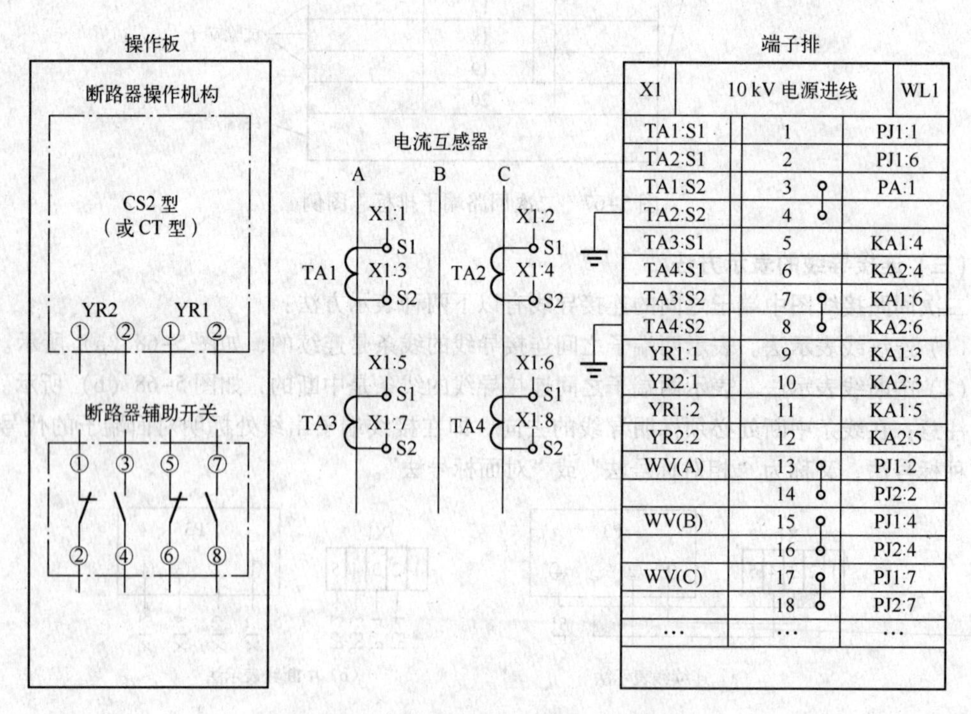

X1	10 kV 电源进线	WL1
TA1:S1	1	PJ1:1
TA2:S1	2	PJ1:6
TA1:S2	3	PA:1
TA2:S2	4	
TA3:S1	5	KA1:4
TA4:S1	6	KA2:4
TA3:S2	7	KA1:6
TA4:S2	8	KA2:6
YR1:1	9	KA1:3
YR2:1	10	KA2:3
YR1:2	11	KA1:5
YR2:2	12	KA2:5
WV(A)	13	PJ1:2
	14	PJ2:2
WV(B)	15	PJ1:4
	16	PJ2:4
WV(C)	17	PJ1:7
	18	PJ2:7
…	…	…

图 5-69 高压线路二次回路安装接线图

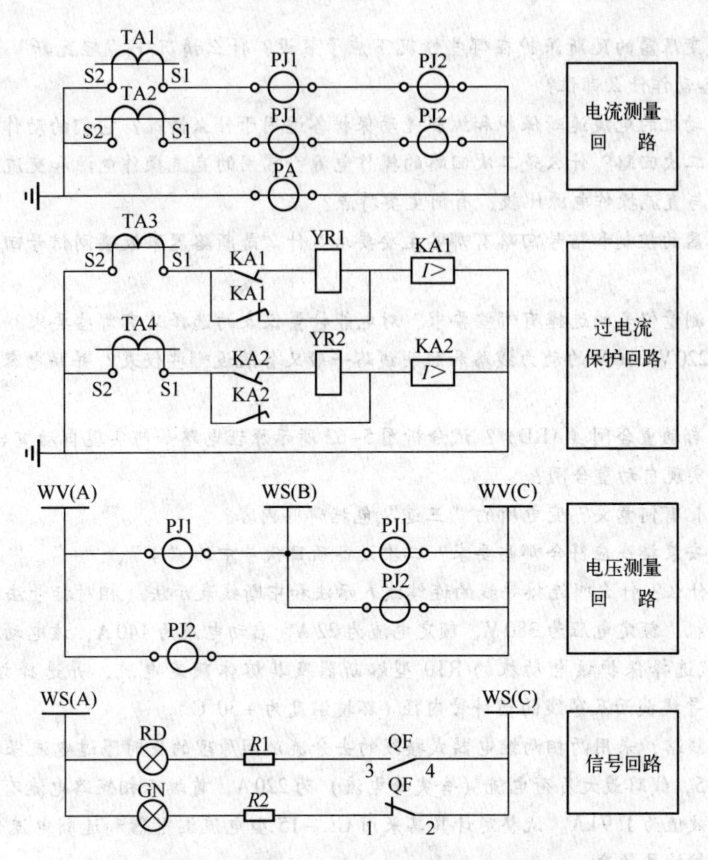

图 5-70　高压线路二次回路展开式原理电路图

思考与练习题

5-1　供电系统中有哪些常用的过电流保护装置？对保护装置有哪些基本要求？

5-2　选择熔断器时应考虑哪些条件？在校验断流能力时，限流熔断器与非限流熔断器各应满足什么条件？跌开式熔断器又应满足哪些条件？

5-3　低压断路器如何选择？在校验断流能力时，万能式和塑料外壳式断路器各应满足什么条件？

5-4　电磁式电流继电器、时间继电器、信号继电器和中间继电器在继电保护装置中各起什么作用？它们的图形符号和文字符号各是什么？感应式电流继电器又有哪些功能？其图形符号和文字符号又是什么？

5-5　两相两继电器式接线和两相一继电器式接线作为相间短路保护，各有哪些优缺点？

5-6　采用低电压闭锁为什么能提高过电流保护的灵敏度？

5-7　电流速断保护的动作电流（速断电流）为什么要按躲过被保护线路末端的最大短路电流来整定？这样整定又会出现什么问题？如何弥补？

5-8　电力线路和变压器各在什么情况下需要装设过负荷保护？其动作电流和动作时限各如何整定？

5-9　变压器的过电流保护和电流速断保护的动作电流各如何整定？其过电流保护的动作时限又如何整定？

5-10　变压器纵联差动保护在接线上如何消除因变压器两侧电流相位不同而引起的不平衡电流？差动保护的动作电流整定应满足哪些条件？

5-11　油浸式变压器的瓦斯保护在哪些情况下应予装设？什么情况下“轻瓦斯”动作？什么情况下“重瓦斯”动作？各动作什么部位？

5-12　高压电动机的电流速断保护和纵联差动保护各适用于什么情况？它们的动作电流各如何整定？

5-13　什么是二次回路？什么是二次回路的操作电源？常用的直流操作电源和交流操作电源各有哪几种？交流操作电源与直流操作电源比较，有何主要特点？

5-14　对断路器的控制和信号回路有哪些主要要求？什么是断路器事故跳闸信号回路构成的“不对应原理”？

5-15　对常用测量仪表的选择有哪些要求？对电能计量仪表的选择又有哪些要求？一般6～10 kV线路装设哪些仪表？220 V/380 V的动力线路和照明线路一般又各装设哪些仪表？并联电容器组的总回路上一般又装设哪些仪表？

5-16　什么叫自动重合闸（ARD）？试分析图5-62所示原理电路如何实现自动重合闸？分析图5-64所示电路图又如何实现自动重合闸？

5-17　所远动化有何意义？变电所的“三遥”包括哪些内容？

5-18　回路的安装接线应符合哪些要求？二次设备项目代号中的“=”、“+”、“-”和“:”各是什么符号？含义是什么？什么叫连接导线的连续线表示法和中断线表示法（相对标号法）？

5-19　某电动机，额定电压为380 V，额定电流为22 A，启动电流为140 A，该电动机端子处的三相短路电流为16 kA。试选择保护该电动机的RT0型熔断器及其熔体额定电流，并选择该电动机的配电线（BLV-500型）的导线截面及穿线的塑料管内径（环境温度为+30℃）。

5-20　某高压线路，采用两相两继电器式接线的去分流跳闸原理的反时限过电流保护装置，电流互感器的电流比为250/5，线路最大负荷电流（含尖峰电流）为220 A，首端三相短路电流有效值为5.1 kA，末端三相短路电流有效值为1.9 kA。试整定计算其采用GL-15型电流继电器和速断电流倍数，并检验其过电流保护和速短保护的灵敏度。

5-21　某厂10 kV高压配电所有一条高压配电线供电给一车间变电所。该高压配电线路首端拟装设由GL-15型电流继电器组成的反时限过电流保护，采用两相两继电器式接线，电流互感器的变流比为160/5。高压配电所的电源进线上装设的定时限过电流保护的动作时限整定为1.5 s。高压配电所母线的三相短路电流$I_{k-1}^{(3)}=2.86\ \text{kA}$，车间变电所的380 V母线的三相短路电流$I_{k-2}^{(3)}=22.3\ \text{kA}$，该车间变电所装有一台主变压器为S9-1000型。试整定供电给该车间变电所的高压配电线首端装设的GL-15型电流继电器的动作电流和动作时限以及电流速断保护的速断电流倍数，并检验其灵敏度。（建议变压器的$I_{L\cdot\max}=2I_{1N\cdot T}$）

第六章 防雷、接地、电气安全

本章简介

本章主要讲述有关过电压与防雷的基本知识，电气设备与装置的防雷措施，能正确选用避雷装置等；然后讲述电气装置接地的有关知识，能正确选择保护接地和保护接零的供电方式和低压配电系统的接地故障保护等；最后讲述电气安全的一般措施，能正确使用常用安全防护用具，并掌握触电人员急救措施。

学习目标

◆ 了解雷电对电力设施的危害，掌握对雷电的预防方法。

◆ 了解电气设备的接地类型和敷设方式，能正确选择保护接地和保护接零的供电方式，能根据实际情况确定接地电阻的阻值，并能使用接地电阻测试仪进行接地电阻的测试。

◆ 了解电气安全的一般措施，能正确使用常用安全防护用具，并能有效进行触电抢救。

第一节 过电压与防雷

一、过电压及其产生原因

供配电系统在正常运行时，电气设备的绝缘处于额定电压作用之下。但是，由于某种原因，在电力线路或电气设备上的电压超过正常工作电压，称为过电压。在电力系统中，由于过电压使绝缘破坏是造成系统故障的主要原因之一。按过电压产生的原因分为操作过电压和雷电过电压两大类。

（一）过电压的种类

1. 操作过电压

由于供电系统内部电磁能量的转换或传送引起的过电压，称为操作过电压。例如断路器切与合、负荷剧变、线路断线、短路与接地等故障均会引起程度不同的过电压。这种过电压又称内部过电压。操作过电压一般不会超过系统正常运行时相对地额定电压的 3 ～ 4 倍，最大为额定电压的 6 倍。在 35 kV 及以下供配电网络中，只要电气设备绝缘强度选择合理，并在运行中定期检查，排除绝缘薄弱点，操作过电压破坏是可防止的。

2. 雷电过电压

由于大气中雷云放电，雷击供配电系统或雷电感应引起的过电压，称为雷电过电压或大气过电压。这种过电压在供电系统中占的比重极大，大气过电压的幅值决定于雷电情况和防雷措施。与供电系统本身运行情况无关，因而这种过电压又称外部过电压。

1）雷电过电压的危害

雷电过电压产生的雷电冲击波，其电压幅值可达数十万伏，甚至数兆伏，其电流幅值可高达几十万安，因此对供电系统的危害极大，必须采取一定的措施加以防护。雷电的破坏作用主要是雷电流引起的。雷电流的热效应表现在雷电流通过导体时产生大量的热能，可能烧断导线，烧毁设备，引起火灾或爆炸，雷电的闪络可以造成绝缘子损坏、断路器跳闸、线路停电或引起火灾，造成大面积停电。

2）雷电过电压有以下两种基本形式。

（1）直接雷击过电压。直接雷击过电压是由于带有电荷的雷云直接对电气设备、线路和地面建筑物放电而引起的过电压。当强大的雷电流通过这些物体导入大地时，产生破坏性极大的热效应和机械效应，同时还伴有电磁效应和闪络放电，这称为直接雷击或直击雷。

（2）雷电感应过电压。它是雷电未直接击中电力系统中的任何部分，而由雷击对设备、线路或其他物体的静电感应或电磁感应所产生的过电压。这种雷电过电压称为感应雷或雷电感应。

雷电过电压的形式除了上述直击雷和感应雷外，还有一种是沿着架空线路侵入变配电所的高电位雷击波，称为雷电波侵入。据统计，由于雷电波侵入而造成的雷害事故占总雷害事故的50%以上，因此对雷电波侵入的防护应予以足够的重视。

（二）雷电的形成与危害

1. 雷电的形成

由前所述，大气过电压是由雷云放电形成的。在雷雨季节，太阳将地面一部分水蒸发成蒸汽并向上升起，上升的蒸汽遇到冷空气，凝成水滴就形成积云。这些水滴，受空中强烈气流的吹袭，分裂为一些小水滴和较大些的水滴，大、小水滴在气流的吹袭下产生摩擦和碰撞，形成带正、负不同电荷的雷云。当带电的雷云接近地面时，由于静电感应，大地相应地感应出正电荷或负电荷，使大地与雷云之间形成了一个巨大的电容器。当雷云电荷聚集中心的电场达到足够强时，雷云就击穿周围的空气形成导电通道，电荷沿着这个导电通道向大地发展，称之为雷电先导。地面电荷在雷云的感应下，电荷也大量聚集在地面的突出物（如高楼）上形成迎雷先导。当雷电先导和迎雷先导一旦接近，就会产生放电形成导电通道，雷电中的大量密集的电荷迅速地通过这个导电通道与大地中的电荷中和，形成了极大的电流，这就是雷电现象。

2. 雷电的危害

雷电的破坏作用主要是雷电流引起的。它的危害基本可以分成两种类型：一是雷直接击在建筑物上发生的热效应作用和电动力作用；一是雷电的一次作用，即雷电流产生的静电感应作用和电磁感应作用。雷电流的热效应主要表现在雷电流通过导体时产生大量的热能，可能烧断导线，烧毁设备，引起火灾或爆炸。

雷电流的机械力作用能使被击物破坏，击毁杆塔和建筑物。这是由于被击物缝隙中的气体在雷电流的作用下剧烈膨胀、水分急剧蒸发而引起被击物爆裂。

雷电流的电磁效应和静电感应会产生过电压，击穿电气设备的绝缘，甚至引起火灾和爆炸，造成人身伤亡事故。雷电的闪络放电还会引起绝缘子烧坏、开关跳闸或引起火灾等。

3. 雷电流的幅值和陡度

雷电流是指流入雷击点的电流，它是一个幅值很大、陡度很高的冲击波电流，如图 6-1 所示。

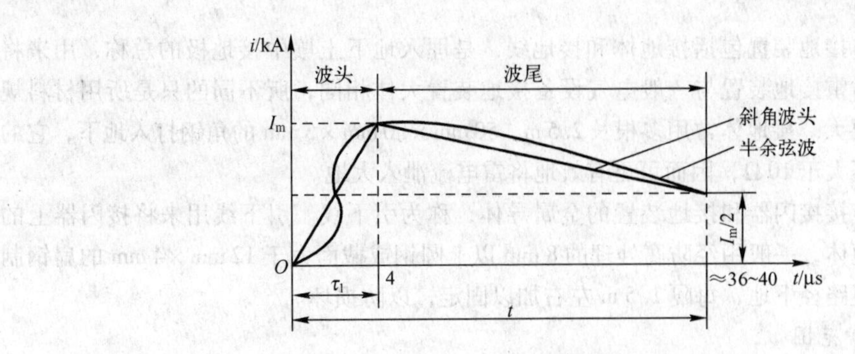

图 6-1 雷电流波形示意图

雷电流的幅值 I_m，与雷云中的电荷量及雷电放电通道的阻抗值有关。雷电流一般在 1 ～ 4 μs 内增长到幅值 I_m。雷电流在幅值以前的一段波形称为波头，而从幅值起衰减到的一段波形称为波尾。雷电流的陡度 α 用雷电流波头部分增长的速率来表示，即 $\alpha = di/dt$。雷电流的陡度，据测定，可达 50 kA/μs 以上。对电气设备绝缘来说，雷电流的陡度越大，产生的过电压越高，对设备绝缘的破坏性也越严重。

二、防雷设备

供电系统采用的防雷设备有：避雷针、避雷线、保护间隙及各种避雷器等。

（一）避雷针

避雷针的功能实质上是引雷作用，它能对雷电场产生一个附加电场，这附加电场是由于雷云对避雷针产生静电感应引起的，它使雷电场畸变，从而将雷云放电的通道，由原来可能向被保护物体发展的方向，吸引到避雷针本身，然后经与避雷针相连的引下线和接地装置，将雷电流泄放到大地中去，使被保护物体免受雷击。所以就其作用原理来说，避雷针应称为“引雷针”比较贴切。通过避雷针把雷电流引入地下，从而保护了线路、设备和建筑物等。

避雷针一般采用镀锌圆钢（针长 1 m 以下时直径不小于 12 mm、针长 1 ～ 2 m 时直径不小于 16 mm）或镀锌钢管（针长 1 m 以下时内径不小于 20 mm、针长 1 ～ 2 m 时内径不小于 25 mm）制成。它通常安装在电杆（支柱）或构架、建筑物上，它的下端要经引下线与接地装置相连。

1. 避雷针的结构

避雷针由接闪器（针头）、支持构架、引下线和接地体 4 部分组成，如图 6-2 所示。

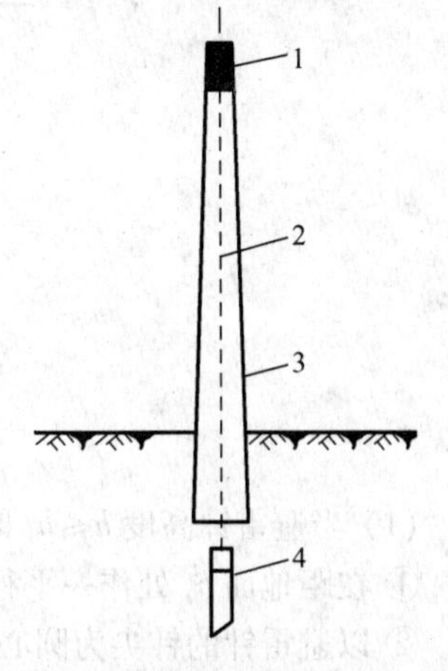

图 6-2 避雷针的结构示意图

1—接闪器 2—引下线 3—支持构造 4—接地装置

（1）接闪器（针头）。接闪器是直接承受雷击的部件，其顶端的镀锌圆钢或镀锌钢管，是专门用来接受雷云闪络放电的装置。避雷针采用长 1 ～ 2 m 的直径大于 20 mm 的圆钢或直径大于 25 mm 的钢管。

（2）支持构架。支持构架是将接闪器装设于一定高度上的支持物。在变电所或易爆的厂房，应采用独立支持构架；对一般厂房、烟囱等，避雷针可直接装设于保护物上。

(3) 接地装置。接地装置包括接地体和接地线，是埋入地下土壤中接地极的总称，用来将雷电流泄入大地。防雷接地装置与一般电气设备接地装置大体相同，所不同的只是所用材料规格比一般接地装置要大。接地体常用多根长2.5 m，50 mm×50 mm×5 mm的角钢打入地下，它的电阻值很小，一般不大于10 Ω，因而可更有效地将雷电流泄入大地。

(4) 引下线。连接接闪器和接地装置的金属导体，称为引下线。引下线用来将接闪器上的雷电流安全引入接地体，一般用经防腐处理的8 mm以上圆钢或截面大于12 mm×4 mm的扁钢制作。引下线应沿最短路径下地，每隔1.5 m左右加以固定，以防损坏。

2. 避雷针的保护范围

在一定高度的避雷针下面有一个安全区域，该区域内的物体基本上不受雷击，这个安全区称为避雷针的保护范围。保护范围的大小与避雷针高度和设置方式有直接关系。各种方式避雷针保护范围的计算如下：避雷针的保护范围，以它能保护直击雷的空间来表示。其大小与避雷针的高度有关。保护范围可以用模拟试验和根据运行经验来确定。由于雷电的路径受很多偶然因素的影响，因此要保证被保护物绝对不受直接雷击是不现实的，一般保护范围是指具有0.1%左右雷击概率的空间范围而言。

单支避雷针的保护范围：单支避雷针的保护范围采用IEC推荐的“滚球法”来确定。选择一个半径为r_x（滚球半径）的球体，按需要防护直击雷的部位滚动，如果球体只接触到避雷针（线）或避雷针（线）与地面，而不触及需要保护的部位，则该部位就在避雷针（线）的保护范围之内，如图6-3所示。

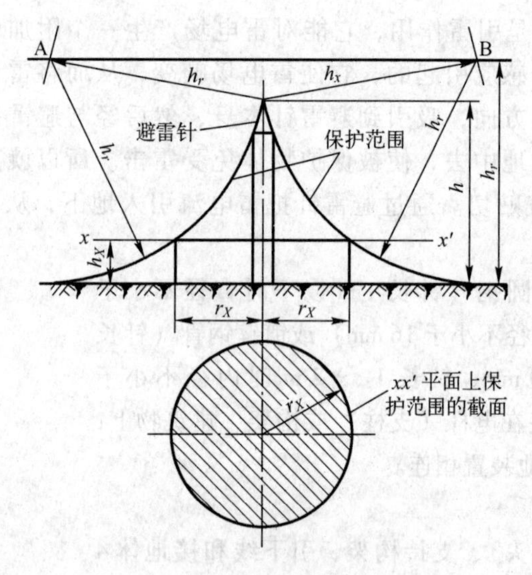

图6-3　单支避雷针的保护范围

(1) 当避雷针高度$h \leq h_r$时：

① 在距地面h_r处作一平行于地面的平行线。

② 以避雷针的针尖为圆心，h_r为半径，作弧线交于平行线的A、B两点。

③ 以A、B为圆心，h_r为半径作弧线，该弧线与针尖相交并与地面相切。从此弧线起到地面上的整个锥形空间，就是避雷针的保护范围。

④ 避雷针在被保护物高度h_r的xx'平面上的保护半径，按下式计算：

$$r_x = \sqrt{h(2h_r - h)} - \sqrt{h_x(2h_r - h_x)} \tag{6-1}$$

式中：h_r——滚球半径，按表 6-1 确定。

表 6-1　按建筑物防雷类别确定滚球半径和避雷网格尺寸（根据 GB 50057—1994）

建筑物防雷类别	滚球半径 h/m	避雷网格尺寸/m
第一类防雷建筑物	30	≤5×5 或≤6×4
第二类防雷建筑物	45	≤10×10 或≤12×8
第三类防雷建筑物	60	≤20×20 或≤24×16

避雷针在地面上的保护半径，按下式计算：

$$r_0 = \sqrt{h(2h_r - h)} \tag{6-2}$$

（2）当避雷针高度 $h \geqslant h_r$ 时：

在避雷针上取高度 h_r 的一点代替单支避雷针的针尖作圆心，其余的作法与上述 $h \leqslant h_r$ 时的作法相同。

关于两支及多支避雷针的保护范围，可参看 GB 50057—1994 或有关设计手册。

当保护范围较大时，若用单支避雷针保护，则需架设很高，这不仅投资大，而且施工困难，所以应采用多支矮针进行联合保护。

（二）避雷线

避雷线的功能和原理与避雷针相同。避雷线架设在架空线的上面，以保护架空线和其他物体免遭直接雷击。由于避雷线既是架空，又需接地，因此它又称为架空地线。避雷线一般采用截面小于 35 mm^2 的镀锌钢绞线。

避雷线保护范围的长度与其本身的长度相同，但两端各有一个受到保护的半个圆锥体空间，沿线一侧保护宽度要比单避雷针的保护半径小一些，这是因为它的引雷空间要比同样高度的避雷针小。

单根避雷线的保护范围，按 GB 50057—1994 规定：当避雷线高度 $h \geqslant 2h_r$ 时，无保护范围。当避雷线的高度 $h < 2h_r$ 时，应按下列方法确定（参看图 6-4）。但要注意，确定架空避雷线的高度时，应计及弧垂的影响。在无法确定弧垂的情况下，等高支柱间的挡距小于 120 m 时，其避雷线中点的弧垂宜取 2 m；挡距为 120 ～ 150 m 时。弧垂宜取 3 m。

（1）距地面 h_r 处作一平行于地面的平行线。

（2）以避雷线为圆心，h_r 为半径，作弧线交于平行线的 A、B 两点。

（3）以 A、B 为圆心，h_r 为半径作弧线，该两弧线相交或相切，并与地面相切。从该弧线起到地面止的空间，就是避雷线的保护范围。

（4）当 $2h_r > h > h_r$ 时，保护范围最高点的高度 h_0 按下式计算：

$$h_0 = 2h_r - h \tag{6-3}$$

（5）避雷线在 h_0 高度的 xx' 平面上的保护宽度 b_x 按下式计算：

$$b_x = \sqrt{h(2h_r - h)} - \sqrt{h_x(2h_r - h_x)} \tag{6-4}$$

长期经验证明，雷电最容易击于建筑物的边缘凸出部分，所以在建筑物边缘及凸出部分上加装避雷带，是一种有效而经济的防雷办法。避雷带应具有良好的接地装置，并且可以把它与建筑物的钢筋相连。对于重要的建筑物，除这种办法外还应在屋面上敷设避雷网，以防止绕击及降低屋内过电压。

（三）避雷带和避雷网

避雷带和避雷网主要用来保护建筑物特别是高层建筑物，使之免遭直接雷击和雷电感应。

避雷带和避雷网宜采用圆钢或扁钢，优先采用圆钢。圆钢直径应不小于 8 mm；扁钢截面应不小于 48 mm^2，其厚度应不小于 4 mm。当烟囱上采用避雷环时，其圆钢直径应不小于 12 mm；扁钢截面应不小于 100 mm^2，其厚度应不小于 4 mm。避雷网的网格尺寸要求如表 6-1 所示。

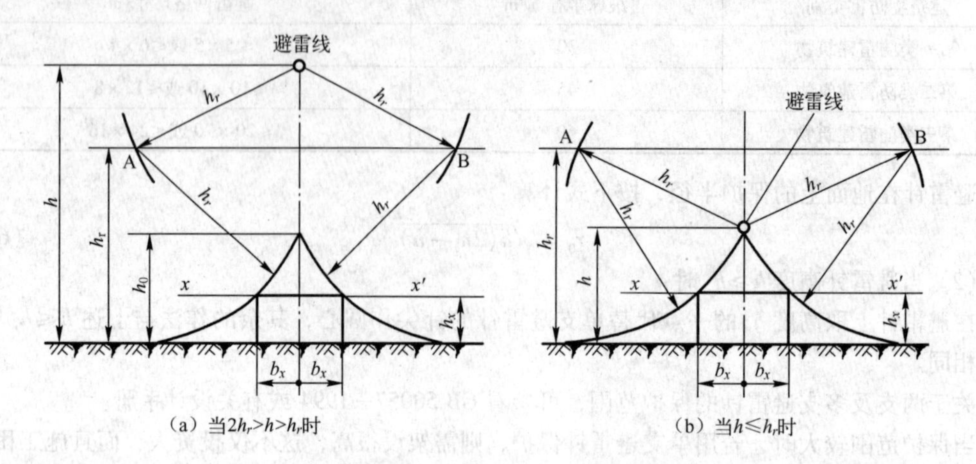

图 6-4　单根避雷线的保护范围

以上接闪器均应经引下线与接地装置连接。引下线宜采用圆钢或扁钢，优先采用圆钢，其尺寸要求与避雷带、网采用的相同。引下线应沿建筑物外墙明敷，并经最短路径接地；建筑艺术要求较高者可暗敷，但其圆钢直径应不小于 10 mm，扁钢截面应不小于 80 mm^2。

（四）避雷器

避雷器是用来防止雷电产生的过电压沿线路侵入变配电所或其他建筑物内，以免危及被保护设备的绝缘。避雷器应与被保护设备并联，装在被保护设备的电源侧，如图 6-5 所示。避雷器的放电电压低于被保护设备绝缘的耐压值。在供配电系统正常工作的时候，避雷器并不导电，当有沿线入侵的过电压波时，将首先使避雷器击穿对地放电，从而保护了电气设备的安全，放电结束后可以自行将管线与大地隔开绝缘，恢复供配电系统的正常工作。

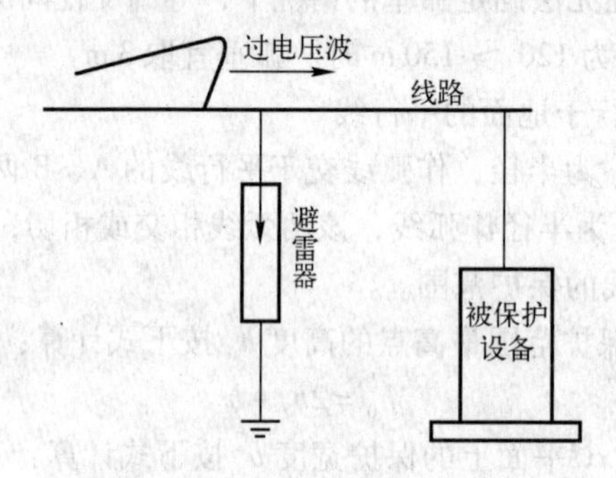

图 6-5　避雷器安装示意图

避雷器按发展历史和保护性能的改进过程，主要有保护间隙、管式避雷器、阀式避雷器和金属氧化物避雷器等类型。

1. 保护间隙

称角型避雷器，它是一种简单而有效的过电压保护元件，是最简单也是最原始的防雷设备。常见的角型结构如图 6-6 所示。

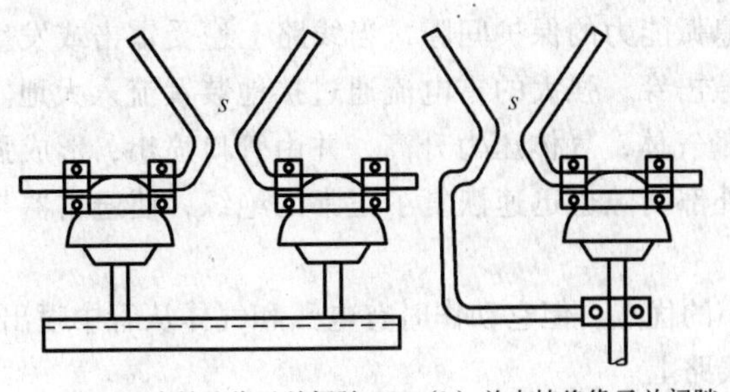
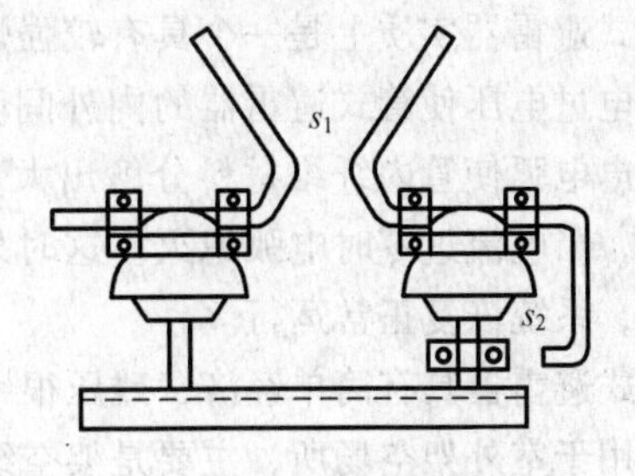

（a）双支持绝缘子单间隙　（b）单支持绝缘子单间隙　（c）双支持绝缘子双间隙

图 6-6　保护间隙

s—保护间隙　s_1—主间隙　s_2—辅助间隙

保护间隙由带电与接地的两个电极，中间间隔一定数值的间隙距离构成，就是人们常说的放电保护间隙。当线路出现过电压时，间隙击穿放电，将雷电流泄入大地。保护间隙一般用镀锌圆钢制成，由主间隙和辅助间隙两部分组成。主间隙做成羊角形状，水平安装，便于灭弧。为防止主间隙被外来物体短路，产生误动作，在主间隙的下方串联辅助间隙，如图 6-7 所示。

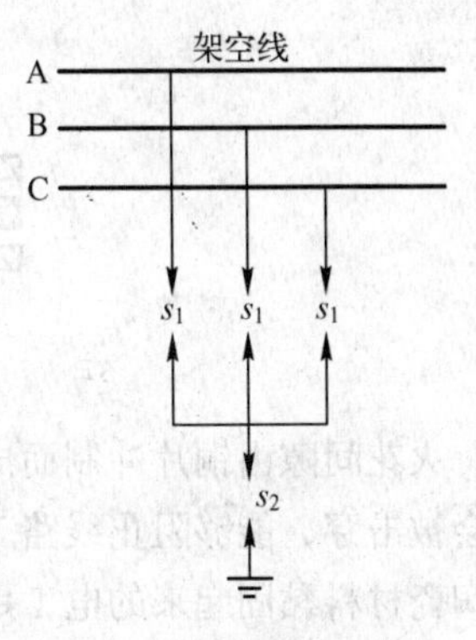

图 6-7　三相线路上保护间隙的连接

s_1—主间隙　s_2—辅助间隙

保护间隙通常并联接在被保护的设备旁，当雷电波袭来时，间隙先行击穿，把雷电流引入大地，从而避免了被保护设备因高幅值的过电压而击毁。但是保护间隙基本上不具有熄弧能力，当它导泄大量雷电流入地之后，还会出现电网的工频短路电流流过间隙，从而引起断路器跳闸。所以为了改善系统供电的可靠性，凡采用保护间隙作为过电压保护装置时，一般在断路器上要配备自动重合闸装置。当断路器跳开，工频续流消失，再次自动合闸后，系统即可恢复正常供电。由于保护间隙灭弧能力差，一般仅用于10 kV 及以下的电网中或室外不重要的架空线路上，并尽量与自动重合闸装置配合使用，提高供电可靠性，以便减少线路的停电事故发生。

2. 管式避雷器

其由产气管、内部间隙和外部间隙 3 部分组成，如图 6-8 所示。产气管由纤维、有机玻璃或塑料制成。内部间隙装在产气管内，一个电极为棒形，另一个电极为环形。

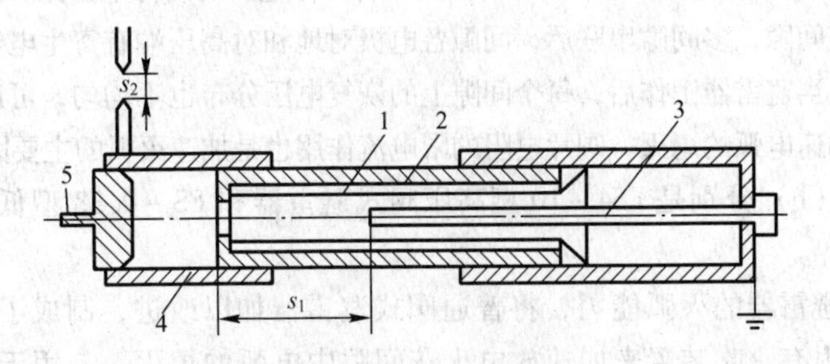

图 6-8　管式避雷器

1—产气管　2—胶木管　3—棒形电极　4—环形电极　5—动作指示器　s_1—内部间隙　s_2—外部间隙

管式避雷器实质上是一个具有较强熄弧能力的保护间隙，当线路上遭受雷击或发生感应雷时，雷电过电压使管式避雷器的内外间隙击穿，强大的雷电流通过接地装置流入大地。内部间隙的放电电弧使管内纤维材料分解出大量气体，气体压力升高，并由管口喷出，形成强烈的吹弧作用，当电流过零时电弧熄灭。这时外部间隙也迅速恢复了正常的绝缘，使避雷器与供电系统隔离，系统恢复正常运行。

管式避雷器具有简单经济，残压很小的优点，但它动作时有电弧和气体从管中喷出，因此，它只能用于室外架空场所，主要是架空线路上。

3. 阀式避雷器

目前变电所防护雷电危害的主要装置是阀式避雷器。阀式避雷器又称阀型避雷器，是保护发、变电设备最主要的基本元件。由火花间隙和阀片组成，装在密封的磁套管内，如图 6-9 所示。

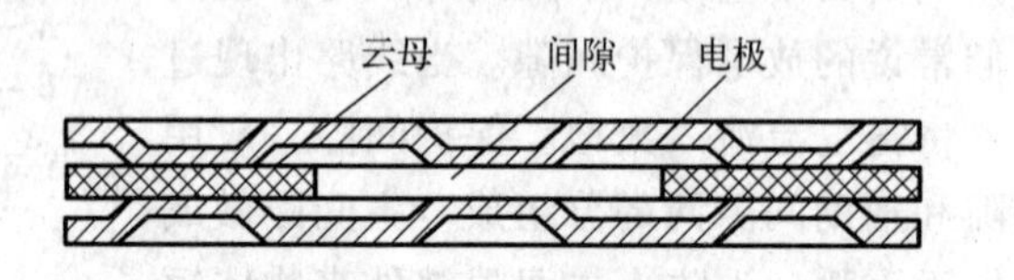

图 6-9 阀式避雷器

火花间隙由铜片冲制而成，每对间隙用 0.5 ～ 1 mm 云母垫圈隔开。正常情况下，火花间隙不会被击穿，能够阻止线路工频电流通过，但在过电压作用下，火花间隙被击穿放电。阀片是用陶瓷材料黏固起来的电工用金刚砂（碳化硅）颗粒组成的，它具有非线性特性。当电压正常时，阀片电阻很大；当过电压作用时，阀片则呈现很小的电阻。因此在线路上出现过电压时，阀式避雷器的火花间隙击穿，阀片使雷电畅通地泄入大地。当过电压消失后，线路又恢复工频电压时，阀片呈现很大的电阻，使火花间隙绝缘迅速恢复，并切断工频续流，从而线路恢复正常工作，保护了电气设备的绝缘。

阀式避雷器分为低压阀式和高压阀式避雷器。低压阀式避雷器中串联的火花间隙和阀片少，而高压阀式避雷器中串联的火花间隙和阀片则随着电压的升高而增加。目的是将长电弧分割成多段短电弧，以加速电弧的熄灭。阀式避雷器一般用于变配电所中。

当雷电流流过碳化硅阀片时会形成一定电压降，使线路在泄放雷电流时有一定的残压加在被保护设备上。残压值不能超过设备绝缘允许的耐压值，否则会导致被保护设备的绝缘被击穿。

阀式避雷器的放电火花间隙和电阻阀片的多少，与工作电压的高低呈正比。高压阀式避雷器需要串联许多单元的火花间隙，多间隙串联后，间隙各电极对地和对高压端有寄生电容，在多个串联间隙上电压分布不均匀，当避雷器工作后，每个间隙上的恢复电压分布也不均匀，可以将产生的长弧分割成多段短弧，从而加速电弧的熄灭。阀片电阻的限电流作用也是加速灭弧的主要因素。

图 6-10（a)、(b）分别是 FS4 - 10 型高压阀式避雷器和 FS - 0.38 型低压阀式避雷器的结构图。

为进一步提高避雷器的灭弧能力，将普通阀式避雷器加以改进，制成了磁吹型避雷器。磁吹型避雷器的内部附有磁吹装置来加速放电火花间隙中电弧的熄灭，专用于保护重要的或绝缘能力较弱的设备如高压旋转电机（发电机、电动机和变频机等)。

4. 金属氧化物避雷器

金属氧化物避雷器按有无火花间隙分两种类型，最常见的一种是无火花间隙只有压敏电阻片的避雷器，又称压敏避雷器。压敏电阻片是由氧化锌或氧化铋等金属氧化物烧结而成的多晶半导体陶瓷元件，具有理想的阀电阻特性。在正常工频电压下，它呈现极大的电阻，能迅速有效地阻断工频续流，因此无须火花间隙来熄灭由工频续流引起的电弧。而在雷电过电压作用下，其电阻又变得很小，能很好地泄放雷电流。压敏避雷器具有结构简单，体积小，通流容量大，保护特性优越等优点，因此广泛用于低压设备的防雷保护，如配电变压器低压侧、低压电机的防雷等。随着其制造成本的降低，它在高压系统中也开始应用，如高压电机的防雷保护。

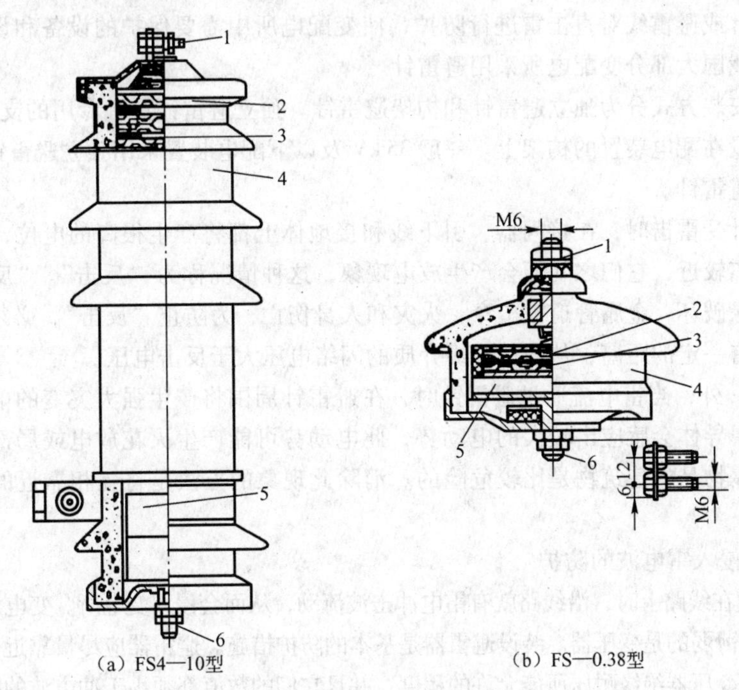

（a）FS4—10型　　（b）FS—0.38型

图 6-10　高低压普通阀式避雷器

1—上接线端子　2—火花间隙　3—云母垫圈　4—瓷套管　5—阀电阻片　6—下接线端子

另一种是有火花间隙且有金属氧化物电阻片的避雷器，其结构与前面讲的普通阀式避雷器类似，只是普通阀式避雷器采用的是碳化硅电阻片，而有火花间隙金属氧化物避雷器采用的是性能更优异的金属氧化物电阻片，具有比普通阀式避雷器更优异的保护性能，且运行更加安全可靠，所以它是普通阀式避雷器的更新换代产品。

金属氧化物避雷器全型号的表示和含义如下：

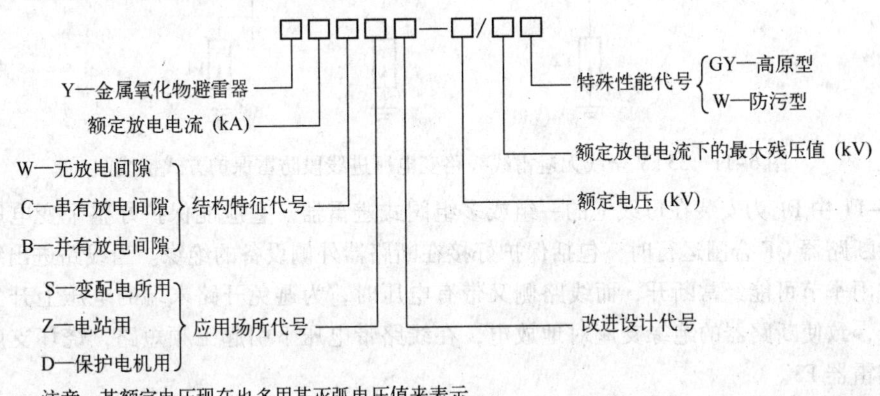

注意：其额定电压现在也多用其灭弧电压值来表示。

三、变配电所及架空线路的防雷措施

1. 变配电所的防雷措施

变配电所的防雷有两个重要方面：对直击雷的防护和对由线路侵入的雷电波的防护。由于沿线路侵入的雷电波造成的雷害事故相当频繁，故必须装设避雷器加以防护。

1）对直击雷的防护措施

装设避雷针或避雷线对直击雷进行防护，使变配电所中需要保护的设备和设施均处于其保护范围之中。我国大部分变配电所采用避雷针。

避雷针按安装方式分为独立避雷针和构架避雷针。独立避雷针具有专用的支座和接地装置；构架避雷针装设在配电装置的构架上。一般 35 kV 及以下配电装置采用独立避雷针，110 kV 及以上则采用构架避雷针。

独立避雷针受雷击时，在接闪器、引下线和接地体上都将产生很高的电位，如果避雷针与附近设施的距离较近，它们之间便会产生放电现象，这种情况称为“反击”。“反击”可能引起电气设备的绝缘破坏，金属管道被击穿，火灾和人身伤亡，为防止“反击”，必须使避雷针和附近金属导体间有一定的距离，从而使绝缘介质的闪络电压大于反击电压。

除“反击”外，当雷电流通过避雷针时，在避雷针周围将产生强大突变的电磁场，处在这一磁场中的金属导体会感应出较大的电动势，此电动势可能产生火花放电或局部发热，这对于存放易燃、易爆物品的建筑物是比较危险的。消除此现象的方法是将互相靠近的金属物体很好地连接起来。

2）对线路侵入雷电波的防护

当雷击发生在线路上时，沿线路就有雷电冲击波流动，从而会侵入变电所。变电所的电气设备中最重要、绝缘最薄弱的是变压器。装设避雷器是基本的防护措施。避雷器应尽量靠近变压器，避雷器的残压必须小于变压器绝缘耐压所能允许的程度，并且它们的数值都须小于冲击波的幅值，以保证侵入波能够受到避雷器放电的限制。除装设避雷器外，对用户变电所还应采用下列措施。

（1）未沿全程架设避雷线的 35 kV 架空线，应在距离变电所 1 ～ 2 km 的进线段架设避雷线。当进线段以外遭雷击时，由于线路本身阻抗的限流作用，流过避雷器的电流幅值将得到限制，侵入雷电冲击波梯度将大为降低。图 6-11 所示为这种保护的典型线路图。

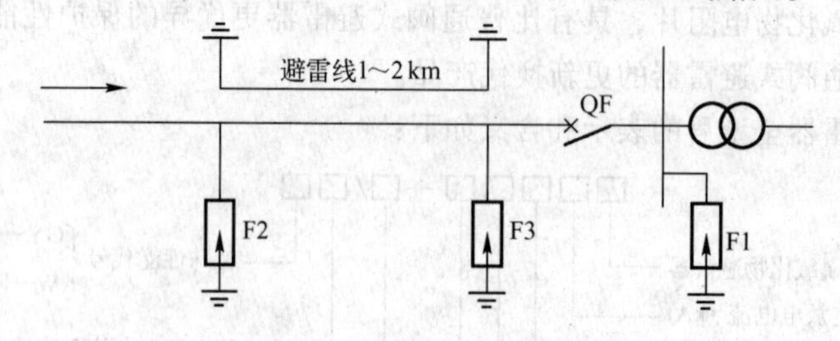

图 6-11　35 kV 全线无避雷线线路变电所进线段防雷保护方式接线图

图 6-11 中 F1 为安装在母线上的一组或多组阀式避雷器。它应能保护好整个变电所的设备绝缘，在断路器 QF 合闸运行时，包括保护好接在断路器外侧设备的绝缘。当线路进出线的断路器，在雷雨季节可能经常断开，而线路侧又带有电压时，为避免开路末端的电压上升为行波幅值的 2 倍，致使断路器的绝缘支座对地放电，在线路带电压下引起工频短路，烧坏支座，可装设管式避雷器 F3。

对于一般线路来说，无须装设管式避雷器 F2。当线路的耐冲击绝缘水平特别高，致使变电所中阀式避雷器通过的雷电流可能超过 5 kA 时，才装设管式避雷器 F2，并使 F2 处的接地电阻尽量降低到 10 Ω 以下。

（2）对于 35 kV 进线且容量较小用户变电所，还可根据其重要性和雷暴数据采取简化的进线保护。

对容量 3 150 ～ 5 600 kV·A 的变电所，可以考虑采用避雷线长仅为 500 ～ 600 m 的进线段保护。对负荷不很重要，容量在 3 150 kV·A 的变电所，可不装设进线段保护。

2. 架空线路的防雷措施

用户供电系统的架空线路的电压等级一般为 35 kV 及以下，属中性点不接地系统，当雷击杆顶使一相导线放电时，工频接地电流很小，不会引起线路的跳闸。且对于重要负荷可采用双电源供电和自动重合闸装置，可减轻雷害事故的影响。

根据以上特点，对 35 kV 线路常采用以下防雷措施。

（1）架设避雷线。这是防雷的有效措施，但造价高，因此一般只在 35 kV 以上线路采用沿全线装设避雷线，35 kV 及以下线路上仅在进出变电所的一段线路上架设避雷线，而 10 kV 及以下的架空线路上一般不装设。

（2）装设自动重合闸装置。线路因雷击放电而产生的短路是由电弧引起的，在断路器跳闸后，电弧自行熄灭，短路故障消失。采用自动重合闸装置，使断路器经过一定时间后自动重合，即可恢复供电，从而提高了供电可靠性。

（3）提高线路的绝缘水平，在架空线路上，可采用木横担、瓷横担或高一级的绝缘子，以提高线路的防雷水平，这是 10 kV 及以下架空线路防雷的基本措施之一。

（4）利用三角形排列的顶线兼作防雷保护线。对于中性点不接地系统的 3 ～ 10 kV 架空线路，可在其三角形排列的顶线绝缘子上装设保护间隙，如图 6-12 所示。在出现雷电过电压时，顶线绝缘子上的保护间隙被击穿，通过其接地引下线对地泄放雷电流，从而保护了下边两根导线。由于线路为中性点不接地系统，一般也不会引起线路断路器跳闸。

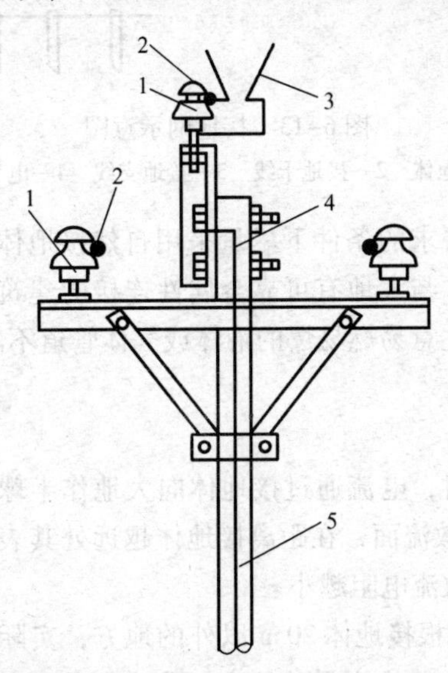

图 6-12　顶线绝缘子附加保护间隙

1—绝缘子　2—架空导线　3—保护间隙　4—接地引下线　5—电杆

(5) 装设避雷器和保护间隙。

对架空线路上个别绝缘薄弱地点，如跨越杆、转角杆、分支杆、带拉线杆以及木杆线路中个别金属杆等处，可装设排气式避雷器或保护间隙。

第二节　电气装置的接地

一、供配电系统的接地

(一) 接地和接地装置

在供配电系统中，为保证电气设备的正常工作或防止人身触电，而将电气设备的某部分与大地作良好地电气连接，称为接地。

1. 接地装置的构成

接地装置由接地体和接地线两部分组成。其中与土壤直接接触的金属导体称为接地体；连接于接地体和设备接地部分之间的导线，称为接地线。由若干接地体在大地中相互连接而组成的总体，称为接地网。

接地线又可分为接地干线和接地支线。接地干线应采用不少于两根导体在不同地点与接地网连接，如图 6-13 所示。

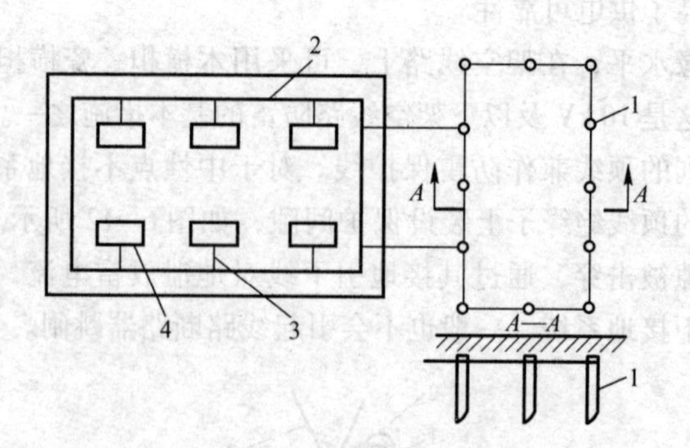

图 6-13　接地网示意图

1—接地体　2—接地干线　3—接地支线　4—电气设备

为了减少投资，应在满足要求的条件下尽量采用自然接地体，而不采用人工接地体。自然接地体包括上下水的金属管道，与大地有可靠金属性连接的建筑物或构筑物的金属结构，直埋地下的各种金属管道等，但应注意易燃易爆的液体或气体管道不能作接地体。

2. 接地电流和对地电压

1）接地电流

当电气设备发生接地故障时，电流通过接地体向大地作半球形扩散，这一电流称为接地电流，用 I_E 表示。由于半球形的散流面，在距离接地体越远处其表面积越大，散流的电流密度越小，所以距接地体越远的地方散流电阻越小。

实验证明，在距长 2.5 m 单根接地体 20 m 以外的地方，实际上散流电阻已趋近于零。也就是这里的电位已趋近于零，这个电位为零的地方，称为电气上的“地”。接地体（或与接地体相连的电气设备接地部分）的电位最高，它与零电位的“地”之间的电位差，称为接地部分的对地电压，用 U_E 表示，如图 6-14 所示。

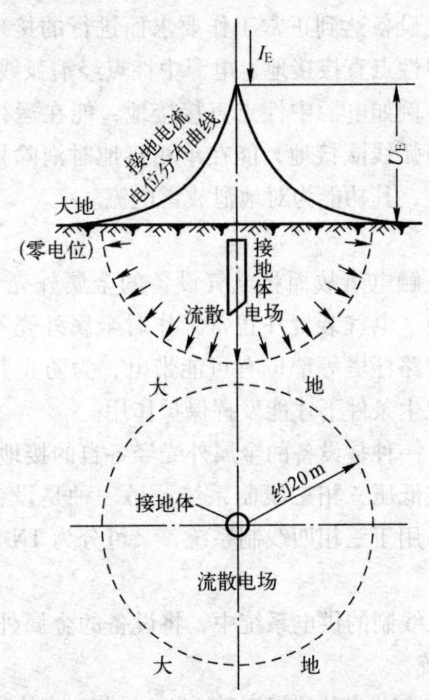

图 6-14　接地电流对地电压及接地电流电位分布曲线

2）接触电压和跨步电压

电气设备的外壳一般都和接地体相连，在正常情况下和大地同为零电位。但当电气设备发生接地故障时，则有接地电流流入大地，并在接地体周围形成对地电位分布，此时如果人触及设备外壳，则人所接触的两点（如手和脚）之间的电位差，称为接触电压 U_{tou}，如果人在接触体 20 m 范围内走动，由于两脚之间有 0.8 m 左右的距离而引起的电位差，称为跨步电压 U_{step}，如图 6-15 所示。距接地体越近，跨步电压越大；当距接地体 20 m 以外时，跨步电压为零。对地电位分布越陡，接触电压和跨步电压越大。

为了将接触电压和跨步电压限制在安全范围内，通常采用降低接地电阻，打入接地均压网和埋设均压带等措施，以降低电压分布曲线的陡度。

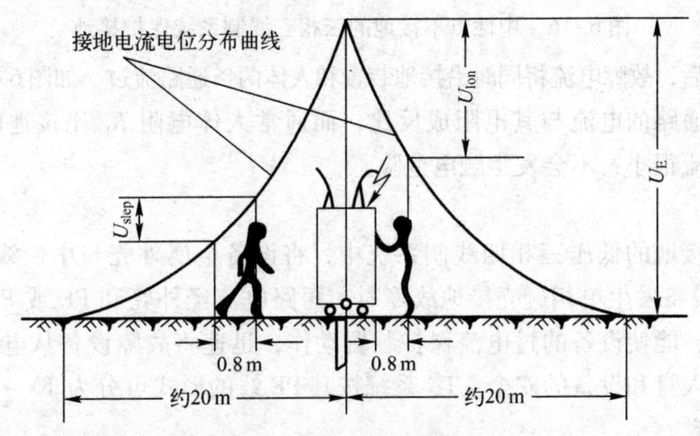

图 6-15　接触电压和跨步电压

（二）电气设备的接地类型

电力系统和电气设备的接地按其作用的不同可分为：工作接地和保护接地。

1. 工作接地

为了保证电力系统和电气设备达到正常工作要求而进行的接地，称为工作接地，也称系统接地。工作接地可分为电源中性点直接接地、电源中性点经消弧线圈接地及防雷设备的接地等。各种工作接地有各自的功能，例如电源中性点直接接地，能在运行中维持三相系统中相线对地电压不变；而电压中性点经消弧线圈接地，能在单相接地时消除接地点的断续电弧，防止系统出现过电压；防雷设备的接地，其功能为对地泄放雷电流。

2. 保护接地

为了保障人身安全，防止触电事故而将电气设备的金属外壳与大地进行良好的电气连接，称为保护接地，也叫安全接地。电气装置在正常工作时金属外壳不带电，但由于绝缘损坏，金属外壳、配电装置的构架和线路杆塔等部位有可能带电，为防止其危及人身和设备的安全而设接地。这种接地只有在故障发生条件下才能发挥保护作用。

保护接地的形式有两种：一种是设备的金属外壳经各自的接地线（PE 线）直接接地，称 IT 系统，多用于用户高压系统或低压三相三线制系统；另一种是设备的金属外壳经公共的 PE 或 PEN 线接地，也称保护接零，用于三相四线制系统，又可分为 TN 和 TT 系统。

1) IT 系统

在中性点不接地的三相三线制的供电系统中，将设备的金属外壳及其构架等，经各自的 PE 线分别直接接地，称为 IT 系统。

在三相三线制系统中，当电气设备绝缘损坏系统发生一相碰壳故障时，设备外壳电位将上升为相电压，人接触设备时，故障电流将全部通过人体流入地中，如图 6-16（a）所示，从而造成触电危险。

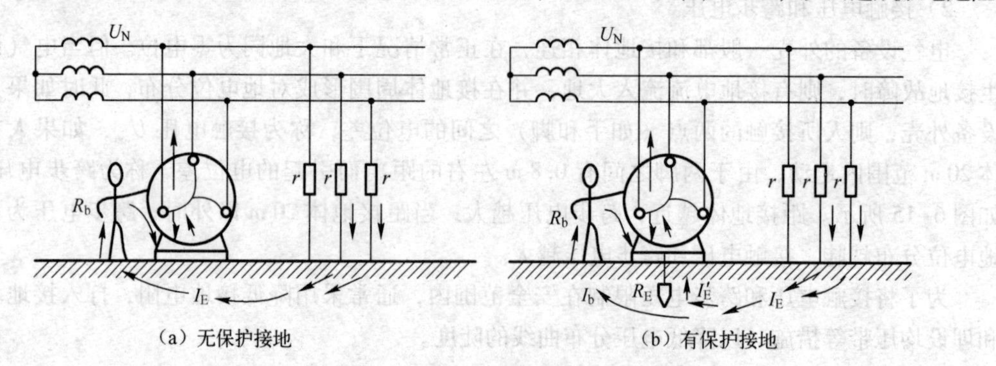

图 6-16　中性点不接地的三相三线制系统保护接地

当采用 IT 系统后，故障电流将同时沿接地装置和人体两条通路流过，如图 6-16（b）所示。

由于流经每条通路的电流与其电阻成反比，而通常人体电阻 R_b 比接地电阻 R_E 大数百倍，所以流经人体的电流很小，不会发生触电危险。

2) TN 系统

在中性点直接接地的低压三相四线制系统中，将设备金属外壳与中性线（N 线）相连接，称为 TN 系统。当设备发生单相碰壳接地故障时，短路电流经外壳和 PE 或 PEN 线而形成回路，此时短路电流较大，能使设备的过电流保护装置动作，迅速将故障设备从电源断开，从而减小触电的危险，保护人身和设备的安全。TN 系统按其 PE 线的形式可分为 TN－C 系统、TN－S 系统、TN－C－S 系统。

(1) TN－C 系统。中性线 N 和保护线 PE 合为一根 PEN 线，电气设备金属外壳与 PEN 线相连接，如图 6-17（a）所示。

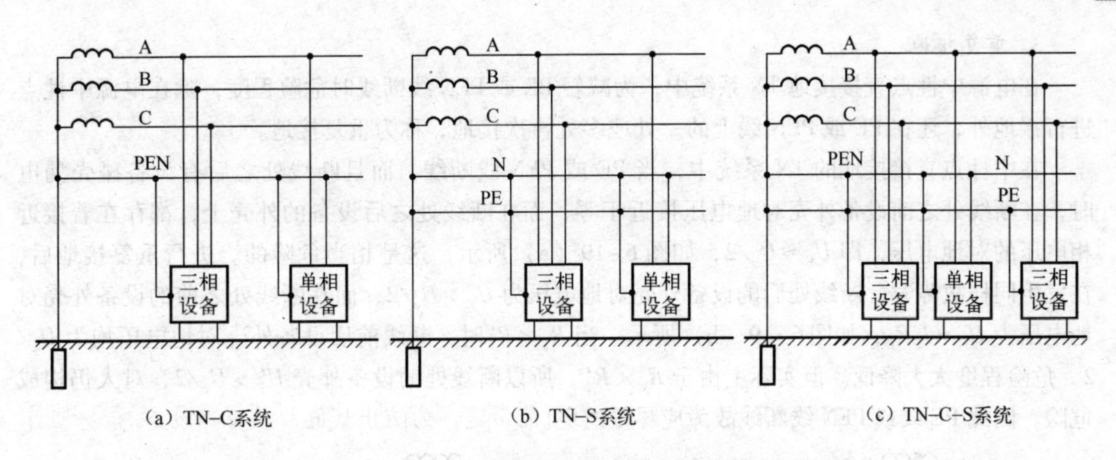

图 6–17 TN 型低压配电系统电路图

（2）TN－S 系统。中性线 N 和保护线 PE 分开，电气设备金属外壳与公共 PE 线相连接，如图 6–17（b）所示。

（3）TN－C－S 系统。这种系统前边中性线 N 和保护线 PE 合为一根，为 TN－C 系统，后边中性线 N 和保护线 PE 分开，为 TN－S 系统，如图 6–17（c）所示。

3）TT 系统

在中性点直接接地的低压三相四线制系统中，将设备金属外壳经各自的 PE 线分别直接接地，称为 TT 系统。在此系统中，当设备发生单相接地时，由于接触不良而导致故障电流较小，不足以使过电流保护装置动作，此时如果人体触及设备外壳，则故障电流将全部通过人体，造成触电事故，如图 6–18（a）所示。

当采用 TT 系统后，设备与大地接触良好，发生故障时单相短路电流较大，足以使过电流保护动作迅速切除故障设备，大大减小触电危险。即使在故障未切除时人体触及设备外壳，由于人体电阻远大于接地电阻，故通过人体的电流很小，触电的危险性也不大，如图 6–18（b）所示。

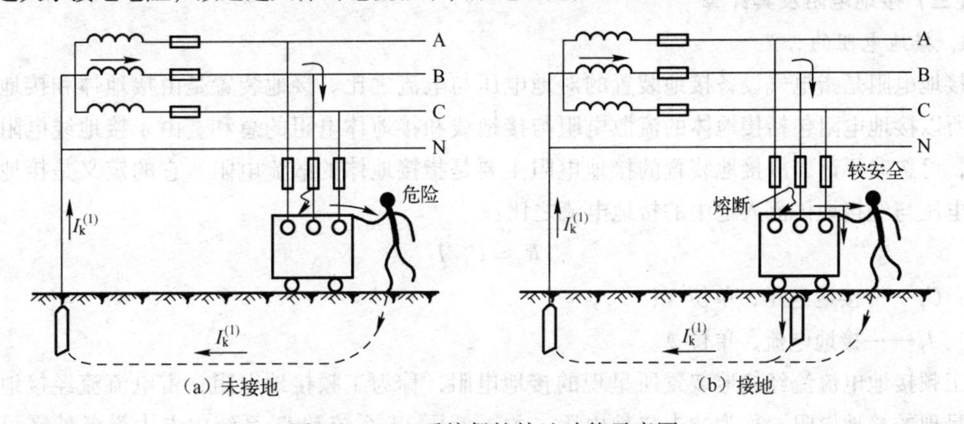

图 6–18 TT 系统保护接地功能示意图

注意：如果 TT 系统中设备只是绝缘不良而漏电，由于漏电电流较小而不足以使过电流保护动作，从而使设备外壳长期带电增加了触电危险，所以，TT 系统应考虑加装灵敏的漏电保护器，以保障人身安全。必须注意同一低压配电系统中，不能有的设备采取保护接地而有的设备又采取保护接零；否则，当采取保护接地的设备发生单相接地故障时，采取保护接零的设备外露可导电部分（外壳）将带上危险的电压。

3. 重复接地

在电源中性点直接接地 TN 系统中，为减轻 PE 或 PEN 线断线时危险程度，除在电源中性点进行接地外，还在 PE 或 PEN 线上的一处或多处再次接地，称为重复接地。

在中性点直接接地的 TN 系统中，当 PE 或 PEN 线断线，而且断线处之后有设备碰壳漏电时，在断线处之前设备外壳对地电压接近于零；而在断线处之后设备的外壳上，都存在着接近相电压的对地电压，即 $U_E \approx U_\varphi/2$，如图 6-19（a）所示，这是相当危险的。进行重复接地后，在发生同样故障时，断线处后的设备外壳对地电压为 $U'_E > U_\varphi/2$，而在断线处之前的设备外壳对地电压为 $U_E = I_E R_E$，如图 6-19（b）所示。当 $R_E < R'_E$时，断线前后设备外壳对地电压均为 $U_\varphi/2$，危险程度大大降低。但实际上由于 $R_E < R'_E$，所以断线处的设备外壳 $U'_E > U_\varphi/2$，对人仍构成危险，因此 PE 线或 PEN 线断线故障应尽量避免。

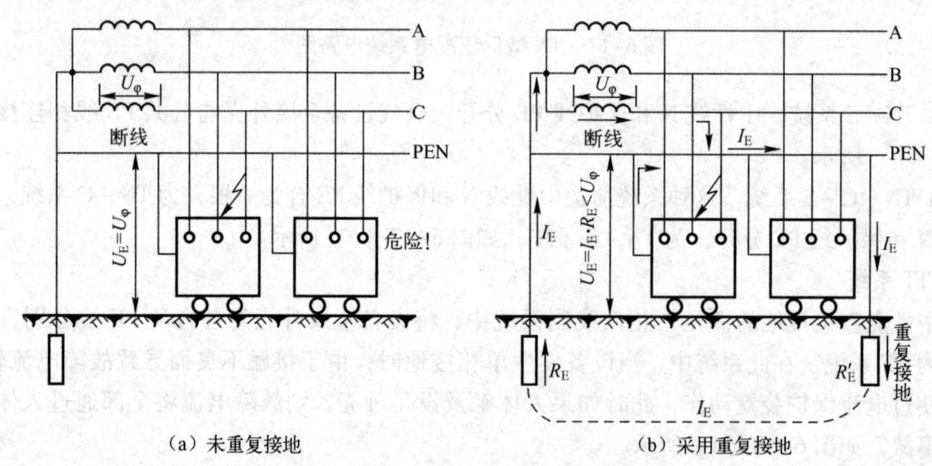

图 6-19　重复接地功能示意图

注意：N 线不能重复接地，否则系统中所装设的漏电保护不起作用。

（三）接地电阻及其计算

1. 接地电阻的含义

接地电阻是指电气设备接地装置的对地电压与电流之比。接地装置是由接地体和接地线组成，所以接地电阻包括接地体的流散电阻与接地线和接地体电阻的总和。由于接地线电阻一般很小，可忽略不计，故接地装置的接地电阻主要是指接地体的散流电阻。它的定义是接地体的对地电压与经接地体流入地中的接地电流之比：

$$R_E = U_E / I_E$$

式中：U_E——接地电压，单位 V；

I_E——接地电流，单位 A。

工频接地电流流经接地装置所呈现的接地电阻，称为工频接地电阻；雷电流流经接地装置时所呈现的接地电阻，称为冲击接地电阻。关于低压 TT 系统和 IT 系统中电力设备外露可导电部分的保护接地电阻 R_E，按规定应满足以下条件，即在接地电流 I_E 通过 R_E 时产生的对地电压不应高于 50 V（安全特低电压），即 $R_E I_E \leqslant 50$ V，则保护接地电阻为 $R_E \leqslant 50/I_E$。如果作为设备单相接壳故障保护的漏电断路器动作电流 $I_{OP(E)}$ 取为 30 mA（安全电流值），则 $R_E \leqslant 50$ V/0.03 A = 1 667 Ω。这一电阻值很大，很容易满足要求。为确保安全，一般取 $R_E \leqslant 100$ Ω。

对低压 TN 系统，由于其中所有设备的外露可导电部分均接公共 PE 线或 PEN 线，是采取保护接零，因此不存在保护接地电阻问题。

2. 接地电阻的组成及供电系统对接地电阻的要求

接地电阻主要由以下几个因素所决定：

（1）土壤电阻。土壤电阻的大小用土壤电阻率 ρ 表示。影响土壤电阻的原因很多，如土质、温度、化学成分、物理性质、季节等。因此，在设计接地装置前应进行测定。

（2）接地线。在设计时为了节约金属，减小施工费用，应尽量选择自然导体作接地线，当不满足要求时，才考虑采用人工接地线。

（3）接地体。由于土壤的电阻率比较固定，接地线的电阻又往往忽略不计，因而选用接地体是决定接地电阻的关键因素。

从原则上讲，接地电阻值越小则接触电压和跨步电压就越低，对人身越安全。但要求接地电阻越小，则人工接地装置的投资也就越大，而且在土壤电阻率较高的地区不易做到。

为此，应首先充分利用自然接地体。由于人工接地装置与自然接地体是并联关系，从而可使人工接地装置的接地电阻减小，使其工程投资降低。

通常，电力系统在不同情况下对接地电阻的要求是不同的。表 6-2 给出了电力系统不同接地装置所要求的接地电阻值。

表 6-2　电力系统不同接地装置的接地电阻值

序号	项　目		接地电阻/Ω	备　注
1	1 000 V 以上大接地电流系统		$R_E \leqslant 30$	使用于该系统接地
2	1 000 V 以上小接地电流系统	与低压电气设备公司	$R_E \leqslant 120/I$	（1）对接有消弧线圈的变电所或电气设备接地装置，I 为同一接地网消弧线圈总额定电流的 125% （2）对不接消弧线圈则按切断最大一台消弧线圈，电网中残余接地电流计算，但不应小于 30 A
3		仅用于高压电气设备	$R_E \leqslant 250/I$	
4	1 000 V 以下低压电气设备接地装备	一般情况	$R_E \leqslant 4$	
5		100 kV·A 及以下发电机和变压器中性点接地	$R_E \leqslant 10$	
6		发电机与变压器并联工作但总容量不超过100 kV·A	$R_E \leqslant 10$	
7	重复接地	架空中性线	$R_E \leqslant 10$	
8		序号 5. 6	$R_E \leqslant 30$	
9	架空电力线（无避雷线）	小接地电流系统钢筋混凝土杆、金属杆	$R_E \leqslant 30$	
10		小接地电流系统钢筋混凝土杆、金属杆，但为低压线路	$R_E \leqslant 30$	
11		低压近户线路绝缘子铁脚	$R_E \leqslant 30$	

3. 接地电阻计算

1）人工接地装置工频接地电阻计算

在工程设计中，人工接地体的工频接地电阻可采用下列简化公式计算：

（1）单根垂直管形或棒形接地体的接地电阻。垂直埋设的接地体多用直径为 50 mm，长度

2 ～ 2.5 m的铁管或圆钢，其接地电阻为

$$R_{E(1)} \approx \frac{\rho}{l} \tag{6-5}$$

式中：ρ——土壤电阻率，Ω·m；

l——接地体长度，m。

（2）多根垂直管形或棒形接地体的接地电阻。多根垂直接地体通过连接扁钢（或圆钢）并联时，由于接地体间屏蔽效应的影响，使得总的接地电阻 $R_E > R_{E(1)}/n$，因此实际总的接地电阻为

$$R_E = \frac{R_{E(1)}}{n\eta_E} \tag{6-6}$$

式中：$R_{E(1)}$——单根接地体的接地电阻，Ω；

η_E——多根接地体并联时的接地体利用系数，可查相应的表得出。

（3）单根水平带形接地体的接地电阻：

$$R_{E(1)} \approx \frac{2\rho}{l} \tag{6-7}$$

式中：ρ——土壤电阻率，Ω·m；

l——接地体长度，m。

（4）n 根放射形水平接地带（$n \leqslant 12$，每根长度 $l \approx 60$ m）的接地电阻：

$$R_E \approx \frac{0.062\rho}{n+1.2} \tag{6-8}$$

（5）环形接地网（带）的接地电阻：

$$R_E \approx \frac{0.6\rho}{\sqrt{A}} \tag{6-9}$$

式中：A——环形接地网（带）所包围的面积，m^2。

2）自然接地体工频接地电阻的计算

一些自然接地体的工频接地电阻可按下列简化计算公式计算：

（1）电缆金属外皮和水管等的接地电阻（单位 Ω）：

$$R_E \approx \frac{2\rho}{l} \tag{6-10}$$

式中：ρ——土壤电阻率，Ω·m；

l——电缆、水管的等的埋地长度，m。

（2）钢筋混凝土基础的接地电阻（单位 Ω）：

$$R_E \approx \frac{0.2\rho}{\sqrt[3]{V}} \tag{6-11}$$

式中：ρ——土壤电阻率，Ω·m；

V——钢筋混凝土基础的体积，m^3。

3）冲击接地电阻的计算

冲击接地电阻是指雷电流经接地装置泄放入地所呈现的电阻，包括接地线、接地体电阻和地中散流电阻。由于强大的雷电流泄放入地时，当地的土壤被雷电波击穿并产生火花，使散流电阻显著降低。当然，雷电波的陡度很大，具有高频特性，同时会使接地线的感抗增大；但接地线阻抗较之散流电阻毕竟小得多，因此冲击接地电阻一般是小于工频接地电阻的。按 GB 50057—1994 规定，冲击接地电阻按下式计算：

$$R_{sh}=\frac{R_E}{\alpha} \tag{6-12}$$

式中：R_E——工频接地电阻；

α——换算系数。

二、接地装置的设计计算

在已知接地电阻值的前提下，接地装置的计算可按下列步骤进行：

（1）按设计规范的要求确定允许的接地电阻 R_E 值。

（2）实测或估算可以利用的自然接地体的接地电阻 $R_{E(net)}$ 值。

（3）计算需要补充的人工接地体的接地电阻 $R_{E(man)}$：

$$R_{E(man)}=\frac{R_{E(net)}R_E}{R_{E(net)}-R_E} \tag{6-13}$$

如果不考虑利用自然接地体，则

$$R_{E(man)}=R_E$$

（4）在装设接地体的区域内初步安排接地体的布置，并按一般经验试选，初步确定接地体和接地线的尺寸，并计算单根接地体的接地电阻 $R_{E(1)}$。

（5）用逐步渐近法计算接地体的数量：

$$n=\frac{R_{E(1)}}{\eta_E R_{E(man)}} \tag{6-14}$$

（6）校验短路热稳定度。对于大接地电流系统中的接地装置，可按导体热稳定度要求的最小允许截面公式 $A_{min}=I_{\infty}^{(3)}\frac{\sqrt{t_{ima}}}{C}$（式中 $I_{\infty}^{(3)}$ 为三相短路稳态电流，t_{ima} 为热效时间，C 为导体热稳定系数）进行单相短路热稳定度的校验。由于钢线的热稳定系数 $C=70$，因此满足单相短路热稳定度的钢接地线的最小允许截面（mm^2）为

$$A_{min}=\frac{I_k^{(1)}\sqrt{t_k}}{70} \tag{6-15}$$

式中：$I_k^{(1)}$——单相接地短路电流，A；

t_K——短路电流持续时间，s。

三、接地装置的装设

1. 一般要求

由于雷电流幅值大，频率高，易在接地体上产生很大的感抗，尤其是伸长的接地体，产生的感抗更大，受感抗抑制电流变化的影响，雷电流不能迅速泄流到大地，影响防雷效果。

因此在防雷接地装置中，为确保雷电流的泄流通道畅通，一般由几根垂直接地体和水平连线组成，或由几根水平接地体呈放射线组成，而不采用伸长接地体的形式。

1）垂直接地体的安装

垂直埋设的接地体一般采用热镀锌的角钢、钢管、圆钢等，垂直敷设的接地体长度不应小于于2.5 m。圆钢直径不应小于19 mm，钢管壁厚不应小于3.5 mm，角钢壁厚不应小于4 mm。

2）水平接地体

水平埋设接地体一般采用热镀锌的扁钢、圆钢等。扁钢截面不应小于 100 mm²。变配电所的接地装置，应敷设以水平接地体为主的人工接地网。

3）避雷针的接地

避雷针的接地装置应单独敷设，且与其他电气设备保护接地装置相隔一定的安全距离，一般不少于 10 m。

2. 充分利用自然接地体

在设计和安装接地装置时，要尽可能充分利用自然接地体，节约成本，节省钢材，但输送易燃易爆物质的金属管道除外。

自然接地体是指建筑物的钢结构和钢筋、起重机的钢轨、埋地的金属管道以及敷设于地下且数量不少于两根的电缆金属外皮等。变配电所可以利用其外部的建筑物钢筋混凝土结构作为它的自然接地体。

接地装置自然接地体的安装基本要求如下：

(1) 自然接地体的接地电阻，如符合设计要求时，一般可不再另设人工接地体。

(2) 直流电力回路不应利用自然接地体，要用人工接地体。

(3) 交流电力回路同时采用自然、人工两接地体时，应设置分开测量接地电阻的断开点。自然接地体，应不少于两根导体在不同部位与人工接地体相连接。

(4) 车间接地干线与自然接地体或人工接地体连接时，应不少于两根导体在不同地点连接。

(5) 接地体埋设位置应距建筑物、人行通道不小于 1.5 m，防护直击雷的接地体应距建筑物、人行道或安全出人口不小于 3 m。不应在垃圾、灰渣等地段埋设。经过建筑物、人行通道的接地体，应采用帽檐式均压带做法。

3. 装设人工接地体

当设备的自然接地体电阻不能满足防雷要求时，应装设人工接地装置来补充。人工接地体有垂直埋设和水平埋设两种基本结构形式，如图 6-20 所示。

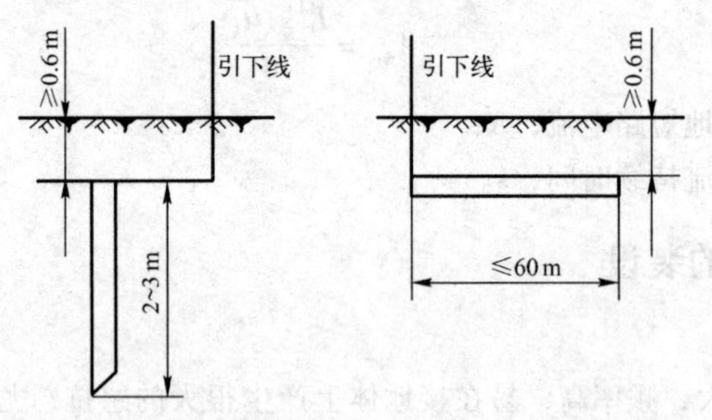

(a) 垂直埋设的管形或棒形接地体　(b) 水平埋设的带形接地体

图 6-20　人工接地体

人工接地体的装设要求如下：

(1) 人工接地体在土壤中的埋设深度不应小于 0.6 m，宜埋设在冻土层以下；垂直埋入地中的接地体一般长 2 ～ 3 m，水平接地体应挖沟埋设，长度不应大于 60 m。

(2) 钢质垂直接地体宜直接打入地沟内，为了减少相邻接地体的屏蔽作用，垂直接地体的间距不宜小于其长度的 2 倍并均匀布置，而水平接地体之间的间距一般不宜小于 5 m。

(3) 垂直接地体坑内、水平接地体沟内宜用低电阻率的黏土或黑土进行土壤置换处理并在回填时分层夯实。

（4）接地装置宜采用热镀锌钢质材料。在高土壤电阻率地区，除采用换土法外，还可以采用降阻剂法或其他新技术、新材料降低接地装置的接地电阻。铜质接地装置应采用焊接或熔接，钢质和铜质接地装置之间连接应采用熔接方法连接，连接部位应作防腐处理。

（5）接地装置连接应可靠，连接处不应松动、脱焊、接触不良。

（6）接地装置施工完工后，测试接地电阻值必须符合设计要求，隐蔽工程部分应有检查验收合格记录。

（7）交流电气装置的接地线，应尽量利用金属构件、钢轨、混凝土构件的钢筋，电线管及电力电缆的金属皮等，但必须保证全长有可靠的金属性连接。

（8）不得利用有爆炸危险物质的管道作为接地线，在有爆炸危险物质环境内使用的电气设备应根据设计要求，设置专门的接地线。该接地线若与相线敷设在同一保护管内时，应具有与相线相等绝缘水平。金属管道、电缆的金属外皮与设备的金属外壳和构架都必须连接成连续整体，并予以接地。

（9）金属结构件作为接地线时用螺栓或铆钉紧固连接外，应用扁钢跨接。作为接地干线的扁钢跨接线，截面不小于 100 mm^2，作为接地分支跨接线时不应小于 48 mm^2。

（10）不得使用蛇皮管、管道保温层的金属层以及照明电缆铅皮作为接地线，但这些金属外皮应保证其全长有完好的电气通路并接地。

（11）在电源处，架空线路干线和分支线的终端及沿线每千米处，电缆和架空线，在引人车间或大型建筑物内的配电柜等处，零线应重复接地。

（12）金属管配线时，应将金属管和零线连接在一起，并进行重复接地。各段金属不应中断金属性连接，丝扣连接的金属管，应在连接管箍两侧用不小于 10 mm 的钢线跨接。

（13）高压架空线路与低压架空线路同杆架设时，同杆架设段的两端低压零线应进行重复接地。

（14）接地体与接地干线的连接应留有测定接地电阻的断开点，此点采用螺栓连接。

4. 防雷装置的接地装置要求

避雷针宜设独立的接地装置。为了防止雷击时雷电流在接地装置上产生的高电位对被保护的建筑物和配电装置及其接地装置进行“反击闪络”，危及建筑物和配电装置的安全，防直击雷的接地装置与建筑物和配电装置及其接地装置之间应有一定的安全距离，此安全距离与建筑物的防雷等级有关，在 GB 50057—1994 中有具体规定，但总的来说，空气中的安全距离 $s_0 \geqslant 5$ m，地下的安全距离 $s_E \geqslant 3$ m，如图 6-21 所示。

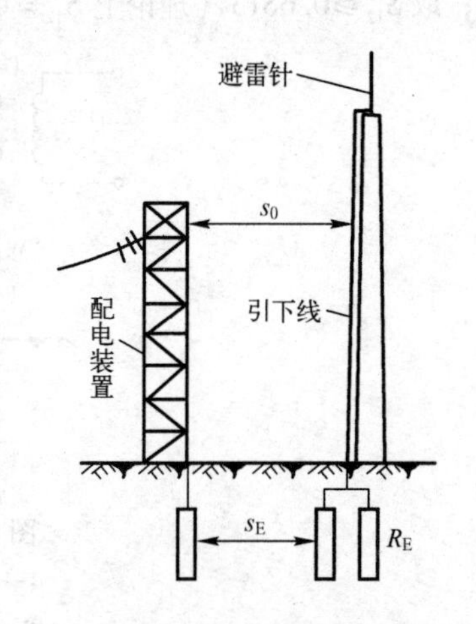

图 6-21　防直击雷的接地装置对建筑物和配电装置及其接地装置间的安全距离

s_0—空气中间距（不小于 5 m）

s_E—地下间距（不小于 3 m）

为了降低跨步电压保障人身安全，防直击雷的人工接地体距建筑物入口或人行道的距离不应小于 3 m。当小于 3 m 时，应采取下列措施之一：

（1）水平接地体局部埋深应不小于 1 m。

（2）水平接地体局部应包绝缘物，可采用 50 ～ 80 mm 厚的沥青层。

（3）采用沥青碎石地面，或在接地体上面敷设 50 ～ 80 mm厚的沥青层，其宽度应超过接地体 2 m。

5. 接地装置的测试

接地装置施工完成后，使用前应测量接地电阻的实际值，以判断其是否符合设计要求。若不满足设计要求，则需要补打接地极。每年雷雨季节来临之前还需要重新检查测量。接地电阻的测量有电桥法、补偿法、电压－电流法和接地电阻测量仪法。

1）测量接地电阻的一般原理

如图6-22所示，在两接地体上加一电压 u 后，就有电流通过接地体A流入大地后经接地体B构成回路，形成图中所示的电位分布曲线，离接地体A（或B）20 m处电位等于零，即在CD区为电压降实际上等于零的零电位区。只要测得接地体A（或B）与大地零电位的电压 u_{AC}（或 u_{BD}）和电流 i，就可以方便地求出接地体的接地电阻。

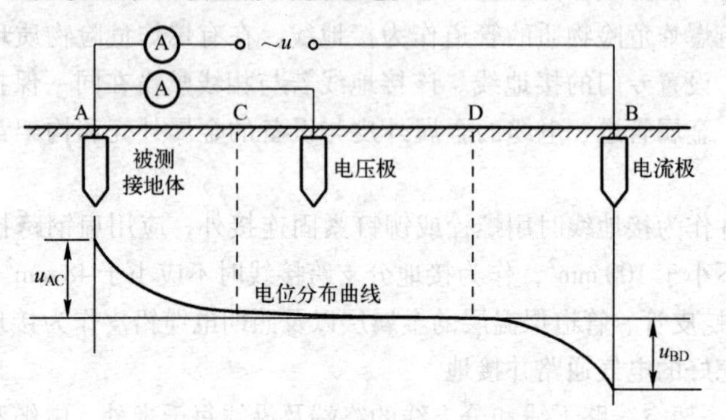

图6-22　测量接地电阻的原理图

2）电压－电流法测量接地电阻

采用电压表、电流表和功率表（三表法）测量接地电阻，测试电路如图6-23所示。其中电压极、电流极为辅助测试极。电压极、电流极与接地体之间的布置方案有直线布置和等腰三角形布置两种。直线布置如图6-24（a）所示，取 $S_{13} \geqslant (2 \sim 3)D$，$D$ 为被测接地网的对角线长度；取 $S_{12} \geqslant 0.6S13$（理论上 $S_{12} = 0.618S13$）。

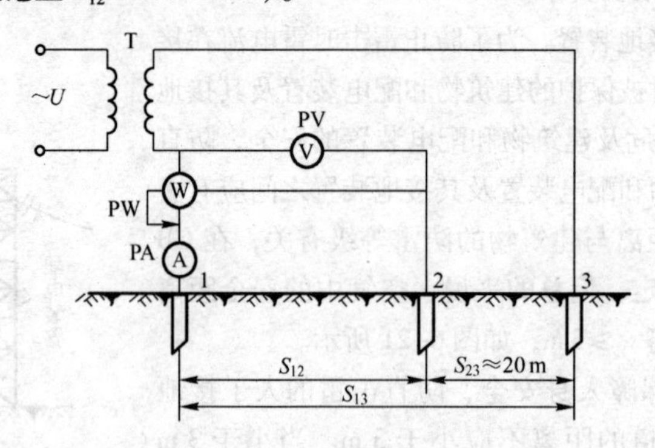

图6-23　三表法测量接地电阻电路

1—被测接地体　2—电压极　3—电流极

PV—电压表　PA—电流表　PW—功率表

等腰三角形布置如图6-24（b）所示，取 $S_{12} = S_{13} \geqslant 2D$，$D$ 为被测接地网的对角线长度；夹角 $a = 30°$。

图6-23所示测试电路加上电源后，同时读取电压 U、电流 I 和功率 P 值，即可由下式求得接地体（网）的接地电阻值：

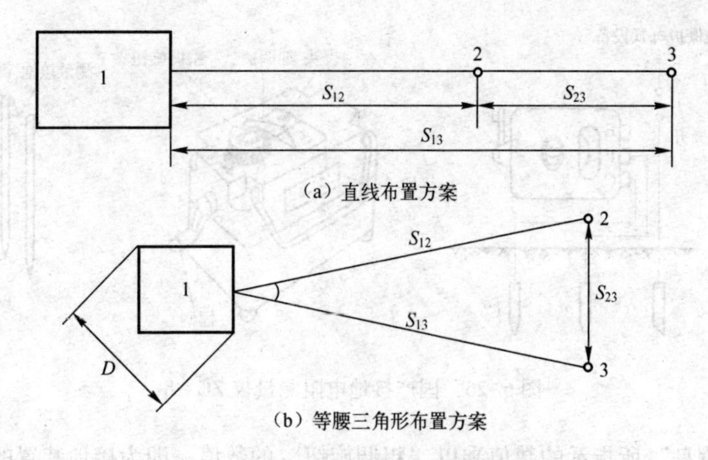

图 6-24　接地电阻测量的电极布置方案

$$R_E = \frac{U}{I} \tag{6-16}$$

$$R_E = \frac{P}{I^2} = \frac{U^2}{P} \tag{6-17}$$

3）直接法测量接地电阻

采用接地电阻测量仪（俗称接地电阻摇表）可以直接测量接地电阻，测量电路图如图 6-25 所示。

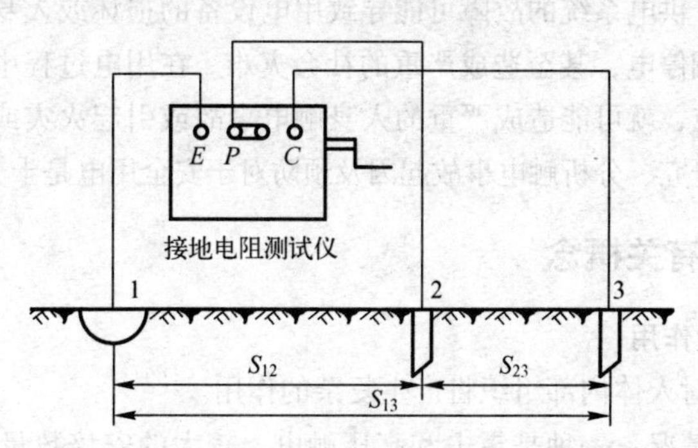

图 6-25　采用接地电阻测量仪测量接地电阻的电路

1—被测接地体　2—电压极　3—电流极

以常用的国产接地电阻测量仪 ZC－8 型为例，如图 6-26 所示。三个接线端子 E、P、C 分别接于被测接地体（E′）、电压极（P′）和电流极（C′）。以大约 120 r/min 的转速转动手柄，摇表内产生的交变电流将沿被测接地体和电流极形成回路，调节“粗调旋钮”和“细调拨盘”，使表针处于中间位置，便可以读出被测接地电阻。具体操作过程如下：

（1）拆开接地干线和接地体的连接点。

（2）将两支测量接地钢棒分别插入离接地体 20 m（接地棒 P′）与 40 m（接地棒 C′）远的地中，深度约为 400 mm。

（3）把接地电阻摇表放置在接地体附近平整的地方，按图 6-25 所示接线。

（4）根据被测接地体的估计电阻值，调节好“粗调旋钮”。

（5）摇测时，首先慢慢转动摇柄，同时调整“粗调旋钮”，使指针指零（中线），然后加快转速（约为 120 r/min），并同时调整“细调拨盘”，使指针指示表盘中线为止。

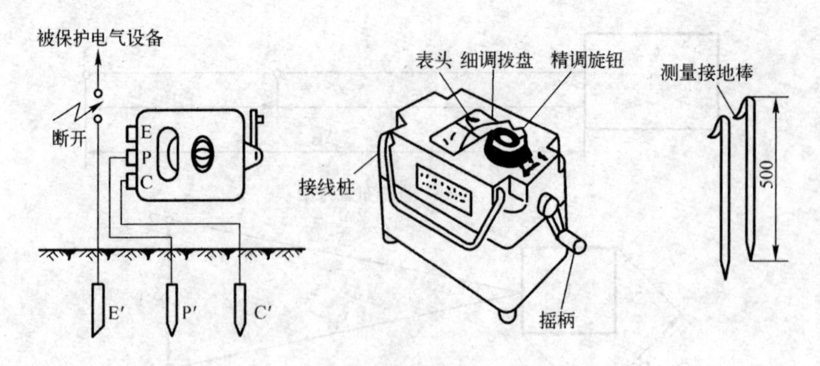

图 6-26　国产接地电阻测量仪 ZC－8

(6)“细调拨盘”所指示的数值乘以“粗调旋钮”的数值，即为接地装置的接地电阻值。

第三节　电气安全与触电急救

随着生产技术的发展，自动化、电气化水平不断提高，电能在各个领域中得到了越来越广泛的应用，人们接触电气设备的机会也随之增多，如果缺乏安全用电知识，就很容易发生触电事故，影响生产，危及生命安全。安全用电包括供电系统的安全、用电设备的安全及人身安全三个方面，它们之间是紧密联系的。供电系统的故障可能导致用电设备的损坏或人身伤亡事故，而用电事故也可能导致局部或大范围停电，甚至造成严重的社会灾难。在用电过程中，必须特别注意电气安全，如果稍有麻痹或疏忽，就可能造成严重的人身触电事故或引起火灾或爆炸，给国家和人民带来极大的损失。因此，研究、分析触电事故起因及预防对于安全用电是十分重要的。

一、电气安全的有关概念

(一) 电流对人体的作用

电流通过人体时，对人体内部组织将产生复杂的作用。

人体触电可分两种情况：一种是雷击和高压触电，较大的安培数量级的电流通过人体所产生的热效应、化学效应和机械效应，将使人的肌体遭受严重的电灼伤、组织炭化坏死及其他难以恢复的永久性伤害。由于高压触电多发生在人体尚未接触到带电体时，在肢体受到电弧灼伤的同时，强烈的触电刺激肢体痉挛收缩而脱离电源，所以高压触电以电灼伤者居多。但在特殊场合，人触及高压后，由于不能自主地脱离电源，将导致迅速死亡的严重后果。另一种是低压触电，在数十至数百毫安电流作用下，使人的肌体产生病理生理性反应，轻的有针刺痛感，或出现痉挛、血压升高、心律不齐以致昏迷等暂时性的功能失常，重的可引起呼吸停止、心脏骤停、心室纤维性颤动，严重的可导致死亡。

图 6-27 所示为国际电工委员会（IEC）提出的人体触电时间和通过人体电流（50 Hz）对人身机体反应的关系曲线。由图 6-27 可以看出：①区——人体对触电无反应；②区——人体触电后有麻木感，但一般无病理生理反应，对人体无害；③区——人体触电后，可产生心律不齐、血压升高、强烈痉挛等症状，但一般无器质性损伤；④区——人体触电后，可发生心室纤维性颤动，严重的可导致死亡。因此通常将①、②、③区视为人身“安全区”，③区与④区之间的一条曲线，称为“安全曲线”。但③区也不是绝对安全的，这一点必须注意。

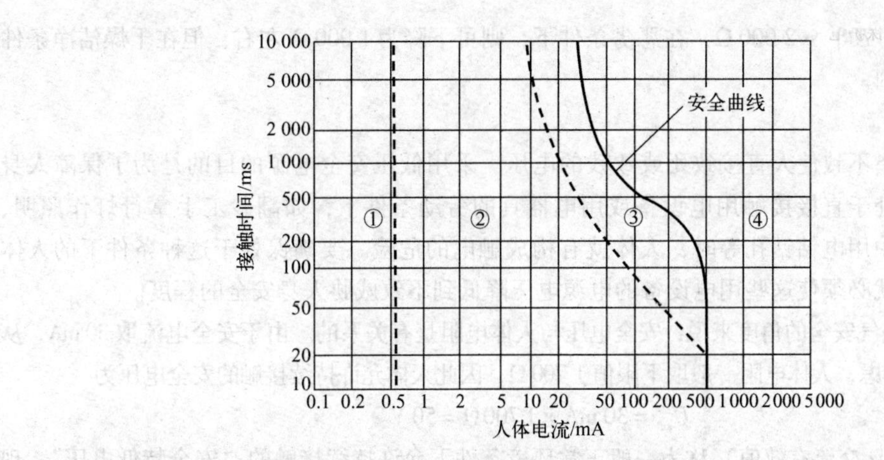

图6-27　IEC提出的人体触电时间和通过人体电流（50 Hz）对人身肌体反应的曲线

①—人体无反应区　②—人体一般无病理生理反应区　③—人体一般无心室纤维性颤动和器质性损伤区　④—人体可能发生心室纤维性颤动区

（二）安全电流及其有关因素

安全电流是人体触电后的最大摆脱电流。

安全电流值，各国规定并不完全一致。我国一般取30 mA（50 Hz交流）为安全电流，但是触电时间按不超过1 s计，因此这一安全电流也称为30 mA·s。由图6-27所示安全曲线也可以看出，如果通过人体的电流不超过30 mA·s时，对人身肌体不会有损伤，不致引起心室颤动或器质性损伤。如果通过人体的电流达到50 mA·s时，对人就有致命危险。而达到100 mA·s时，一般会致人死命，即为“致命电流”。

电气设备接地的一个主要目的，就是为了保障人身安全，防止触电事故的发生。人体触电时，流经人体的电流对肌体组织产生复杂的作用，使人体受到伤害，可导致功能失常甚至危及生命。电流的危险程度与以下多种因素有关。

（1）触电时间。电流对人体的伤害与触电时间有着密切的关系，触电时间长，即使是安全电流，也会使人发热出汗，人体电阻下降，相应的电流增大而造成伤亡。由图6-27的安全曲线可以看出，触电时间在0.2 s以下和0.2 s以上（即以200 ms为界），电流对人体的危害程度是大有差别的。触电时间超过0.2 s时，致颤电流值将急剧降低。

（2）电流性质试验表明，直流、交流和高频电流通过人体时对人体的危害程度是不一样的，通常以50～60 Hz的工频电流对人体的危害最为严重。

（3）电流路径。电流对人体伤害程度主要取决于心脏的受损程度。因此电流流经心脏的触电事故最严重。试验表明，不同路径的电流对心脏有不同的伤害程度，而以电流从手到脚特别是从一手到另一手对人最为危险。

（4）体重和健康状况。健康人的心脏和虚弱病人的心脏对电流伤害的抵抗能力是大不一样的。人的心理状态、情绪好坏以及人的体重等，也使电流对人体的危害程度有所差异。

（三）人体电阻和安全电压

1. 人体电阻

体内电阻约为500 Ω，与接触电压无关。人体触电时，流过人体的电流在接触电压一定时由人体电阻决定，人体电阻愈小，流过的电流就愈大，人体所遭受的伤害也就愈大。人体电阻由体内电阻和表皮电阻组成，伤害程度主要由表皮电阻决定，且随皮肤表面的干湿洁污状况及接触面积而变，约1 700 ～2 000 Ω，在恶劣条件下，则可下降为1 000 Ω左右，但在干燥洁净条件下可高达数万欧姆。

2. 安全电压

安全电压是指不致使人直接致死或致残的电压。采用低压安全电源的目的是为了保障人身的安全，当人体处于直接接触用电设备或用电器具的劳动条件下，如翻砂工手拿行灯作照明、钳工在潮湿环境中用电钻钻孔等时，人体就有构成触电的危险。要确保处于这种条件下的人体不受触电伤害，就必须使这些用电设备的电源电压降低到不致威胁人身安全的程度。

实际上，从电气安全的角度来说，安全电压与人体电阻是有关系的。由于安全电流取30 mA，从人身安全的角度考虑，人体电阻一般取下限值1 700 Ω，因此人体允许持续接触的安全电压为

$$U_{saf} = 30\ \text{mA} \times 1\,700\,\Omega = 50\ \text{V}$$

这50 V（50 Hz交流有效值）称为一般正常环境条件下允许持续接触的“安全特低电压”。现行国标GB 50054—1995也明确规定：设备所在环境为正常环境，人身电击安全电压限值为50 V。

我国国家标准GB 3805—1983《安全电压》规定的安全电压等级如表6-3所示。表内的额定电压值，是由特定电源供电的电压系列，这个特定电源是指用安全隔离变压器与供电干线隔离开的电源。表中所列空载上限值，主要是考虑到某些重载的电气设备，其额定电压虽然符合规定，但空载电压往往很高，如果超过规定的上限值，仍不能认为符合安全电压标准。

表6-3 安全电压（根据GB 3805—1983）

安全电压（交流有效值）/V		选用举例
额定值	空载上限值	
42	50	在有触电危险的场所使用的手持式电动工具等
36	43	在矿井、多导电粉尘等场所使用的行灯等
24	29	可供某些具有人体可能偶然触及的带电体设备选用
12	15	
6	8	

（四）直接触电防护和间接触电防护

根据人体触电的情况将触电防护分为直接触电防护和间接触电防护两种。

(1) 直接触电防护指对直接接触正常时带电部分的防护，例如对带电导体加隔离栅栏或加保护罩等。

(2) 间接触电防护指对故障时可带危险电压而正常时不带电的电气装置外露可导电部分的防护，例如将正常不带电的设备金属外壳和框架等接地，并装设接地故障保护等。

二、电气安全的一般措施

在供用电工作中，应特别注意电气安全。如果稍有麻痹或疏忽，就可能造成严重的人身触电事故，给国家和人民生命财产带来极大的损失。

保证电气安全的措施如下：

（一）加强安全教育

触电事故往往没有任何预兆，并且会在极短的时间内造成不可挽回的严重后果。因此，对

于触电事故要特别注意以预防为主的方针。必须加强安全教育，人人树立安全第一的观念。

（二）严格执行安全工作规程

国家颁布的和现场制定的安全工作规程，是确保工作安全的基本依据。只有严格执行安全工作规程，才能确保工作安全。例如在变配电所工作，就必须严格执行国家电网公司2005年发布试行的《国家电网公司电力安全工作规程（变电站和发电厂电气部分）》等的有关规定。

1. 电气作业人员必须具备的条件

（1）经医师鉴定，无妨碍工作的病症（体格检查每两年至少一次）。

（2）具备必要的电气知识和业务技能，且按工作性质，熟悉上述《电力安全工作规程》的有关部分，并经考试合格。

（3）具备必要的安全生产知识，学会紧急救护法，特别要学会触电急救。

2. 高压设备工作的一般安全要求

运行人员应熟悉电气设备。单独值班人员或运行值班负责人还应有实际工作经验。

高压设备符合下列条件可由单人值班或单人操作：① 室内高压设备的隔离室设有遮拦，遮拦的高度在1.7 m以上，安装牢固并加锁；② 室内高压断路器的操作机构用墙或金属板与该断路器隔离或装有远方操作机构。

3. 人身与带电体的安全距离

（1）作业人员工作中正常活动范围与带电设备的安全距离不得小于表6-4的规定。

表6-4　作业人员工作中正常活动范围与带电设备的安全距离

电压等级/kV	≤10（13.8）	20、35	55、110	220	330	500
安全距离/m	0.70	1.00	1.50	3.00	4.00	5.00

注：表中未列电压按高一挡电压等级的安全距离。

（2）进行地电位带电作业时，人身与带电体间的安全距离不得小于表6-5的规定。

表6-5　进行地电位带电作业时人身与带电体间的安全距离

电压等级/kV	10	35	66	110	220	330	500
安全距离/m	0.4	0.6	0.7	1.0	1.8（1.6）①	2.2	3.4（3.2②）

注：① 因受设备限制达不到1.8 m时，经主管生产领导（总工程师）批准，并采取必要措施后，可采用括号内1.6 m的数值；② 海拔500 m以下，500 kV取3.2 m，但不适用于紧凑型线路；等电位作业人员对邻相导线的安全距离不得小于表6-6的规定。

表6-6　等电位作业人员对邻相导线的安全距离

电压等级/kV	10	35	66	110	220	330	500
安全距离/m	0.6	0.8	0.9	1.4	2.5	3.5	5.0

（三）加强维护和检修试验工作

加强供电设备的运行维护和检修试验工作，对于供用电系统的安全运行，具有很重要的作用。应遵守有关的规定和标准。

（四）使用电气安全用具

绝缘安全用具是保证作业人员安全操作带电体及人体与带电体安全距离不够时所采取的绝缘防护工具。绝缘安全用具按使用功能可分为如下两种：

（1）绝缘操作用具。绝缘操作用具主要用来进行带电操作、测量和其他需要直接接触电气设备的特定工作。常用的绝缘操作用具，一般有绝缘操作杆、绝缘夹钳等，如图 6-28 和图 6-29 所示。这些绝缘操作用具均由绝缘材料制成。正确使用绝缘操作用具，应注意以下两点：

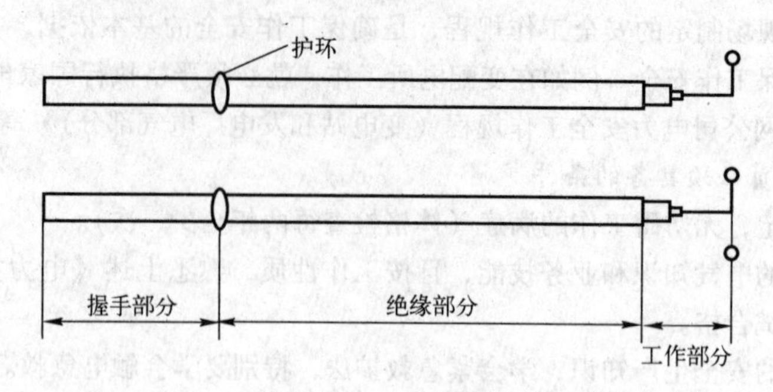

图 6-28 绝缘操作杆

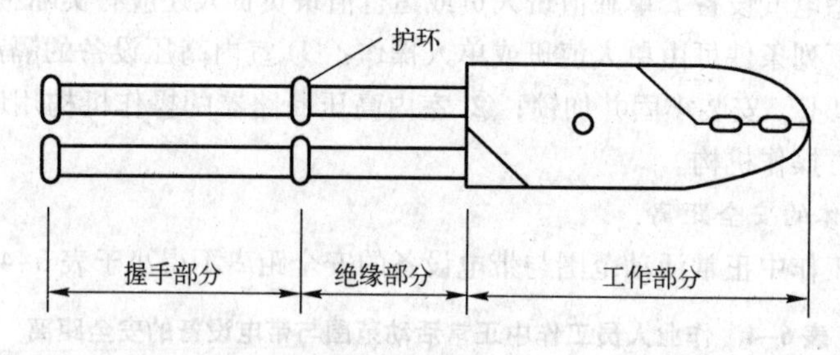

图 6-29 绝缘夹嵌

① 绝缘操作用具本身必须具备合格的绝缘性能和机械强度。

② 只能在和其绝缘性能相适应的电气设备上使用。

（2）绝缘防护用具。绝缘防护用具对可能发生的有关电气伤害起到防护作用，主要用于对泄漏电流、接触电压、跨步电压和其他接近电气设备存在的危险等进行防护。常用的绝缘防护用具有绝缘手套、绝缘靴、绝缘隔板、绝缘垫、绝缘站台等，如图 6-30 所示。当绝缘防护用具的绝缘

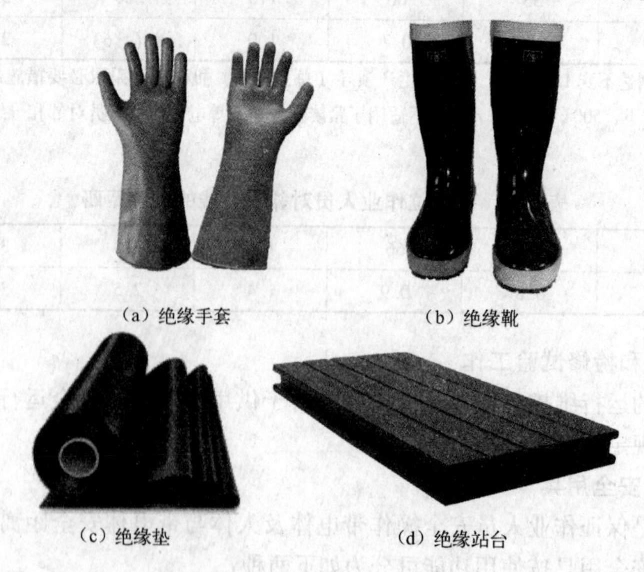

（a）绝缘手套　（b）绝缘靴　（c）绝缘垫　（d）绝缘站台

图 6-30 绝缘防护用具

强度足以承受设备的运行电压时，才可以用来直接接触运行的电气设备，一般不直接接触及带电设备。使用绝缘防护用具时，必须做到使用合格的绝缘防护用具，并掌握正确的使用方法。

（五）使用漏电保护装置

在用电设备中安装漏电保护装置是防止触电事故发生的重要保护措施。在某些情况下，将电气设备外壳进行保护接地或保护接零会受到限制或起不到保护作用。例如远距离的单个设备或不便敷设零线的场所，以及土壤电阻率太大的地方，都将使接地、接零保护难以实现；另外，当人体与带电导体直接接触时，接地和接零也难以起保护作用。所以在供电系统中采用漏电保护装置（亦称漏电开关或触电保护器），是行之有效的后备保护措施。

漏电保护装置按其工作原理分为电压动作型和电流动作型，目前，广泛采用电流动作型漏电保护器。电流动作型漏电保护器由零序电流互感器、半导体放大器和低压断路器（含脱扣器）等3部分组成，其工作原理如图6-31所示。在正常情况下，通过零序电流互感器TAN的电流向量和为零，故互感器铁心中没有磁通，其二次侧也没有输出信号，断路器QF不动作。当设备碰壳漏电或接地时，接地电流经大地回到变压器中性点，此时三相电流向量和不为零，零序电流互感器TAN铁心中产生磁通，其二次侧有输出电流，经放大器A放大后，通入脱扣器YR中，使断路器QF跳闸，从而切除故障设备，整个过程的动作时间不超过0.1s，可有效地起到触电保护作用，并可防止火灾、爆炸事故的发生。

保证电气安全除采取上述措施外，还应掌握触电的急救处理方法及带电灭火措施。

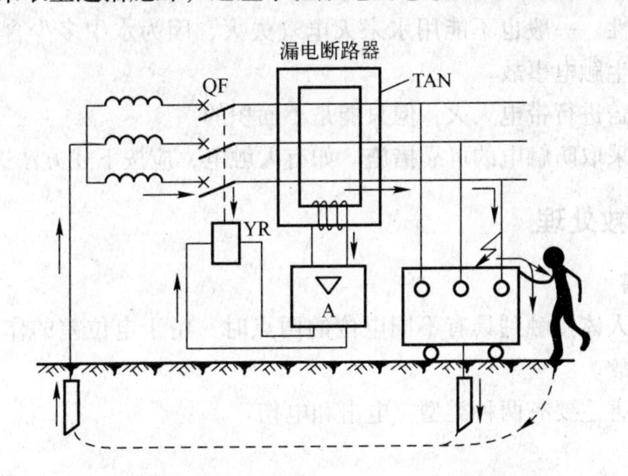

图6-31　电流动作型漏电保护器工作原理示意图

TAN—零序电流互感器　A—放大器　YR—脱扣器　QF—低压断路器

（六）普及安全用电常识

（1）不得私拉电线，装拆电线应请电工，以免发生短路和触电事故。

（2）不得超负荷用电，不得随意加大熔断器熔体规格或更换熔体材质。

（3）绝缘电线上不得晾晒衣物，以防电线绝缘破损，漏电伤人。

（4）不得在架空线路和变配电所附近放风筝，以免造成线路短路或接地故障。

（5）不得用鸟枪或弹弓来打电线上的鸟，以免击毁线路绝缘子。

（6）不得擅自攀登电杆和变配电装置的构架。

（7）移动式和手持式电器的电源插座，一般应采用带保护接地（PE）插孔的三孔插座。

（8）所有可触及的设备外露可导电部分必须接地，或接PE线或PEN线。

(9) 当带电的电线断落在地上时，不可走近，更不能用手去拣。对落地的高压线，人应该离开落地点 8 ～ 10 m 以上。遇此类断线落地故障，应划定禁止通行区，派人看守，并通知电工或供电部门前来处理。

(10) 如遇有人触电，应立即设法断开电源，并按规定进行急救处理。

(七) 正确处理电气失火事故

1. 电气失火的特点

失火的电气线路或设备可能带电，因此灭火时要防止触电，最好是尽快切断电源。失火的电气设备内可能充有大量的可燃油，因此要防止充油设备爆炸，并引起火势蔓延。

电气失火时会产生大量浓烟和有毒气体，不仅对人体有害，而且会对电气设备产生二次污染，影响电气设备今后的安全运行。因此在扑灭电气火灾后，必须仔细清除这种二次污染。

2. 带电灭火的措施和注意事项

应使用二氧化碳（CO_2）灭火器、干粉灭火器或 1211（二氟一氯一溴甲烷）灭火器。这些灭火器的灭火剂不导电，可直接用来扑灭带电设备的失火。但使用二氧化碳灭火器时，要防止冻伤和窒息，因为其二氧化碳是液态的，灭火时它喷射出来后，强烈扩散，大量吸热，形成温度很低（可低至 -78 ℃）的雪花状干冰，降温灭火，并隔绝氧气。因此使用二氧化碳灭火器时，要打开门窗，并要离开火区 2 ～ 3 m，不要使干冰沾着皮肤，以防冻伤。

不能使用一般泡沫灭火器，因为其灭火剂（水溶液）具有一定的导电性，而且对电气设备的绝缘有一定的腐蚀性。一般也不能用水来灭电气失火，因为水中多少含有导电杂质，用水进行带电灭火，容易发生触电事故。

可使用干砂来覆盖进行带电灭火，但只能是小面积的。

带电灭火时，应采取防触电的可靠措施。如有人触电，应按下述方法进行急救处理。

三、触电的急救处理

(一) 触电的危害

人体是导体，当人体接触到具有不同电位的两点时，由于电位差的作用，就会在人体内形成电流，发生触电事故。

电流对人体的伤害主要有两种类型：电击和电伤。

1. 电击

电击是电流通过人体内部，影响呼吸、心脏和神经系统，引起人体内部组织的破坏，以致死亡。

2. 电伤

电伤主要是对人体外部的局部伤害，包括电弧烧伤、熔化金属渗入皮肤等伤害。

电击和电伤这两类伤害在事故中也可能同时发生，尤其在高压触电事故中比较多，绝大部分属电击事故。电击伤害严重程度与通过人体的电流大小、电流通过人体的持续时间、电流通过人体的途径、电流的频率以及人体的健康状况等因素有关。一般来讲，50 ～ 100 Hz 的电流对人体危害最为严重，且电流对人体的伤害程度取决于心脏受损的程度，电流从手到脚特别是从手到胸所流过的路径对人最为危险。

发生触电事故时，人体接触 1 000 V 以上的高压电多出现呼吸停止，200 V 以下的低压电易引起心肌纤颤及心搏停止，220 ～ 1 000 V 的电压可致心脏和呼吸中枢同时麻痹。触电局部可有深度灼伤，而呈焦黄色，与周围正常组织分界清楚，重者创面深及皮下组织、肌腱、肌肉、神经，甚至深达骨骼，呈炭化状态。

(二) 触电的类型

1. 单相触电

人站在大地上，当人体接触到一根带电导线时，电流通过人体经大地而构成回路，这种触电方式通常被称为单相触电。

2. 两相触电

人体的不同部位同时分别接触一个电源的两根不同电位的裸露导线，电线上的电流就会通过人体从一根电流导线到另一根电线形成回路，使人触电，这种触电方式通常称为两相触电，也称为两线触电。此时，人体处于线电压的作用下，所以，两相触电比单相触电危险性更大。

3. 跨步电压触电

由于外力（如雷电、大风）的破坏等原因，电气设备、避雷针的接地点，或者断落电线断头着地点附近，将有大量的扩散电流向大地流入，而使周围地面上布着不同电位。当人的脚与脚之间同时踩在不同电位的地表面两点时，会形成跨步电压触电。若电力系统一相接地或电流自接地体向大地流散时，将在地面上呈现不同的电位分布。人的跨距一般取 0.8 m，在沿接地点向外的射线方向上，距接地点越远，跨步电压越大；距接地点越远，跨步电压越小；距接地点 20 m 外，跨步电压接近于零。

(三) 触电的急救处理

触电者的现场急救，是抢救过程中关键的一步。如果处理及时和正确，则因触电而呈假死的人就有可能获救；反之，则会带来不可弥补的后果。

1. 脱离电源

触电急救，首先要使触电者迅速脱离电源，越快越好，因为触电时间越长，伤害越重。脱离电源就是要将触电者接触的那一部分带电设备的电源开关断开，或者设法使触电者与带电设备脱离。在脱离电源时，救护人员既要救人，又要注意保护自己，防止触电。触电者未脱离电源前，救护人员不得用手触及触电者。

如果触电者触及低压带电设备，救护人员应设法迅速切断电源，例如拉开电源开关或拔下电源插头，或者使用绝缘工具、干燥木棒等不导电物体解脱触电者。救护人员也可站在绝缘垫上或干木板上进行救护。

如果触电者触及高压带电设备，救护人员应立即通知有关供电单位或用户停电；或迅速用相应电压等级的绝缘工具按规定要求拉开电源开关或熔断器。也可抛掷先接好地的裸金属线使高压线路短路接地，迫使线路的保护装置动作，断开电源。但抛掷短接线时一定要注意安全。抛出短接线后，要迅速离开短接线接地点 8 m 以外，或双脚并拢，以防跨步电压伤人。

如果触电者处于高处，解脱电源后触电者可能从高处掉下，因此要采取相应的安全措施，以防触电者摔伤或致死。如果触电事故发生在夜间，在切断电源救护触电者时，应考虑到救护所必需的应急照明；但也不能因此而延误切断电源、进行抢救的时间。

2. 急救处理

当触电者脱离电源后，应立即根据具体情况对症救治，同时通知医生前来抢救。

如果触电者神志尚清醒，则应使之就地躺平，或抬至空气新鲜、通风良好的地方让其躺下，严密观察，暂时不要让他站立或走动。如果呼吸暂时停止，心脏暂时停止跳动，伤员尚未真正死去，或者只有呼吸，但比较困难，此时必须立即采用人工呼吸法和心脏按摩法进行抢救。

1）人工呼吸法

人工呼吸法是用人工的方法代替伤员肺的活动，供给氧气，排出二氧化碳。最常用且效果最好的方法是口对口（鼻）人工呼吸法，它的操作简单，一次吹气量可达1 000 mL以上。具体操作方法如下：

（1）使伤员仰卧并把头侧向一边，张开伤员的嘴巴，清除口腔中的血块、异物、假牙和呕吐物等，以使呼吸道畅通，同时解开衣领，松开紧身衣服，使其胸部自然扩张。

（2）抢救者在伤员的一侧，一手捏紧伤员的鼻孔，避免漏气，用手掌的外缘顺势压住额部；另一只手托在伤员的颈后，将颈部上抬，使其头部充分后仰（在颈下可垫以东西）。

（3）急救者以图6-32（a）所示的方法，先吸一口气，然后紧凑伤员的嘴巴，向他大口吹气，时间约2 s左右。

（4）吹气完毕后，立即离开伤员的嘴，并松开捏紧鼻孔的手，这时伤员的胸部自然回缩，气体从肺内排出，如图6-32（b）所示，时间约为3 s左右。

按以上步骤连续不断地操作，每分钟约12次。如果伤员张嘴有困难，可紧闭其嘴唇，将口对准其鼻孔吹气，效果也可。

2）心脏按摩法

心脏按摩法又叫胸外心脏挤压法，如果触电者心跳停止，就必须进行心脏按摩，以达到推动其体内血液循环的目的。具体操作方法如图6-32所示。

（a）步骤一　　（b）步骤二

图6-32　口对口人工呼吸法

（1）使伤员仰卧于平整的木板或硬地上，以保证挤压效果，急救者在伤员一侧，或骑跨在伤员的腰部两侧。

（2）急救者两手相叠，下面一只手的掌根按于伤员胸骨下1/3处，四指伸直，中指末端卡在颈部凹陷的边缘。

（3）急救者用上面的手加压，压时肘关节要伸直，垂直向下挤压，使胸骨下陷约30～40 mm，如图6-33（a）所示，这样可以间接挤压心脏，达到排血效果。按照上述步骤连续进行操作，成人每分钟挤压60次。挤压时定位需正确，用力要适度，以免引起肋骨骨折、气胸、血胸及内脏损伤等并发症。如果伤员的心脏和呼吸都停止了，则两种方法应由两人同时进行。若现场急救只有一个人时，应先做人工呼吸2次，再做心脏按摩，然后再做人工呼吸，如此反复进行。此时，为了提高抢救效果，吹气和挤压的速度要快些，2次吹气在5 s内完成，15次挤压在10 s内完成。

由于人的生命的维持，主要是靠心脏跳动而造成的血液循环和呼吸而形成的氧气与废气的交换，因此采取胸外按压心脏的人工循环和口对口（鼻）吹气的人工呼吸的方法，能对处于因触电而暂时停止了心跳和呼吸的“假死”状态的人起暂时弥补的作用，促使其血液循环和正常呼吸，达到“起死回生”，因此这两种急救方法统称为“心肺复苏法”。

在急救过程中，人工呼吸和心脏挤压的措施必须坚持进行。在医务人员未来接替救治前，不应放弃现场抢救，更不能只根据没有呼吸和脉搏就擅自判定伤员死亡，放弃抢救。只有医生

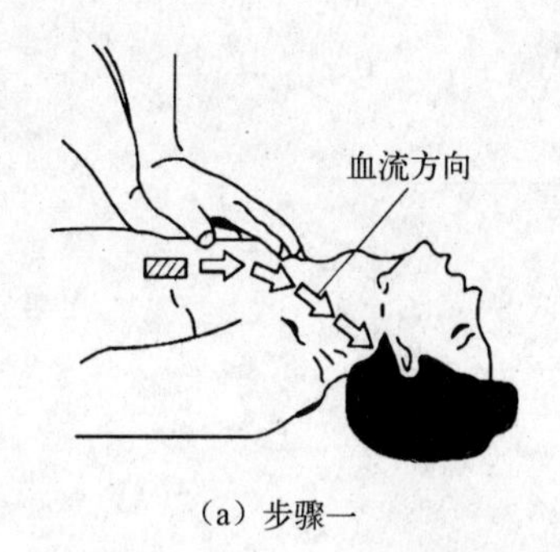

(a) 步骤一

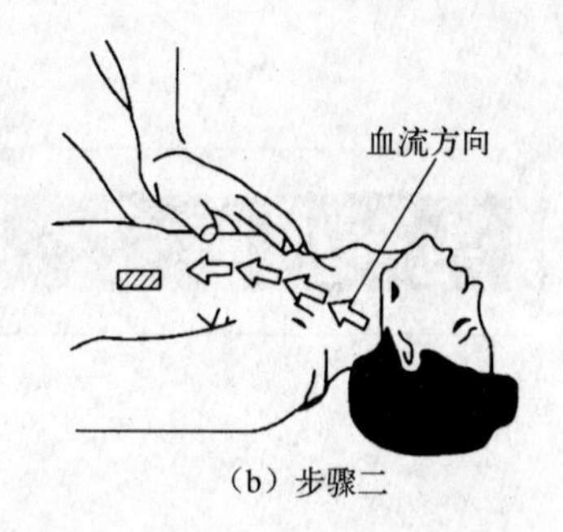

(b) 步骤二

图 6-33 人工胸外心脏挤压法

有权作出伤员死亡的论断。事实证明，触电后的假死者大有人在，有的坚持抢救长达几个小时，竟然能复活。

思考与练习题

6-1 什么叫过电压？过电压有哪些类型？其中雷电过电压又有哪些形式？各是如何产生的？

6-2 什么叫接闪器？其功能是什么？避雷针、避雷线和避雷带（网）各主要用在哪些场所？

6-3 避雷器的主要功能是什么？阀式避雷器、排气式避雷器、保护间隙和金属氧化物避雷器在结构、性能上各有哪些特点？各应用在哪些场合？

6-4 架空线路有哪些防雷措施？变配电所又有哪些防雷措施？

6-5 什么叫接地？什么叫接地装置？什么叫人工接地体和自然接地体？

6-6 什么叫接地电流和对地电压？什么叫接触电压和跨步电压？

6-7 什么叫工作接地和保护接地？又什么叫保护接零？为什么同一低压配电系统中不能有的设备采取保护接地，有的设备又采取保护接零？

6-8 什么叫接地电阻？人工接地电阻主要指的是哪部分电阻？

6-9 当雷电击中独立避宙针时，为什么会对附近设施产生“反击”？如何防止“反击”的产生？

6-10 安全用电的技术措施和防护工具各有哪些？

6-11 触电事故的种类有哪些？

6-12 发生触电事故后，如何使触电人脱离电源？

6-13 对触电人脱离电源后应如何处理？

6-14 对触电人进行急救处理时，应注意哪些事项？

第七章 电气照明

本章简介

本章主要介绍常用的光度量单位，光源的色温与显色性等基本知识；然后介绍电光源的选择。灯具的特性及分类、灯具的选择、灯具布置的要求、照明种类和方式、照度标准、照明质量、照度计算方法、照明配电等问题。

学习目标

- 了解光源的基本知识。
- 掌握灯具的分类和选择方法。
- 掌握照明供配电系统的设计。

第一节　电气照明灯具布置与照明度计算

一、工厂电气照明概述

工厂照明分自然照明和人工照明两大类。电气照明属于人工照明的一种，由于具有灯光稳定、易于控制、调节方便、安全经济等优点，成为现代人工照明中应用最为广泛的一种照明方式。

电气照明设计是工厂企业供电设计中一个不可缺少的组成部分，良好的照明是保证安全生产、提高劳动生产效率和产品质量、保障职工视力健康的必要措施。因此，合理地进行照明设计对工矿企业的正常生产和安全有着十分重要的意义。

照明按其光源方式分，有自然照明（自然采光）和人工照明两大类。电气照明由于它具有灯光稳定、色彩丰富、控制调节方便和安全经济等优点，因而成为现代人工照明中应用最为广泛的一种照明方式。

实践证明，工业生产的产品质量和劳动生产率与照明质量有密切的关系。良好的照明是保证安全生产、提高劳动生产率和产品质量、保障职工视力健康的必要措施。因此电气照明的合理选择设计对工业生产具有十分重要的作用。

合理的电气照明，必须达到绿色照明的要求。所谓“绿色照明”，是指节约能源，保护环境，有益于提高人们生产、工作、学习效率和生活质量，保护身心健康的照明。

（一）光和光通量

光是物质的一种形态，是一种波长比毫米无线电波短又比 X 射线长的电磁波，而所有电磁波都具有辐射能。

1. 在电磁波的辐射谱中，光谱的大致范围包括：

（1）红外线，波长为 780 nm ～ 1 mm；

（2）可见光，波长为 380 ～ 780 nm；

（3）紫外线，波长为 1 ～ 380 nm。

可见光又可分为：红（640 ～ 780 nm）、橙（600 ～ 640 nm）、黄（570 ～ 600 nm）、绿（490 ～ 570 nm）、青（450 ～ 490 nm）、蓝（430 ～ 450 nm）和紫（380 ～ 430 nm）等 7 种单色光。

在可见光范围内，不同波长的光给人的颜色感觉不同，波长从 380 ～ 780 nm 之间依次变化时，能引起红、橙、黄、绿、青、蓝、紫 7 种颜色的感觉。通常 7 种不同颜色的光混合在一起即为白光。波长大于 780 nm 的辐射能称为不可见的红外线和各种电磁波；波长小于 380 nm 的辐射能称为不可见的紫外线和各种射线。

实验证明，人眼对各种波长的可见光具有不同的敏感性。正常人眼对于波长为 555 nm 的黄绿色光最敏感，也就是说这种黄绿色光的辐射能引起人眼的最大的视觉。因此，波长越偏离 555 nm，其光辐射的可见度越小。

2. 光通量

光源在单位时间内，向周围空间辐射出的使人眼产生光感的能量，称为光通量，简称光通，符号为 Φ，单位为 lm（流明）。

（二）光强及其分布特性

1. 发光强度

发光强度简称光强，是光源在给定方向的辐射强度，符号为 I，单位为 cd（坎德拉）。

对于向各个方向均匀辐射光通量的光源，它在各个方向的发光强度均等，其值为

$$I = \frac{\Phi}{\Omega} \tag{7-1}$$

式中：Φ——光源在立体角 Ω 内所辐射的总光通量；

Ω——光源辐射光通量的空间立体角，单位为 sr（球面度），空间立体角 $\Omega = A/r^2$，r 为球的半径，A 为与 Ω 相对应的球面积。

2. 配光曲线

配光曲线即发光强度分布曲线，是在通过光源对称轴的一个平面上绘出的灯具发光强度与对称轴之间角度的 α 函数曲线。

对一般照明灯具，配光曲线绘在极坐标上，如图 7-1（a）所示。其光源采用光通量为 1 000 lm的假想光源。而对于聚光很强的投光灯，由于其光强集中在一个很小的空间角内，因此其配光曲线一般绘在直角坐标上，如图 7-1（b）所示。

（三）照度和亮度

1. 照度

受照物体表面单位面积投射的光通量，称为照度。其符号为 E，单位为 lx（勒克斯）。

如果光通 Φ 均匀地投射在面积为 A 的表面上，则该表面的照度值为

$$E = \frac{\Phi}{A} \tag{7-2}$$

2. 亮度

发光体（不只是指光源，受照表面的反射光通也可看作间接光源）在视线方向单位投影面

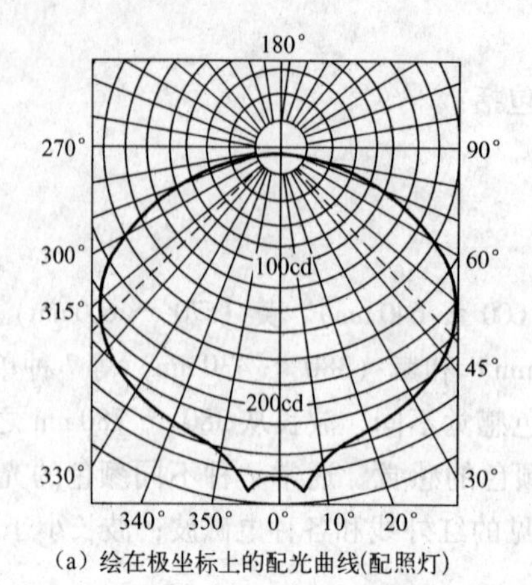

(a) 绘在极坐标上的配光曲线(配照灯)

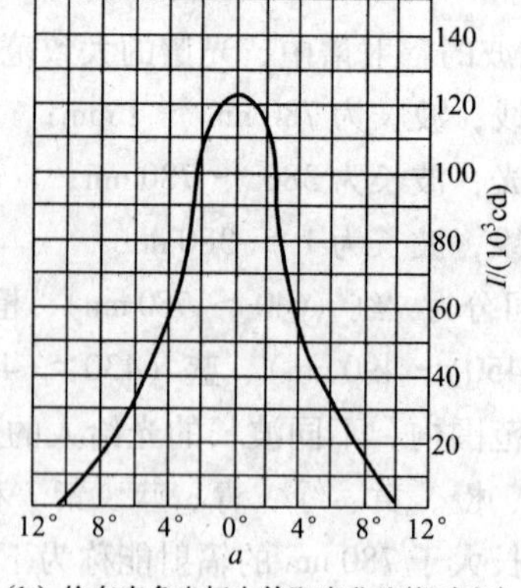

(b) 绘在直角坐标上的配光曲线(投光灯)

图 7-1　灯具的配光曲线

上的发光强度，称为亮度。其符号为 L，单位为 cd/m^2（坎德拉每平方米）。

假设发光体表面法线方向的发光强度为 I，而人眼视线与发光体表面法线成 α 角，如图 7-2 所示。因此视线方向的发光强度为 $I_\alpha = I\cos\alpha$，而视线方向的投影面积为 $A_\alpha = A\cos\alpha$。由此可得发光体在视线方向的亮度为

$$L=\frac{I_\alpha}{A_\alpha}=\frac{I\cos\alpha}{A\cos\alpha}=\frac{I}{A} \tag{7-3}$$

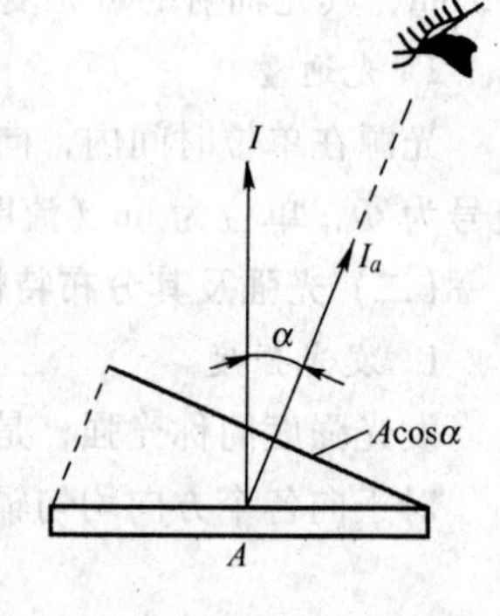

图 7-2　亮度说明图

由上式可以看出，发光体的亮度值实际上与视线方向无关。

3. 发光效率

照明灯的发光效率是指光源发出的全部光通量与其全部输入功率 P 之比。即

$$\eta=\frac{\Phi}{P} \tag{7-4}$$

式中，η 为发光效率，单位为 1 m/W；P 为照明灯的输入功率，单位为 W。对于一般白炽灯 η = 6.5 ～ 19 lm/W；对于荧光灯，η = 25 ～ 55 lm/W。这说明后者的光效远高于前者，因此如以紧凑型节能荧光灯取代白炽灯，将大大节约电能。

(四) 物体的光照性能

当光通 Φ 投射到物体上时，一部分光通 Φ_α 从物体表面反射回去，一部分光通 Φ_τ 被物体所吸收，而余下的一部分光通 Φ_τ 则透过物体，如图 7-3 所示。

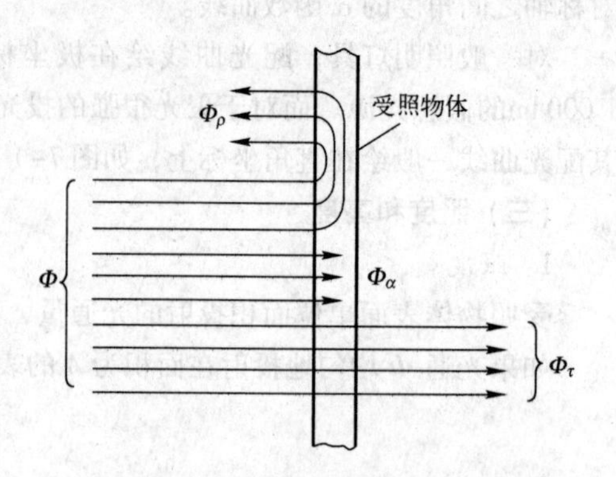

图 7-3　光通投射到物体上的情形

Φ_p—反射光通　Φ_α—吸收光通　Φ_τ—透射光通

为表征物体的光照性能，特引入以下三个参数：

1. 光的反射

光从一种媒质传播到另一种媒质时，有一部分或全部自分界面射回原来的媒质，这种现象称光的反射。

反射比又称反射系数，其定义是反射光通 Φ_p 与总投射光通 Φ 之比，即

$$\rho = \frac{\Phi_\rho}{\Phi} \tag{7-5}$$

2. 光的吸收

光在媒质中传播时，其强度越来越弱，在这个过程中，光的一部分能量转变为其他形式的能量（如热能），这就是媒质对光的吸收。吸收比又称吸收系数，其定义是吸收光通 Φ_α 与总投射光通 Φ 之比，即

$$\alpha = \frac{\Phi_\alpha}{\Phi} \tag{7-6}$$

不同的媒质对光的吸收是不同的，而且与光在媒质中的光程（即媒质吸收层的厚度）有关，光程越大，吸收也越大。

3. 光的透射

光从一种子媒质射入另一种媒质，并从这种媒质穿透出来的现象叫光的透射。透射比又称透射系数，其定义是透射光通 Φ_τ 与总投射光通 Φ 之比，即

$$\tau = \frac{\Phi_\tau}{\Phi} \tag{7-7}$$

透射系数与媒质的厚度有关，厚度越大则透射系数越小。

一般来说，光线投射到物体上都会同时发生反射、透射和吸收现象，以上三个参数之间有下列关系：

按能量守恒定律，则

$$\Phi_\rho + \Phi_\alpha + \Phi_\tau = \Phi$$

等式两边同除以 Φ 得

$$\rho + \alpha + \tau = 1 \tag{7-8}$$

上式说明物体的反射系数、透射系数和吸收系数之和等于1。

在照明技术中应特别注重反射比这一参数，因为它直接影响到工作面上的照度。

表7-1所列为各种情况下墙壁、顶棚及地面的反射比近似值，供参考。

表7-1　墙壁、顶棚及地面的反射比近似值（参考）

反射面情况	反射比
刷白的墙壁、顶棚，窗户挂有白色窗帘	70%
刷白的墙壁，但窗挂未挂窗帘，或挂深色窗帘；刷白的顶棚，但房间潮湿；墙壁和顶棚虽未刷白，但洁净光亮	50%
有窗户的水泥墙壁、水泥顶棚；木墙壁、木顶棚；糊有浅色纸的墙壁、顶棚；水泥地面	30%
有大量深色灰尘的墙壁、顶棚；无窗帘遮蔽的玻璃窗；未粉刷的砖墙；糊有深色纸的墙壁、顶棚；较脏污的水泥地面及沥青等地面	10%

（五）光源的色温和显色性

1. 光源的色温

通常的照明光源（如太阳、白炽灯、荧光灯等）发出的光包含多种波长成分，它们的光谱功率分布各不相同。因此，看上去的颜色感觉不一样。即使看上去都呈“白光”的光源，实际上它们的光谱功率分布相差也是很大的。这些“白光”在人眼里的感觉也是不一样的。不同的“白光”照射同一个物体时，呈现的颜色会有差别。

所有物体自身在绝对零度之上的任何温度都发出电磁波辐射。一定时间内辐射能量的多少，

以及辐射能量按波长分布的状况都与温度有关。绝对黑体（其辐射能力特别强，可视为完全辐射体）在任何温度下对任何波长的入射辐射都完全吸收（即吸收比为1）。这样，由于排除了周围环境的影响，使得它发出的辐射仅由温度决定。色温就是当某一种光源的色品（用CIE1931标准色度系统所表示的颜色性质）与某一温度下绝对黑体的色品相同时的绝对黑体的温度，单位是K（开尔文）。色温并非光源本身的实际温度，热光源的实际温度要比其色温低一些。表7–2列出了常见光源的色温。

表7–2　常见光源的色温

光　源	色温/K	光　源	色温/K
油灯	1 900～2 000	白炽灯（10 W）	2 400
蜡烛	1 900～2 000	白炽灯（40 W）	2 700
月亮	4 100	白炽灯（100 W）	2 750
日出后及日落前太阳光	2 200～3 000	白炽灯（500 W）	2 900
中午太阳光	4 800～5 800	日光色荧光灯	6 500
下午太阳光	4 000	冷白色荧光灯	4 300
阴天自然光	6 400～6 900	暖白色荧光灯	2 900
晴朗的蓝天	8 500～2 2000	普通高压钠灯	2 000

2. 光源的显色性

日常使用人工光源照射物体时，物体呈现的颜色与物体的“本色”是有差异的，也就是人的主观视觉上感觉到了失真。这种颜色的“失真”是由于人们有意识或无意识地将其和参考光源（如白天的自然光）下的物体的“本色”相比较而产生的。一般把照明光源对被照物体颜色的影响称为光源的显色性。物体的颜色以日光或与日光相当的参考光源照射下的颜色为准。

为表征光源的显色性，特引入光源的显色指数。

一般显色指数（符号为Ra）是指由国际照明委员会（CIE）规定的试验色样，在由被测光源照明时与由参考光源照明时其颜色相符程度的度量。被测光源的Ra越高，说明该光源的显色性越好，物体颜色在该光源照明下的失真度越小。以日光的Ra = 100为基准，白炽灯的Ra = 95 ～ 99，而普通直管形荧光灯的Ra = 60 ～ 72，这说明普通荧光灯的显色性比白炽灯的显色性差得多。

二、工厂常用电光源的类型、特性及其选择

（一）工厂常用电光源的类型

在工厂照明中，目前用于照明的电光源按其发光原理可分为两大类：一类是热辐射光源，如白炽灯和卤钨灯（包括碘钨灯和溴钠灯）；另一类是气体放电光源，如日光灯、高压汞灯和钠灯等。为了合理、安全地用光通量，获得足够的照度和舒适的照明，通常在电光源外附加一些附件（如罩、架等）。光源与附件的组合称为灯具。

1. 热辐射光源

热辐射光源是利用物体加热时辐射发光的原理所制成的光源，如白炽灯和卤钨灯。

（1）白炽灯其结构如图7–4 所示。它是使用最普通的热辐射光源，通过用电来加热玻璃壳内的灯丝到白炽状态而引起热辐射发光。它由玻璃泡壳、灯丝、固定灯丝的支架、引线和灯头等组成。

白炽灯的灯丝一般采用耐高温且不易蒸发的钨丝，并卷曲成螺旋形状。玻璃壳内抽成真空，或充入惰性气体阻止灯丝蒸发。玻璃壳的形状一般采用，如梨形、球形、圆柱形和尖形等轴对

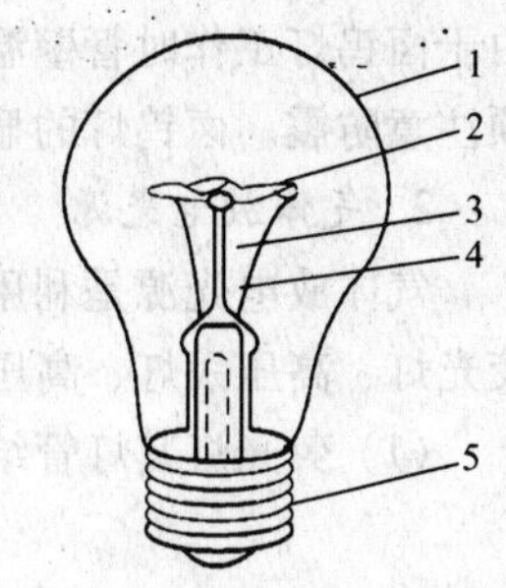

图 7-4　白炽灯

1—玻璃泡壳　2—灯丝
3—支架　4—引线　5—灯头

称的形式。玻璃外壳一般是透明的；为了防止眩光，可以对玻璃壳内表面进行“磨砂”处理，或者“内涂”白色材料，或者使用白色玻璃外壳，使其具有漫射的性质。为了加强某一方向上的光强，可在玻璃外壳内镀上金属反射层，形成反射面，增加定向投射。另外，还可以用彩色玻璃构成灯的外壳，用作装饰照明。

白炽灯的灯头有不同的规格，常见的是卡口灯头和螺旋灯头。

由于白炽灯是热辐射光源，所以光谱功率连续分布；显色性好，显色指数可以达到 95 以上；色温一般在 2 400 ～ 2 900 K 之间，属于低色温光源；白炽灯的功率因数接近于 1，可以瞬时点亮，没有频闪；因为构造简单，所以易于制造，价格便宜。但是，白炽灯的发光效率低，由于辐射集中于红外线区，只有 2% ～ 3% 的电能转化为可见光。它的平均寿命通常只有 1 000 h 左右，而且白炽灯不抗震。

白炽灯的另一个特点是：它的光通量、发光效率和使用寿命会受到电源电压的较大影响，可以很方便的利用白炽灯的这种特性制成调光灯。

(2) 卤钨灯其结构有两端引入式和单端引入式两种。两端引入的卤钨灯结构如图 7-5 所示，一端引入的卤钨灯结构如图 7-6 所示。前者用于需高照度的工作场所，后者主要用于放映灯等。

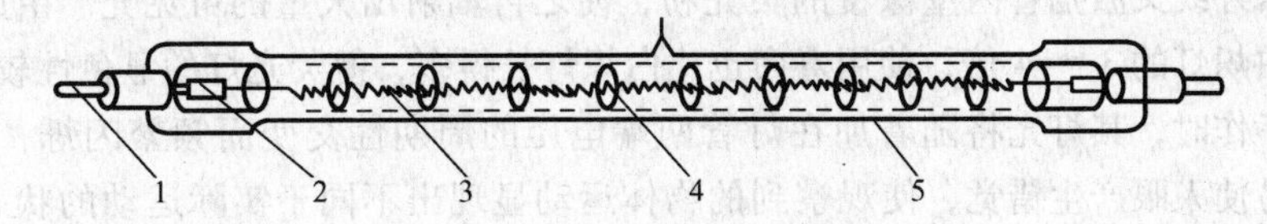

图 7-5　两端引入的卤钨灯结构

1—灯脚（引入电极）2—钼箔　3—灯丝（钨丝）4—支架　5—石英玻管（内充微量卤素）

灯泡内充入的气体中含有卤族元素（氟、氯、溴和碘等）或者卤化物的热辐射光源称为卤钨灯，卤钨灯能够实现钨的再生循环，从而大大减小钨丝的蒸发量。利用卤钨循环原理来提高灯的光效和使用寿命。当点亮卤钨灯时，由于高温，钨丝蒸发出钨原了并向周围扩散。卤族元素（目前，普遍采用碘、溴两种元素）与之反应形成卤化钨，卤化钨的化学性质不稳定，扩散到灯丝附近时，因为高温，卤化钨又分解为钨原了和卤素，钨原了会重新沉积于钨丝上，而卤族元素再次扩散到外围进行下一次的循环。由于卤钨灯内存在卤钨循环，所以其玻管不易发黑，灯丝也不易烧断，其灯丝的工作温度在 2 600 ～ 3 200 K 之间，使得发光效率高于白炽灯，使用寿命也大大延长。

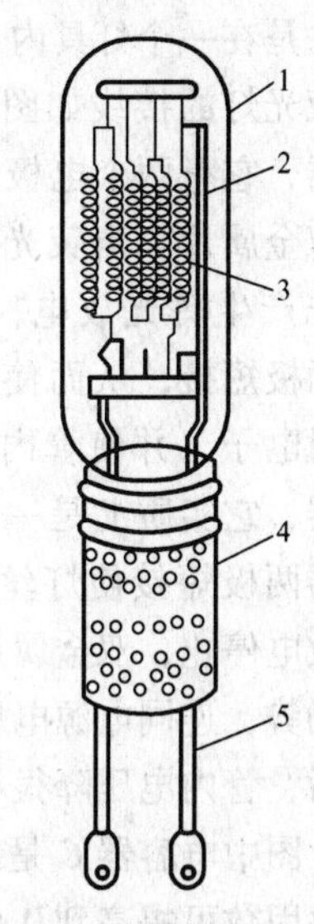

图 7-6　一端引入的卤钨灯结构

1—石英玻泡（内充微量卤素）
2—金属支架　3—排丝状灯丝
4—散热罩　5—引入电极

卤钨灯作为白炽灯的改进，除了兼有白炽灯的特点之外，还具有体积小、功率大、亮度高、色温稳定、灯丝稳定性和抗震性等特点，不过，卤钨灯的灯丝温度很高，所以其玻璃外壳多使用耐高温的石英玻璃。卤钨灯广泛应用于电影、电视的拍摄现场，以及演播室、舞台、展示厅、商业橱窗、汽车和飞机等的照明。

为了使卤钨灯的卤钨循环顺利进行，安装时必须保持灯管水平，倾斜角不得大于 4°，且不允许采用人工冷却措施（如使用电风扇）。

由于卤钨灯工作时管壁温度可高达600 ℃，因此灯不能与易燃物品靠近。卤钨灯的耐震性较差，须注意防震。卤钨灯的显色性好，使用也方便。

2. 气体放电光源

气体放电光源是利用气体放电时发光的原理所制成的光源，目前常用的气体放电光源有：荧光灯、高压汞灯、高压钠灯、金属卤化物灯和氙灯。

（1）荧光灯其灯管结构如图7-7所示。

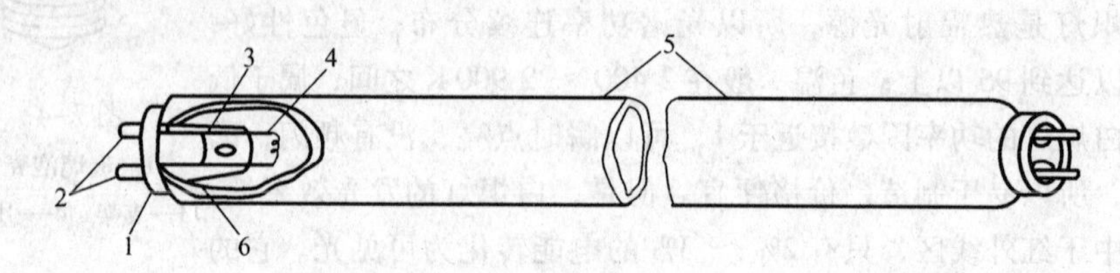

图7-7 荧光灯管

1—灯头 2—灯脚 3—玻璃芯柱 4—灯丝（钨丝）

5—玻管（内壁涂荧光粉，充惰性气体） 6—汞（少量）

荧光灯俗称日光灯，是利用汞蒸气在外加电压作用下产生弧光放电，发出少许可见光和大量紫外线，紫外线又激励管内壁涂覆的荧光粉，使之再辐射出大量的可见光。由此可见，荧光灯的光效是白炽灯的3～4倍，使用寿命也比白炽灯长得多，但荧光灯的显色性较白炽灯差。

荧光灯工作时，其灯光将随着加在灯管两端电压的周期性交变而频繁闪烁，即频闪效应。频闪效应容易使人眼产生错觉，使观察到的物体运动显现出不同于实际运动的状态，甚至可将一些由同步电动机驱动的旋转物体误为不动的物体，对安全生产不利，因此在有旋转机械的车间里很少采用。如果要在此环境中使用荧光灯，必须设法消除其频闪效应。消除频闪效应的简便方法是在一个灯具内，安装两根或三根灯管，而每根灯管分别接到不同相的线路上。

荧光灯的接线如图7-8所示。图中S是辉光启辉器，它有两个电极，其中一个弯成U形的电极是双金属片。当荧光灯接上电压后，辉光启辉器首先产生辉光放电，致使双金属片加热伸开，造成两极短接，从而使电流通过灯丝。灯丝加热后发射电子，并使管内的少量汞气化。图中L是镇流器，它实质上是一个铁心电感线圈。当辉光启辉器两极短接使灯丝加热后，辉光启辉器内的辉光放电停止，双金属片冷却收缩，从而突然断开灯丝加热回路，这就使镇流器两端感生很高的电动势，连同电源电压加在灯管两端，使充满汞蒸气的灯管击穿，产生弧光放电。由于灯管启燃后，管内电压降很小，因此又要借助镇流器来产生很大一部分电压降，以维持灯管稳定的电流。图中电容器C是用来提高电路功率因数的。未接C时功率因数只有0.5左右；接入C以后功率因数可提高到0.95以上。

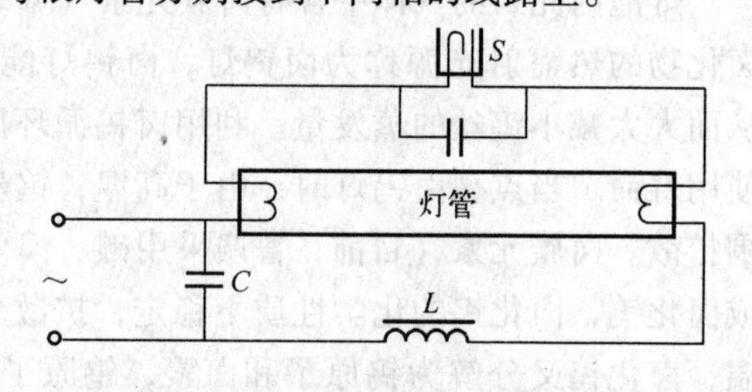

图7-8 荧光灯的接线

S—辉光启辉器 L—镇流器 C—电容器

普通荧光灯电路由于铁心线圈镇流器，耗能大、有噪音、频闪效应严重。目前常用节能式荧光灯，它的荧光灯管就是普通荧光灯，只是将铁心线圈式镇流器和辉光启辉器换成了电子镇流器。采用电子镇流器后，因无铁心损耗，所以耗能大为降低。而且电子镇流器工作时对外呈容性，从而可改善电网的功率因数。节能灯是通过电子镇流器将50 Hz的交流电变成25 kHz的高频电源来点燃荧光灯管的。

荧光灯除有普通直管形荧光灯（一般管径大于26 mm）外，还有现在推广应用的稀土三基色细管径荧光灯和紧凑型节能荧光灯。稀土三基色细管径（≤26 mm）荧光灯具有光效高、寿命长、显色性较好的优点，可取代普通荧光灯，以节约电能。

紧凑型荧光灯有U形、2U形、H形和2D形等多种形式。常用的2U形紧凑型荧光灯的结构外形，如图7-9所示。

紧凑型荧光灯具有光色好、光效高、能耗低和适用寿命长等优点，因此在一般照明中可取代普通照明用白炽灯，以节约电能。

（2）高压汞灯。高压汞灯又称高压水银荧光灯，它是普通荧光灯的改进产品，属于高气压（压强可达10^5 Pa以上）的汞蒸气放电光源。它不需辉光启辉器来预热灯丝，但使用时必须串联相应功率的镇流器，属于高气压的汞蒸气放电光源。其结构有以下三种类型：

① GGY型荧光高压汞灯，这是最常用的一种，如图7-10所示。

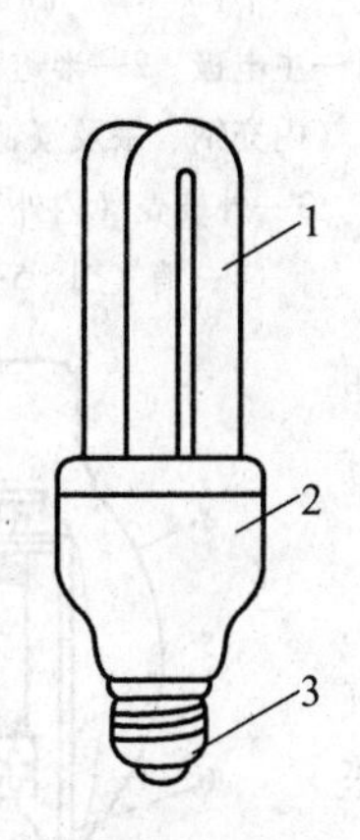

图7-9 2U形紧凑型节能荧光灯

1—放电管（内壁涂覆荧光粉，管端有灯丝，管内充少量汞） 2—底罩（内装电子镇流器、辉光启辉器和电容器等） 3—灯头（内有引入线）

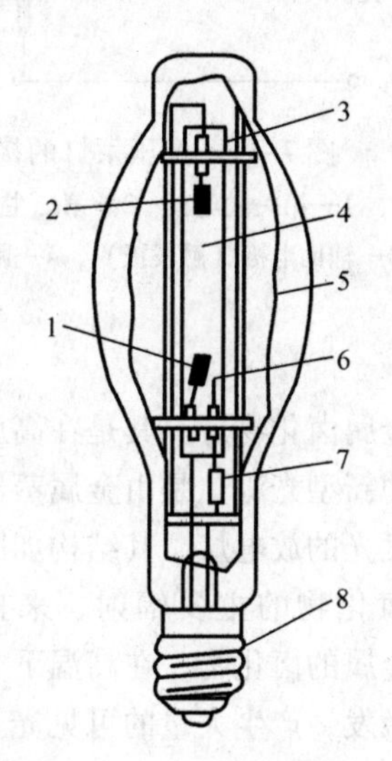

图7-10 GGY型高压汞灯

1—第一主电极 2—第二主电极 3—金属支架 4—内层石英玻壳（内充适量汞和氩） 5—外层石英玻壳（内涂荧光粉，内外玻壳间充氮） 6—辅助电极（触发极） 7—限流电阻 8—灯头

② GYZ型自镇流高压汞灯，它利用自身的灯丝兼作镇流器。

③ GYF型反射高压汞灯，它采用部分玻壳内壁镀反射层的结构，使光线集中均匀地定向反射。

高压汞灯不需要辉光启辉器来预热灯丝，但它必须与相应功率的镇流器串联使用（除GYZ型外），其接线如图7-11所示。

高压汞灯工作时，其第一主电极与辅助电极（触发极）间首先击穿放电，使管内的汞蒸发，导致第一主电极与第二主电极间击穿，发生弧光放电，使管壁的荧光质受激，产生大量的可见光。

高压汞灯的光效较高，光效比白炽灯高3倍左右，寿命较长，但启动时间较长，显色性较差，对电压的要求较高，不宜装在电压波动较大的线路上。

(3) 高压钠灯。其利用高气压（压强可达 10^4 Pa）的钠蒸气放电发光，其光谱集中在人眼较为敏感的区间，因此其光效比高压汞灯还高一倍，且寿命长，但显色性较差，启动时间也较长，其结构如图 7-12 所示；接线与高压汞灯相同。

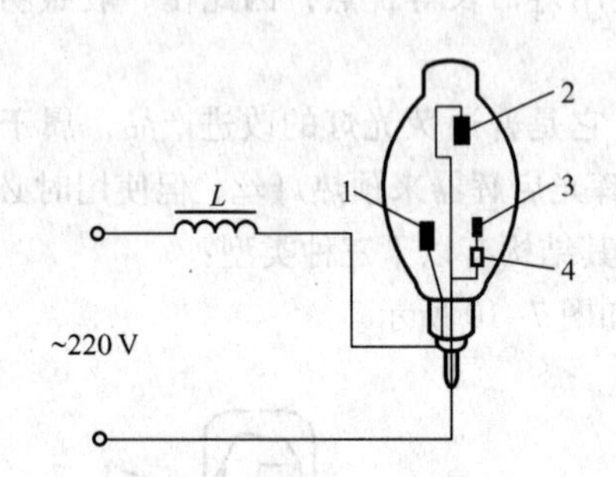

图 7-11　高压汞灯的接线

1—第一主电极　2—第二主电极

3—辅助电极（触发极）　4—限流电阻

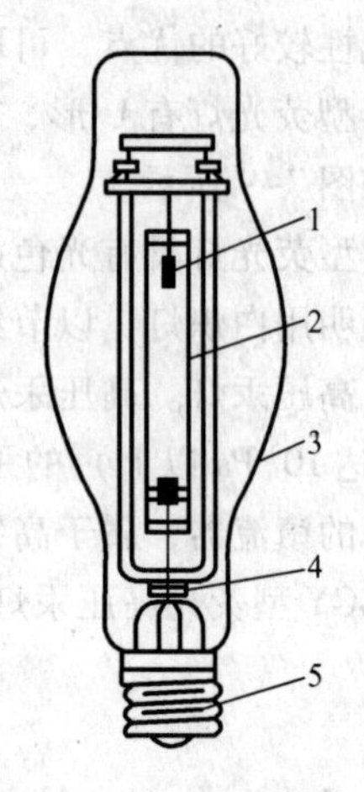

图 7-12　高压钠灯

1—主电极　2—半透明陶瓷放电管（内充纳、汞及氖氩混合气体）

3—外玻壳（内外壳间充氮）

4—消气剂　5—灯头

(4) 金属卤化物灯。其是在高压汞灯的基础上为改善光色而发展起来的新型光源，是由金属蒸气与金属卤化物分解物的混合物放电而发光的放电灯。其结构如图 7-13 所示。

金属卤化物的主要辐射，来自充填在放电管内的铟、镝、铊、钠等金属的卤化物，在高温下分解产生的金属蒸气和汞蒸气混合物的激发，产生大量的可见光。其光效和显色指数也比高压汞灯高得多。

(5) 氙灯。氙灯为惰性气体放电灯，高压氙灯放电时能产生很强的白光，接近连续光谱，它是一种充有高气压氙气的高功率（可高达 100 kW）的气体放电灯，俗称“人造小太阳”。它主要适用于广场、车站和大型屋外配电装置等。氙灯能瞬间点燃，没有灯丝所以耐震，适应温度的能力强，在寿命时间内工作稳定光色特性不变；但寿命短，一般为 800 ～ 1 000 h，需要触发器在高频高压下启动，价格较高。

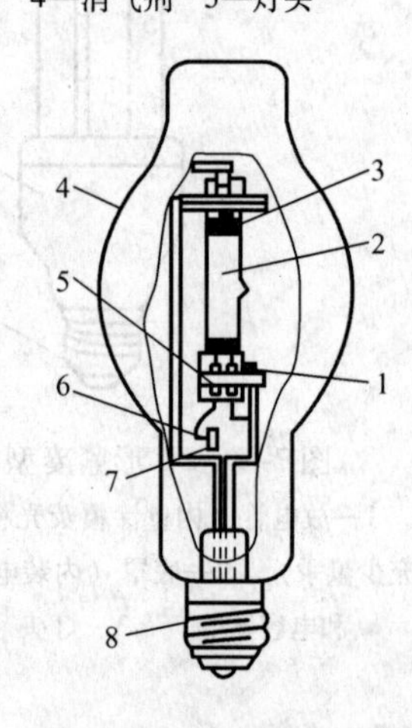

图 7-13　金属卤化物灯

1—主电极　2—放电管（内充汞、稀有气体和金属卤化物）

3—保温罩　4—石英玻壳

5—消气剂　6—启动电极

7—限流电阻　8—灯头

(二) 各种电光源的主要技术特性

光源的主要技术特性有光效、寿命、色温等，有时这些技术特性相互矛盾，在实际选用时，一般考虑光效高、寿命长，其次考虑显色指数、启动性能等次要指标。

部分电光源的主要技术特性如表 7-3 所示，供参考。

表 7-3 部分电光源的主要技术特性（参考）

电光源名称	白炽灯	卤钨灯	荧光灯	荧光高压汞灯	高压钠灯	金属卤化物灯
启动稳定时间/min	瞬间	瞬间	0～4 s	4～8	4～8	4～10
再启动时间	瞬间	瞬间	0～4 s	5～10	10～20	10～15
频闪效应	不明显	不明显	高频管不明显	明显	明显	明显
电压变化时光通的影响	大	大	较大	较大	大	大
环境温度对光通的影响	小	小	大	较小	较小	较小
耐震性能	较差	较差	较好	好	较好	好
附件	无	无	有	有	有	有
额定功率范围	10～1 500	20～5 000	5～200	50～1 000	35～1 000	35～3 500
光效/$m \cdot w^{-1}$	6.5～25	14～30	30～87	32～55	60～140	52～130
平均寿命/h	1 000～1 500	1 500～2 000	2 500～8 000	10 000～20 000	1 600～2 400	2 000～10 000
色温/K	2 400～2 900	2 700～3 200	2 500～6 500	5 500	1 900～2 800	3 000～6 500
一般显色指数/Ra	95～99	95～99	70～95	30～60	20～85	65～90

（三）工厂常用电光源类型的选择

选择电光源，应符合 GB 50034—2004《建筑照明设计标准》的规定。

选择光源时，应在满足显色性、启动时间等要求的条件下，根据光源、灯具及镇流器等的效率、寿命和价格在进行综合技术经济分析比较后确定。

照明设计时可参考下列条件选择电光源：

1. 技术性需求

光源使用的环境对光源本身技术参数的要求。包括：功率、亮度、显色性、色温、频闪特性、启动再启动性能、抗震性、平均寿命等。

选择合适的功率以满足照度要求；在显色性要求高的地方如展览厅、展示厅等必须选用显色指数 >80 的光源；休息场所宜使用色温较低的光源，以取得温馨舒适的氛围；工作、学习场所宜采用色温较高的日光型光源，可以提高工作、学习效率；在有高速机械运动的地方不使用一般的气体放电灯，以避免频闪效应；开关次数较为频繁的地方可以用白炽灯；需要调光的地方一般用白炽灯和卤钨灯，也可以用高频调光镇流器使荧光灯实现调光；在有较大震动的环境中可使用氙灯；在电压波动大的地方不宜使用易熄灭的灯；低温环境中不宜用荧光灯，以免启动困难。

当采用单一光源不能满足显色性和光色要求时，可以采用两种光源形式的混光光源。

2. 经济性要求

照明设备从投入使用到寿命完结需要一笔资金，在满足技术要求的前提下需要计算这样使用是否经济，以便比较和更改设计。总投资包括光源的初投资和运行费用。初投资有光源的设备费、材料费、人工费等。运行费用有电费、维护修理费、折旧费等。

3. 节能的要求

我国目前正在实施绿色照明工程，其核心就是节约照明用电。新实施的 GB 50034—2004《建筑照明设计标准》中也将照明节能放在重要位置，其规定的照明功率密度值属于强制性标准，必须严格执行。在选择电光源时应采用光效高、使用寿命长的光源，如细管径（≤26 mm），直管形荧光灯代替较粗管径（>26 mm）荧光灯，以紧凑型荧光灯取代白炽灯等。

由于普通照明白炽灯的光效低，寿命短，因此一般情况下不应采用。但在下列场所可采用 100 W 及以下的白炽灯：

1）要求瞬时启动和连续调光的场所，使用其他光源技术经济不合理时，宜采用白炽灯。

2）由于气体放电灯会产生高次谐波，从而产生电磁干扰，因此对防止电磁干扰要求严格的场所，宜采用白炽灯。

3）由于气体放电灯频繁开关时会缩短使用寿命，因此灯开关频繁的场所，可采用白炽灯。

4）照度要求不高、燃点时间不长的场所，也可采用白炽灯。

5）对装饰有特殊要求的场所，如采用紧凑型荧光灯或其他光源不合适时，可采用白炽灯。

应急照明灯应选用能快速点燃的光源，如白炽灯或荧光灯，而不宜采用高强度气体放电灯。

应根据识别颜色的要求和照明场所的特点，选用相应显色指数的光源。显色性要求高的场所，应选用显色指数高的光源，如 $Ra>80$ 的三基色荧光灯或混光灯。而显色性要求不高的场所，则可采用显色指数较低而光效更高、寿命更长的光源。

三、工厂常用灯具的类型及与布置

（一）灯具的特性及分类

照明灯具（配光）特性可以从灯具的配光曲线、保护角和灯具光效率等 3 个指标加以衡量。

1）配光曲线

所谓配光曲线就是以平面曲线图的形式反映灯具在空间各个方向上发光强度的分布状况。一般灯具可以用极坐标表示配光曲线。具有旋转轴对称的灯具在通过光源中心及旋转轴的平面上测出不同角度的发光强度值，以某一个位置为起点，不同角度上发光强度矢量的顶端所勾勒出的轨迹就是灯具的极坐标配光曲线，如图 7-14 所示。由于是旋转轴对称，所以任意一个通过旋转轴的平面，上面的曲线形状都是一样的。

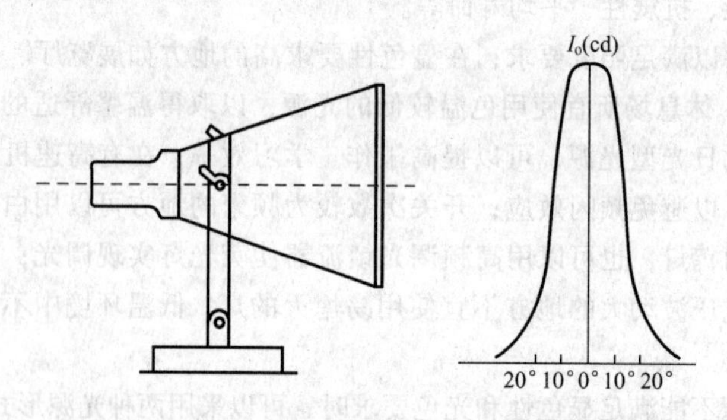

图 7-14　旋转轴对称灯具的配光曲线

非旋转轴对称灯具比如说竹型荧光灯灯具则需要多个平面的配光曲线才能表明光的空间分布特性。对于像投光灯、聚光灯和探照灯等类的灯具，其光辐射的范围集中用直角坐标配光曲线更能将其分布特性表达清楚，如图 7–15 所示。

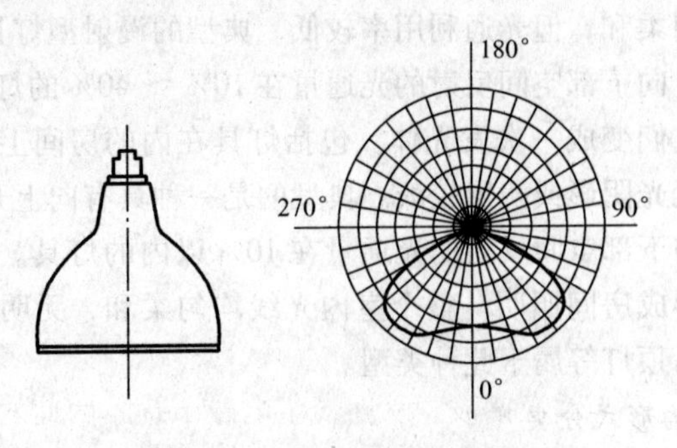

图 7–15 直角坐标配光曲线

2）保护角

保护角又称遮光角，用于衡量灯具为了防止眩光而遮挡住光源直射光范围的大小。用光源发光体从灯具出日边缘辐射出去的光线和出日边缘水平面之间的夹角表示，如图 7–16（a）所示。如果灯具是非旋转轴对称的，那么必需选几个有代表性的横截面，用各横截面的保护角来综合反映遮光范围。如常用的管型荧光灯具，如图 7–16（b）所示。

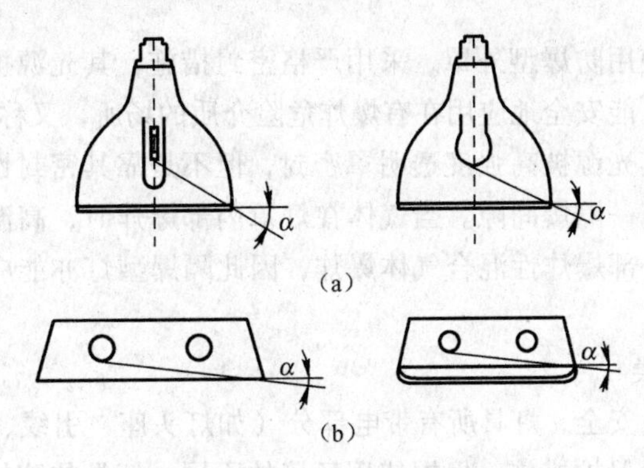

图 7–16 灯具的保护角

3）灯具光效率

灯具的光效率是指在相同的使用条件下，灯具输出的总光通量与灯具中光源发出的总光通量之比，光效率的数值总是小于 1 的。灯具光效率越高，光源光通量的利用程度越大，也就越节能。实际中应优先采用光效率高的灯具。

（二）工厂常用灯具的类型

1. 按灯具在上下空间光通量分布状况分类

根据灯具向下和向上投射光通量的百分比，将灯具分为以下五种类型：

（1）直接型灯具：能将 90% ～ 100% 光通量直接投射到灯具下部空间的灯具。这类灯具光通量的利用效率最高，灯罩一般用反光性能好的不透明材料制成。灯具射出光线的分布状况因灯罩的形状和使用材料的不同而有较大差异。

（2）半直接型灯具：能将 60% ～ 90% 光通量投射到灯具下部空间，小部分投射到上部的灯具。光通量的利用率较高，灯罩采用半透明材料，或灯具上方有透光间隙。它改善了室内的亮度对比，在保证被照面充分的光通量下，比直接型灯具柔和。

（3）漫射型灯具：灯具向上和向下发射的光通量几乎相等，都是40%～60%。这种灯具向周围均匀散发光线，照明柔和，但光通利用率较低。典型的漫射型灯具就是球形乳白玻璃罩灯。

（4）半间接型灯具：向下部空间反射的光通量在10%～40%的灯具。此灯具大部分光线照在顶棚和墙面上部，把它们变成一次发光体。包括灯具在内的房间上部亮度比较统一，整个室内光线更加均匀柔和，无光阴影或阴影较淡。典型的是一种具有向上开口的半透明罩灯。

（5）间接型灯具：向下部空间反射的光通量在10%以内的灯具。90%以上的光线射到顶棚和墙面上部，利用它们形成房间照明。整个室内光线均匀柔和，无明显阴影。各种具有向上开口不透明灯罩的灯具、吊顶灯等属于此种类型。

2. 按灯具的防护结构形式分类

灯具按防护结构特点可分为以下五种类型：

（1）开启型灯具。灯具敞开，其光源与灯具外界的空间相通，属于普通灯具，例如通常使用的配照灯、广照灯和探照灯等。

（2）闭合型灯具。其光源被透明罩包合，但内外空气仍能流通，不能阻止灰尘、湿气进入。例如圆球灯、双罩型（即万能型）灯和吸顶灯等。

（3）密闭型灯具。其光源被透明罩密封，内外空气不能对流，能有效地防湿、防尘，例如防潮灯、防水防尘灯等。

（4）增安型灯具。使用防爆型外罩，采用严格密封措施，其光源被高强度透明罩密封，且灯具能承受足够的压力，能安全地应用在有爆炸危险介质的场所，又称防爆型。

（5）隔爆型灯具。其光源被高强度透明罩密封，但不是靠其密封性来防爆，而是在灯座的法兰与灯罩的法兰之间有一隔爆间隙。当气体在灯罩内部爆炸时，高温气体经过隔爆间隙被充分冷却，从而不致引起外部爆炸性混合气体爆炸，因此隔爆型灯亦能应用在有爆炸危险介质的场所。

3. 按防触电保护分类

为了保护人身和设备安全，灯具所有带电部分（如灯头座、引线、接头等）必须有防直接触电和防间接触电的安全保护措施。根据使用环境的不同，灯具的防护级别分为4个等级，具体如表7–4所示。

表7–4　灯具的防护级别

灯具等级	等级说明	应用说明
0类	依赖灯具基本绝缘防止触电，如果基本绝缘损坏，灯具的可触及导体部件可能会带电，这时需要周围有防触电的环境以提供保护	适用于不易触电、安全程度高的场合
Ⅰ类	除了基本绝缘之外，可触及导体部件通过导线接地，一旦基本绝缘损坏灯具漏电，电源开关跳闸保护人身安全	安全程度提高，适用于金属外壳灯具
Ⅱ类	除了基本绝缘之外，还有附加的绝缘措施（称为双重绝缘或外层绝缘），可以防止间接触电	绝缘性好，安全程度高，适用于人经常接触的灯具如台灯、手提灯等
Ⅲ类	采用安全电压（50 V以下交直流）供电，并保证灯内不会有高于此值的电压	安全程度最高，适用于恶劣环境

4. 按灯具外壳的防护等级分类

根据我国灯具外壳防护等级分类的规定，使用IP防护等级系统。等级代号由字母IP和两个特征数字组成，第一个特征数字表示灯具防止人体触及或接近灯外壳内部的带电体，防止固体物进入内部的等级；第二个特征数字表示灯具防止湿气、水进入内部的等级。两个特征数字的等级含义见表7-5和表7-6。

表7-5 防护等级第一特征数字表示的等级含义

第一个特征数字	防护说明	含义
0	没有防护	对外界没有特别的防护
1	防止大于50 mm的固体物进入	防止人体某一大面积部分（如手）因意外而接触到灯具内部。防止较大尺寸（直径大于50 mm）的固体物进入
2	防止大于12 mm的固体物进入	防止人的手指接触到灯具内部，防止中等尺寸（直径大于12 mm）的固体物进入
3	防止大于2.5 mm的固体物进入	防止直径或厚度大于2.5 mm的工具、电线，或类似的细小固体物进入到灯具内部
4	防止大于1.0 mm的固体物进入	防止直径或厚度大于1.0 mm的线材、条片，或类似的细小固体物进入到灯具内部
5	防尘	完全防止固体物进入，虽不能完全防止灰尘进入，但侵入的灰尘量并不会影响灯具的正常工作
6	尘密	完全防止固体物进入，且可完全防止尘埃进入

表7-6 防护等级第二特征数字表示的等级含义

第二个特征数字	防护说明	含义
0	无防护	没有特殊防
1	防滴水进入	垂直滴水对灯具不会造成有害影响
2	倾斜15°防滴水	当灯具由正常位置倾斜至不大于15°时，滴水对灯具不会造成有害影响
3	防淋水进入	与灯具垂线夹角小于60°范围内的淋水不会对灯具造成损害
4	防飞溅水进入	防止从各个方向飞溅而来的水进入灯具造成损害
5	防喷射水进入	防止来自各个方向的喷射水进入灯具造成损害
6	防大浪进入	经过大浪的侵袭或水强烈喷射后进入灯壳内的水量不至于达到损害程度
7	浸水时防水进入	灯具浸在一定水压的水中，规定时间内进入灯壳内的水量不至于达到损害程度（此等级的灯具未必适合水下工作）
8	潜水时防水进入	灯具按规定条件长期潜于水下，能确保不因进水而造成损坏

（三）工厂用灯具类型的选择

选用照明灯具，也应符合GB 50034—2004《建筑照明设计标准》的规定。

（1）在满足眩光限制和配光要求的条件下，应选用效率高的灯具，并应符合下列规定：

① 荧光灯灯具的效率不应低于表7-7的规定。

表7-7 荧光灯灯具的效率（根据GB 50034—2004）

灯具出口形式	开敞式	保护罩（玻璃或塑料）		格栅
		透明	磨砂、棱镜	
灯具效率	75%	65%	55%	60%

② 高强度气体放电灯灯具的效率不应低于表7-8的规定。

表 7–8　高强度气体放电灯灯具的效率（根据 GB 50034—2004）

灯具出口形式	开　敞　式	格栅或透光罩
灯具效率	75%	60%

（2）根据照明场所的环境条件，分别选用下列灯具：

① 在潮湿场所，应采用相应防护等级的防水灯具或带防水灯头的开敞式灯具。

② 在有腐蚀性气体或蒸汽的场所，应采用防腐蚀密闭式灯具。如果采用开敞式灯具，则其各部分应有防腐蚀或防水的措施。

③ 在高温场所，应采用散热性能好、耐高温的灯具。

④ 在有尘埃的场所，应按防尘的相应防护等级选择适宜的灯具。

⑤ 在装有锻锤、大型桥式起重机等振动和摆动较大的场所使用的灯具，应有防振和防脱落的措施。

⑥ 在易受机械损伤、光源自行脱落可能造成人身伤害或财产损失的场所使用的灯具，应有防护措施。

⑦ 在有爆炸或火灾危险场所使用的灯具，应符合 GB 50058—1992《爆炸和火灾危险环境电力装置设计规范》的有关规定。爆炸危险场所灯具防爆结构的选型，如表 7–9 所示。关于火灾危险场所灯具防护结构的选型，如表 7–10 所示。

表 7–9　爆炸危险场所灯具防爆结构的选型（根据 GB 50058—1992）

爆炸危险区域		1 区		2 区	
灯具防爆结构		隔爆型	增安型	隔爆型	增安型
灯具设备	固定式灯	适用	不适用	适用	适用
	移动式灯	慎用		适用	
	携带式电池灯	适用		适用	
	指示灯类	适用	不适用	适用	适用
	镇流器	适用	慎用	适用	适用

表 7–10　火灾危险场所灯具防护结构的选型（根据 GB 50058—1992）

火灾危险区域		21 区	22 区	23 区
照明灯具防护结构	固定安装时	IP2X	IP5X	IP2X
	移动式、携带式	IP5X		

⑧ 在有洁净要求的场所，应采用不易积尘、易于擦拭的洁净灯具。

⑨ 在需防止紫外线照射的场所，应采用隔紫灯具或无紫光源。

（3）直接安装在可燃材料表面上的灯具，当灯具发热部件紧贴在安装表面上时，必须采用带有标志三角图案的灯具，以免一般灯具的发热导致可燃材料燃烧，酿成火灾。

（4）照明设计时，应按下列原则选择镇流器：

① 自镇流荧光灯应配用电子镇流器。

② 直管形荧光灯应配用电子镇流器或节能型电感镇流器。

③ 高压钠灯、金属卤化物灯应配用节能型电感镇流器。在电压偏差较大的场所，宜配用恒功率镇流器；功率较小者可配用电子镇流器。

④ 所有采用的镇流器均应符合该产品的国家能效标准。

(5) 高强度气体放电灯的触发器与光源的安装距离应符合产品的要求。

(四) 室内灯具的悬挂高度

室内灯具不宜悬挂过高。如悬挂过高，一方面降低了工作面上的照度，而要满足照度的要求，势必增大光源功率，不经济；另一方面运行维修（如擦拭或更换灯泡）也不方便。

室内灯具也不宜悬挂过低。如悬挂过低，一方面容易被人碰撞，不安全；另一方面会产生眩光，降低人的视觉。

室内一般照明灯具的最低悬挂高度，按机械行业标准 JBJ 6—1996《机械工厂电力设计规范》规定，可供工厂照明设计参考。

(五) 室内灯具的布置方案

室内灯具的布置，与房间的结构及照明的要求有关，既要经济实用，又要尽可能协调美观。

车间内一般照明灯具，通常有两种布置方案：

(1) 均匀布置。灯具在整个车间内均匀分布，其布置与生产设备的位置无关，如图 7-17 (a) 所示。

(2) 选择布置。灯具的布置与生产设备的位置有关。大多按工作面对称布置，力求使工作面获得最有利的光照并消除阴影，如图 7-17 (b) 所示。

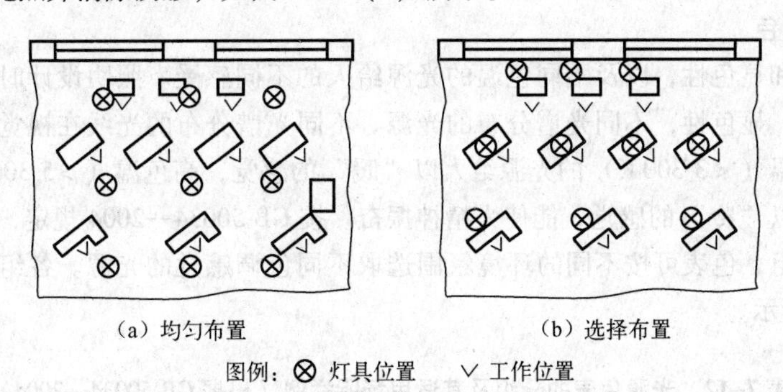

图 7-17 车间内一般照明灯具的布置方案

由于灯具均匀布置较之选择布置更为美观，而且使整个车间照度比较均匀，所以在既有一般照明又有局部照明的场所，其一般照明灯具宜采用均匀布置。

从使整个房间获得较为均匀的照度考虑，最边缘一列灯具离墙的距离 l 为：靠墙有工作面时，可取 $l''=(0.25\sim0.3)l$；靠墙为通道时，可取 $l''=(0.4\sim0.6)l$；其中 l 为灯具间距离，对于矩形布置，灯间距离可取其纵向和横向的几何平均值。

四、照明质量、照度标准及照度计算

照明设计优劣与否主要用照明质量指标加以评价与衡量。客观物理量可以作为评价照明质量的依据，这些物理指标包括：照度、照度均匀度、亮度分布、眩光限制、阴影消除、光色、照明的稳定性等，但最基本的是照明区域内工作面上的照度是否达到规定的照度标准。此外，还须考虑照明的节能问题，在满足照度标准的前提下，照明的功率密度值（LPD，其单位为 W/m^2）也应满足要求。

(一) 眩光限制

眩光能引起人眼视觉不适或降低视力，因此在照明设计中必须限制眩光，以保证照明质量。

按 GB 50034—2004 规定，直接型灯具的遮光角不应小于表 7-11 所列数值。

表 7-11　直接型灯具的遮光角（根据 GB 50034—2004）

光源平均亮度/kcd·mm^{-2}	遮光角/（°）	光源平均亮度/d·mm^{-2}	遮光角/（°）
1～20	10	30～500	20
20～50	15	≥500	30

由特定表面（如建筑物的光亮表面和玻璃窗等）产生的反射光而引起的眩光，称为光幕反射眩光。它可改变作业面的可见度，降低可见度，不利于工作。可采取下列措施来减少光幕反射和反射眩光：

(1) 从灯具和作业面的布置方面考虑，应避免将灯具安装在干扰区内，例如将灯安装在正前方 40°以外区域。

(2) 从房间各表面的装饰材料方面考虑，应采用低光泽度的材料。

(3) 从灯具的亮度方面考虑，应设法限制灯具的亮度，例如采用格栅、漫反射罩。

(4) 从周围亮度考虑，应适当照亮顶棚和墙壁，以降低光源与周围的亮度对比，但要避免顶棚和墙壁上出现光斑。

（二）光源颜色

光源的色温和显色性，以及不同色温的光源给人的不同感受。照明设计时要根据环境的要求选择不同色温、显色性，不同光谱分布的光源。不同光谱分布的光线在视觉心理上会有不同的色感受。低色温（<3 300 K）的光源给人以“暖”的感觉，高色温（>5 300 K）的光源接近自然光色，给人以“冷”的感觉，能使人精神振奋。按 GB 50034—2004 规定，室内照明光源的相关色温分为三组，色表可按不同的环境氛围选取不同色调感觉的光源。各组色表适用的场所举例如表 7-12 所示。

表 7-12　光源色表的分组及其适用场所举例（根据 GB 50034—2004）

色表分组	色表特征	相关色温/K	适用场所举例
Ⅰ	暖	<3 300	客房、卧室、病房、酒吧、餐厅
Ⅱ	中间	3 300～5 300	办公室、教室、阅览室、检验室、机加车间、仪表装配
Ⅲ	冷	>5 300	热加工车间、高照度场所

（三）照度均匀度

视觉对象的位置会经常发生变化，为了避免视觉不适，要求工作面上的照度保持一定的均匀程度。根据我国国家标准规定，照度的均匀程度是用照度均匀度来表示的。照度均匀度定义为：给定工作面上的最低照度与平均照度之比，最低照度是指参考面上某一点的最低照度，平均照度是指整个参考面上的平均照度。

按 GB 50034—2004 规定，工业建筑作业区域内和公共建筑的工作房间内的一般照明，其照度均匀度不应小于 0.7，而作业面邻近周围的照度均匀度不应小于 0.5。上述房间或场所内的通道和其他非作业区域的一般照明的照度值不宜低于作业区域一般照明照度值的 1/3。

GB 50034—2004 规定的作业面邻近周围（指作业面外 0.5 m 范围内）与这样作业面照度对应的最低照度值如表 7-13 所示。

表 7-13　作业面邻近周围的最低照度（根据 GB 50034—2004）

作业面照度/lx	作业面邻近周围照度值 /lx	作业面照度 /lx	作业面邻近周围照度值 /lx
≥750	500	300	200
500	300	≤200	与作业面照度相同

（四）反射比

GB 50034—2004 规定，长时间工作的房间，其表面反射比宜按表 7-14 选取。

表 7-14　工作房间表面的反射比（根据 GB50034－2004）

表面名称	顶棚	墙面	地面	作业面
反射比	0.6～0.9	0.3～0.8	0.1～0.5	0.2～0.6

（五）照度标准

为了创造良好的工作条件，提高工作效率和工作质量（含产品质量），保障人身安全，工作场所及其他活动环境的照明必须具有足够的照度。

GB 50034—2004《建筑照明设计标准》规定：照度标准值的分级为 0.5、1、3、5、10、15、20、30、50、75、100、150、200、300、500、750、1 000、1 500、2 000、3 000、5 000lx 等。

GB 50034—2004 规定的照度标准值，为作业面或参考平面上的平均照度值。

符合下列条件之一及以上时，按 GB 50034—2004 规定，作业面或参考平面上的照度可按照度标准值分级提高一级：

（1）视觉要求高的精细作业场所，眼睛至识别对象的距离大于 0.5 m 时；

（2）连续长时间紧张的视觉作业，对视觉器官有不良影响时；

（3）识别移动对象，要求识别时间短促而辨认困难时；

（4）视觉作业对操作安全有重要影响时；

（5）识别对象的亮度对比小于 0.3 时；

（6）作业精度要求较高，且产生差错会造成很大损失时；

（7）视觉能力低于正常能力时；

（8）建筑等级和功能要求高时。

符合下列条件之一及以上时，按 GB 50034—2004 规定，作业面或参考平面上的照度可按照度标准值分级降低一级：

（1）进行很短时间的作业时；

（2）作业精度或速度无关紧要时；

（3）建筑等级和功能要求较低时。

按 GB 50034—2004 规定：在一般情况下，设计照度值与照度标准值相比较，可有 ±10% 的误差。

（六）照度计算

照度计算是照明计算的重要内容之一，其目的有两点：一是根据场所的照度标准以及其他相关条件，通过一定的计算方法来确定符合要求的光源容量及灯具的数量；一是在灯具的形式、数量，光源的容量都确定的情况下计算其所达到的照度。

在灯具的形式、悬挂高度和布置方案初步确定以后，就应该根据初步拟定的照明方案计算工作面上的照度，检验是否符合照度标准的要求。也可以在初步确定灯具形式和悬挂高度以后，根据工作面上的照度标准要求来确定灯具的数目，然后确定灯具布置方案。

照度的计算方法，主要有利用系数法、概算曲线法、比功率法（即单位容量法）和逐点计算法。前三种方法只用于计算水平工作面上的照度，其中概算曲线法实质上是利用系数法的实用简化；而后一种方法则可用于任一倾斜面包括垂直面上的照度计算。限于篇幅，这里只介绍前三种方法。

1. 利用系数法

1）利用系数的概念

照明光源的利用系数是表征照明光源的光通量有效利用程度的一个参数，用投射到工作面上光通量 Φ_e（包括直射光通和多方反射到工作面上的光通）与全部光源发出的光通量之比 $n\Phi$（Φ 为每一光源的光通量，n 为光源数）来表示，即

$$u=\frac{\Phi_e}{n\Phi} \tag{7-9}$$

利用系数 u 与下列因素有关：

(1) 与灯具的形式、光效和配光特性有关。灯具的光效越高，光通越集中，利用系数也越高。

(2) 与灯具的悬挂高度有关。灯具悬挂得越高，反射的光通量越多，利用系数也越高。

(3) 与房间的面积及形状有关。房间的面积越大，越接近于正方形，则由于直射光通量越多，因此利用系数也越高。

(4) 与墙壁、顶棚及地面的颜色和洁污情况有关。颜色越淡、越洁净，反射的光通量越多，因此利用系数也越高。

2）利用系数的确定

利用系数值应按墙壁、顶棚和地面的反射比及房间的受照空间特征来确定。房间的受照空间特征用一个“室空间比”（RCR）的参数来表征。

如图 7-18 所示，一个房间按受照情况不同可分三个空间：上面为顶棚空间，即从顶棚至悬挂的灯具开口平面的空间；中间为室空间，即从灯具开口平面至工作面的空间；下面为地板空间，即工作面以下至地板的空间。对于装设吸顶式或嵌入式灯具的房间，则无顶棚空间；而工作面为地面的房间，则无地板空间。

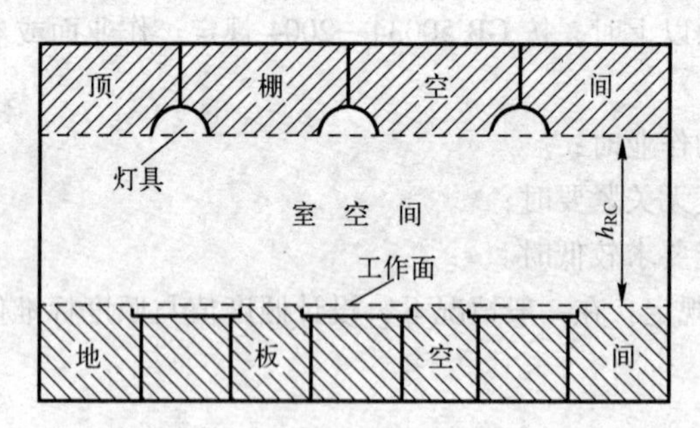

图 7-18 计算室空间比 RCR 说明图

室空间比按下式计算：

$$\text{RCR}=\frac{5h_{\text{RC}}(l+b)}{lb} \tag{7-10}$$

式中：h_{RC}——空间高度；

l——房间长度；

b——房间宽度。

3）按利用系数法计算工作面上的平均照度

由于灯具在使用期间，光源（灯泡）本身的光效要逐渐降低，灯具也会变得陈旧脏污，受照场所的墙壁、顶棚也有污损的可能，从而使工作面上的光通量有所减少，因此在计算工作面上的实际平均照度时，应计入一个小于 1 的“减光系数”。故工作面上的实际平均照度为

$$E_{av}=\frac{uKn\Phi}{A} \tag{7-11}$$

式中：K——减光系数（又称维护系数），按表 7-15 确定；

u——利用系数；

n——灯数；

Φ——每盏灯发出的光通量；

A——受照房间的面积，矩形房间即其长 l 乘宽 b，即

$$A=lb \tag{7-12}$$

表 7-15 减光系数（维护系数）**值**（根据 GB 50034—2004）

环境污染特征		房间或场所举例	灯具最少擦拭次数（次/年）	减光系数
室内	清洁	卧室、办公室、餐厅、阅览室、教室、病房、仪器仪表装配间、电子元器件装配间、检验室等	2	0.80
	一般	商店营业厅、候车室、影剧院、机械加工车间、机械装配车间、体育馆等	2	0.70
	污染严重	厨房、锻工车间、铸工车间、水泥车间等	3	0.60
室外		雨篷、站台	2	0.65

假设已知工作面上的平均照度标准，并已确定灯具形式和光源功率时，则可由下式确定灯具光源数：

$$n=\frac{E_{av}A}{uK\Phi} \tag{7-13}$$

2. 概算曲线法

1）灯具概算曲线简介

灯具概算曲线是按照由利用系数法导出的式（7-13）进行计算而绘出的被照房间面积与所用灯数之间的关系曲线，假设的条件是：被照水平工作面的平均照度为 100 lx。

2）按概算曲线法进行灯数或照度的计算

首先根据房屋建筑的环境污染特征确定其顶棚、墙壁和地面的反射比 ρ_c、ρ_w 和 ρ_f，并求出该房间的水平面积 A。然后由相应的灯具概算曲线上查得对应的灯数 N。由于灯具概算曲线绘制所依据的减光系数 K' 不一定与实际的减光系数 K 相同，而且概算曲线法所依据的平均照度为 100 lx，并非实际要求达到的平均照度 E_{av}，因此实际需用的灯数应按下式进行换算：

$$n=\frac{E_{av}K'}{100\text{lx}\cdot K}\times N$$

根据上式，也可以在已知布置方案和灯数 n 时，反过来计算平均照度 E_{av}。

3. 比功率法

1）比功率的概念

照明光源的比功率，是指单位水平面积上照明光源的安装功率，又称“单位容量”，即

$$P_0 = \frac{P_\Sigma}{A} = \frac{nP_N}{A} \tag{7-14}$$

式中：P_Σ——受照房间总的光源安装容量；

P_N——每一光源的安装容量；

n——总的光源数；

A——受照房间的水平面积。

2）按比功率法估算照明灯具的安装容量或灯数

如果已知比功率及车间平面面积 A，则车间一般照明的总安装容量为

$$P_\Sigma = P_0 A \tag{7-15}$$

每盏灯具的光源容量为

$$P_N = \frac{P_\Sigma}{n} = \frac{P_0 A}{n} \tag{7-16}$$

第二节　照明供配电系统设计

一、照明供配电系统

（一）电光源使用电压要求

一般照明光源的供电电压为交流 220 V；1 500 W 及以上的高强度气体放电灯（氙灯）的电压可采用 380 V 以降低损耗。

移动式和手提式灯具要用安全特低电压供电，其电压值应符合以下要求：

（1）在干燥场所不大于 50 V。

（2）潮湿场所不大于 25 V。

（3）一般工作场所，可降低 10%。

（4）远离变电所的小面积一般工作场所难以满足第 1 款要求时，可降低 10%。

（5）应急照明和用安全特低电压供电的照明，可降低 10%。

在电源电压偏差较大的场所，有条件时，宜设置自动稳压装置。

（二）电气照明的分类

工厂的电气照明，按照明地点分，有室内照明和室外照明两大类。按照明方式分，有一般照明和局部照明两大类。一般照明不考虑某些局部的特殊需要，是为照亮整个场地而设置的照明。局部照明是为满足某些部位（如工作面）的特殊需要而设置的照明，例如机床上的工作照明和工作台上的台灯等。多数车间都采用由一般照明和局部照明组成的混合照明。

按照明的用途分，有正常照明、应急照明、值班照明、警卫照明和障碍照明等。正常照明是指在正常情况下使用的照明。应急照明是指因正常照明的电源发生故障后而启用的照明。应急照明又分备用照明、安全照明和疏散照明。备用照明是用以确保正常活动继续进行的应急照明。安全照明是用以确保处于潜在危险之中的人员安全的应急照明。疏散照明是用以确保安全出口通道能被有效地辨认和应用、使人安全撤离的应急照明。

应急照明的电源，应区别于正常照明的电源。应急照明的供电电源宜从下列之一选取：

(1) 独立于正常供电电源的发电机组；

(2) 蓄电池组；

(3) 供电系统中有效地独立于正常电源的馈电线路；

(4) 应急照明灯自带直流逆变器。

常用应急照明电源系统如图 7-19 所示。

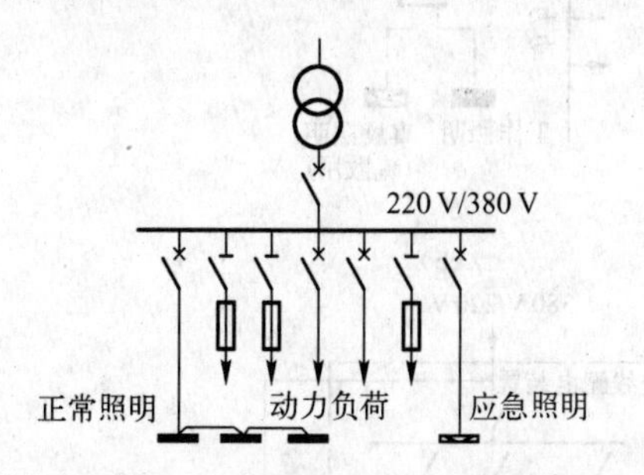

单变供电，照明动力自母线分开，应急照明单独回路

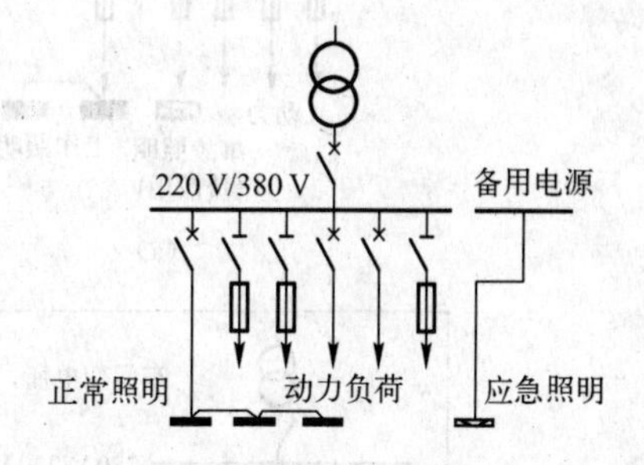

单变供电，照明动力自母线分开，应急照明由备用电源供电

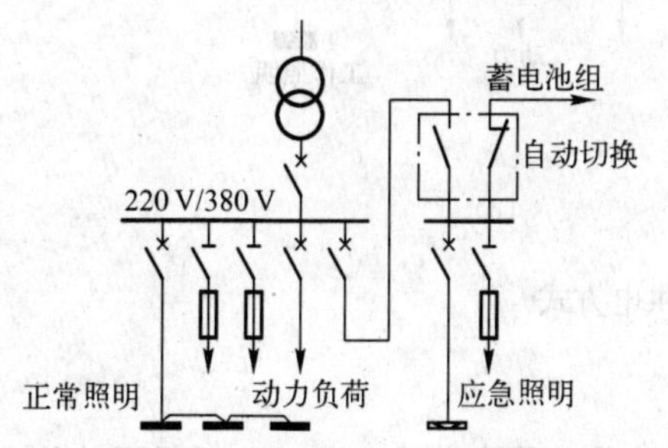

单变供电，照明动力自母线分开，应急照明由蓄电池供电

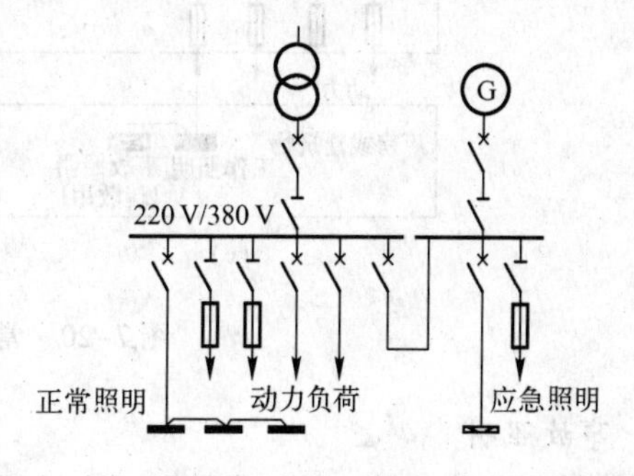

单变供电，照明动力自母线分开，应急照明由自备发电机供电

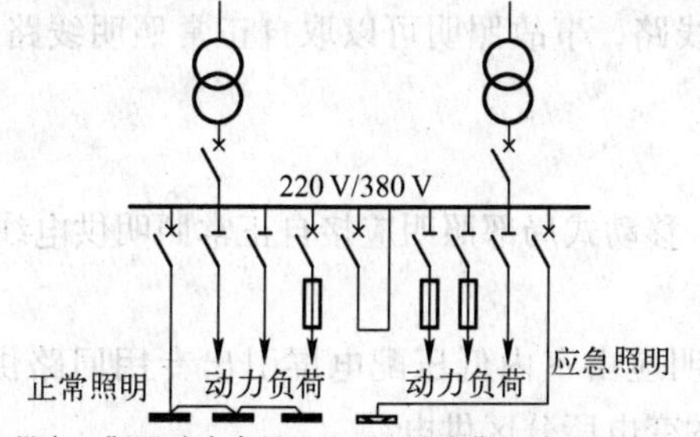

双变供电，照明动力自母线分开，应急照明由不同变压器供电

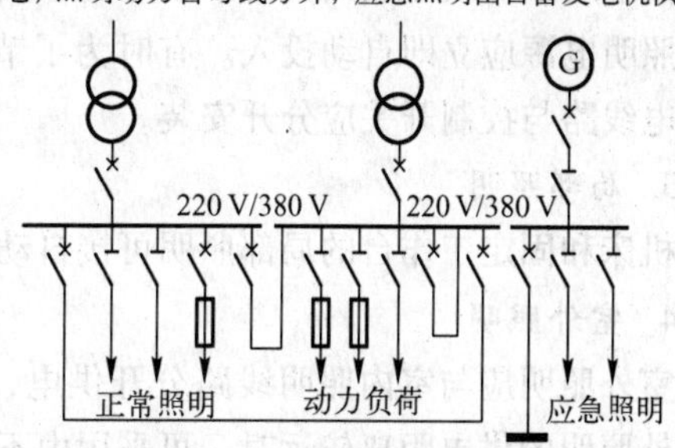

正常照明专变供电，应急照明由自备发电机供电

图 7-19 常用应急照明电源系统

(三) 照明供配电方式的选择

我国照明供电一般采用 380 V/220 V 的 TN－S 或 TN－C 的交流网络供电。

1. 正常照明

一般由动力与照明共用的变压器供电，如图 7-20（a）所示。在照明负荷较大的情况下，照明电也可以由单独的变压器供电。当生产厂房的动力采用“变压器—干线”供电，对外有低压联络母线时，照明电源接于变压器低压侧总开关之后，对外没有联络母线，照明电源接于变压器低压侧总开关之前，如图 7-20（b）所示；当车间变电所低压侧采用放射式配电系统时，照明电源接于低压配电屏的照明专用开关上，如图 7-20（c）所示；对负荷稳定的厂房，动力和照明可以合用供电线路，但应在电源进户处将两者分开，如图 7-20（d）所示。

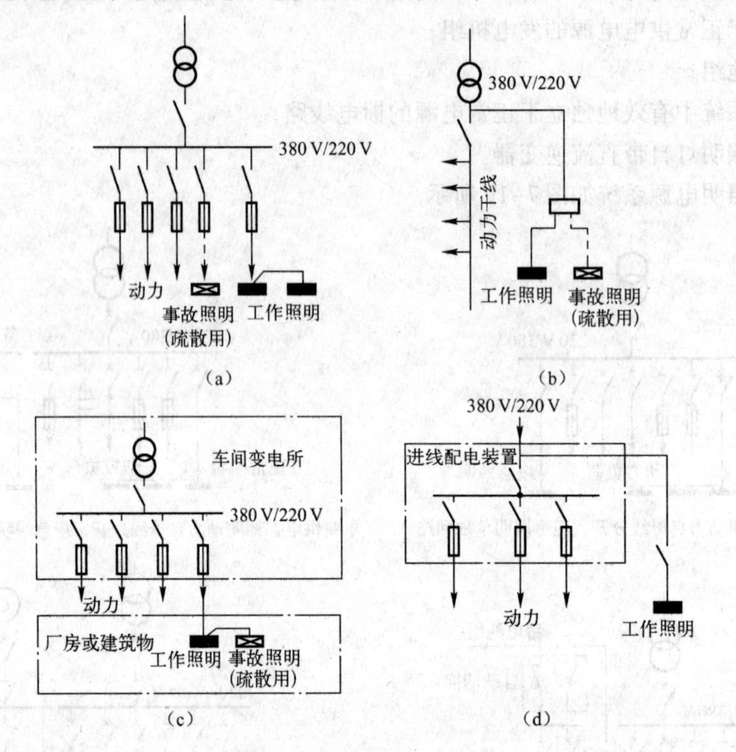

图 7-20　常用照明供电方式

2. 事故照明

供继续工作或疏散人员的事故照明应接于与正常照明不同的电源，当正常照明因故停电时，事故照明电源应立即自动投入。有时为了节约照明线路，事故照明可以取自正常照明线路，但其配电线路与控制开关应分开安装。

3. 局部照明

机床和固定工作台的局部照明可接自动力线路，移动式局部照明应接自正常照明供电线路。

4. 室外照明

室外照明应与室内照明线路分开供电，室外照明应由室内低压配电屏引出专用回路供电。当室外照明的供电距离较远时，可采用由不同区域的变电所分区供电。

（四）电气照明的平面布线图

电气照明平面布线图主要表示照明线路及其控制、保护设备和灯具等的平面相对位置及其相互联系的一种施工图，是照明工程施工、竣工验收和维护检修的重要依据。

图 7-21 是某车间一般照明电气平面布置图。图 7-22 所示为某车间照明系统图。

说明：

（1）在平面布线图上，对设备、灯具和线路等，均应按建设部批准的图集 00DX001《建筑电气工程设计常用图形和文字符号》规定的格式进行标注。

照明灯具的标注格式为

$$a-b\frac{c\times d\times L}{e}f$$

a 为灯数；b 为灯具型号或编号；c 为每盏灯具的灯泡数；d 为灯泡容量（W）；e 为灯具安装高度（m），如为“——”则表示吸顶安装；f 为安装方式（B 为壁式，X 为线吊式，L 为链调式，G 为管吊式）；l 为光源种类（B 为白炽灯，L 为卤钨灯，Y 为远光灯，G 为高压汞灯，N 为高压钠灯，JL 为金属卤化物灯，X 氙灯）。

（2）照明灯具的图形符号应该按照国家标准规定绘制。

（3）必须表示配电设备的位置、编号和型号规格等。

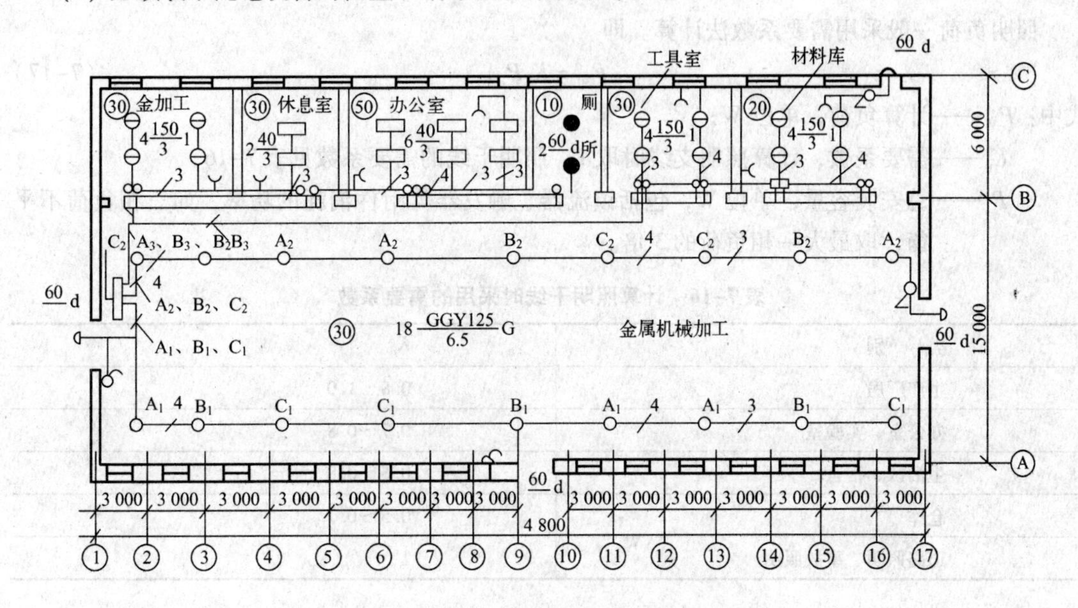

图 7-21 车间一般照明电气平面布置图

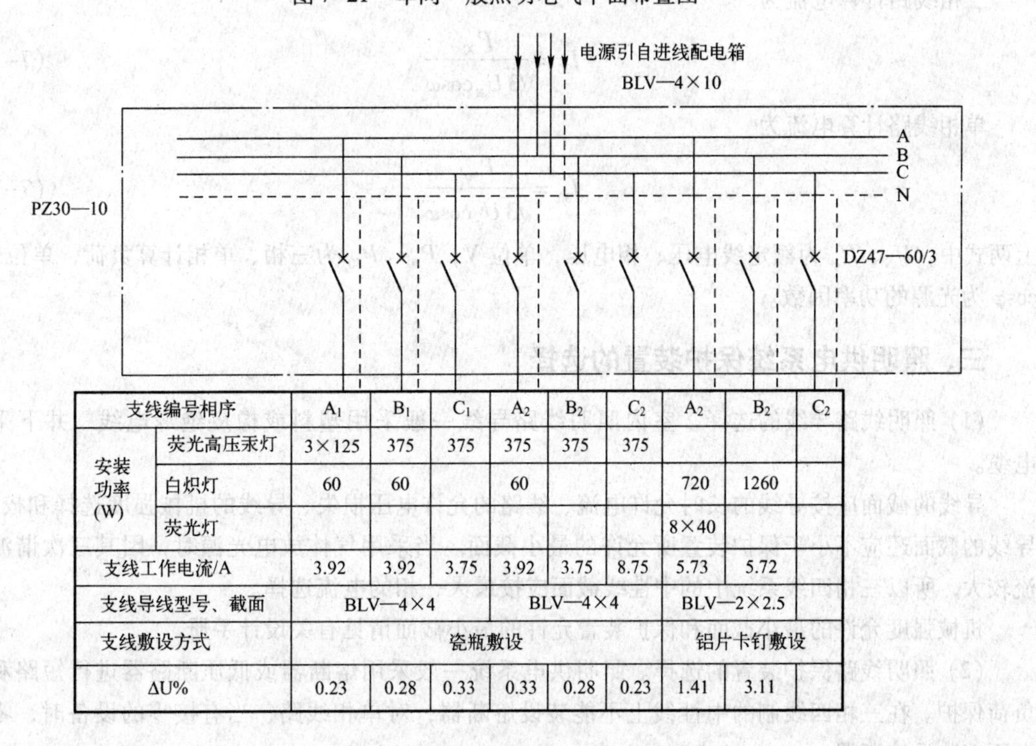

支线编号相序		A_1	B_1	C_1	A_2	B_2	C_2	A_2	B_2	C_2
安装功率(W)	荧光高压汞灯	3×125	375	375	375	375	375			
	白炽灯	60	60		60			720	1260	
	荧光灯							8×40		
支线工作电流/A		3.92	3.92	3.75	3.92	3.75	8.75	5.73	5.72	
支线导线型号、截面		BLV—4×4			BLV—4×4			BLV—2×2.5		
支线敷设方式		瓷瓶敷设						铝片卡钉敷设		
ΔU%		0.23	0.28	0.33	0.33	0.28	0.23	1.41	3.11	

图 7-22 为某车间照明系统图

(4) 配电线路也应该标注。

(5) 如果某型号规格及敷设方式、部位都相同的线路较多时，可在动力平面图中统一标注，而每一条配电干线首端，只需要标注熔体电流或自动空气开关电流脱扣器的电流值。

(6) 照明平面布置图还应该与照明系统图一致。

二、照明负荷计算

照明负荷一般采用需要系数法计算。即

$$P_{30} = K_d P_e \tag{7-17}$$

式中：P_{30}——计算负荷，单位 W；

K_d——需要系数，计算照明支线时取 1，照明干线的需要系数见表 7-16；

P_e——总安装容量，单位 W，包括镇流器、触发器等附件消耗的功率，如三相负荷不平衡，取最大一相负荷的 3 倍。

表 7-16 计算照明干线时采用的需要系数

类　别	K_d
生产厂房	0.8～1.0
办公室、实验室	0.7～0.8
生活区、宿舍	0.6～0.8
仓库	0.5～0.7
道路照明、事故照明	1

三相线路计算电流为

$$I_{30} = \frac{P_{30}}{\sqrt{3}\,U_N \cos\varphi} \tag{7-18}$$

单相线路计算电流为

$$I_{30} = \frac{P_{30_\varphi}}{\sqrt{3}\,U_\varphi \cos\varphi} \tag{7-19}$$

上两式中，U_N、U_φ 为额定线电压、相电压，单位 V；P_{30}、P_{30_φ} 为三相、单相计算负荷，单位 W；$\cos\varphi$ 为光源的功率因数。

三、照明供电系统保护装置的选择

(1) 照明线路导线的选择。室内照明线路导线一般采用塑料或橡皮绝缘电线，井下采用电缆。

导线的截面应按导线的长时允许电流、线路的允许电压损失、导线的机械强度选择和校验，导线的截面还应不小于保护装置所允许的最小截面。当采用气体放电光源时，因其三次谐波电流较大，所以三相四线系统中的中性线截面应按最大一相的电流选择。

机械强度允许的最小截面和保护装置允许的最小截面请见有关设计手册。

(2) 照明线路保护装置的选择。照明供电系统一般采用熔断器或低压断路器进行短路和过负荷保护。在三相四线制的中性线上不能装设熔断器，对单相线路，当有接零的设备时，零线上不能装设熔断器。

思考与练习题

7-1　光的本质是什么？

7-2　可见光的波长范围是多少？在此范围内光线波长由短到长按顺序变化，在人眼里将呈现出什么样的颜色变化？

7-3　解释下列名词的含义：光通量、光强、亮度、照度。

7-4　常用的电光源可以分为几类？

7-5　白炽灯的特点有哪些？

7-6　分别叙述荧光高压汞灯、钠灯、金属卤化物灯、氙灯的特性。

7-7　什么是灯具的配光曲线、保护角和光效率？

7-8　灯具的分类方法有哪几种？

7-9　灯具的选择原则是什么？

7-10　灯具布置的基本要求有哪些？

7-11　照明的种类有哪些？

7-12　照明的方式有哪些？

7-13　衡量照明质量的物理指标有哪些？

附录 A　常用设备的主要技术数据

表 A-1　RT0 型低压熔断器的主要技术数据

型　号	熔管额定电压/V	额定电流/A		最大分断电流/kA
		熔　管	熔　体	
RT0－100	交流 380 直流 440	100	30、40、50、60、80、100	50 （cosφ＝0.1～0.2）
RT0－200		200	（80、100）、120、150、200	
RT0－400		400	（150、200）、250、300、350、400	
RT0－600		600	（350、400）、450、500、550、600	
RT0－1000		1 000	700、800、900、1 000	

表 A-2　RM10 型低压熔断器的主要技术数据

型　号	熔管额定电压/V	额定电流/A		最大分断能力	
		熔　管	熔　体	电流/kA	cosφ
RM10－15	交流 220、380、500，直流 220、440	15	6、10、15	1.2	0.8
RM10－60		60	15、20、25、35、45、60	3.5	0.7
RM10－100		100	60、80、100	10	0.35
RM10－200		200	100、125、160、200	10	0.35
RM10－350		350	200、225、260、300、350	10	0.35
RM10－600		600	350、430、500、600	10	0.35

表 A-3　部分高压断路器的主要技术数据

类　别	型　号	额定电压/kV	额定电流/A	开断电流/kA	断流容量/MV·A	动稳定电流峰值/kA	热稳定电流/kA	固有分闸时间/s ≤	合闸时间/s ≤	配用操作机构型号
少油户外	SW2－35/1000	35 (40.5)	1000	16.5	1000	45	16.5(4s)	0.06	0.4	CT2－XG
	SW2－35/1500		1500	24.8	1500	63.4	24.8(4s)			
少油户内	SN10－35Ⅰ	35 (40.5)	1000	16	1000	45	16（4s）	0.06	0.2	CT10 CT10Ⅳ
	SN10－35Ⅱ		1250	20	1250	50	20（4s）		0.25	
	SN10－10Ⅰ	3000	630	16	300	40	16（4s）	0.06	0.15	CT7、8 CD10Ⅰ
			1000	16	300	40	16（4s）		0.2	
	SN10－10Ⅱ		1000	31.5	500	80	31.5(4s)	0.06	0.2	CD10Ⅰ、Ⅱ
	SN10－10Ⅲ		1250	40	750	125	40（4s）	0.07	0.2	CD10Ⅲ
			40	750	125	40（4s）	40（4s）			
			40	750	125	40（4s）	40（4s）			

续上表

类别	型号	额定电压/kV	额定电流/A	开断电流/kA	断流容量/MV·A	动稳定电流峰值/kA	热稳定电流/kA	固有分闸时间/s ≤	合闸时间/s ≤	配用操作机构型号
真空户内	ZN12－40.5	35 (40.5)	1 250、1 600	25	—	63	25 (4s)	0.07	0.1	CT12 等
			1 600、2 000	31.5	—	80	31.5(4s)			
	ZN12－35		1 250～2 000	31.5	—	80	31.5(4s)	0.075	0.1	
	ZN23－40.5		1 600	25	—	63	25 (4s)	0.06	0.075	
	ZN3－10Ⅰ	10 (12)	630	8	—	20	8 (4s)	0.07	0.15	CD10 等
	ZN3－10Ⅱ		1 000	20	—	50	20 (2s)	0.05	0.1	
	ZN4－10/1000		1 000	17.3	—	44	17.3(4s)	0.05	0.2	
	ZN4－10/1250		1 250	20	—	50	20 (4s)			
	ZN5－10/630		630	20	—	50	20 (2s)	0.05	0.1	CT8 等
	ZN5－10/1000		1 000	20	—	50	20 (2s)			
	ZN5－10/1250		1 250	25	—	63	25 (2s)			
	1250ZN12－12/1600、2000		1 250 1 600	25	—	63	25 (4s)	0.06	0.1	CT8 等
	ZN24－12/1250－20		1 250	20	—	50	20(4s)	0.06	0.1	CT8 等
	ZN24－12/1250、2000－31.5		1 250、2 000	31.5	—	80	31.5(4s)			
	ZN28－12/630～1600		630～1 600	20	—	50	20 (4s)			
六氟化硫户内	LN2－35Ⅰ	35 (40.5)	1 250	16	—	40	16 (4s)	0.06	0.15	CT12Ⅱ
	LN2－35Ⅱ		1 250	25	—	63	25 (4s)			
	LN2－35Ⅲ	10 (12)	1 600	25	—	63	25 (4s)			
	LN2－10		1 250	25	—	63	25 (4s)	0.06	0.15	CT12Ⅰ、CT8Ⅰ

表 A-4 部分低压断路器的主要技术数据

型号	额定电流/A	长延时动作整定电流/A	短延时动作整定电流/A	瞬时动作整定电流/A	单相接地短路动作电流/A	分断能力	
						电流/A	cosφ
DW15～200	100	64～100	300～1 000	300～1 000 800～2 000	—	20	0.35
	150	98～150	—	—			
	200	128～200	600～2 000	600～2 000 1 000～4 000			

续上表

型　号	额定电流 /A	长延时动作 整定电流 /A	短延时动作 整定电流 /A	瞬时动作 整定电流 /A	单相接地短路 动作电流 /A	分断能力	
						电流/A	cosφ
DW15～400	200	128～200	600～2 000	600～2 000 1 000～4 000	—	25	0. 35
	300	192～300	—	—			
	400	256～400	1 200～4 000	3 200～8 000			
DW15～ 600（630）	300	192～300	900～3 000	900～3 000 1 400～6 000	—	30	0. 35
	400	256～400	1 200～4 000	1 200～4 000 3 200～8 000			
	600	384～600	1 800～6 000	—			
DW15～1 000	600	420～600	1 800～6 000	6 000～12 000	—	40 （短延时 30）	0. 35
	800	560～800	2 400～8 000	8 000～16 000			
	1000	700～1 000	3 000～10 000	10 000～20 000			
DW15～1 500	1500	1 050～1 500	4 500～15 000	15 000～30 000			
DW15～2500	1 500	1 050～1 500	4 500～9 000	10 500～21 000	—	60 （短延时 40）	0. 2 （短延时 0. 25）
	2 000	1 400～2 000	6 000～12 000	14 000～28 000			
	2 500	1 750～2 500	7 500～15 000	17 500～35 000			
DW15～4000	2 500	1 750～2 500	7 500～15 000	17 500～35 000	—	80 （短延时 60）	0. 2
	3 000	2 100～3 000	9 000～18 000	21 000～42 000			
	4 000	2 800～4 000	12 000～24 000	28 000～56 000			
DW16～630	100	64～100	—	300～600	50	30 （380V） 20 （660V）	0. 25 （380V） 0. 3
	160	102～160		480～960	80		
	200	128～200		600～1 200	100		
	250	160～250		750～1 500	125		
	315	202～315		945～1 890	158		
	400	256～400		1 200～2 400	200		
	630	403～630		1 890～3 780	315		
DW16～2000	800	512～800	—	2 400～4 800	400	50	—
	1 000	640～1 000		3 000～6 000	500		
	1 600	1 024～1 600		4 800～9 600	800		
	2 000	1 280～2 000		6 000～12 000	1 000		
DW16～4 000	2 500	1 400～2 500	—	7 500～15 000	1 250	80	—
	3 200	2 048～3 200		9 600～19 200	1 600		
	4 000	2 560～4 000		12 000～24 000	2 000		
DW17～630 （ME630）	630	200～400 350～630	3 000～5 000 5 000～8 000	1 000～2 000 1 500～3 000 2 000～4 000 4 000～8 000	—	50	0. 25

续上表

型号	额定电流/A	长延时动作整定电流/A	短延时动作整定电流/A	瞬时动作整定电流/A	单相接地短路动作电流/A	分断能力	
						电流/A	cosφ
DW17～800（ME800）	800	200～400 350～630 500～800	3 000～5 000 5 000～8 000	1 500～3 000 2 000～4 000 4 000～8 000	—	50	0.25
DW17～1000（ME1000）	1000	350～630 500～1 000	3 000～5 000 5 000～8 000	1 500～3 000 2 000～4 000 4 000～8 000	—	50	0.25
DW17～1250（ME1250）	1 250	500～1 000 750～1 000	3 000～5 000 5 000～8 000	2 000～4 000 4 000～8 000	—	50	0.25
DW17～1600（ME1600）	1 600	500～1 000 900～1 600	3 000～5 000 5 000～8 000	4 000～8 000	—	50	0.25
DW17～2000（ME2000）	2 000	500～1 000 1 000～2 000	5 000～8 000 7 000～12 000	4 000～8 000 6 000～12 000	—	80	0.2
DW17～2500（ME2500）	2 500	1 500～2 500	7 000～12 000 8 000～12 000	6 000～12 000	—	80	0.2
DW17～3200（ME3200）	3 200	—	—	8 000～16 000	—	80	0.2
DW17～4000（ME4000）	4 000	—	—	10 000～20 000	—	80	0.2

注：表中低压断路器的额定电压：DW15，直流 220 V，交流 380 V、660 V、1140 V；DW16，交流 400 V、660 V；DW17（ME），交流 380 V、660 V。

表 A-5 S9、SC9 系列配电变压器的主要技术数据

型号	额定容量/kV·A	额定电压/kV		联结组标号	损耗/W		空载电流/%	阻抗电压/%
		一次	二次		空载	负载		
S9－30/10（6）	30	11，10.5，10，6.3，6	0.4	Yyn0	130	600	2.1	4
S9－50/10（6）	50	11，10.5，10，6.3，6	0.4	Yyn0	170	870	2.0	4
				Dyn11	175	870	4.5	4
S9－63/10（6）	63	11，10.5，10，6.3，6	0.4	Yyn0	200	1 040	1.9	4
				Dyn11	210	1 030	4.5	4
S9－80/10（6）	80	11，10.5，10，6.3，6	0.4	Yyn0	240	1 250	1.8	4
				Dyn11	250	1 240	4.5	4
S9－100/10（6）	100	11，10.5，10，6.3，6	0.4	Yyn0	290	1 500	1.6	4
				Dyn11	300	1 470	4.0	4
S9－125/10（6）	125	11，10.5，10，6.3，6	0.4	Yyn0	340	1 800	1.5	4
				Dyn11	360	1 720	4.0	4
S9－160/10（6）	160	11，10.5，10，6.3，6	0.4	Yyn0	400	2 200	1.4	4
				Dyn11	430	2 100	3.5	4
S9－200/10（6）	200	11，10.5，10，6.3，6	0.4	Yyn0	480	2 600	1.3	4
				Dyn11	500	2 500	3.5	4

续上表

型　号	额定容量/kV·A	额定电压/kV 一次	额定电压/kV 二次	联结组标号	损耗/W 空载	损耗/W 负载	空载电流/%	阻抗电压/%
S9-250/10（6）	250	11，10.5，10，6.3，6	0.4	Yyn0	560	3 050	1.2	4
				Dyn11	600	2 900	3.0	4
S9-315/10（6）	315	11，10.5，10，6.3，6	0.4	Yyn0	670	3 650	1.1	4
				Dyn11	720	3 450	3.0	4
S9-400/10（6）	400	11，10.5，10，6.3，6	0.4	Yyn0	800	4 300	1.0	4
				Dyn11	870	4 200	3.0	4
S9-500/10（6）	500	11，10.5，10，6.3，6	0.4	Yyn0	960	5 100	1.0	4
				Dyn11	1 030	4 950	3.0	4
		11，10.5，10	6.3	Yd11	1 030	4 950	1.5	4
S9-630/10（6）	630	11，10.5，10，6.3，6	0.4	Yyn0	1 200	6 200	0.9	4
				Dyn11	1 300	5 800	3.0	4
		11，10.5，10	6.3	Yd11	1 200	6 200	1.5	4.5
S9-800/10（6）	800	11，10.5，10，6.3，6	0.4	Dyn0	1 400	7 500	0.8	4.5
				Dyn11	1 400	7 500	2.5	5
		11，10.5，10	6.3	Yd11	1 400	7 500	1.4	4.5
S9-1000/10（6）	1 000	11，10.5，10，6.3，6	0.4	Dyn0	1 700	10 300	0.7	4.5
				Dyn11	1 700	9 200	1.7	5
		11，10.5，10	6.3	Yd11	1 700	9 200	1.4	5.5
S9-1250/10（6）	1 250	11，10.5，10，6.3，6	0.4	Yyn0	1 950	12 000	0.6	4.5
				Dyn11	2 000	11 000	2.5	5
		11，10.5，10	6.3	Yd11	1 950	12 000	1.3	5.5
S9-1600/10（6）	1 600	11，10.5，10，6.3，6	0.4	Yyn0	2 400	14 500	0.6	4.5
				Dyn11	2 400	14 000	2.5	6
		11，10.5，10	6.3	Yd11	2 400	14 500	1.3	5.5
S9-2000/10（6）	2 000	11，10.5，10，6.3，6	0.4	Yyn0	3 000	18 000	0.8	6
				Dyn11	3 000	18 000	0.8	6
		11，10.5，10	6.3	Yd11	3 000	18 000	1.2	6
S9-2500/10（6）	2 500	11，10.5，10，6.3，6	0.4	Yyn0	3 500	25 000	0.8	6
				Dyn11	3 500	25 000	0.8	6
		11，10.5，10	6.3	Yd11	3 500	19 000	1.2	5.5
S9-3150/10（6）	3 150	11，10.5，10	6.3	Yd11	4 100	23 000	1.0	5.5

续上表

型　　号	额定容量/kV·A	额定电压/kV		联结组标号	损耗/W		空载电流/%	阻抗电压/%
		一次	二次		空载	负载		
SC9－200/10	200	10	0.4	Yyn0	480	2 670	1.2	4
SC9－250/10	250				550	2 910	1.2	4
SC9－315/10	315				650	3 200	1.2	4
SC9－400/10	400				750	3 690	1.0	4
SC9－500/10	500				900	4 500	1.0	4
SC9－630/10	630				1 100	5 420	0.9	4
SC9－630/10	630				1 050	5 500	0.9	6
SC9－800/10	800				1 200	6 430	0.9	6
SC9－1000/10	1 000				1 400	7 510	0.8	6
SC9－1250/10	1 250				1 650	8 960	0.8	6
SC9－1600/10	1 600				1 980	10 850	0.7	6
SC9－2000/10	2 000				2 380	13 360	0.6	6
SC9－2500/10	2 500				2 850	15 880	0.6	6

表 A-6　用电设备组的需要系数、二项式系数及功率因数参考值

用电设组备名称	需要系数 K_d	二项式系数		最大容量设备台数 x①	$\cos\varphi$	$\tan\varphi$
		b	c			
小批生产的金属冷加工机床电动机	0.16～0.2	0.14	0.4	5	0.5	1.73
大批生产的金属冷加工机床电动机	0.18～0.25	0.14	0.5	5	0.5	1.73
小批生产的金属热加工机床电动机	0.25～0.3	0.24	0.4	5	0.6	1.33
大批生产的金属热加工机床电动机	0.3～0.35	0.26	0.5	5	0.65	1.17
通风机、水泵、空压机及电动发电机组电动机	0.7～0.8	0.65	0.25	5	0.8	0.75
非连锁的连续运输机械及铸造车间整砂机械	0.5～0.6	0.4	0.4	5	0.75	0.88
连锁的连续运输机械及铸造车间整砂机械	0.65～0.7	0.6	0.2	5	0.75	0.88
锅炉房和机加、机修、装配等类车间的吊车（$\varepsilon=25\%$）	0.1～0.15	0.06	0.2	3	0.5	1.73
铸造车间的吊车（$\varepsilon=25\%$）	0.15－0.25	0.09	0.3	3	0.5	1.73
自动连续装料的电阻炉设备	0.75～0.8	0.7	0.3	2	0.5	1.73
实验室用小型电热设备（电阻炉、干燥箱等）	0.7	0.7	0	～	1.0	0
工频感应电炉（未带无功补偿装置）	0.8	—	—	—	0.35	2.68
高频感应电炉（未带无功补偿装置）	0.8	—	—	—	0.6	1.33
电弧熔炉	0.9	—	—	—	0.87	0.57
点焊机、缝焊机	0.35	—	—	—	0.6	1.33
对焊机、铆钉加热机	0.35	—	—	—	0.7	1.02
自动弧焊变压器	0.5	—	—	—	0.4	2.29
单头手动弧焊变压器	0.35	—	—	—	0.35	2.68

续上表

用电设组备名称	需要系数 K_d	二项式系数		最大容量设备台数 x①	$\cos\varphi$	$\tan\varphi$
		b	c			
多头手动弧焊变压器	0.4	—	—	—	0.35	2.68
单头弧焊电动发电机组	0.35	—	—	—	0.6	1.33
多头弧焊电动发电机组	0.7	—	—	—	0.75	0.88
生产厂房及办公室、阅览室、实验室照明②	0.8～1	—	—	—	1.0	0
变配电所、仓库照明②	0.5～0.7	—	—	—	1.0	0
宿舍、生活区照明②	0.6～0.8	—	—	—	1.0	0
室外照明、应急照明②	1	—	—	—	1.0	0

注：① 如果用电设备组的设备总台数 $n<2x$ 时，则最大容量设备台数取 $x=n/2$ 且按"四舍五入"修约规则取整数。例如某机床电动机组 $n=7<2x=2\times5=10$，故取 $x=7/2\approx4$。

② 这里的 $\cos\varphi$ 和 $\tan\varphi$ 值均为白炽灯照明数据。如为荧光灯照明，则 $\cos\varphi=0.9$，$\tan\varphi=0.48$；如为高压汞灯、钠灯等照明，则 $\cos\varphi=0.5$，$\tan\varphi=1.73$。

表 A-7　部分工厂的需要系数、功率因数及年最大有功负荷利用小时参考值

工 厂 类 别	需要系数 K_d	功率因数 $\cos\varphi$	年最大有功负荷利用小时 T_{max}
汽轮机制造厂	0.38	0.88	5 000
锅炉制造厂	0.27	0.73	4 500
柴油机制造厂	0.32	0.74	4 500
重型机械制造厂	0.35	0.79	3 700
重型机床制造厂	0.32	0.71	3 700
机床制造厂	0.2	0.65Z	3 200
石油机械制造厂	0.45	0.78	3 500
量具刃具制造厂	0.26	0.60	3 800
工具制造厂	0.34	0.65	3 800
电机制造厂	0.33	0.65	3 000
电器开关制造厂	0.35	0.75	3 400
电线电缆制造厂	0.35	0.73	3 500
仪器仪表制造厂	0.37	0.81	3 500
滚珠轴承制造厂	0.28	0.70	5 800

表 A-8　并联电容器的无功补偿率

补偿前的功率因数 $\cos\varphi_1$	补偿后的功率因数 $\cos\varphi_2$								
	0.85	0.86	0.88	0.90	0.92	0.94	0.96	0.98	1.00
0.60	0.71	0.74	0.79	0.85	0.91	0.97	1.04	1.13	1.33
0.62	0.65	0.67	0.73	0.78	0.84	0.90	0.98	1.06	1.27
0.64	0.58	0.61	0.66	0.72	0.77	0.84	0.91	1.00	1.20
0.66	0.52	0.55	0.60	0.65	0.71	0.78	0.85	0.94	1.14
0.68	0.46	0.48	0.54	0.59	0.65	0.71	0.79	0.88	1.08

续上表

补偿前的功率因数 $\cos\varphi_1$	补偿后的功率因数 $\cos\varphi_2$								
	0.85	0.86	0.88	0.90	0.92	0.94	0.96	0.98	1.00
0.70	0.40	0.43	0.48	0.54	0.59	0.66	0.73	0.82	1.02
0.72	0.34	0.37	0.42	0.48	0.54	0.60	0.67	0.76	0.96
0.74	0.29	0.31	0.37	0.42	0.48	0.54	0.62	0.71	0.91
0.76	0.23	0.26	0.31	0.37	0.43	0.49	0.56	0.65	0.85
0.78	0.18	0.21	0.26	0.32	0.38	0.44	0.51	0.60	0.80
0.80	0.13	0.16	0.21	0.27	0.32	0.39	0.46	0.55	0.75
0.82	0.08	0.10	0.16	0.21	0.27	0.33	0.40	0.49	0.70
0.84	0.03	0.05	0.11	0.16	0.22	0.28	0.35	0.44	0.65
0.85	0.00	0.03	0.08	0.14	0.19	0.29	0.33	0.42	0.62
0.86	—	0.00	0.05	0.11	0.17	0.23	30	0.39	0.59
0.88	—	—	0.00	0.06	0.11	0.18	0.25	0.34	0.54
0.90	—	—	—	0.00	0.06	0.12	0.19	0.28	0.48

表 A-9　部分并联电容器的主要技术数据

型　　号	额定容量 /kvar	额定电容 /μF	型　　号	额定容量 /kvar	额定电容 /μF
BCMJ 0.4－4－3	4	80	BGMJ 0.4－3.3－3	3.3	66
BCMJ 0.4－5－3	5	100	BGMJ 0.4－5－3	5	99
BCMJ 0.4－8－3	8	160	BGMJ 0.4－10－3	10	198
BCMJ 0.4－10－3	10	200	BCMJ 0.4－12－3	12	230
BCMJ 0.4－15－3	15	300	BCMJ 0.4－15－3	15	298
BCMJ 0.4－20－3	20	400	BGMJ 0.4－20－3	20	398
BCMJ 0.4－25－3	25	500	BGMJ 0.4－25－3	25	498
BCMJ 0.4－30－3	30	600	BGMJ 0.4－30－3	30	598
BCMJ 0.4－40－3	40	800	B2F 0.4－14－1/3	14	279
BCMJ 0.4－50－3	50	1 000	BWF 0.4－16－1/3	16	318
bkmj 0.4－6－1/3	6	120	BWF 0.4－20－1/3	20	398
bkmj 0.4－7.5－1/3	7.5	150	BWF 0.4－25－1/3	25	498
BKMJ 0.4－9－1/3	9	180	BWF 0.4－75－1/3	75	1 500
BKMJ 0.4－12－1/3	12	240	BWF 10.5－16－1	16	0.462
BKMJ 0.4－15－1/3	15	300			

表 A-10　导体在正常和短路时的最高允许温度及热稳定系数

导体种类及材料			最高允许温度/℃		热稳定系数 C $/As^{1/2}mm^{-2}$
			正常	短路	
母线	铜		70	300	171
	铜（接触面有锡层时）		85	200	164
	铝		70	200	87
油浸纸绝缘电缆	铜（铝）芯	1～3 kV	80（80）	250（200）	148（84）
		6 kV	65（80）	220（200）	145（90）
		10 kV	60（65）	220（200）	148（92）
橡皮绝缘导线和电缆		铜芯	65	150	112
		铝芯	65		74
聚氯乙烯绝缘导线和电缆		铜芯	65	130	100
		铝芯	65		65
交联聚乙烯绝缘导线和电缆		铜 芯	80	250	140
		铝 芯	80		84
有中间接头的电缆（不包括聚氯乙烯绝缘电缆）		铜 芯	—	160	—
		铝 芯			

表 A-11　架空裸导线的最小允许截面

线路类别		导线最小截面/mm²		
		铝及铝合金线	钢芯铝线	铜绞线
35 kV 及以上线路		35	35	35
3～10 kV 线路	居民区	35①	25	25
	非居民区	25	16	16
低压线路	一般	16②	16	16
	与铁路交叉跨越挡	35	16	16

注：① DL/T 599—1996《城市中低压配电网改造技术导则》规定，中压架空线路宜采用铝绞线，主干线截面应为 150～240 mm²，分支线截面不宜小于 70 mm²。但此规定不是从机械强度要求考虑的，而是考虑到城市电网发展的需要。

② 低压架空铝绞线原规定最小截面为 16 mm²。而 DL/T 599—1996 规定：低压架空线宜采用铝芯绝缘线，主干线截面宜采用 150 mm²，次干线截面宜采用 120 mm²，分支线截面宜采用 50 mm²。这些规定是从安全运行和电网发展需要考虑的。

表 A-12　绝缘导线芯线的最小允许截面

线 路 类 别		芯线最小截面/mm²		
		铜芯软线	铜芯线	铝芯线
照明用灯头引下线	室内	0.5	1.0	2.5
	室外	1.0	1.0	2.5
移动式设备线路	生活用	0.75	—	—
	生产用	1.0	—	—

续上表

线路类别			芯线最小截面/mm²		
			铜芯软线	铜芯线	铝芯线
敷设在绝缘支路件上的绝缘导线（L 为支持点间距）	室内	$L \leqslant 2$ m	—	1.0	2.5
	室外	$L \leqslant 2$ m	—	1.5	2.5
		2 m < $L \leqslant 6$ m	—	2.5	4
		6 m < $L \leqslant 15$ m	—	4	6
		15 m < $L \leqslant 25$ m	—	6	10
穿管敷设的绝缘导线			1.0	1.0	2.5
沿墙明敷的塑料护套线			—	1.0	2.5
板孔穿线敷设的绝缘导线			—	1.0	2.5
PE 线和 PEN 线	有机械保护时		—	1.5	2.5
	无机械保护时	多芯线	—	2.5	4
		单芯干线	—	10	16

注：GB 50096—1999《住宅设计规范》规定：住宅导线应采用铜芯绝缘线，住宅分支回路导线截面不应小于 2.5 mm²。

表 A-13　LJ 型铝绞线和 LGJ 型钢芯铝绞线的允许载流量

导线截面/mm²	LJ 型铝绞线				LGJ 型钢芯铝绞线			
	环境温度				环境温度			
	25 ℃	30 ℃	35 ℃	40 ℃	25 ℃	30 ℃	35 ℃	40 ℃
10	75	70	66	61	—	—	—	—
16	105	99	92	85	105	98	92	85
25	135	127	119	109	135	127	119	109
35	170	160	150	138	170	159	149	137
50	215	202	189	174	220	207	193	178
70	265	149	233	215	275	259	228	222
95	325	305	286	247	335	315	295	272
120	375	352	330	304	380	357	335	307
150	440	414	387	356	445	418	391	360
185	500	470	440	405	515	484	453	416
240	610	574	536	494	610	574	536	494
300	680	640	597	550	700	658	615	566

注：① 导线正常工作温度按 70 ℃计。

② 本表载流量按室外架设考虑，无日照，海拔高度 1 000 m 及以下。

表 A-14　LMY 型矩形硬铝母线的允许载流量

每相母线条数		单条		双条		三条		四条	
母线放置方式		平放	竖放	平放	竖放	平放	竖放	平放	竖放
母线尺寸 宽×厚 /(mm×mm)	40×4	480	503	—	—	—	—	—	—
	40×5	542	562	—	—	—	—	—	—
	50×4	586	613	—	—	—	—	—	—
	50×5	661	692	—	—	—	—	—	—
	3×6.3	910	952	1 409	1 547	1 866	2 111	—	—
	63×8	1 038	1 085	1 623	1 777	2 113	2 379	—	—
	63×10	1 168	1 221	1 825	1 994	2 381	2 665	—	—
	80×6.3	1 128	1 178	1 724	1 892	2 211	2 505	2 558	3 411
	80×8	1 274	1 330	1 946	2 131	2 491	2 809	2 861	3 817
	80×10	1 427	1 490	2 175	2 373	2 774	3 114	3 167	4 222
	100×6.3	1 371	1 430	2 054	2 253	2 633	2 985	3 032	4 043
	100×8	1 542	1 609	2 298	2 516	2 933	3 311	3 359	4 479
	100×10	1 728	1 803	2 558	2 796	3 181	3 578	3 622	4 829
	25×6.3	1 674	1 744	2 446	2 680	2 079	3 490	3 525	4 700
	125×8	1 876	1 955	2 725	2 982	3 375	3 813	3 847	5 129
	125×10	2 089	2 177	3 005	3 282	3 725	4 194	4 225	5 633

注：1. 本表载流量按导体最高允许工作温度 70 ℃、环境温度 25 ℃、无风、无日照条件下计算而得。如果环境温度不为 25 ℃，则应乘以下表的校正系数：

环境温度	+20 ℃	+30 ℃	+	+	+45 ℃	+50 ℃
校正系数	1.05	0.94	0.88		0.74	0.67

2. 当母线为四条时，平放和竖放时第二、三片间距均为 50 mm。

表 A-15　10 kV 常用三芯电缆的允许载流量

项 目 注 释		电缆允许载流量/A							
绝缘类型		黏性油浸纸		不滴流纸		交联聚乙烯			
钢铠护套						无		有	
缆芯最高工作温度		60 ℃		65 ℃		90 ℃			
敷设方式		空气中	直埋	空气中	直埋	空气中	直埋	空气中	直埋
缆芯截面 /mm²	16	42	55	47	59	—	—	—	—
	25	52	75	63	79	100	90	100	90
	35	68	90	77	95	123	110	123	105
	50	81	107	92	111	146	125	141	120
	70	106	133	118	138	178	152	173	152
	95	126	160	143	169	219	182	214	182
	120	146	182	168	196	251	203	246	205
	150	171	206	189	220	283	223	278	219
	185	195	233	218	246	324	252	320	247
	240	232	272	261	290	378	292	373	292
	300	260	308	295	325	433	332	428	328
	400	—	—	—	—	506	378	501	374
	500	—	—	—	—	579	428	574	424
环境温度/℃		40	25	40	25	40	25	40	25
土壤热阻系数/℃·m/W		—	1.2	—	1.2	—	2.0	—	2.0

注：① 本表是铝芯电缆数值。铜芯电缆的允许载流量应乘以 1.29。

② 本表所 GB 50217—1994《电力工程电缆设计规范》编制。

表 A-16 绝缘导线明敷时的允许载流量（单位：A）

芯线截面/mm²	橡皮绝缘线								塑料绝缘线							
	环境温度															
	25 ℃		30 ℃		35 ℃		40 ℃		25 ℃		30 ℃		35 ℃		40 ℃	
	铜芯	铝芯	铜芯	铝芯	铜芯	铝芯	铜芯	铝芯	铜芯	铝芯	铜芯	铝芯	铜芯	铝芯	铜芯	铝芯
2.5	35	27	32	25	30	23	27	21	32	25	30	23	27	21	25	19
4	45	35	41	32	39	30	35	27	41	32	37	29	35	27	32	25
6	58	45	54	42	49	38	45	35	54	42	50	39	46	36	41	33
10	84	65	77	60	72	56	66	51	76	59	71	55	66	51	59	46
16	110	85	102	79	94	73	86	67	103	80	95	74	89	69	81	63
25	142	110	132	102	123	95	112	87	135	105	126	98	116	90	107	83
35	178	138	166	129	154	119	141	109	168	130	156	121	144	112	132	102
50	226	175	210	163	195	151	178	138	213	165	199	154	183	142	168	130
70	284	220	266	206	245	190	224	174	264	205	246	191	228	177	209	162
95	342	265	319	247	295	229	270	209	323	250	301	233	279	216	254	197
120	400	310	361	280	346	268	316	243	365	283	343	266	317	246	290	225
150	464	360	433	336	401	311	366	284	419	325	391	303	362	281	332	257
185	540	420	506	392	468	363	428	332	490	380	458	355	423	328	387	300
240	660	510	615	476	570	441	520	403	—	—	—	—	—	—	—	—

注：型号表示，铜芯橡皮线——BX，铝芯橡皮线——BLX，铜芯塑料线——BV，铝芯塑料线——BLV。

表 A-17 橡皮绝缘导线穿钢管时的允许载流量（单位：A）

芯线截面/mm²	芯线材	2 根单芯线				2 根穿管管径/mm		3 根单芯线				3 根穿管管径/mm		4～5 根单芯线				4 根穿管管径/mm		5 根穿管管径/mm	
		环境温度/℃						环境温度/℃						环境温度/℃							
		25	30	35	40	SC	MT	25	30	35	40	SC	MT	25	30	35	40	SC	MT	SC	MT
2.5	铜	27	25	23	21	15	20	25	22	21	19	15	20	21	18	17	15	20	25	20	25
	铝	21	19	18	16			19	17	16	15			16	14	13	12				
4	铜	36	34	31	28	20	25	32	30	27	25	20	25	30	27	25	23	20	25	20	25
	铝	28	26	24	22			25	23	21	19			23	21	19	18				
6	铜	48	44	41	37	20	25	44	40	37	34	20	25	39	36	32	30	25	25	25	32
	铝	37	34	32	29			34	31	29	26			30	28	25	23				
10	铜	67	62	57	53	25	32	59	55	50	46	25	32	52	48	4	40	25	32	32	40
	铝	52	48	44	41			46	43	39	36			40	37	34	31				
16	铜	85	79	74	67	25	32	76	71	66	59	32	32	67	62	57	53	32	40	40	(50)
	铝	66	61	57	52			59	55	51	46			52	48	44	41				
25	铜	111	103	95	88	32	40	98	92	84	77	32	40	88	81	75	68	40	(50)	40	—
	铝	86	80	74	68			76	71	65	60			68	63	58	53				
35	铜	137	128	117	107	32	40	121	112	104	95	32	(50)	107	99	92	84	40	(50)	50	—
	铝	106	99	91	83			94	87	83	74			83	77	71	65				

表 A-18 塑料绝缘导线穿钢管时的允许载流量（单位：A）

芯线截面/mm²	芯线材	2根单芯线 环境温度/℃				2根穿管管径/mm		3根单芯线 环境温度/℃				3根穿管管径/mm		4～5根单芯线 环境温度/℃				4根穿管管径/mm		5根穿管管径/mm	
		25	30	35	40	SC	MT	25	30	35	40	SC	MT	25	30	35	40	SC	MT	SC	MT
2.5	铜	26	23	21	19	15	15	23	21	19	18	15	15	19	18	16	14	15	15	15	20
	铝	20	18	17	15			19	16	15	14			15	14	12	11				
4	铜	35	32	30	27	15	15	31	28	26	23	15	15	28	26	23	21	15	20	20	20
	铝	27	25	23	21			24	22	20	18			22	20	19	17				
6	铜	45	41	39	35	15	20	41	37	35	32	15	20	36	34	31	28	20	25	25	25
	铝	35	32	30	27			32	29	27	25			28	26	24	22				
10	铜	63	58	54	49	20	25	57	53	49	44	20	25	49	45	41	39	25	25	25	32
	铝	49	45	42	38			44	41	38	34			38	35	32	30				
16	铜	81	75	70	63	25	25	72	67	62	57	25	32	65	59	55	50	25	25	32	40
	铝	63	58	54	49			56	52	48	44			50	46	43	39				
25	铜	103	95	89	81	25	32	90	84	77	71	32	32	84	77	72	66	32	40	32	(50)
	铝	80	74	69	63			70	65	60	55			65	60	56	51				
35	铜	129	120	111	102	32	40	116	109	99	92	32	40	103	95	89	81	40	(50)	40	—
	铝	100	93	86	79			90	84	77	71			80	74	69	63				

表 A-19 橡皮绝缘导线穿硬塑料管时的允许载流量

芯线截面/mm²	芯线材质	2根单芯线 环境温度/℃				2根穿管管径/mm	3根单芯线 环境温度/℃				3根穿管管径/mm	4～5根单芯线 环境温度/℃				4根穿管管径/mm	5根穿管管径/mm
		25	30	35	40		25	30	35	40		25	30	35	40		
2.5	铜	25	22	21	19	15	22	19	18	17	15	19	18	16	14	20	25
	铝	19	17	16	15		17	15	14	13		15	14	12	11		
4	铜	32	30	27	19	20	30	27	25	23	20	26	23	22	20	20	25
	铝	25	23	21	19		23	21	19	18		20	18	17	15		
6	铜	43	39	36	34	20	37	35	32	28	20	34	31	28	26	25	32
	铝	33	30	28	26		29	27	25	22		26	24	22	20		
10	铜	57	53	49	44	25	52	48	44	40	25	45	41	38	35	32	32
	铝	44	41	38	34		40	37	34	31		35	32	30	27		
16	铜	75	70	65	58	32	67	62	57	53	32	59	55	50	46	32	40
	铝	58	54	50	45		52	48	44	41		46	43	39	36		
25	铜	99	92	85	77	32	88	81	75	68	32	77	72	66	61	40	40
	铝	77	71	66	60		68	63	58	53		60	56	51	47		
35	铜	123	114	106	97	40	108	101	93	85	40	95	89	83	75	40	40
	铝	95	88	82	75		84	78	72	66		74	69	64	58		

续上表

<table>
<tr><td rowspan="3">芯线截面/mm²</td><td rowspan="3">芯线材质</td><td colspan="4">2 根单芯线</td><td rowspan="3">2 根穿管管径/mm</td><td colspan="4">3 根单芯线</td><td rowspan="3">3 根穿管管径/mm</td><td colspan="4">4～5 根单芯线</td><td rowspan="3">4 根穿管管径/mm</td><td rowspan="3">5 根穿管管径/mm</td></tr>
<tr><td colspan="4">环境温度/℃</td><td colspan="4">环境温度/℃</td><td colspan="4">环境温度/℃</td></tr>
<tr><td>25</td><td>30</td><td>35</td><td>40</td><td>25</td><td>30</td><td>35</td><td>40</td><td>25</td><td>30</td><td>35</td><td>40</td></tr>
<tr><td rowspan="2">50</td><td>铜</td><td>155</td><td>145</td><td>133</td><td>121</td><td rowspan="2">40</td><td>139</td><td>129</td><td>120</td><td>111</td><td rowspan="2">50</td><td>123</td><td>114</td><td>106</td><td>97</td><td rowspan="2">50</td><td rowspan="2">65</td></tr>
<tr><td>铝</td><td>120</td><td>112</td><td>103</td><td>94</td><td>108</td><td>100</td><td>93</td><td>86</td><td>95</td><td>88</td><td>82</td><td>75</td></tr>
<tr><td rowspan="2">70</td><td>铜</td><td>197</td><td>184</td><td>170</td><td>156</td><td rowspan="2">50</td><td>174</td><td>163</td><td>150</td><td>137</td><td rowspan="2">50</td><td>155</td><td>144</td><td>133</td><td>122</td><td rowspan="2">65</td><td rowspan="2">75</td></tr>
<tr><td>铝</td><td>153</td><td>143</td><td>132</td><td>121</td><td>135</td><td>126</td><td>116</td><td>106</td><td>120</td><td>112</td><td>103</td><td>94</td></tr>
<tr><td rowspan="2">95</td><td>铜</td><td>237</td><td>222</td><td>205</td><td>187</td><td rowspan="2">50</td><td>213</td><td>199</td><td>183</td><td>168</td><td rowspan="2">65</td><td>194</td><td>181</td><td>166</td><td>152</td><td rowspan="2">75</td><td rowspan="2">80</td></tr>
<tr><td>铝</td><td>184</td><td>172</td><td>159</td><td>143</td><td>165</td><td>154</td><td>142</td><td>130</td><td>150</td><td>140</td><td>129</td><td>118</td></tr>
<tr><td rowspan="2">120</td><td>铜</td><td>271</td><td>253</td><td>233</td><td>214</td><td rowspan="2">65</td><td>245</td><td>228</td><td>212</td><td>194</td><td rowspan="2">65</td><td>219</td><td>204</td><td>190</td><td>173</td><td rowspan="2">80</td><td rowspan="2">80</td></tr>
<tr><td>铝</td><td>210</td><td>196</td><td>181</td><td>166</td><td>190</td><td>177</td><td>164</td><td>150</td><td>170</td><td>158</td><td>147</td><td>134</td></tr>
<tr><td rowspan="2">150</td><td>铜</td><td>323</td><td>301</td><td>277</td><td>254</td><td rowspan="2">75</td><td>293</td><td>273</td><td>253</td><td>231</td><td rowspan="2">75</td><td>64</td><td>246</td><td>228</td><td>209</td><td rowspan="2">80</td><td rowspan="2">90</td></tr>
<tr><td>铝</td><td>250</td><td>233</td><td>215</td><td>197</td><td>227</td><td>212</td><td>196</td><td>179</td><td>205</td><td>191</td><td>177</td><td>162</td></tr>
<tr><td rowspan="2">185</td><td>铜</td><td>264</td><td>339</td><td>313</td><td>288</td><td rowspan="2">80</td><td>320</td><td>307</td><td>284</td><td>259</td><td rowspan="2">80</td><td>299</td><td>279</td><td>258</td><td>236</td><td rowspan="2">100</td><td rowspan="2">100</td></tr>
<tr><td>铝</td><td>282</td><td>263</td><td>243</td><td>223</td><td>255</td><td>238</td><td>220</td><td>201</td><td>232</td><td>216</td><td>200</td><td>183</td></tr>
</table>

注：如果三相负荷平衡，则虽有 4 根或 5 根导线穿管，但导线的载流量仍按 3 根导线穿管选择，而穿线管管径则按实际穿管导线数选择。

表 A-20　电力变压器配用的高压熔断器规格

<table>
<tr><td colspan="2">电力变压器容量/(kV·A)</td><td>100</td><td>125</td><td>160</td><td>200</td><td>250</td><td>315</td><td>400</td><td>500</td><td>630</td><td>800</td><td>1 000</td></tr>
<tr><td rowspan="2">$I_{1N.T}$/A</td><td>6 kV</td><td>9.6</td><td>12</td><td>15.4</td><td>19.2</td><td>24</td><td>30.2</td><td>38.4</td><td>48</td><td>60.5</td><td>76.8</td><td>96</td></tr>
<tr><td>10 kV</td><td>5.8</td><td>7.2</td><td>9.3</td><td>11.6</td><td>14.4</td><td>18.2</td><td>23</td><td>29</td><td>36.5</td><td>46.2</td><td>58</td></tr>
<tr><td rowspan="2">RN1 型熔断器
$I_{N.FE}/I_{N.FE}$ (A)</td><td>6 kV</td><td colspan="2">20/20</td><td colspan="2">75/30</td><td>75/40</td><td>75/50</td><td colspan="2">75/75</td><td>100/100</td><td colspan="2">200/150</td></tr>
<tr><td>10 kV</td><td colspan="3">20/15</td><td>20/20</td><td colspan="2">50/30</td><td>50/40</td><td>50/50</td><td colspan="2">100/75</td><td>100/100</td></tr>
<tr><td rowspan="2">RW4 型熔断器
$I_{N.FU}/I_{N.FE}$ (A)</td><td>6 kV</td><td colspan="2">50/20</td><td>50/30</td><td colspan="2">50/40</td><td>50/50</td><td colspan="2">100/75</td><td>100/100</td><td colspan="2">200/150</td></tr>
<tr><td>10 kV</td><td colspan="2">50/15</td><td colspan="2">50/20</td><td>50/30</td><td colspan="2">50/40</td><td>50/50</td><td colspan="2">100/75</td><td>100/100</td></tr>
</table>

表 A-21　LQJ-10 型电流互感器的主要技术数据

1. 额定二次负荷

<table>
<tr><td rowspan="3">铁心代号</td><td colspan="6">额定二次负荷</td></tr>
<tr><td colspan="2">0.5 级</td><td colspan="2">1 级</td><td colspan="2">3 级</td></tr>
<tr><td>电阻/Ω</td><td>容量/(V·A)</td><td>电阻/Ω</td><td>容量/(V·A)</td><td>电阻/Ω</td><td>容量/(V·A)</td></tr>
<tr><td>0.5</td><td>0.4</td><td>10</td><td>0.6</td><td>15</td><td>—</td><td>—</td></tr>
<tr><td>3</td><td>—</td><td>—</td><td>—</td><td>—</td><td>1.2</td><td>30</td></tr>
</table>

2. 热稳定度和动稳定度

额定一次负荷/A	1 s 热稳定倍数	动稳定倍数
5、10、15、20、30、40、50、60、75、100	90	225
100（150）、200、315（300）、400	75	160

注：括号内数据，仅限于老产品。

表 A-22　三相线路导线和电缆单位长度每相阻抗值（1）

类别		导线（线芯）截面积/mm²													
		2.5	4	6	10	16	25	35	50	70	95	120	150	185	240
导线类型	导线温度/℃	每相电阻/（Ω/km）													
LJ	50	—	—	—	—	2.07	1.33	0.96	0.66	0.48	0.36	0.28	0.23	0.18	0.14
LGJ	50	—	—	—	—	—	—	0.89	0.68	0.48	0.35	0.29	0.24	0.18	0.15
绝缘导线 铜芯	50	8.40	5.20	3.48	2.05	1.26	0.81	0.58	0.40	0.29	0.22	0.17	0.14	0.11	0.09
绝缘导线 铜芯	60	8.70	5.38	3.61	2.12	1.30	0.84	0.60	0.41	0.30	0.23	0.18	0.14	0.12	0.09
绝缘导线 铜芯	65	8.72	5.43	3.62	2.19	1.37	0.88	0.63	0.44	0.32	0.24	0.19	0.15	0.13	0.10
绝缘导线 铝芯	50	13.3	8.25	5.53	3.33	2.08	1.31	0.94	0.65	0.47	0.35	0.28	0.22	0.18	0.14
绝缘导线 铝芯	60	13.8	8.55	5.73	3.45	2.16	1.36	0.97	0.67	0.49	0.36	0.29	0.23	0.19	0.14
绝缘导线 铝芯	65	14.6	9.15	6.10	3.66	2.29	1.48	1.06	0.75	0.53	0.39	0.31	0.25	0.20	0.15
电力电缆 铜芯	55	—	—	—	—	1.31	0.84	0.60	0.42	0.30	0.22	0.17	0.14	0.12	0.09
电力电缆 铜芯	60	8.54	5.34	3.56	2.13	1.33	0.85	0.61	0.43	0.31	0.23	0.18	0.14	0.12	0.09
电力电缆 铜芯	75	8.98	5.61	3.75	3.25	1.40	0.90	0.64	0.45	0.32	0.24	0.19	0.15	0.12	0.10
电力电缆 铜芯	80	—	—	—	—	1.43	0.91	0.65	0.46	0.33	0.24	0.19	0.15	0.13	0.10
电力电缆 铝芯	55	—	—	—	—	2.21	1.41	1.01	0.71	0.51	0.37	0.29	0.24	0.20	0.15
电力电缆 铝芯	60	14.3	8.99	6.00	3.60	2.25	1.44	1.03	0.72	0.51	0.38	0.30	0.24	0.20	0.16
电力电缆 铝芯	75	15.1	9.45	6.31	3.78	2.36	1.51	1.08	0.76	0.54	0.41	0.31	0.25	0.21	0.16
电力电缆 铝芯	80	—	—	—	—	2.40	1.54	1.10	0.77	0.56	0.41	0.32	0.26	0.21	0.17

表 A-23　三相线路导线和电缆单位长度每相阻抗值（2）

类　别		导线（线芯）截面积/mm²													
		2.5	4	6	10	16	25	35	50	70	95	120	150	185	240
导线类型	线距/mm	每相电抗/（Ω/km）													
LJ	600	—	—	—	—	0.36	0.35	0.34	0.33	0.32	0.31	0.30	0.29	0.28	0.28
LJ	800	—	—	—	—	0.38	0.37	0.36	0.35	0.34	0.33	0.32	0.31	0.30	0.30
LJ	1 000	—	—	—	—	0.40	0.38	0.37	0.36	0.35	0.34	0.33	0.32	0.31	0.31
LJ	1 250	—	—	—	—	0.41	0.40	0.39	0.37	0.36	0.35	0.34	0.34	0.33	0.32
LGJ	1 500	—	—	—	—	—	—	0.39	0.38	0.37	0.35	0.35	0.34	0.33	0.33
LGJ	2 000	—	—	—	—	—	—	0.40	0.39	0.38	0.37	0.37	0.36	0.35	0.34
LGJ	2 500	—	—	—	—	—	—	0.41	0.41	0.40	0.39	0.38	0.37	0.37	0.36
LGJ	3 000	—	—	—	—	—	—	0.43	0.42	0.41	0.40	0.39	0.39	0.38	0.37

续上表

类别		导线（线芯）截面积/mm²													
		2.5	4	6	10	16	25	35	50	70	95	120	150	185	240
导线类型	线距/mm	每相电抗/(Ω/km)													
绝缘导 明敷	100	0.32	0.31	0.30	0.28	0.26	0.25	0.24	0.22	0.21	0.206	0.19	0.191	0.18	0.17
绝缘导 明敷	150	0.35	0.33	0.32	0.30	0.29	0.27	0.26	0.25	0.24	0.231	0.22	0.216	0.20	0.20
绝缘导	穿管敷	0.12	0.11	0.11	0.10	0.10	0.09	0.09	0.09	0.08	0.085	0.08	0.082	0.08	0.08
纸绝缘电力电	1 kV	0.09	0.09	0.08	0.08	0.07	0.06	0.06	0.06	0.06	0.062	0.06	0.062	0.06	0.06
纸绝缘电力电	6 kV	—	—	—	—	0.09	0.08	0.08	0.07	0.07	0.074	0.07	0.071	0.07	0.06
纸绝缘电力电	10 kV	—	—	—	—	0.110	0.09	0.09	0.08	0.08	0.08	0.07	0.077	0.07	0.07
塑料绝缘电力	1 kV	0.10	0.09	0.09	0.08	0.08	0.07	0.07	0.07	0.07	0.070	0.07	0.070	0.07	0.07
塑料绝缘电力	6 kV	—	—	—	—	0.12	0.11	0.10	0.09	0.09	0.089	0.08	0.083	0.08	0.08
塑料绝缘电力	10 kV	—	—	—	—	0.13	0.12	0.113	0.10	0.10	0.096	0.09	0.093	0.09	0.08

表 A-24　GL-11、15、21、25 型电流继电器的主要技术数据

型号	额定电流/A	额定值		速断电流倍数	返回系数
		动作电流/A	10 倍动作电流的动作时间/s		
GL-11/10，-21/10	10	4、5、6、7、8、9、10	0.5、1、2、3、4	2～8	0.85
GL-11/5，-21/5	5	2、2.5、3、3.5、4、4.5、5			
GL-15/10，-25/10	10	4、5、6、7、8、9、10			0.8
GL-15/5，-25/5	5	2、2.5、3、3.5、4、4.5、5			

注：速断电流倍数 = 电磁元件动作电流（速断电流）/感应元件动作电流（整定电流）。

表 A-25　部分电力装置要求的工作接地电阻值

序号	电力装置名称	接地的电力装置特点	接地电阻值
1	1 kV 以上大电流接地系统	仅用于该系统的接地装置	$R_E \leqslant \frac{2\,000\ \text{V}}{I_k^{(1)}}$ 当 $I_k^{(1)} > 4\,000$，$R_E \leqslant 0.5\ \Omega$
2	1 kV 以上小电流接地系统	仅用于该系统的接地装置	$R_E \leqslant \frac{250\ \text{V}}{I_E}$ 且 $R_E \leqslant 10\ \Omega$
3		与 1 kV 以下系统共用的接地装置	$R_E \leqslant \frac{120\ \text{V}}{I_E}$ 且 $R_E \leqslant 10\ \Omega$
4	1 kV 以下系统	与总容量在 100 kVA 以上的发电机或变压器相连的接地装置	$R_E \leqslant 10\ \Omega$
5		上述（序号 4）装置的重复接地	$R_E \leqslant 10\ \Omega$
6		与总容量在 100 kVA 及以下的发电机或变压器相连的接地装置	$R_E \leqslant 10\ \Omega$
7		上述（序号 6）装置的重复接地	$R_E \leqslant 30\ \Omega$

续上表

序号	电力装置名称	接地的电力装置特点		接地电阻值
8	避雷装置	独立避雷针和避雷器		$R_E \leqslant 10\,\Omega$
9		变配电所装设的避雷器	与序号4装置共用	$R_E \leqslant 4\,\Omega$
10			与序号6装置共用	$R_E \leqslant 10\,\Omega$
11		线路上装设的避雷器或保护间隙	与电机无电气联系	$R_E \leqslant 10\,\Omega$
12			与电机有电气联系	$R_E \leqslant 5\,\Omega$
13	防雷建筑	第一类防雷建筑物		$R_{sh} \leqslant 10\,\Omega$
14		第二类防雷建筑物		$R_{sh} \leqslant 10\,\Omega$
15		第三类防雷建筑物		$R_{sh} \leqslant 30\,\Omega$

注：R_E 为工频接地电阻；R_{sh} 为冲击接地电阻；$I_k^{(1)}$ 为流经接地装置的单相短路电流；I_E 为单相接地电容电流。

表 A-26　土壤电阻率参考值

土壤名称	电阻率/（Ω·m）	土壤名称	电阻率/（Ω·m）
陶黏土	10	砂质黏土、可耕地	100
泥炭、泥灰岩、沼泽地	20	黄土	200
捣碎的木炭	40	含砂黏土、砂土	300
黑土、田园土、陶土	50	多石土壤	400
黏土	60	砂、沙砾	1 000

表 A-27　垂直管形接地体的利用系数值

1. 敷设成一排时（未计入连接扁钢的影响）

管间距离与管子长度之比 a/l	管子根数 n	利用系数 η_E	管间距离与管子长度之比 a/l	管子根数 n	利用系数 η_E
1	2	0.83～0.87	1	5	0.67～0.72
2		0.90～0.92	2		0.79～0.83
3		0.93～0.95	3		0.85～0.88
1	3	0.76～0.80	1	10	0.56～0.62
2		0.85～0.88	2		0.72～0.77
3		0.90～0.92	3		0.79～0.83

2. 敷设成环形时（未计入连接扁钢的影响）

管间距离与管子长度之比 a/l	管子根数 n	利用系数 η_E	管间距离与管子长度之比 a/l	管子根数 n	利用系数 η_E
1	4	0.66～0.72	1	20	0.44～0.50
2		0.76～0.80	2		0.61～0.66
1	6	0.58～0.65	1	30	0.41～0.47
2		0.71～0.75	2		0.58～0.63
1	10	0.52～0.58	1	40	0.38～0.44
2		0.66～0.71	2		0.56～0.61

参考文献

[1] 刘介才. 工厂供电 [M]. 5版. 北京: 机械工业出版社, 2008.
[2] 刘介才. 工厂供电 [M]. 2版. 北京: 机械工业出版社, 2008.
[3] 刘介才. 供配电技术 [M]. 2版. 北京: 机械工业出版社, 2005.
[4] 唐志平. 工厂供电 [M]. 2版. 北京: 机械工业出版社, 1990.
[5] 李友文. 工厂供电 [M]. 北京: 化学工业出版社, 2001.
[6] 陈小虎. 工厂供电技术 [M]. 2版. 北京: 高等教育出版社, 2006.
[7] 许建安. 电力系统继电保护 [M]. 北京: 中国水利水电出版社, 2004.
[8] 许建安, 连晶晶. 继电保护技术 [M]. 北京: 中国水利水电出版社, 2004.
[9] 张莹. 工厂供配电技术 [M]. 北京: 电子工业出版社, 2003.
[10] 刘介才. 工厂供电简明设计手册 [M]. 北京: 机械工业出版社, 1993.
[11] 刘介才. 供电工程师技术手册 [M]. 北京: 机械工业出版社, 1998.
[12] 刘介才. 工厂供用电实用手册 [M]. 北京: 中国电力出版社, 2001.
[13] 刘介才. 实用供配电技术手册 [M]. 北京: 中国水利水电出版社, 2002.
[14] 施怀瑾. 电力系统继电保护 [M]. 重庆: 重庆大学出版社, 2005.
[15] 电力工业部安全监察及生产协调司. 电力供应与使用法规汇编 [M]. 北京: 中国电力出版社, 1999.
[16] 黄纯华, 刘维仲. 工厂供电 [M]. 天津: 天津大学出版社, 2000.
[17] 马桂荣, 王全亮. 工厂供配电技术 [M]. 北京: 北京理工大学出版社.
[18] 张明君. 电力系统继电保护 [M]. 北京: 冶金工业出版社, 2002.
[19] 全国电气信息机构文献编制和图形符号标准化技术委员会, 中国标准出版社第四编辑室. 电气简图用图形符号国家标准汇编 [M]. 北京: 中国标准出版社, 2001.
[20] 中国标准出版社. 电气制图国家标准汇编 [M]. 北京: 中国标准出版社, 2001.
[21] 王荣藩. 工厂供电设计与实验 [M]. 天津: 天津大学出版社, 1989.
[22] 刘介才. 工厂供电设计指导 [M]. 2版. 北京: 机械工业出版社, 2008.
[23] 刘介才. 电气照明设计指导 [M]. 北京: 机械工业出版社, 1999.
[24] 劳动和社会保障部教材办公室. 企业供电系统运行 [M]. 3版. 北京: 中国劳动社会保障出版社, 2004.
[25] 国家技术监督局, 中华人民共和国建设部. 建筑物防雷设计规范 [M]. 3版. 北京: 中国计划出版社, 2007.

读者意见反馈表

感谢您选用中国铁道出版社出版的图书！为了使本书更加完善，请您抽出宝贵的时间填写本表。我们将根据您的意见和建议及时进行改进，以便为广大读者提供更优秀的图书。

您的基本资料（郑重保证不会外泄）

姓　名：________________　职　业：________________

电　话：________________　E-mail：________________

您的意见和建议

1. 您对本书整体设计满意度

   封面创意：□ 非常好　□ 较好　□ 一般　□ 较差　□ 非常差

   版式设计：□ 非常好　□ 较好　□ 一般　□ 较差　□ 非常差

   印刷质量：□ 非常好　□ 较好　□ 一般　□ 较差　□ 非常差

   价格高低：□ 非常高　□ 较高　□ 适中　□ 较低　□ 非常低

2. 您对本书的知识内容满意度

   □非常满意　□ 比较满意　□ 一般　□ 不满意　□ 很不满意

   原因：________________

3. 您认为本书的最大特色：

   ____

4. 您认为本书的不足之处：

   ____

5. 您认为同类书中，哪本书比本书优秀：

   书名：________________　作者：________________

   出版社：________________

   该书最大特色：________________

6. 您的其他意见和建议：

   ____

我们热切盼望您的反馈。

为了节省您的宝贵时间，请发送邮件至 hehongyan@ tqbooks. net 索取本表电子版。